MONOGRAPHIEN AUS DEM GESAMTGEBIETE DER NEUROLOGIE UND PSYCHIATRIE

HERAUSGEGEBEN VON

O. **FOERSTER**-BRESLAU UND K. **WILMANNS**-HEIDELBERG

HEFT 51

DER TONUS DER SKELETTMUSKULATUR

VON

DR. E. A. SPIEGEL

PRIVATDOZENT · ASSISTENT AM NEUROLOGISCHEN INSTITUT
DER UNIVERSITÄT WIEN

MIT 72 ABBILDUNGEN

ZWEITE
WESENTLICH VERMEHRTE UND VERÄNDERTE AUFLAGE
VON „ZUR PHYSIOLOGIE UND PATHOLOGIE
DES SKELETTMUSKELTONUS“

BERLIN
VERLAG VON JULIUS SPRINGER
1927

ISBN 978-3-642-47298-5   ISBN 978-3-642-47738-6 (eBook)
DOI 10.1007/978-3-642-47738-6

Vorwort zur ersten Auflage.

Das tierische Leben bedeutet eine stete Reaktion auf Veränderungen der Umwelt. Es ist daher tief in unserer Organisation begründet, daß unsere Aufmerksamkeit vor allem durch den Wechsel der Erscheinungen gefesselt wird, das mehr oder minder Beständige ihr viel leichter entgeht. So mag es begreiflich erscheinen, daß im speziellen Falle der Skelettmuskulatur in erster Linie ihre Bedeutung als Organ der Bewegung, ihre Arbeitsleistung studiert wurde, ihre Wirkung im Ruhezustand, während des Haltens der Skeletteile in bestimmter gegenseitiger Lage dagegen in den Hintergrund trat. Dieser letztere Zustand, der sog. Muskeltonus, hat gerade in den letzten Jahren die Aufmerksamkeit der Physiologen und Kliniker auf sich zu lenken begonnen. Leider ist aber dem Kliniker die Analyse der beobachteten Störungen nicht in dem gleichen Maße möglich wie dem Experimentator, da er ja nicht wie dieser an dem von seinem Ansatz gelösten, isolierten Muskel seine Untersuchungen und Messungen anstellen kann, bei der Beurteilung des Tonus meist auf Schätzung des Dehnungswiderstandes resp. der Eindrückbarkeit der Muskulatur angewiesen ist. So gehen klinische Beobachtung und physiologische Forschung oft getrennte Wege, treffen erst nach Umwegen wieder zusammen. Es schien daher der Versuch nicht ganz zwecklos, eine Methode der Tonusprüfung auszuarbeiten, welche sich in gleicher Weise am Tier und Menschen anwenden läßt, welche die am Krankenbett gewonnenen Resultate mit den Veränderungen zu vergleichen gestattet, die nach experimenteller Zerstörung bestimmter Teile des Nervensystems auftreten.

Um die Kriterien für die anzuwendende Methode zu gewinnen, wird es bei der herrschenden Unklarheit über den Begriff des Tonus nötig sein, zuerst die Entwicklung dieses Begriffes auseinanderzusetzen und seine Abgrenzung zu versuchen. Die sich damit ergebende Abtrennung der statischen Funktion des Muskels von seiner kinetischen wird uns weiter dazu führen, die Verschiedenheiten der Stoffwechselvorgänge, die diesen beiden Funktionen zugrunde liegen sollen, die Frage ihrer getrennten Innervation und damit den Mechanismus der tonischen Verkürzung zu erörtern. Aus der in diesem allgemeinen Teil gewonnenen Anschauung über das Wesen der tonischen Verkürzung werden sich die Grundlinien der zu wählenden Methode ergeben. Die Anwendung dieser Methode auf die Untersuchung des normalen und kranken Menschen und die Analyse der gewonnenen Resultate durch das Tierexperiment sollen den speziellen Teil der Arbeit bilden.

Aus diesem kurz skizzierten Plan ergibt sich wohl von selbst, daß hier keineswegs der Anspruch erhoben wird, alle Probleme des Muskeltonus erschöpfend zu behandeln resp. auf alle in der Liniatur niedergelegten Beobachtungen und Ansichten einzugehen; es soll vielmehr nur zu jenen Fragen Stellung genommen werden, über welche eigene Beobachtungen und Experimente angestellt werden konnten. Daß ich diese Erfahrungen gewinnen konnte, verdanke ich vor allem der weitgehenden Förderung, die mir im neurologischen Institute mein Chef, Herr Prof. Marburg, an der allgemeinen Poliklinik Herr Hofrat J. Mannaberg zuwendete. Die Untersuchungen mit dem Saitengalvanometer wurden im Institut des Herrn Hofrat R. Paltauf unter Leitung des Herrn Prof. Rothberger durchgeführt, die Studien an Evertebraten an der preußischen biologischen Station auf Helgoland (Prof. Mielck). Klinisches Material verdanke ich schließlich noch den Herren Prof. Alexander, Prim. Infeld, Prof. Karplus und Prof. Mattauschek. All den genannten Herren sei auch an dieser Stelle mein ergebenster Dank ausgesprochen.

Vorwort zur zweiten Auflage.

Wenn schon zwei Jahre nach dem Erscheinen der ersten Auflage sich das Bedürfnis nach einem Neudruck geltend machte, so mag dies weniger das Verdienst der Darstellung sein, als die Aktualität des Themas mit sich bringen. Dieser letztere Umstand hat aber auch dazu geführt, daß eine Fülle neuer Arbeit in der letzten Zeit auf diesem Gebiet geleistet wurde, so daß eine weitgehende Umarbeitung und Erweiterung des Büchleins notwendig erschien. Nachdem aber inzwischen einerseits mehrere ausgezeichnete Darstellungen der Pathologie des Skelettmuskeltonus, wie die von Bostroem, Jakob, Lotmar, Lewy, erschienen sind, andererseits mein eigenes Arbeitsgebiet bezüglich der Tonusregulation sich immer mehr in der Richtung des Experimentes verschoben hat, habe ich mich entschlossen, hier vorzugsweise die physiologischen Grundlagen der Lehre vom Skelettmuskeltonus auf Grund eigener Untersuchungen kritisch durchzuarbeiten, während die Klinik nur insofern Berücksichtigung fand, als sie Schlüsse auf den Mechanismus der normalen Funktion gestattet. Die wesentlichste Erweiterung hat darum jener Teil der alten Auflage erfahren, der sich mit den Fragen der Innervation des Tonus beschäftigt, indem nun versucht wurde, nicht nur den efferenten Schenkel, sondern auch die zentralen Abschnitte der Tonusregulation zum großen Teil auf Grund eigener Untersuchungen, resp. jener meiner Mitarbeiter, darzustellen.

Wien, im Sommer 1927.

E. A. Spiegel.

Inhaltsverzeichnis.

I. Entwicklung und Abgrenzung des Tonusbegriffes.

Klarheit der Begriffe erscheint eine so selbstverständliche Voraussetzung und Forderung jeder Wissenschaft, daß es unnütz wäre, die Notwendigkeit eindeutiger Definitionen zu betonen. Wie soll eine gegenseitige Verständigung möglich sein, wenn verschiedene Untersucher demselben Wort einen verschiedenen Sinn unterlegen; wie soll der Forscher selbst eine präzise Fragestellung gewinnen, eine geeignete Methodik ausarbeiten können, wenn er sich selbst über das Ziel, das er anstrebt, nicht Rechenschaft gegeben hat; wie soll er aus den beobachteten Störungen bindende Schlüsse über die Bedeutung eines Organs für eine bestimmte Funktion ziehen, wenn er sich das Wesen dieser Funktion nicht klar gemacht hat?

Leider bevorzugen aber manche einen Ausdruck gerade darum, weil sein Sinn vieldeutig ist und sie sich darum einer scharfen Begriffsbildung, einer klaren Definition enthoben glauben. Ein so ausgezeichneter Forscher wie Ewald sagt, er habe gerade den Namen Labyrinthtonus gewählt, „weil er sehr wenig präjudiziert und nur angibt, daß funktionelle Beziehungen zwischen den Labyrinthen und der Muskeltätigkeit bestehen, ohne die spezielle Art dieser Beziehungen näher zu bezeichnen. Das Wort Tonus wird in den medizinischen Wissenschaften schon in so verschiedener Weise verwendet, daß man diesen Begriff leicht ausdehnen und modifizieren kann, je nachdem es neu hinzukommende Erfahrungen erfordern.“

Die Unklarheit, die dem Tonusbegriff anhaftet, hat ihren Grund wohl darin, daß die Anschauungen über das Wesen und Zustandekommen des Tonus einem großen Wechsel unterworfen waren, so daß schließlich das gleiche Wort eine vielfache Bedeutung gewonnen hat und die mannigfachsten Begriffe repräsentieren muß. Die gemeinsame Grundlage, aus der sich diese verschiedenen Begriffe entwickelt haben, ist in der ursprünglichen Bedeutung von $\tau\acute{o}\nu o\varsigma$ als Spannung, Spannkraft zu suchen. Der Begriff der Spannung bildet auch den wesentlichen Kernpunkt der Definitionen, die Henle, Luciani, Exner und Tandler, F. H. Lewy u. a. über den Muskeltonus gegeben haben.

Über das Zustandekommen dieser Spannung des Muskels machte man sich aber recht wechselnde Vorstellungen. Galen spricht schon von einem Tonus, meint aber darunter längere Zeit anhaltende, willkürliche Muskelkontraktionen, die er auf psychische, vermittels der Nerven zugeführte Impulse zurückführt. Die Spannung des willkürlich nicht innervierten Muskels dagegen, die jetzt allgemein als Tonus bezeichnet wird, beispielsweise die Verkürzung eines an einem Insertionsende losgelösten Muskels, seine Kontraktion nach Durchschneidung des Antagonisten führt er auf eine $\sigma\acute{v}\mu\varphi\nu\tau o\varsigma$ $\tauo\widetilde{\iota}\varsigma$ $\mu\nu\sigma\acute{\iota}\nu$ $\grave{\varepsilon}\nu\acute{\varepsilon}\rho\gamma\varepsilon\iota\alpha$, eine den Muskeln angeborene Kraft, sich zu kontrahieren, zurück, deren Wesen unsicher bleibt. Dieser Begriff kehrt bei Haller als Vis contractilis musculis insita, als eine eigentümliche vitale Kraft wieder, er hat bei Virchow eine neue Gestalt gewonnen, wenn er im Tonus einen Ausdruck für den Turgor, für den Ernährungszustand und die dadurch bedingte gegenseitige Anziehung der einzelnen Teilchen des Gewebes erblickt; die Zusammenziehung der Muskeln nach Durchschneidung ihrer Antagonisten wurde andererseits als Ausdruck der bloßen physikalischen, elastischen Kräfte, einer Contractilité de tissu von Bichat (ähnlich später von Weber) betrachtet. In Deutschland vermutete erst Johannes Müller, daß neben diesen bloß physikalischen Kräften ein nervöser Einfluß an dem Zustandekommen der Dauerspannung des Muskels beteiligt sei. Diese Vorstellung blieb aber lange Zeit Gegenstand der Kontroverse. Die Natur der nervösen Einflüsse, welche eine dauernde Spannung des Muskels aufrechterhalten sollten, war recht unklar. Die Meinung, daß sie durch eine automatische Tätigkeit der Nervenzentren bedingt sei, war vorherrschend und nur wenige, beispielsweise Marshall Hall, der Tonus und Reflexaktion nur als Modifikationen der Funktion des Rückenmarks betrachtete, weil sie beide nach Rückenmarkszerstörung verlorengehen, nahmen einen reflektorischen Ursprung dieser Erregung an. Ja die Existenz dieses Einflusses selbst wurde bestritten (E. Weber, Heidenhain), während Henle sie als erwiesen betrachtete. Erst Brondgeest gelang es, in den Flexoren des Hinterbeins beim Frosch jenes Objekt zu finden, an welchem sich der Einfluß reflektorischer Impulse auf die Spannung des Muskels einwandfrei nachweisen ließ; die Erschlaffung dieser Muskeln nach Aufhebung der zentripetalen, von der betreffenden Extremität ausgehenden Impulse bewies den reflektorischen Ursprung dieser Spannung und entzog den älteren Vorstellungen, welche dieselbe auf eine automatische Tätigkeit des zentralen Nervensystems zurückführten, den Boden.

Die Erkenntnis von der innigen Abhängigkeit der Spannung des Muskels von seiner Innervation verleitete dazu, den Tonusbegriff von der Spannung des Muskels auf die diese Spannung bedingende Innervation zu übertragen, noch lange bevor der exakte Nachweis dieses Zusammenhanges durch Brondgeest erbracht war. So findet sich schon bei A. v. Humboldt der Ausdruck Tonus für die automatische Tätigkeit des Nervensystems verwendet. Nur wenige, wie beispielsweise Henle, sind sich dieser Übertragung bewußt geworden. Er verstand unter Tonus die mittlere Spannung der contractilen Fasern; nachdem er für erwiesen hält, daß diese Spannung eine durch das Nervensystem unterhaltene Kontraktion ist, wird gestattet sein, meint er, „den Namen Tonus statt auf die Kontraktion auf die kontrahierende Kraft der Nerven zu beziehen". Leider hat man sich diese Übertragung nicht immer so klar vor Augen gehalten, wie dies Henle getan hat, so daß der „Tonus des Nervensystems", ein „Biotonus", eine selbständige Bedeutung gewann, die ursprüngliche Beziehung zum Erfolgsorgan in den Hintergrund trat.

Es erscheint mir darum zur Vermeidung von Mißverständnissen am besten, an der usrprünglichen Bedeutung festzuhalten, vom Tonus nur in bezug auf den Spannungszustand des Muskels zu sprechen, die diesen Zustand aufrechterhaltende „tonische Innervation", die Tschermak der alterativen, zustandsändernden gegenübergestellt hat, mit Uexküll und Jordan als *statische Erregung oder Innervation* zu bezeichnen und sie der dynamischen oder kinetischen Innervation (der „phasischen Aktion" der englischen Autoren) entgegenzusetzen.

Das gleiche wie für die Innervation gilt für die Stoffwechselvorgänge, welche den Muskeltonus aufrechterhalten sollen. Der Gedanke, daß diesem dauernden Spannungszustand des Muskels ein Dauerstoffwechsel entsprechen muß, der durch die vom Nervensystem dem Muskel beständig zufließenden Impulse aufrechterhalten wird, hat dazu geführt, von einem chemischen Tonus zu sprechen (Zuntz und Röhrig, Pflüger). So ist wiederum der Tonusbegriff von dem mechanischen Zustand des Muskels auf den diesen Zustand begleitenden oder ihm zugrunde liegenden Stoffwechsel und schließlich auf den gesamten Stoffwechsel des nicht-arbeitenden Muskels übertragen worden, ohne daß klargestellt wäre, ob die Gesamtheit der im nicht-arbeitenden Muskel sich abspielenden Stoffwechselvorgänge tatsächlich mit dem der Aufrechterhaltung der mechanischen Spannung dienenden Energieumsatz identifiziert werden darf oder nicht. Es scheint mir daher eine etwas klarere Umgrenzung jenes Stoffwechsels, welcher der Aufrechterhaltung der mechanischen Spannung des nicht arbeitenden Muskels dient, nicht unangebracht, wofür ich in Analogie mit dem Begriff der statischen Innervation die Bezeichnung *statischer Stoffwechsel* wählen möchte.

Haben wir nun den Tonusbegriff allein auf den mechanischen Spannungszustand des Muskels bezogen und von den diesen beeinflussenden nervösen und physikalisch-chemischen Faktoren abgegrenzt, so erscheint es notwendig, das Wesen dieser Spannung näher zu charakterisieren. Die Erscheinung, die schon den älteren Autoren aufgefallen ist und die sie ja vor allem verleitet hat, einen bloß physikalischen Zustand anzunehmen, ist die Stetigkeit, die Konstanz dieser Spannung, die am lebenden Tier gegenüber dem Zug der Antagonisten, der Schwerkraft eine bestimmte Ruhelänge so lange aufrechterhält, als willkürliche Innervationen oder künstliche Reize, bzw. reflektorische Erregungen sie nicht unterbrechen. Dadurch aber gelangte man dazu, den Tonusbegriff für Kontraktionsformen anzuwenden, welche sich durch eine besondere Dauer kennzeichnen, vor allem die Kontraktionen der glatten Muskulatur gegenüber der schnellen Zuckung der Skelettmuskulatur als tonische Kontraktionen zu bezeichnen (in der älteren Literatur G. E. Stahl, Bichat, Tiedemann). Zeichnet sich ja der glatte Muskel gegenüber den quergestreiften Skelettmuskeln vor allem dadurch aus, daß bei ihm nicht wie beim letzteren zwangsläufig an die Kontraktion die Erschlaffung geknüpft ist (vgl. P. Schultz) und er daher leicht in einem ihm erteilten Verkürzungszustand verharrt. Aber auch beim Skelettmuskel kann man manchmal, z. B. unter Giftwirkungen, beobachten, daß er auf einen Reiz in einen Zustand der Verkürzung gerät, der längere Zeit beibehalten wird.

Die Anwendung des Tonusbegriffes auf Kontraktionsformen von besonderer Dauer findet ihre Begründung in der Vorstellung, daß der Widerstand des Muskels gegen Zug ebenso wie seine Verkürzung Ausdruck einer einzigen Funktion, der inneren Spannung des Muskels sei, eine Vorstellung, die besonders in A. Fick ihren klassischen Vertreter gefunden hat. Es entsteht nun aber die Frage, ob und inwiefern wir jene Spannung, welche eine bestimmte Länge gegen äußere Widerstände dauernd erhält, mit der der Verkürzung des Muskels zugrunde liegenden Spannung identifizieren dürfen. Barthez scheint zuerst die Idee einer besonderen „Force de situation fixe" entwickelt zu haben; auf sie führt er die Fähigkeit zurück, einen Gegenstand durch lange Zeit und mit großer Kraft umspannt zu halten, ohne einen Druck auf denselben auszuüben. Er zitierte das Beispiel des

Athleten Milon von Croton, der einen Granatapfel in seiner Hand halten konnte, ohne daß ein Eindruck an demselben bemerkt wurde, obwohl die Kraft, mit welcher er ihn hielt, so groß war, daß niemand ihm denselben entreißen konnte. Allerdings betrifft dieses Beispiel eine willkürliche Kontraktion der Muskulatur, und es scheint darum nicht ohne weiteres möglich, die Force de situation fixe von Barthez mit der statischen Funktion der Muskulatur zu identifizieren, wie dies Mourgue anzunehmen geneigt ist. Immerhin muß zugegeben werden, daß die Bedeutung, welche Barthez seiner Force de situation fixe für den Ablauf der Bewegungen zuschreibt, wenn er beispielsweise meint, die normale Fortbewegung erfordere es, daß in jedem Moment die unteren Gliedmaßen in einem bestimmten Beugungsgrad festgehalten werden, schon den Gedanken von „steriler Kontraktion", von Muskelkontraktion ohne Veränderung der Länge des Muskels (Grasset) enthält, wie er erst in der neuesten Zeit von Strümpell bei der Aufstellung des amyostatischen Symptomenkomplexes näher ausgeführt wurde.

Die tatsächliche Trennung einer besonderen Haltefunktion des Muskels von seiner Verkürzungsfähigkeit ist aber erst eine Errungenschaft der letzten Jahrzehnte (vgl. G. Weiß). Der Nachweis dieser Trennung ließ sich mit besonderer Klarheit bei der glatten Muskulatur erbringen. Grützner geht von der Beobachtung von Mosso und Pellacani aus, daß die Harnblase in ihrem Innern (abgesehen vom Flüssigkeitsdruck) einen Druck von Null aufweisen kann, gleichgültig, ob das Lumen des Organs viel oder wenig Flüssigkeit enthält, gleichgültig also, ob die einzelnen Muskelfasern verkürzt sind oder nicht. Während eine bloß elastische Blase sich bei stärkerer Dehnung mit größerer Kraft zusammenzuziehen trachtet, vermag die Harnblase, auch wenn sie wenig Flüssigkeit enthält, ihre Muskulatur also nicht gedehnt ist, einen bedeutenden Innendruck zu entwickeln. Die von den Fasern entwickelte Spannung ist also weitgehend unabhängig von ihrer Länge. Grützner sucht hiervon dadurch eine anschauliche Vorstellung zu geben, daß er die Muskelfasern mit einem Gummifaden vergleicht, der ein mit einem Sperrhaken versehenes Gewicht längs einer Zahnstange in die Höhe hebt. Wenn der Gummifaden mit der Kontraktion aufhört, vermag er das Gewicht an jeder Stelle abzusetzen und sich selbst dann auszuhaken. So wie nun bei diesem Modell das Gewicht in jeder beliebigen Höhe ohne jede Beanspruchung der elastischen Kräfte des Gummifadens festgehalten werden kann, also die gleich große Last bei verschiedener Länge des Gummifadens getragen werden kann, ebenso, meint Grützner, vermögen die contractilen Faserzellen dadurch, daß sie „innere Haftmechanismen", eine besondere Sperrvorrichtung besitzen, durch die sie sich festzumachen vermögen, in jedem beliebigen Stadium der Verkürzung demselben Zug Widerstand zu leisten, die gleiche Spannung zu entwickeln, ohne zu ermüden.

Die Unabhängigkeit dieser „*inneren Sperrung*" von der Verkürzung wird aber besonders anschaulich durch die Versuche Uexkülls, der bei Evertebraten diese beiden Funktionen auf verschiedene Muskeln verteilt fand [1]. Die klassischen Beispiele hierfür sind die Muskeln des *Seeigels* und der Muscheln. Der Seeigelstachel ist auf seiner Unterlage in einem Gelenk beweglich, das von einer doppelten Muskelschicht unhüllt wird; die innere Schicht besteht aus dem weißlichen, undurch-

---

[1] Auch die *Holothurien* zeigen eine Trennung von Verkürzungs- und Sperrmuskeln; die letzteren bilden ein Rohr, innerhalb dessen die Verkürzungsmuskulatur in Rings- und Längsmuskelzügen angeordnet ist (Jordan, Uexküll).

sichtigen Sperrmuskel, die äußere aus dem glashellen Bewegungsmuskel. Ein kurzdauernder Reiz erregt nur den Bewegungsmuskel, erst wenn die Bewegung des Stachels durch einen äußeren Widerstand gehemmt ist, „fließt die Erregung" dem Sperrmuskel zu, derselbe balanciert zuerst die Last aus, dann erst wird der Bewegungsmuskel in Erregung versetzt. Ähnlich zeigt auch der Schließmuskel der *Muscheln* eine Trennung in einen Bewegungs- und einen Sperrmuskel, welch letzterer sich nur dadurch von dem Sperrmuskel des Seeigelstachels unterscheidet, daß er nicht wie dieser sich der wechselnden Belastung anpaßt, eine *gleitende Sperrung* (Noyons und Uexküll) aufweist, sondern jedem Zug eine *maximale Sperrung* entgegensetzt. So wichtig auch die von Uexküll gefundenen Tatsachen sind, so anschaulich auch die von ihm gewählte bildliche Ausdrucksweise die Unterschiede zwischen Verkürzung und Sperrung dartut, so sei gleich hier bemerkt, daß mit der Trennung der Haltefunktion von der Verkürzungsfähigkeit natürlich noch gar nicht gesagt ist, daß tatsächlich an jenen Muskeln, welche einen dauernden Widerstand gegenüber Dehnung entwickeln, ein von den Verkürzungsmuskeln prinzipiell verschiedener „Sperrmechanismus" vorhanden sei; es sei nur auf Biedermann verwiesen, der sich schon gegen die bildliche Darstellungsweise Uexkülls wandte und die Befürchtung aussprach, daß ein derartiges Schematisieren physiologischer Vorgänge die Vorstellung in falsche Bahnen lenke.

Am quergestreiften *Wirbeltiermuskel* begegnet der Nachweis der Sperrfunktion der Schwierigkeit, daß in der Regel Verkürzung und Sperrung von demselben Muskel geleistet werden müssen, wenn wir auch seit Ranvier in den roten Muskeln des Kaninchens gegenüber den schnell zuckenden blassen einen Typus von verhältnismäßig langdauernder Kontraktion kennen und der M. tensor tympani als Sperrmuskel aufgefaßt werden mag. Es ist das Verdienst Sherringtons, ausgehend von den Überlegungen Jacksons über die tonische Funktion des Kleinhirns, in der *Enthirnungsstarre* einen Zustand gefunden zu haben, welcher die weitgehende Unabhängigkeit der Spannung des Muskels von seiner Länge auch beim Säuger demonstriert. Er zeigte an Katzen, welche durch Mittelhirndurchschneidung decerebriert waren und bei welchen er alle Muskeln der hinteren Extremitäten bis auf den Kniestrecker enerviert hatte, daß dieser dem gleichen Zug Widerstand zu leisten vermag, gleichgültig, ob das Streckmuskelpräparat aus der maximalen Beugestellung in die maximale Streckstellung gebracht wird oder umgekehrt. Jede neue Lage, in welche der Unterschenkel gelangt, wird fixiert, jede Längenänderung, welche man dem Kniestrecker erteilt, wird von diesem festgehalten, ohne daß er seinen Spannungsgrad aufgibt.

Dieses Phänomen hat Sherrington mit dem treffenden Ausdruck *plastischer Tonus* bezeichnet, es ist, wie noch im weiteren Verlaufe näher auszuführen sein wird, reflektorisch bedingt, verschwindet nach Aufhebung der sensiblen Innervation der betreffenden Extremität. Daraus geht hervor, daß die Eigenschaft des plastischen Tonus, die Sherrington im Zustand der Enthirnungsstarre bei Säugern beschrieben hat, wohl äußerlich identisch ist mit jener Plastizität, die man auch am isolierten Muskel beobachten konnte, dem Wesen nach aber von ihr unterschieden werden muß. Für den glatten Wirbeltiermuskel hatte schon P. Schultz am Froschmagen nach Ausschaltung der Innervation durch Atropinvergiftung gezeigt, daß er einer gewissen Plastizität, einer Verkürzungs- und Verlängerungsreaktion fähig sei (*Substanztonus*; Autotonus, von Noyons); für den Skelettmuskel demonstrierte Langelaan, daß sich an ihm auch nach Abtrennung von seinen nervösen Verbindungen neben den Eigenschaften der Elastizität auch die eines plastischen Körpers nachweisen lassen, die Fähigkeit, eine durch kontinuierlichen Zug entstandene Deformation bleibend zu bewahren[1]. In dieser Plastizität haben wir es also mit einer Eigenschaft der Muskelsubstanz selbst zu tun, in dem von Sherrington beschriebenen Phänomen mit einer Reflexerscheinung, Unterschiede, die verwischt werden, wenn man für beide Gruppen von Phänomenen den Ausdruck plastischer Tonus verwendet[2]. Auch Frank und Katz übertragen den Begriff des plastischen Tonus auf die Contracturen, die am Muskel nach Degeneration der zuführenden Nerven ausgelöst werden können, wie beispielsweise die Nicotincontractur. Dadurch werden Zustände verschiedener Entstehungsart bloß auf Grund äußerer Ähnlichkeiten unter demselben Begriff zusammengefaßt. Schließlich gewinnt der Ausdruck bei Foerster eine von der ursprünglichen gänzlich verschiedene Bedeutung; er spricht von einem plastischen „formgebenden" Tonus, der sich in dem reliefartigen Hervorspringen der Muskelbäuche, in ihrer Härte bei der Palpation kundgibt. Zur Vermeidung von Mißverständnissen wird es wohl am besten sein, den Ausdruck plastischer Tonus nur in dem ursprünglich von Sherrington gebrauchten Sinne zu gebrauchen, darunter die durch Dauerreflexe, weitgehend unabhängig von der Länge des Muskels aufrechterhaltene Spannung zu verstehen.

Beim *Menschen* hat wohl zuerst Rieger die besondere Stellung der „bremsenden" Wirkung der Skelettmuskulatur klar ausgesprochen. Der besondere Widerstand, den er im Beginn einer passiven Dehnung des Quadriceps unabhängig von der Ausgangsstellung des Unterschenkels fand, veranlaßte ihn, bei den Muskeln nicht nur daran zu denken, daß sie Bewegungen bewirken, sondern auch daran, daß sie Bewegungen zu verhindern, zu bremsen versuchen. Er erkannte, daß Halten und Bewegen die beiden wesentlichen Funktionen der Muskulatur ausmachen; die bisherige Nichtbeobachtung der Bremsung komme bloß daher, daß man dieselbe nicht unmittelbar wahrnehmen kann.

Die Selbständigkeit der Haltefunktion des Muskels wurde beim Menschen aber erst mit besonderer Eindringlichkeit klar, als man Krankheitsbilder beobachten und näher analysieren lernte, bei welchen die Störungen der Muskulatur vor-

---

[1] Neuerdings findet Beck am Froschgastrocnemius, daß der im Tetanus befindliche Muskel höheren, von außen aufgezwungenen Spannungen das Gleichgewicht zu halten vermag, als er bei den gleichen Längen beim Übergang vom ungereizten in den gereizten Zustand aus innerer Kraft aufbringt. Er schließt daraus, daß neben den Zustandsänderungen, welche zu einer erhöhten Spannung und damit zur Verkürzungsfähigkeit führen, auf der Höhe der Spannungsänderung eine andere Zustandsänderung hinzutritt, durch welche die Länge des Muskels gewissermaßen fixiert wird.

[2] Weiterhin spricht allerdings Langelaan sowohl den „*plastischen Tonus*" (Fähigkeit, eine Deformation zu bewahren), als auch den „*contractilen Tonus*" (Zustände leichter Kontraktion, identisch mit dem Reflextonus von Müller, Brondgeest) als reflektorische Phänomene an. Neuerdings stellen Mann und Schleier dem (gegenüber der Schwerkraft) eine gewisse Haltung gewährleistenden „Haltetonus" den „plastischen Tonus" gegenüber, der als eine der jeweiligen Lage der (unterstützten) Gliedabschnitte sich anpassende Längenänderung in Erscheinung tritt. Es ist sicher richtig, daß die Muskulatur auch dann einen gewissen Tonus hat, wenn die Glieder nicht dem Zug der Schwerkraft ausgesetzt sind, ein Grund dafür, verschiedene Tonusformen je nach dem Wirksamwerden der Schwerkraft anzunehmen, scheint mir aber nicht vorzuliegen, zumal die Autoren selbst meinen, daß in beiden Fällen nur ein quantitativer Unterschied vorliegen dürfte.

wiegend in der Fixation der Skeletteile in einer Dauerstellung bestehen, und erkannte, daß die Grundlage dieser Störungen in der Läsion von Systemen zu suchen sei, welche von der die Bewegung innervierenden Pyramidenbahn geschieden werden müssen. Die von Kinnier Wilson beschriebene progressive lenticuläre Degeneration zeigte eine Fixationsrigidität der Muskulatur, welche die Aufmerksamkeit auf ähnliche Störungen in der Haltefunktion der quergestreiften Muskulatur lenkte. Solche Störungen wurden tatsächlich bei einer Reihe anderer Krankheitsbilder gefunden, wie bei der Pseudosklerose, der Paralysis agitans, der von Foerster beschriebenen atherosklerotischen Muskelstarre, der kongenitalen Athetose, bei Infektionskrankheiten, wie Encephalitis epidemica, bei Intoxikationen, wie CO-Vergiftung. Bei diesen Krankheiten konnte wieder eine Erkrankung motorischer Systeme gezeigt werden, die sich als weitgehend unabhängig von der der Bewegungsinnervation dienenden Pyramidenbahn erweisen. So erscheint es gerechtfertigt, wenn Strümpell diese Störungen unter einem einheitlichen Gesichtspunkte zusammenfaßte, den Störungen der willkürlichen Bewegung, der myodynamischen oder myomotorischen Innervation als Störungen in der statischen Fixation der Gelenke, als *amyostatischen Symptomenkomplex* gegenüberstellte. So sehen wir in der menschlichen Pathologie in dem Auftreten von Störungen in der Fixation der Skeletteile durch Erkrankungen außerhalb des myomotorischen Systems einen weiteren Beweis für eine besondere Haltefunktion der Skelettmuskulatur.

Es muß zugegeben werden, daß sich bei Innervation einer Bewegung in einem bestimmten Gelenk der Spannungszustand auch jener Muskeln ändert, welche nicht direkt an der Ausführung der betreffenden Bewegung beteiligt sind, besonders der Zustand der Antagonisten, deren Spannung, vor allem entsprechend dem Gesetz der reziproken Hemmung, herabgesetzt wird (vgl. unten), aber auch der Zustand der Muskeln, die benachbarte oder gar entferntere Gelenke beherrschen, da in der Regel ein Bewegungsimpuls nicht auf eine bestimmte Muskelgruppe beschränkt bleibt, sondern es zu einem Irradiieren der Erregung, zu zahlreichen Mitbewegungen oder Mitinnervationen (Trendelenburg) kommt. Ebenso ist es klar, daß der Spannungszustand der Muskulatur im sogenannten Ruhezustand und die Promptheit, mit welcher diese Spannung geändert, vor allem herabgesetzt werden kann, von wesentlicher Bedeutung für die Bewegungsfigur, besonders bei pathologischen Zuständen, sei. Statik und Kinetik, bzw. die sie erhaltenden und auslösenden Innervationsmechanismen greifen also im normalen Geschehen vielfach ineinander und beeinflussen sich gegenseitig. Diese Wechselbeziehung zwingt uns um so mehr, zunächst den Tonusbegriff möglichst scharf abzugrenzen, ihn auf Zustände der Haltung einzuschränken, wohl wissend, daß Tonusschwankungen eine jede Bewegung begleiten, bzw. Tonusschwankungen Haltungsänderungen herbeizuführen vermögen.

Definition.

Wir verstehen demnach unter Tonus der Skelettmuskulatur einen Spannungszustand, der ohne willkürliche Innervation besteht; dieser Dauerszustand hält so lange unverändert an, als die Körperteile, zwischen welchen die betreffenden Muskeln gespannt sind, nicht durch willkürliche oder Reflexreize in Bewegung versetzt werden.

Der Tonus jener Muskeln, welche an gegeneinander beweglichen Skeletteilen inserieren (quergestreifte Skelettmuskulatur der Vertebraten, glatte Schließmuskeln der Muscheln, Sperrmuskel des Seeigelstachels) bedingt die gegenseitige Lagerung, die Haltung dieser Skeletteile, auch gegenüber dem eventuell wirkenden Zug der Schwere, von Bändern bzw. Antagonisten. Der Tonus jener Muskeln, welche Hohlorgane umschließen (Abdominalmuskulatur, Mehrzahl der glatten Muskeln), erhält einen bestimmten Innendruck des Hohlorganes. Die *Innervation*, welche den Tonus aufrechterhält, sei als *statische* der kinetischen oder Bewegungsinnervation gegenübergestellt, der begleitende Stoffwechsel als *statischer Energieumsatz* bezeichnet.

II. Energetik und Mechanismus der Dauerverkürzung.

1. Der Energieumsatz.

Die Abgrenzung der tonischen Verkürzung als einer besonderen Form der Kontraktion findet ihre Berechtigung vor allem in den Eigentümlichkeiten des Energieumsatzes, welche sie darbietet, Besonderheiten, die sich in erster Linie beim Studium der Dauerverkürzung glatter Muskeln zeigten. Bethe konnte an *Aplysia* zeigen, daß durch Exstirpation des Zentralnervensystems der Tonus des gesamten Hautmuskelschlauches derart steigt, daß der Innendruck der Leibeshöhle das Dreifache des normalen Drucks erreicht, und daß dieser Druck unverändert bestehen bleibt, selbst wenn das Tier zehn Tage ohne Nahrungsaufnahme bleibt. Parnas belastete den Schließmuskel verschiedener *Muscheln* stundenlang, so daß auf den glatten Muskel von 0,3 qcm Querschnitt ein Zug von 3 kg entfiel. Der respiratorische Stoffwechsel war weder während der Belastung noch in den darauf folgenden Perioden gegenüber der Ruhe erhöht. Der gesamte Stoffwechsel der so belasteten Muschel war so gering, daß jener Teil, der bestenfalls dem glatten Muskel zukam, 50 000 mal kleiner war als die Erhöhung des Stoffwechselumsatzes eines quergestreiften Muskels, der die gleiche Last zu tragen hat. In ähnlicher Weise ergab sich aus weiteren Versuchen von Bethe, daß stark belastete Teichmuscheln, die 24—25 Tage ohne Nahrung gelassen waren, nicht mehr an Lebendgewicht und Trockengehalt verloren als gering belastete Tiere unter denselben Versuchsbedingungen. Auch zeigte sich der Sauerstoffverbrauch von Aplysien bei höherer Muskelspannung im Dauertonus gegenüber Tieren mit geringer Muskelspannung nicht im geringsten erhöht. Ferner berechnete Bethe, daß die Muskulatur der *Arterien des Menschen* $^1/_6$—$^1/_4$ des gesamten Ruheumsatzes erfordern würde, wenn sie zur Aufrechterhaltung der Spannung desselben Stoffumsatzes bedürfte wie die quergestreifte Muskulatur, ein nach Bethe vollkommen unmögliches Verhältnis. Allerdings gibt es auch Fälle, wo bei Erhöhung der tonischen Spannung eine Erhöhung des Gaswechsels gemessen wurde, wie Cohnheim und Uexküll an der Rüsselmuskulatur von *Sipunculus* und beim Blutegel zeigten.

Diese Fähigkeit der Dauerverkürzung ohne meßbaren Energieverbrauch ist aber nicht nur eine Eigenschaft der langsam reagierenden glatten Muskulatur; selbst die exquisit rasch zuckende Insektenmuskulatur vermag Zustände von Dauerverkürzung zu zeigen, welche anscheinend ohne Stoffwechselumsatz einhergehen. So konnte Buddenbrock bei der *Stabheuschrecke* (Dyxippus) nachweisen, daß sowohl jener kataleptische Zustand, in dem das Tier tagelang liegen bleibt, als auch der „Starre-Stand", in dem das auf 40° erwärmte Tier stundenlang seinen Körper 1—2 cm über dem Boden hält, ohne vermehrte Gewichtsabnahme des Tieres und ohne erhöhten Sauerstoffverbrauch einhergeht, während sich an Tieren, die umherliefen, eine 3—4fache Gewichtsabnahme gegenüber der Ruhe nachweisen ließ.

Solche Zustände von Dauerverkürzung ohne meßbaren Energieverbrauch hat man aber nicht nur an Evertebraten, sondern auch am *Säuger* nachzuweisen gesucht. In der nach Injektion von Tetanustoxin auftretenden Starre lehrten H. H. Meyer und Fröhlich eine Zustandsänderung des Muskels kennen, die, abgesehen von den weiter unten zu besprechenden Eigentümlichkeiten des Elektromyogramms, ohne Glykogenverbrauch einhergeht (Ishizaka), so daß sich in den tetanisch starren Muskeln ähnlich wie in ruhenden sogar eine Erhöhung des Glykogengehalts fand. Bei jenem merkwürdigen, von Sherrington beschriebenen Starrezustand, der nach Mittelhirndurchtrennung auftritt und die Extremitäten in Streckstellung fixiert, der sogenannten Enthirnungsstarre, untersuchte Roaf die CO_2-Produktion und den O_2-Verbrauch, ohne eine Vermehrung des Gaswechsels während der Starre feststellen zu können. Wenn die Starre durch Curarisierung bzw. Nervendurchschneidung zum Verschwinden gebracht wurde, ließ sich kein Absinken der CO_2-Produktion bzw. des Sauerstoffverbrauchs feststellen. Dagegen hatte Dekapitation bzw. Rückenmarksdurchschneidung eine Abnahme des Gaswechsels zur Folge, was durch die Zirkulationsstörungen erklärt wird, welche damit gleichzeitig erzeugt werden.

Wenn nun auch diese Angaben von Roaf bis zu einem gewissen Grade durch die Befunde von Bayliss gestützt sind, der die Wärmeproduktion in der Starre viel geringer fand als bei einem künstlichen Tetanus von ähnlicher Höhe, so haben doch neuere Untersuchungen von Dusser de Barenne und Burger mittels einer verfeinerten Methodik, die sowohl den Sauerstoffverbrauch als auch die Kohlensäureabgabe graphisch zu registrieren gestattet, gezeigt, daß es während der Enthirnungsstarre zu einer leichten Vermehrung des Sauerstoffverbrauchs und der Kohlensäureabgabe kommt. Der größte Unterschied, der in diesen Versuchen zwischen dem Sauerstoffverbrauch während der Enthirnungsstarre und nach deren Aufhebung gefunden wurde, betrug 25%; jedenfalls ist aber der Gasstoffwechsel während der sogenannten phasischen Innervation, also während der Bewegung, viel größer als während der Enthirnungsstarre. Neuerdings findet auch Janssen bei der Enthirnungsstarre sowie bei jener Streckerversteifung, die nach Injektion von Tetanustoxin in dem betreffenden Glied auftritt (lokaler Tetanus), einen gesteigerten Sauerstoffverbrauch.

Die Geringgradigkeit des die Tonussteigerung begleitenden Energieumsatzes mag auch die Ursache dafür sein, daß Grafe, der bei katatonem Stupor [1], Tetanus, Encephalitis, Querschnittsläsion des Rückenmarks mit hochgradigen Spasmen der Beine[2] den Sauerstoffverbrauch, die CO_2-Produktion und die Wärmebildung

---

[1] Die respiratorischen Untersuchungen von E. Schill scheinen dagegen zu erweisen, daß die katatonen Stellungen bei Schizophrenen mit einer deutlichen Zunahme des Sauerstoffverbrauchs einhergehen.

[2] Bei einem Mann mit hochgradiger Beugecontractur der Extremitäten infolge Hydrocephalus vermißte schon Bornstein nach seinen Respirationsversuchen Vermehrung des Energieumsatzes.

untersuchte, keine wesentliche Steigerung des Gesamtstoffwechsels fand, obwohl Paralleluntersuchungen von Hansen, Hoffmann und Weizsäcker bei den untersuchten Zuständen das Vorhandensein von Aktionsströmen erwiesen (vgl. weiter unten).

Überblicken wir demnach die vorliegenden Befunde über den Energieumsatz bei verschiedenen Zuständen tonischer Kontraktion, so zeigt sich, daß die Fähigkeit zur Dauerverkürzung ohne meßbaren Energieverbrauch am ehesten für Evertebratenmuskeln demonstriert ist, für die beim Säuger bekanntgewordenen Zustände von Tonuserhöhung ein absolutes Fehlen einer Stoffwechselsteigerung gegenüber dem Ruhezustande dagegen nicht bewiesen erscheint, jedenfalls aber der Energieumsatz auch bei diesen Zuständen recht geringgradig, viel geringer ist als bei kinetischer Innervation und in manchen Fällen sogar an der Grenze unserer bisherigen Stoffwechselmethodik liegt.

2. Das Elektromyogramm verschiedener Zustände von Dauerverkürzungen.

Um Zustandsänderungen des Muskels, insbesondere solange er noch im Zusammenhang mit dem Zentralnervensystem steht, am lebenden Tier zu verfolgen[1], scheint beim gegenwärtigen Stand unserer Methodik das Studium der im Muskel auftretenden Potentialunterschiede viel geeigneter als die Untersuchung des Stoffverbrauches des Gesamtorganismus gegenüber dem Ruhezustand, da bei letzterer Methode immerhin geringgradige Energieumsätze einzelner Muskelgruppen der Untersuchung entgehen können. Läuft eine Erregung über eine Muskelfaser ab, so werden bekanntlich die gerade von der Erregung betroffenen Faseranteile gegenüber den ruhenden elektronegativ; zwei mit einem Galvanometer in Verbindung stehende Elektroden A und B, die mit zwei unversehrten Stellen der Faser in Kontakt sind, werden also nacheinander zwei Stromstöße dem Galvanometer übermitteln. Passiert z. B. die Erregung zuerst die Elektrode A, so ist dieselbe gegenüber B negativ, passiert die Erregung weiter B, so ist nun diese Elektrode gegenüber A negativ; es entstehen zwei einander entgegengesetzte Stromschwankungen im Galvanometer (diphasischer Aktionsstrom). Ist dagegen von den beiden Elektroden die eine, z. B. A, statt mit einer intakten Stelle des Muskels mit einer künstlichen Querschnittfläche oder sonst einer lädierten Stelle in Verbindung, so ist A schon im Ruhezustand der Muskelfaser gegenüber B negativ, das Galvanometer wird von dem sogenannten Ruhestrom oder Verletzungsstrom durchflossen, welcher eine Abschwächung erfährt, wenn eine Erregung die mit dem intakten Muskelteil in Verbindung stehende Elektrode B passiert (monophasische Ableitung).

Jede vom Zentralnervensystem her ausgelöste, zu einer Bewegung führende Muskeltätigkeit, sei sie willkürlich oder reflektorisch hervorgerufen, zeigt im

---

[1] Man könnte vielleicht erwarten, daß ein Studium der Wärmetönung, welche die Muskeltätigkeit begleitet, Aufschluß über die Frage geben könnte, ob sich Zustände von Dauerverkürzung nachweisen lassen, die tatsächlich ohne jeden Energieumsatz einhergehen, oder ob jede Form von tonischer Kontraktion von einem gewissen, wenn auch nur geringgradigen Stoffverbrauch begleitet ist. Um aber solche thermodynamische Untersuchungen, wie sie besonders von Hill zum Studium der Muskelkontraktion ausgeführt wurden, auch für das Studium von Dauerverkürzungen, welche vom Zentralnervensystem aufrechterhalten werden, anzuwenden, scheint erst ein weiterer Ausbau der Methodik notwendig. Vorderhand liegen nur thermodynamische Untersuchungen über Erregungscontracturen isolierter Muskel vor (Acetylcholincontractur vgl. weiter unten).

Elektromyogramm eine Reihe rasch aufeinanderfolgender, je nach der Art der Ableitung mono- oder diphasischer Stromschwankungen, ist also durch eine Reihe rasch aufeinanderfolgender Einzelerregungen hervorgerufen.

Im Gegensatz hierzu hat man bei einer Reihe von Dauerverkürzungen Formen des Elektromyogramms beschrieben, die sich prinzipiell von dem geschilderten Aktionsstrombild der zur Bewegung führenden Muskelkontraktion zu unterscheiden schienen. Statt der eine Summe von Einzelimpulsen anzeigenden, rasch aufeinanderfolgenden Stromschwankungen wurde entweder eine ganz langsame Abweichung der Galvanometersaite beschrieben, welche vor allem für Tonusschwankungen charakteristisch sein soll, oder aber es wurden überhaupt Stromschwankungen während des Andauerns der tonischen Verkürzung vermißt.

Was zunächst die langsame Abweichung der Galvanometersaite anlangt, so wurde ein solcher Tonusstrom von Ewald am Schließmuskel der Malermuschel, von Noyons am Herzen, von de Boer am Skelettmuskel bei Veratrinvergiftung, von J. de Meyer, F. H. Lewy, Foix und Thevenard, Salomonson am Menschen beschrieben[1]. Man muß sich aber die Frage vorlegen, inwiefern diese langsame Saitenablenkung, insbesondere am quergestreiften Skelettmuskel von Vertebraten, einer tatsächlich im Muskel entstehenden Potentialdifferenz entspricht, inwiefern sie bloß ein Artefakt darstellt, bedingt durch Verschiebung der Elektroden oder Änderung des elektrischen Widerstandes zwischen denselben infolge der mit der Tonusänderung einhergehenden Bewegung der betreffenden Körperteile. Die auch von Weigeldt, Cobb vertretene Auffassung, daß diese langsame Saitenabweichung besonders in den Versuchen am Menschen nicht Ausdruck der Tonuszunahme sondern artificiell bedingt sei, erfährt eine Stütze vor allem durch Versuche von Einthoven, der zeigte, daß die Veränderung der Mittellage der Saite, die man bei der Enthirnungsstarre finden kann, sich auch durch passive Bewegungen der Gliedmaßen hervorrufen läßt.

Neuerdings schienen Untersuchungen von Rießer und Steinhausen darauf hinzuweisen, daß nach Betupfen der Nerveneintrittsstelle des Musculus gastrocnemius mit Acetylcholin ein konstanter oscillationsfreier Strom auftritt. Das mit Acetylcholin betupfte (obere) Muskelende verhielt sich dabei elektrisch *positiv* gegenüber dem unteren. Doch haben weitere Untersuchungen von Steinhausen zu der Auffassung geführt, daß diese Dauerablenkung im Sinne eines gewöhnlichen Verletzungsstromes zu deuten ist. Die umgekehrte Stromrichtung (von dem vergifteten Muskelende zu dem entgegengesetzten) wird aus Nebenumständen (Faserverlauf im Gastrocnemius, Eindringen der Substanz nur in die distalen Faseranteile) erklärt.

Der prinzipielle Nachweis des Vorkommens von anscheinend *stromloser Dauerverkürzung* geht aus den Untersuchungen von H. Meyer und Fröhlich am Schließmuskel von Cardium tuberculatum hervor. Die Autoren beschrieben aber weiter auch beim Säuger eine Reihe von Zuständen von Dauerverkürzung, bei welchen das Fehlen von Aktionsströmen, bzw. die Geringgradigkeit der registrierten Stromschwankungen daran denken ließ, daß sie durch eine von der kinetischen qualitativ verschiedene Innervation zustandekommen. Hierzu gehören: die Muskelstarre bei Tetanusvergiftung (für die Tetanusstarre bestätigt durch

---

[1] Siehe auch die Befunde von Brücke und Oinuma am Retractor penis.

Semerau und Weiler am Menschen, Liljestrand und Magnus bei der Katze), die kataleptischen Zustände, die in der Hypnose und bei Psychosen beobachtet und durch Bulbocapninvergiftung nachgeahmt werden können, schließlich der auch von Kahn untersuchte Umklammerungsreflex des brünstigen Frosches. Für pathologische Zustände haben ferner Bornstein und Sänger (spastische Kontraktur bei amyotropischer Lateralsklerose), Gregor und Schilder[1] (Parkinsonstarre, spastische Lähmungen), erst neuerdings Weigeldt (bei Wilsonscher Krankheit, hemiplegischer Kontraktur; dagegen Nachweis von Aktionsströmen bei kataleptischer Starre infolge Encephalitis, in der Hypnose und bei Spasmen infolge Myelitis) Fehlen von Aktionsströmen angegeben.

Mit dem Ausbau der Methodik wird aber die Zahl der zentralbedingten Starrezustände, die mit scheinbarer Stromlosigkeit einhergehen, immer mehr eingeengt. So wurden für die hypnotische Katalepsie, bei der übrigens schon Fröhlich und Meyer eine geringe Saitenunruhe feststellen konnten, durch Rehn, Weigeldt, bei der Bulbocapnin-Katalepsie durch de Jong, beim Parkinson-Rigor durch Rehn, bei der Katatonie durch Höber oscillierende Muskelströme nachgewiesen. Was den Umklammerungsreflex der Frösche anlangt, so konnte zwar Lullies am ruhig sitzenden Tier keine Ströme finden, während Wachholder periodische, aber sehr kleine Schwankungen registrierte. Schon bei der geringsten Dehnung der Muskulatur fanden aber beide Autoren typische Aktionsströme, so daß sie die Umklammerung ebenfalls für einen tetanischen Vorgang, wenn auch von sehr geringer Intensität, ansehen. Hansen, Hoffmann und Weizsäcker geben sogar an, beim Menschen bei keinem der von ihnen untersuchten Zustände von Dauerverkürzung (Tetanus, Trousseausches Phänomen bei Tetanie, spastische Kontraktur bei Hemiplegie und bei Querschnittsläsion, bei den Rigiditäten amyostatische Syndrome, bei Paralysis agitans, stupurösem Rigor der Katatonie, Dauerkontraktion in Hypnose) Aktionsströme vermißt zu haben.

Es scheint daher vielleicht nicht unangebracht, die Zustände von Sperrung, die *am glatten Evertebratenmuskel* beobachtet werden und die auch nach Ausschaltung der Innervation bestehen bleiben, von den durch das Zentralnervensystem aufrechterhaltenen Formen von Dauerverkürzung, die wir besonders am Säuger kennen gelernt haben, abzusondern. Während das *Vorkommen stromloser Dauerverkürzung* bei den erstgenannten Zuständen recht wahrscheinlich ist, so weit die gegenwärtige Methodik überhaupt das Fehlen von Muskelströmen zu behaupten gestattet, scheinen die *vom Zentralnervensystem der Vertebraten aufrechterhaltenen Tonuserhöhungen Oscillationen des Saitengalvanometers hervorzurufen*, also ein ähnliches Bild wie eine durch Summation von Einzelzuckungen entstandene, tetanische Muskelaktion (vgl. hierzu P. Hoffmann, Einthoven, Mann und Schleier, Foix). Allerdings ist zu betonen, daß das Elektrogramm dieser tonischen Kontraktionszustände sich von dem willkürlich oder reflektorisch erzeugter Bewegungen quantitativ, durch die Geringgradigkeit der registrierten Stromschwankungen auszeichnet, die manchesmal gerade an der Grenze unserer Registriermethoden liegen. So betont beispielsweise auch Buytendyk die Geringgradigkeit der bei der Enthirnungsstarre zu beobachtenden Aktionsströme.

---

[1] Gregor und Schilder haben allerdings im Hinblick auf die Unvollkommenheit ihrer Methode, wie Schilder neuerdings selbst betont (Klin. Wochenschrift 1922, S. 1159), aus ihrem Befunde nicht auf eine aktionsstromfreie Muskelspannung geschlossen.

Diesen auffallenden Unterschied in der Stärke der Saitenausschläge zwischen tonischen Krampfzuständen einerseits, einer willkürlich oder reflektorisch ausgelösten kinetischen Kontraktion andererseits, konnte ich deutlich bei der elektromyographischen Untersuchung des Schusterkrampfes beobachten. Daß dieser tonische Krampfzustand durch diskontinuierliche, reflektorisch aufrechterhaltene Erregungen zustandekommt, ist schon von Schäffer gezeigt worden, während Wertheim-Salomonson die Frage nach der Natur der Karpopedalspasmen offen ließ, wenn er auch der Ansicht zuneigt, daß sie tonischen Ursprungs seien. Ich suchte bei zwei Fällen von typischer Tetanie[1], bei welcher sich das Trousseausche Phänomen leicht auslösen ließ, während der

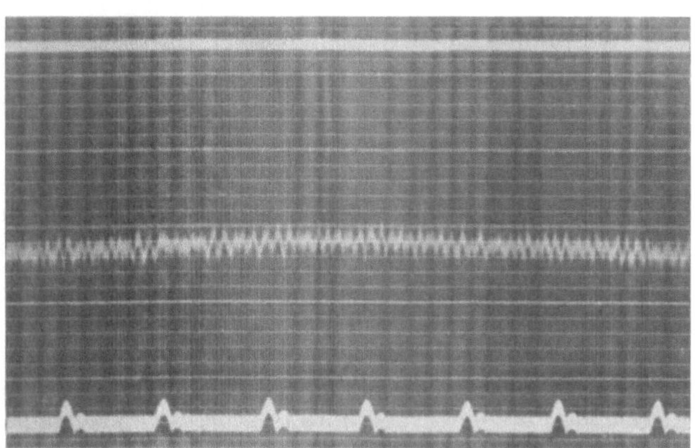

Abb. 1. Elektrogramm der Handgelenks- und Fingerbeuger während der Geburtshelferstellung der rechten Hand im Tetaniekrampf. Ableitung rechte Schulter-rechter Vorderarm. Empfindlichkeit 1 Millivolt = 34 mm Zeit in 1/5 Sek.

Anstellung dieses Versuches Aktionsströme von der Unterarmmuskulatur abzuleiten (Ableitung vom Unterarm und der Schulter der gleichen Seite). Abb. 1 zeigt, daß während des Krampfes deutliche Stromschwankungen in der kontrahierten Muskulatur bestehen, Schwankungen, die allerdings nur zum Teil auf den Krampf zu beziehen sind, da eine ganz leichte Saitenunruhe auch bei Ableitung von der ruhenden Muskulatur registriert wurde. Die Ausschläge der Saiten weisen aber sofort eine ungleich größere Amplitude auf, sobald die im Krampfanfall kontrahierte Beugemuskulatur des Unterarms

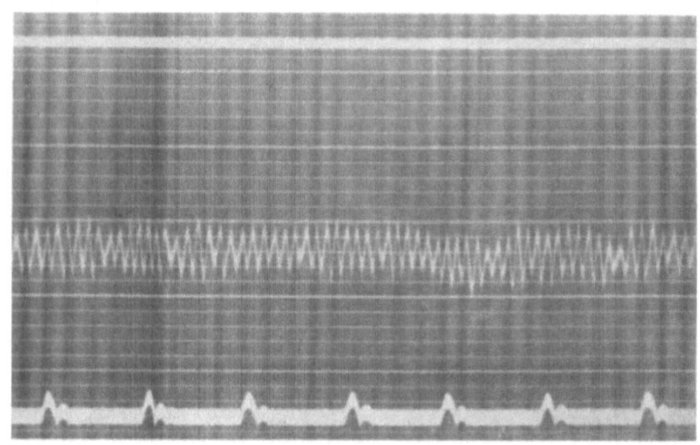

Abb. 2. Elektrogramm bei passiver Dehnung der während des Krampfanfalls kontrahierten Unterarmmuskeln. Sonstige Anordnung wie bei Abb. 1.

passiv gedehnt wird (Abb. 2). Ebenso zeigten sich, wenn die Versuchsperson in einem anfallsfreien Stadium willkürlich die Faust schloß, viel kräftigere Saitenausschläge als während des Krampfes.

Manche tonische Kontraktionszustände erweisen sich, wenn man nur den normalen Zug der Antagonisten auf die betreffende Muskulatur wirken läßt, scheinbar

---

[1] Der eine Fall ist in der Zeitschrift f. d. ges. Neurologie u. Psychiatrie 70, 13, 1921 publiziert.

stromlos, während bei der geringsten Dehnung Oscillationen der Galvanometersaite zu beobachten sind. So zeigten Schäffer und Weil bei Untersuchung der Muskelspasmen beim kontrakten Plattfuß, daß die Muskulatur bei starker Contractur spontan eine Kurve frequenter, diskontinuierlicher Stromschwankungen lieferte, bei schwacher Contractur dagegen der Muskel spontan stromlos war und erst bei passiver Dehnung Aktionsströme abgab.

Einen ähnlichen Befund hat auch Langelaan beim Studium des Elektromyogramms proprioceptiver Reflexe erhoben. Während anfänglich der Muskel keine Aktionsströme gab, war die geringste Spannungserhöhung von rhythmischen Ausschlägen der Galvanometersaite begleitet (vgl. auch die Beobachtungen von Lullies beim Klammerreflex). Damit sind eigentlich Übergänge gegeben zwischen den zur Bewegung führenden Muskelkontraktionen mit ihren starken Aktionsströmen, den Zuständen von Tonuserhöhung mit ihren relativ geringen Saitenausschlägen und dem sogenannten Ruhezustand, in dem die Muskulatur nur die gegenseitige Lagerung der Körperteile zu erhalten hat. Daß sich auch von der sogenannt ruhenden Muskulatur unter Umständen Stromstöße ableiten lassen, lehren nicht nur die Befunde von Dittler am Zwerchfell während Apnoe, von Hoffmann an der Augenmuskulatur, sondern auch die Untersuchungen von Wachholder, der am ruhenden Skelettmuskel, wenn dieser nicht vollkommen erschlafft war, Stromstöße von ganz niederer Frequenz (10—15 per Sekunde) nachweisen konnte.

Es scheint demnach, daß *nicht nur bei den vom Zentralnervensystem aufrechterhaltenen Zuständen von Tonuserhöhung sondern auch vom normal innervierten, scheinbar ruhenden Muskel*, dessen Spannung nur dazu dient, die gegenseitige Einstellung der Skeletteile zu erhalten, *in gewissen Fällen wenigstens geringe Stromschwankungen abgeleitet werden können.*

Die Geringgradigkeit der Saitenausschläge, die wir bei vielen Zuständen tonischer Verkürzung beobachten, wird eher begreiflich, wenn wir uns mit Adrian vor Augen halten, daß bei den vom Zentralnervensystem her aufrecht erhaltenen Verkürzungszuständen nicht immer alle Fasern des Muskels sich gleichzeitig in Kontraktion befinden müssen, sondern daß verschiedene Fasergruppen abwechselnd in Kontraktion geraten können[1]. Dadurch kann leicht der Fall eintreten, daß die Aktionsströme, die von der einen Gruppe entstehen, eine entgegengesetzte Richtung wie die von der anderen Gruppe erzeugten Ströme haben, und so können die von den einzelnen Fasern erzeugten Ströme sich gegenseitig abschwächen, ja sogar zu Null reduzieren. Auch Forbes gelangt zu der Vorstellung, daß während der tonischen Kontraktion nicht alle Fasern eines Muskels gleichzeitig verkürzt sind, und baut darauf eine Theorie auf, welche die Geringgradigkeit der Muskelströme sowie auch die relative Unermüdbarkeit bzw. den geringen Energieumsatz erklären könnte. Er meint, daß während der tonischen Dauerverkürzung nur eine Gruppe der Fasern eines Muskels kontrahiert wird, daß deren Kontraktion reflektorisch eine bestimmte Zahl von Vorderhornzellen in Erregung versetzt, die ihrerseits eine andere Fasergruppe II innervieren. Bevor diese Fasergruppe II ermüdet, sistiert der ihre Kontraktion auslösende Reflex

---

[1] Die Versuche von E. Haas weisen darauf hin, daß die gleichzeitig von zwei verschiedenen Teilen eines Muskels aufgenommenen Aktionsstrombilder bei schwachen und mittleren Gewichten nicht übereinstimmen.

durch Ermüdung an der Synapse, diese Kontraktion hat aber indessen reflektorisch die Verkürzung einer dritten Fasergruppe ausgelöst usw. Ob tatsächlich ein solcher Mechanismus existiert, der dazu führt, daß abwechselnd verschiedene Muskelgruppen in Kontraktion geraten, um die zur Erfüllung der Haltefunktion des Muskels nötige Spannung aufrecht zu erhalten, bleibt vorderhand offen. Jedenfalls vermag uns die Vorstellung, daß nicht alle Fasergruppen eines Muskels gleichzeitig in Kontraktion geraten, zu erklären, daß deren Aktionsströme sich gegenseitig abschwächen und darum geringere Saitenausschläge auslösen als etwa die willkürliche Kontraktion.

In der jüngsten Zeit haben wieder Dittler und Freudenberg Befunde mitgeteilt, welche für die Existenz von Zuständen stromloser Dauerverkürzung zu sprechen scheinen. Sie beobachteten bei der bei manchen Menschen durch tiefe Atmung auslösbaren sogenannten Atmungstetanie, daß die von der krampfenden Handmuskulatur ableitbaren Aktionsströme verschwanden, wenn sie durch Novokaininfiltration der zugehörigen Nerven die sensible und motorische Leitung zur Handmuskulatur unterbrachen. Die tonische Verkürzung der Muskulatur soll aber trotz dieser Unterbrechung der nervösen Verbindung zwischen Muskulatur und Zentralnervensystem fortbestanden haben. Die Richtigkeit dieser Befunde vorausgesetzt, würden sie eine am Säugetier und Menschen bisher unbekannte Form tonischer Verkürzung lehren, eine Tonuserhöhung, die auch nach Abtrennung des Muskels vom Zentralnervensystem bestehen bleibt, also nicht reflektorisch sondern durch periphere, im Muskel gelegene Faktoren ausgelöst ist. So meinen ja auch Behrendt und Freudenberg, daß die Auslösung des Trousseauschen Phänomens nicht an den Weg über das Rückenmark gebunden sei. Sie sehen in diesem Phänomen und den spontanen Carpopedalspasmen prinzipiell gleichartige Vorgänge, die ihrer Meinung nach ohne Mitwirkung des Rückenmarks und Gehirns zustandekommen können. Im Gegensatz hierzu lehrt aber bekanntlich der Tierversuch bei Hunden und Katzen, daß die bei der parathyreopriven Tetanie zu beobachtenden Spasmen nach Durchschneidung der zu den betreffenden Muskeln ziehenden Nerven sistieren (vgl. Biedl u. a.)[1]. Schließlich haben Nachuntersuchungen von Fick und Hansen die Angaben von Dittler und Freudenberg nicht bestätigen können. Nach Denervation des einen Arms durch Novokainisierung des Plexus brachialis gelang es ihnen nicht mehr, das Trousseausche Phänomen auszulösen; auch konnten sie nach Blockierung der Nervi ulnaris, medianus, des Ram. cut. des Nerv. radialis während der Atmungstetanie keine Kontraktion des Musculus adductor pollicis mehr finden. Auch ist hervorzuheben, daß Freudenberg selbst in Gemeinschaft mit Läwen bei Hunden nach Leitungsunterbrechung im Ischiadicus und Femoralis durch Novokaininfiltration, bzw. Vereisung, mit fortschreitender Lähmung im Gegensatz zu den Erfahrungen beim Menschen die Fähigkeit der Muskulatur zur Spasmenentwicklung aufgehoben fand. Aber auch die Richtigkeit der Befunde von Dittler und Freudenberg vorausgesetzt, würden

---

[1] Behrendt und Freudenberg meinen selbst, man müsse die anatomische Nervendurchtrennung anders bewerten als die von ihnen angewendete Leitungsanästhesie durch Novokain, ohne aber zu präzisieren, worin der Unterschied der Ausschaltung besteht. Jedenfalls geben Dittler und Freudenberg an, daß durch Novokaininfiltration der Nerven die sensible und motorische Leitung zur krampfenden Muskulatur unterbrochen war.

sie über die Natur der vom Zentralnervensystem aufrechterhaltenen Dauerverkürzungen nichts aussagen lassen, da ja die von den Autoren untersuchten Carpopedalspasmen noch nach Unterbrechung der motorischen und sensiblen Verbindungen der betreffenden Muskeln mit dem Zentralnervensystem noch bestanden haben sollen. .

3. Der Kreatinstoffwechsel.

Die auffallende Tatsache, daß der Muskel trotz der Geringgradigkeit des begleitenden Energieumsatzes gegenüber einem beträchtlichen Zug lange Zeit hindurch eine bestimmte Verkürzung aufrechterhalten kann, verliert vielleicht an Merkwürdigkeit, wenn man bedenkt, daß äußere Arbeit im mechanischen Sinne von diesem Muskel nicht geleistet wird. Immerhin müssen aber in ihm während seiner tonischen Verkürzung Kräfte entwickelt werden, die dem durch die Belastung bedingten Zug entgegenwirken, Kräfte, die ohne meßbaren oder mit nur minimalem Energieverbrauch in Erscheinung treten.

Es schien daher der Gedanke bestechend, die tonische Kontraktion komme durch ganz andere Stoffwechselvorgänge zustande, als sie der Arbeitsleistung des Muskels, seiner tetanischen Verkürzung zugrunde liegen. In diesem Sinne schienen die Versuche von Pekelharing und Hoogenhuyze zu sprechen, die eine Vermehrung des Kreatins bei verschiedenen Formen von tonischer Verkürzung nachwiesen. Es erscheint notwendig, etwas näher auf die Resultate dieser Autoren einzugehen, da sie mit zu den wichtigsten Stützen für die prinzipielle Gegenüberstellung von tonischer und tetanischer Verkürzung gerechnet werden. Die eine Gruppe von Versuchen betrifft die Durchschneidung der motorischen Nerven eines Muskels. Die nach diesem Eingriff beobachtete Verminderung des Kreatingehalts läßt sich aber wohl schwerlich mit dem Tonusverlust des gelähmten Muskels allein in Zusammenhang bringen, denn, wie die Autoren selbst hervorheben, zeigte der gelähmte Muskel schon nach drei Tagen ein geringeres Gewicht als der normale. Wir wissen ferner nichts über das Verhalten des Kreatins während der Entwicklung der Degeneration des Muskels und müssen auch die Veränderungen der Zirkulation nach der Nervendurchschneidung im Auge behalten.

Wenn auch in weiteren Versuchen an Fröschen nach Ischiadicusdurchschneidung schon nach drei Tagen weniger Kreatin in der betreffenden Muskulatur nachweisbar war, zu einem Zeitpunkte also, wo die Degeneration beim Kaltblüter noch keine nennenswerte Rolle spielt, so sind doch die durch den Eingriff gesetzten Veränderungen der Zirkulation und des Abtransportes des Kreatins zu berücksichtigen, wie die Autoren selbst zugeben müssen. Aber auch, wenn sie nach einseitiger Ischiadicusdurchschneidung und Ausschaltung der Zirkulation durch doppelseitige Ligatur des Oberschenkels auf der Seite der Durchschneidung den Kreatingehalt der Muskulatur etwas vermindert finden, sind diese Versuche nicht gut verwertbar. Denn es findet sich das Gewicht des Muskels auf der Seite der Durchschneidung *erhöht*. Der naheliegende Einwand, daß die Kreatinverminderung des Muskels dieser Seite nur eine scheinbare sei, bedingt durch eine erhöhte Wasseraufnahme des Muskels nach Durchschneidung seines Nerven, wird von den Autoren zwar erwogen, es fehlt aber der tatsächliche Nachweis, daß eine solche Wasseraufnahme des Muskels nicht stattgefunden habe. Dieser Nachweis wäre aber um so wichtiger gewesen, als durch die gleichzeitige Ligatur des Oberschenkels eine erhöhte Wasseraufnahme durch den Muskel noch begünstigt wurde. Übrigens sind Pekelharing und Hoogenhuyze von dieser Versuchsreihe selbst wenig befriedigt, weil der Kreatingehalt beider Seiten niedriger war als bei normalen Fröschen, so daß anscheinend die doppelseitige Ausschaltung der Zirkulation die Kreatinzersetzung beiderseits förderte.

Was die von den Autoren untersuchten Zustände von Tonuserhöhung anlangt, so scheint die Tatsache, daß im wärmestarren und im totenstarren Muskel mehr Kreatin gefunden wurde als normalerweise, für den Beweis eines der intravitalen tonischen Verkürzung zugrunde liegenden Kreatinstoffwechsels schon darum nicht gut verwertbar, weil ja sowohl beim wärmestarren Muskel als auch im Zustand der Totenstarre nicht nur eine Vermehrung von Kreatin sondern auch eine Anhäufung von Endprodukten des Kohlenhydratstoffwechsels, also von Milchsäure, stattfindet (vgl. Fürth, Winterstein u. a.), auf welch letztere Substanz ja ziemlich allgemein das Eintreten der Starreverkürzung bezogen wird.

Eine weitere Stütze ihrer Anschauung bilden Versuche von Pekelharing und Hoogenhuyze über Starreformen, die durch Giftwirkung zustande kommen. So zeigten sie, daß in Veratrin, Nicotin, $CaCl_2$, Rhodan und Coffein getauchte Froschschenkel gegenüber den in Ringerlösung tauchenden Vergleichspräparaten nach beiderseitiger Ischiadicusreizung eine Erhöhung des Kreatingehalts aufwiesen. Doch haben Riesser und Neuschlosz gefunden, daß Coffein am Froschmuskel den Wiederaufbau des Lactacidogens hemmt, so daß es zur Milchsäureanhäufung kommt, welche das Entstehen einer Dauerverkürzung genügend erklärt. Bezüglich der Rhodanwirkung ist daran zu erinnern, daß Fürth eine explosive Milchsäurebildung für das Zustandekommen der Contractur verantwortlich macht, bezüglich der Calciumsalze ist auf deren gerinnungsfördernde Wirkung gegenüber den Eiweißkörpern des Muskelplasmas zu verweisen (Fürth). Für das Veratrin fanden Riesser und Neuschlosz, daß es zu einer Herabsetzung der Durchlässigkeit der Grenzschichten führt und daß wahrscheinlich die Hemmung des Säureaustritts die Ursache der verzögerten Entquellung darstellt. Für diese Giftwirkungen ist also keineswegs erwiesen, daß gerade die Kreatinbildung die Grundlage der Dauerverkürzung darstelle. Bei der Veratrinkontraktur hat überdies P. Hoffmann im Beginn der Vergiftung oscillierende Ströme nachgewiesen, so daß man diese Form der Dauerverkürzung nicht als eine einfache Änderung der Ruhelänge betrachten kann, sondern als aus Einzelzuckungen zusammengesetzt ansehen muß.

Neuerdings haben Riesser und Hamann die Angabe von Pekelharing und Hoogenhuyze über Kreatinvermehrung von Muskeln, die sich in chemischer Contractur befinden und gleichzeitig gereizt werden, nachgeprüft und gelangten zu einem negativen Resultat. Weder mit Veratrin noch mit Coffein, Rhodaniden und $CaCl_2$ konnte eine Vermehrung des Muskelkreatins festgestellt werden, so daß jetzt auch Riesser zu dem Schlusse kommt, daß die Pekelharingsche Theorie nicht genügend sicher gestützt erscheint.

Weiter haben Pekelharing und Hoogenhuyze in der starren Streckmuskulatur decerebrierter Tiere eine Kreatinvermehrung gefunden. Es ist aber zu bemerken, daß die Autoren diese Kreatinvermehrung der starren Extremitäten dadurch feststellten, daß sie ihren Kreatingehalt mit dem der kontralateralen Pfote verglichen, welche durch Deafferentiation zur Erschlaffung gebracht war, und die

Durchschneidung der hinteren Wurzeln mit Rücksicht darauf, daß die Vasodilatatoren in ihnen verlaufen sollen, nicht ohne weiteres als bedeutungslos für die Zirkulationsverhältnisse dieser Extremität und damit für den Abtransport des Kreatins aus den Muskeln betrachtet werden kann.

Neuerdings finden· übrigens Dusser de Barenne und Cohen Tervaert, daß die Enthirnungsstarre den Kreatingehalt der quergestreiften Muskeln unverändert läßt und daß die Erhöhung des Muskelkreatins erst auftritt, wenn eine phasische Innervation auf die Enthirnungsstarre superponiert ist. Auch muß bedacht werden, daß ja in den Muskeln, die nach Decerebration in Starre verfallen, rhythmische Aktionsströme nachweisbar sind (Buytendyk, Einthoven), also auch die Enthirnungsstarre auf einen Tetanus der Muskulatur (im Sinne der Physiologen) zurückzuführen ist. Es entsteht damit die Frage, wie sich der Kreatinstoffwechsel des Muskels bei der zu einer Bewegung führenden Kontraktion verhält, die ja auch einen durch diskontinuierliche Erregungen erhaltenen Tetanus darstellt.

Was den Kreatinstoffwechsel bei Arbeitsleistung anlangt, so konnten Hoogenhuyze und Verploegh nach Muskelarbeit bei gut ernährten Menschen keine deutliche Erhöhung der Kreatinausscheidung im Harn nachweisen. In Versuchen von Pekelharing zeigte sich nach einem 4stündigen Marsch keine Erhöhung der Kreatinausscheidung, dagegen war eine solche Erhöhung nach gleichlangem Stehen in strammer Haltung zu beobachten, so daß der Schluß berechtigt schien, daß bei der Haltefunktion ein ganz anderer Chemismus im Spiele sei als bei der Arbeitsleistung des Muskels.

Doch stehen diesen Angaben neuere Befunde von W. Schulz gegenüber, der fand, daß auch die Arbeitsleistung der Muskulatur zu einer Mehrausscheidung von Kreatin führte, daß jedoch diese Mehrausscheidung von Perioden geringerer Ausscheidung als normal gefolgt war, so daß sich der Einfluß der Muskeltätigkeit nicht auf die gesamte Ausscheidung bemerkbar machte; bei Untersuchungen, die sich nur auf größere Perioden erstrecken, kann daher der Einfluß der Muskeltätigkeit auf die Kreatinausscheidung verborgen bleiben, wie dies bei den Versuchen von Hoogenhuyze und Verploegh der Fall war. In den Versuchen von Schulz steigerte eine halbstündige Muskelarbeit die Kreatinausscheidung auf das Doppelte, halbstündige Tonuserhöhung verursachte in derselben Periode eine Steigerung von 33,3%. Nach seinen Befunden bewirkt also eine halbstündige tonische Innervation der Muskulatur sogar eine geringere Erhöhung der Kreatinausscheidung im Harn als Freiübungen von derselben Zeitdauer. Die beobachtete Vermehrung der Kreatinausscheidung nach Arbeit ist nicht bloß auf ein passives Auspressen in die Blutbahn oder auf erhöhte Blutzufuhr während der Tätigkeit der Muskeln zurückzuführen, denn die Auspressung oder Ausschwemmung des Muskelkreatins durch die Muskeltätigkeit müßte bald ein Ende finden, während sich in seinem Versuche zeigte, daß die Erhöhung der Kreatinausscheidung anscheinend in einem bestimmten Verhältnis zur Dauer der Arbeitsleistung steht. Man müßte demnach annehmen, daß es durch die Muskelarbeit tatsächlich zu einer Erhöhung der Bildung des Muskelkreatins kommt.

So sehen wir, daß die Versuche von Pekelharing und Hoogenhuyze zwar bei den verschiedensten Arten von Tonusänderungen eine denselben gleichsinnig verlaufende Änderung des Kreatingehaltes der Muskulatur festzustellen schienen, dennoch aber keineswegs als beweisend für die Behauptung betrachtet werden können, daß der Muskeltonus durch einen eigenen Stoffwechselvorgang zustande komme, der über die Bildung von Kreatin abläuft.

Aber auch die weiteren Untersuchungen, welche als Stütze für diese Anschauung herangezogen werden könnten, entbehren einer sicheren Beweiskraft[1]. Bürgers Befunden höherer endogener Kreatininwerte im Harn bei Fällen von Hypertonie der Muskulatur (Kompressionsmyelitis, Hemiplegie) steht gegenüber, daß er auch bei Fällen von Hypotonie der Muskulatur eine vermehrte Kreatininausfuhr konstatierte (ein Fall von postdiphtherischer Polyneuritis, wegen gleichzeitiger regressiver Veränderungen der Muskulatur allerdings mit Vorsicht zu verwerten, weiter ein Fall von schwerer Tabes mit hypotonischer Muskulatur).

Es liegen allerdings Befunde von Erhöhung des Kreatingehalts im tetanusstarren Muskel (Hartmann), erhöhter Kreatininausfuhr im Harn bei einem Fall von Tetanusvergiftung beim Menschen (Krauss), Vermehrung des Harnkreatinins bei hysterischen Patienten mit Muskelcontracturen (Poncato) vor, während andererseits Kahn beim tonischen Klammerreflex der Frösche sogar eine Verminderung des Kreatingehaltes der in Dauerverkürzung befindlichen Muskulatur feststellte. Den Arbeiten von Hammett, San Martino, Looney, welche die Kreatinbildung bei Katatonie bzw. Pseudosklerose erhöht fanden, stehen Befunde von Walter gegenüber, der bei Kranken mit Paralysis agitans mit Rigor eine Erhöhung des Kreatinins im Harn vermißte. Auch W. Hinsen findet die Kreatinausscheidung bei katatoner Muskelspannung nicht erhöht, in den Fällen von striärer Erkrankung von Raphael und Potter blieben die Blutkreatinwerte sogar hinter den normalen zurück. Aus solchen Divergenzen lassen sich natürlich Schlüsse weder für noch gegen ziehen, es läßt sich meines Erachtens daraus nur ableiten, daß Bestimmungen des Kreatingehalts im Muskel oder Kreatininbestimmungen im Harn oder Blut bei erhaltener Zirkulation der betreffenden Muskeln solange für die Frage des Kreatinstoffwechsels des tonisch kontrahierten Muskels nicht verwertbar sind, als wir nicht wissen, wie die Zirkulation bei den verschiedenen Formen von Dauerverkürzung verändert ist und wie diese Veränderung einerseits die Entstehung und den Abbau des Kreatins im Muskel, andererseits den Abtransport dieser Substanz bzw. ihrer Produkte aus dem Muskel beeinflußt. Weisen ja neuere Untersuchungen von Uyeno und Mitsuda an Fröschen darauf hin, daß die Kreatinmenge im Muskel mit der Geschwindigkeit des Blutdurchflusses wechselt. So hat ja auch Kahn daran gedacht, daß die von ihm festgestellte Kreatinverminderung der im Klammerreflex kontrahierten Muskeln[2] vielleicht auf einer Ausschwemmung des Muskelkreatins durch eine erhöhte Zirkulation beruhe, während Schönfeld, der bei hypnosestarren Fröschen an den Adductoren eine Kreatinvermehrung feststellte, eine Verlangsamung des Kreislaufs in Erwägung zieht.

---

[1] Recht merkwürdig sind die Angaben von Sulger. Der Autor fixiert eine Extremität in Gips und vergleicht den Kreatingehalt dieser Muskeln mit jenen der Normalseite. Er findet, daß gedehnt fixierte Muskeln einen normalen, schlaff fixierte einen vermehrten Kreatingehalt aufweisen.

[2] Riesser macht darauf aufmerksam, daß schon normalerweise die Vorderbeine ärmer an Kreatin sind als die Hinterbeine, während Kahn ein wechselndes Verhältnis zwischen dem Kreatingehalt der Vorder- und Hinterbeine findet. Uyeno und Mitsuda finden sogar eine Zunahme des Kreatingehalts der vorderen Extremitäten während der Umklammerung.

Die Unsicherheit, welche über die Schwankungen des Kreatingehaltes des Muskels bei erhaltener Zirkulation herrscht, erschwert auch die Deutung der interessanten Versuche von O. Riesser. Dieser Autor findet eine Erhöhung des Kreatingehalts des Muskels durch sympathisch erregende Gifte (Tetrahydronaphthylamin, Coffein, Adrenalin); er setzt eine Tonuserhöhung durch Sympathicuserregung voraus und führt darum die Kreatinvermehrung durch die erwähnten Pharmaka auf die Tonuserhöhung zurück[1]. Obwohl gezeigt wird, daß die Wirkung der beiden erstgenannten Substanzen auch eintritt, wenn durch Curare jeder motorische Impuls aufgehoben ist, daß sie dagegen ausbleibt, wenn durch Nervendurchtrennung der zentrale sympathische Impuls aufgehoben wird, so ist doch damit ein Zusammenhang der durch die Sympathicuserregung supponierten Tonuserhöhung mit der gefundenen Vermehrung des Kreatingehalts nicht erwiesen, denn Riesser findet selbst, daß Pikrotoxin, das bekanntlich parasympathisch angreift, keine Kreatinvermehrung, in einem Versuche sogar eine Verminderung der Kreatinmenge verursachte. Es müßte aber nach den Befunden von Boeke, die den Ausgangspunkt für die von Riesser vertretene Annahme einer autonomen Innervation des Muskeltonus darstellen, auch eine parasympathisch erregende Substanz eine Kreatinvermehrung bewirken, da ja nach Boeke beispielsweise die Augenmuskulatur wie auch die Zunge parasympathisch tonisch innerviert werden soll. Man sieht also, daß die interessanten Versuche von Riesser, so bestechend sie auch auf den ersten Blick für einen Zusammenhang der tonischen Verkürzung einerseits mit der autonomen Innervation, andererseits mit dem Kreatinstoffwechsel zu sprechen scheinen, beim näheren Zusehen nicht frei von Widersprüchen sind, ganz abgesehen davon, daß ja die Veränderung des Kreatingehalts der Muskulatur durch eine Substanz wie das Adrenalin auf ganz andere Weise zustande kommen kann als durch eine Beeinflussung des Muskeltonus. Hat ja Lange gezeigt, daß Adrenalin die Durchlässigkeit der Muskelgrenzfaserschicht herabsetzt, so daß unter dem Einfluß des Adrenalins schon eine Behinderung des Übertritts des Kreatins aus dem Muskel in die Blutbahn eine Vermehrung des Muskelkreatins zur Folge haben könnte.

Wie vorsichtig man in der Deutung von Giftwirkungen und in ihrer Verwertung für physiologische Fragen, besonders was die normale Innervation betrifft, sein muß, zeigen gerade neuere Untersuchungen von Riesser und Simonson, die durch Cocain, Tetrahydronaphthylamin, also Mittel, welche die Sympathicuszentren erregen sollen, eine Tonuserhöhung beim Frosch erzielten (Änderung der Zuckungskurve), weiterhin aber fanden, daß diese Wirkung auch nach Sympathicusexstirpation bestehen blieb. So ist denn auch Riesser selbst in der letzten Zeit gegenüber der Lehre von Pekelharing und Hoogenhuyze skeptisch geworden, zumal er — wie oben erwähnt — in Versuchen mit Hamann die von den holländischen Autoren behauptete Kreatinvermehrung durch Kontraktur-auslösende Substanzen nicht bestätigen konnte und außerdem fand, daß gerade jene Skelettmuskeln, welche eine langsame Zuckung aufweisen

---

[1] Auch durch Abkühlung, also eine Reizung des als Sympathicuszentrum geltenden Wärmezentrums, kommt es nach Riesser zu Kreatinvermehrung (bestätigt durch Palladin). Doch meint Riesser selbst, daß wir über eine Steigerung des Muskeltonus bei der Abkühlung nichts wissen; er vermutet, daß man vielleicht die Verzögerung des Zuckungsablaufs infolge der Abkühlung als ein tonisches Phänomen werten könnte.

und zur Dauerkontraktion besonders befähigt sind, wenig Kreatin, die glatten Muskeln, also die typischen Tonusmuskeln, kein Kreatin enthalten.

Auch die Befunde von Kure und seinen Mitarbeitern, daß Exstirpation des Halssympathicus und Entfernung der vom Ganglion coeliacum zur linken Zwerch‑fellhälfte ziehenden Fasern von Kreatinabnahme auf dieser Seite gefolgt seien, sind für einen Zusammenhang zwischen sympathisch innerviertem Muskeltonus und Kreatingehalt angesichts des Umstandes, daß die Autoren selbst schwere Atrophie und degenerative Veränderungen der Muskelfasern des Zwerchfells nach der Entfernung des Bauchsympathicus beobachteten, wenig beweiskräftig.

Um der Frage näherzukommen, ob tatsächlich der tonischen Verkürzung des Muskels ein besonderer Eiweißstoffwechsel zugrunde liegt, der sich in einer Vermehrung des Kreatins verrät, erscheint es geboten, jene Zustände von Dauerverkürzung, bei welchen sich ein Energieumsatz weder mit unseren feinsten Methoden der Stoffwechseluntersuchung noch mittels der Registrierung der Muskelströme nachweisen ließ, getrennt von jenen Kontraktionszuständen zu betrachten, bei welchen durch das Studium der Aktionsströme diskontinuierliche Erregungen im Muskel gezeigt wurden. Für den ersteren Fall ist ja eine Vermehrung des Kreatins gar nicht zu erwarten. Denn wer innerhalb physikalischer Gesetzmäßigkeit bleiben will und gewohnt ist, für jeden chemischen Umsatz eine entsprechende Wärmetönung anzunehmen, dem wird eine Vermehrung des Muskelkreatins durch erhöhte Bildung dieser Substanz als Endprodukt eines Eiweißstoffwechsels bei Zuständen, die ohne meßbare Stoffwechselsteigerung einhergehen sollen, wohl ausgeschlossen erscheinen. Riesser hat diese Schwierigkeit auch wohl erkannt und sucht ihr zu begegnen, indem er meint, daß der Mangel eines nachweisbaren Energieumsatzes die Höhe der tonischen Kontraktion betreffe; diese verlaufe als statischer Ruhezustand, dagegen die „Tonusschwankung" sei mit Energieverbrauch verbunden.

Die Möglichkeit, daß eine vermehrte Bildung von Kreatin der tonischen Verkürzung zugrunde liegt, kann daher nur für die zweite Gruppe von Dauerverkürzungen gelten, jene, bei welchen Anhaltspunkte für eine Erhöhung des Ener gieumsatzes gegenüber dem Ruhezustand gegeben sind, bzw. bei denen durch den Nachweis von Aktionsströmen diskontinuierliche Erregungen im Muskel gezeigt wurden, die also keinen statischen Ruhezustand darstellen, sondern als eine Summation von Einzelzuckungen aufgefaßt werden müssen. Sie können sich vor der zur Bewegung führenden Verkürzung des Muskels bloß dadurch unterscheiden, daß die sie zusammensetzenden Einzelzuckungen einen besonders trägen Abfall haben, so daß ein glatter Tetanus schon durch eine geringere Reizfrequenz zustande kommt[1]. Es ist daher zu untersuchen, ob die Verzögerung der Erschlaffung bei der einzelnen Zuckung von einer Kreatinvermehrung begleitet sei. Zur Prüfung dieser Frage wurde der Kreatingehalt bei anoxybiotischer Zuckung untersucht, da man bei fortgesetzter Reizung des Muskels bei Sauerstoffmangel in noch

---

[1] Die Möglichkeit, daß eine geringere Intensität der einzelnen Stöße eine erhöhte Kreatinbildung zur Folge haben soll, braucht wohl nicht weiter diskutiert zu werden; gegen die Annahme, daß etwa eine erhöhte Frequenz der Einzelerregungen die Kreatinvermehrung bedinge, spricht die Geringgradigkeit des Energieumsatzes gegenüber der kinetischen Verkürzung.

höherem Maße als bei der Ermüdung unter gewöhnlichen Verhältnissen einen gestreckten Abfall der Einzelzuckung beobachten kann.

Die Reizung erfolgte am Gastrocnemius von Temporarien und Esculenten mittels Unterbrechung des Primärstroms durch ein Metronom in Intervallen von 2—3 Sekunden durch maximale Öffnungsinduktionsschläge, während die Schließungsschläge abgeblendet waren, und wurde bis zur totalen Erschöpfung des Muskels durchgeführt. Selbstverständlich befand sich der Kontrollmuskel während der Zeit der Reizung in dem gleichen Medium und unter sonst gleichen Bedingungen wie der gereizte.

Die Bestimmung des Gesamtkreatinins erfolgte nach der von Kahn angegebenen Modifikation der Folinschen Methode. Kleine Veränderungen dieser Methodik erwiesen sich als vorteilhaft. Denn die Umwandlung des Kreatins in Kreatinin gelang nach der Angabe Kahns (Einengung des mit 0,25 ccm 25proz. HCl angesäuerten Muskelextraktes durch drei Stunden auf dem Wasserbade) nicht vollkommen, woran der Wechsel der Salzsäurekonzentration bei fortschreitendem Verdampfen der Flüssigkeit schuld zu tragen schien. Es wurde daher der Muskelextrakt zuerst eingeengt, dann erst auf eine 2,2 proz. HCl-Konzentration gebracht und nun unter Vermeidung einer weiteren Einengung durch $3^1/_2$ Stunden auf dem Wasserbad gekocht, nach Neutralisation die Kreatininbestimmung vorgenommen[1]. Die mittels dieser Methode vom Gastrocnemius von Temporarien und Esculenten (in den Monaten März bis Juli) erhaltenen Werte schwankten zwischen 3,0—4,4 mg Gesamtkreatinin pro Gramm Muskelsubstanz.

Tabelle 1 zeigt Reizversuche einerseits in Ringerlösung, andererseits in Ringer-Cyan. Der gereizte Muskel war ebenso wie der Kontrollmuskel in je 50 ccm Ringerscher Flüssigkeit, bzw. 50 ccm Ringer + 3 Tropfen einer 1,3 proz. KCN-Lösung suspendiert, die Flüssigkeit wurde selbstverständlich zusammen mit dem dazugehörigen Muskelextrakt zur Kreatinbestimmung verarbeitet. Tabelle 2 gibt die Reizversuche in Luft bzw. in einer Stickstoffatmosphäre wieder.

Tabelle 1. Reizversuche in Ringer- und Ringer-KCN-Lösung.

Nr.	Gewicht		Abgelesener Wert		Gesamtkreatiningehalt pro 1 g Muskel	
	gereizt	ungereizt	gereizt	ungereizt	gereizt mg	ungereizt mg
1	0,44	0,38	42	34	4,2	3,7
2	1,036	0,998	75	76	3,7	3,8
3	0,766	0,738	61	60	3,8	3,8
4	0,543	0,649	33	40	2,6	3,1
5	0,72	0,65	40	44	2,7	2,9
6	1,279	1,071	85	80	3,4	3,7
7	0,722	0,694	58	57	3,8	3,9

Versuch 1—3 = Reizversuche in Ringer, 4—7 in Ringer-Cyan.

Auf die Resultate der Reizung in Ringer und in Luft, die nur des Vergleichs halber vorgenommen wurden, erübrigt sich näher einzugehen. Es zeigten sich in

---

[1] Bezüglich der Einzelheiten der Methodik, welche in Gemeinschaft mit A. Löw ausgearbeitet wurde, verweise ich auf die diesbezügliche, in der Biochem. Zeitschr. **135**. 1923 erschienene Mitteilung.

Tabelle 2. Reizversuche in Luft resp. Stickstoff.

Nr.	Gewicht		Abgelesener Wert		Gesamtkreatiningehalt pro 1 g Muskel	
	gereizt	ungereizt	gereizt	ungereizt	gereizt mg	ungereizt mg
1	0,460	0,475	48	43	4,7	4,3
2	0,654	0,665	56	57	3,9	3,9
3	0,993	0,977	75	73	3,7	3,7
4	0,937	0,937	75	74	4,0	3,9
5	1,225	1,264	81	77	3,3	3,0
6	0,768	0,770	64	65	4,0	4,1
7	0,833	0,843	69	70	4,0	4,0
8	0,753	0,731	57	56	3,6	3,6

Versuch 1—4 = Reizversuche in Luft, 5—8 in Stickstoff.

Übereinstimmung mit den neueren Angaben der Literatur[1] keine wesentlichen Verschiedenheiten im Kreatiningehalt des ruhenden und des bis zur Erschöpfung gereizten Muskels. Was die Reizversuche in Ringer-Cyan anlangt, so war in keinem Falle eine Vermehrung, einige Male sogar eine deutliche Verminderung des Kreatingehalts des gereizten Muskels festzustellen. Diese Verminderung dürfte aber darauf zurückzuführen sein, daß der unter anoxybiotischen Verhältnissen zuckende Muskel infolge der stärkeren Milchsäurebildung (vgl. Meyerhof) sich stärker mit Wasser imbibiert und daher die pro Gramm Muskelsubstanz berechnete Kreatinmenge zu gering erscheint. Tatsächlich zeigen auch die Reizversuche in Stickstoff, bei welchen die Möglichkeit einer Imbibition des Muskels ausgeschlossen ist, keine Veränderungen im Kreatingehalt des gereizten Muskels gegenüber dem ruhenden, welche jenseits der Versuchsfehler liegen würden.

Wir sehen also, daß es bei der anoxybiotischen Zuckung trotz Verlangsamung der Erschlaffung zu keiner Vermehrung des Muskelkreatins kommt. Dieses Ergebnis steht in Übereinstimmung mit den Resultaten von Parnas und Wagner, welche bei der Bestimmung des Aminostickstoffs nach van Slyke in Muskeln, welche unter Stickstoff bis zur Ermüdung gereizt worden waren, dieselben Werte wie in normalen, ruhenden Froschmuskeln fanden. Diese Werte geben allerdings, wie die Autoren selbst hervorheben, über das Verhalten des Kreatins bei der anoxybiotischen Zuckung keinen Aufschluß, jedenfalls geht aber aus diesen Versuchen hervor, daß eine Abspaltung von Aminosäuren, Harnstoff, NH_3, primären Basen während der anoxybiotischen Zuckung nicht stattfindet, daß also auch ein Stoffwechsel, der über die Bildung dieser Substanzen abläuft, für die Verzögerung der Erschlaffung nicht verantwortlich zu machen ist.

Wir müssen darum den verzögerten Abfall der Kontraktion des unter Sauerstoffmangel zuckenden Muskels bloß auf die Steigerung der schon bei der normalen Ermüdung des Muskels zu beobachtenden Milchsäureanhäufung zurückführen, die infolge der mangelnden Verbrennung bzw. oxydativen Synthese der Milchsäure zu ihrer Muttersubstanz (Fletcher und Hopkins) eintritt.

Andererseits erscheint bisher noch für keinen Fall von verzögerter Erschlaffung, wie näher ausgeführt wurde, der Beweis erbracht, daß diese Verzögerung bloß

---

[1] Zusammenstellung der diesbezüglichen Literatur bei V. Scaffidi, Biochem. Zeitschr. **50**, 402. 1913.

durch eine Kreatinvermehrung ohne Anhäufung von Milchsäure bedingt sei. Wir können daher den Kreatinstoffwechsel nicht als notwendige Bedingung des verlangsamten Ablaufs von einzelnen Kontraktionen ansehen und müssen deshalb für diese ebenso wie für die aus ihnen zusammengesetzten Formen von Dauerkontraktion die Veränderungen im Kohlenhydratstoffwechsel als die maßgebende Ursache der Verkürzung betrachten.

4. Die Dauerverkürzung vom Standpunkte der Quellungstheorie der Muskelkontraktion.

Die merkwürdige Tatsache, daß sich bei vielen Zuständen von Dauerverkürzung höchstens nur ein geringgradiger Energieumsatz nachweisen ließ, kann nach dem vorangegangenen nicht auf einen besonderen Eiweißstoffwechsel, der diesen Zuständen zugrunde liegen soll, zurückgeführt werden. Es soll daher im folgenden versucht werden, ob es nicht möglich ist, die verschiedenen Zustände tonischer Verkürzung auf denselben Grundprozeß zurückzuführen wie die schnelle Zuckung: auf die Quellung der Eiweißkörper des Muskels durch die Bildung von Milchsäure. Die Tatsache, daß die „innere Sperrung" des Muskels im Sinne von Grützner und Uexküll weitgehend unabhängig von dessen Verkürzung sein kann, eine Tatsache, die nach den Untersuchungen von Sherrington an decerebrierten Tieren auch für den Säuger nachweisbar ist, bedeutet nur, daß Änderungen der Länge des Muskels nicht mit Änderungen seiner Sperrung parallel gehen müssen. Wenn es in Konsequenz dieser Versuche auch gerechtfertigt erscheint, die unter Leistung äußerer Arbeit einhergehende Verkürzung des Muskels von seiner Dauerkontraktion (begrifflich) zu trennen, so ist damit aber nichts darüber gesagt, ob diesen beiden Zuständen des Muskels zwei verschiedene oder ein und derselbe physikalisch-chemische Prozeß zugrunde liegt. So wie die Höhe und Stärke eines Tons von dem gleichen physikalischen Prozeß, der Erschütterung der Luft, abhängen, obwohl sie weitgehend voneinander unabhängig zu variieren vermögen, ähnlich könnten wir es in der Verkürzung und in der Sperrung mit zwei relativ voneinander unabhängigen Zustandsänderungen des Muskels zu tun haben, die doch auf den gleichen Grundprozeß zurückführbar sind.

Um dem Problem der Dauerverkürzung näherzukommen, scheint es darum notwendig, von dem Mechanismus der Muskelkontraktion im allgemeinen auszugehen. Die Quellungstheorie der Muskelkontraktion, die schon von Engelmann, Biedermann ausgesprochen wurde, in neuerer Zeit an Pauli, Fürth, Meyerhof, Herzfeld und Klinger u. a. Vertreter fand, möge im folgenden den Ausgangspunkt unserer Betrachtungen und Versuche darstellen. (Eine Diskussion der übrigen Theorien der Muskelkontraktion würde den Rahmen dieser Darstellung überschreiten, ich verweise diesbezüglich auf die zusammenfassende Darstellung von O. Fürth.) Die Anschauung, daß die Bildung der Milchsäure im Muskel es ist, welche zur Quellung der Fibrillen und damit zur Verkürzung des Muskels führt, hat insbesondere durch die thermodynamischen Untersuchungen von Hill und die Studien von Meyerhof eine exakte Begründung erfahren. Nach Meyerhof ist die Wärmebildung im Beginn der Kontraktion zum Teil auf die anaerobe Milchsäurebildung aus dem Glykogen (über das Lactacidogen), zum Teil auf die Verbindung der Milchsäure mit dem Muskeleiweiß zurückzuführen. Schon Fick hatte aber darauf hingewiesen, daß außer dem Vorgang, der durch

Bildung einer Verkürzungssubstanz zur Kontraktion führt, ein besonderer Prozeß bestehen muß, der der Erschlaffung im Muskel zugrunde liegt. In Anlehnung an die Ficksche Hypothese hat Bethe die Vorstellung weiter entwickelt, daß bei der Wiederausdehnung des Muskels eine Oxydation der die Verkürzung bedingenden Spaltungsprodukte erfolge, wobei zugleich ein Teil der frei werdenden Energie nach außen als Wärme auftrete. Diese Vorstellung wurde insbesondere durch Pauli ausgebaut, der die Anschauung entwickelt, daß der größte Teil der Energievorgänge im Muskel auf die Kontraktion folge, daß die Erschlaffung und Restitution des Muskels durch die Verbrennung der Milchsäure zustande komme. Diese Anschauungen haben durch die Befunde von Hill, der am Froschmuskel zeigte, daß die Wärmeproduktion zum größten Teil erst nach der Kontraktion erfolgt, und durch die Untersuchungen von Verzár, welche ergaben, daß der Sauerstoffverbrauch vorwiegend auf das Stadium der Erschlaffung und Restitution fällt, eine festere Grundlage gewonnen.

Damit wird uns aber auch das Verständnis der energielosen Dauerverkürzung nähergebracht. Schon Biedermann führt den Tonus zum Teil darauf zurück, daß im Muskel jene aktiven Vorgänge, welche sonst Erschlaffung und Wiederverlängerung bewirken, nicht oder unvollkommen entwickelt sind; Bethe stellt die Hypothese auf, daß das Verharren der Verkürzungssubstanz im Muskel durch Hemmung der die Erschlaffung bedingenden Prozesse den Muskel zu einem elastischen Band machen würde. Diese Vorstellungen finden bei Pauli einen prägnanteren Ausdruck. So wie im Osmometer, sobald die Säure nicht fortgeschafft wird, eine beliebige langdauernde, gewissermaßen unermüdbare Drucksteigerung durch das Säureeiweiß hervorgebracht wird, so würde auch beim Muskel, wenn nur für stabile Konzentration der Milchsäure gesorgt ist, eine tonische Zusammenziehung fortdauern können.

Damit im Zusammenhang scheinen neuere *thermodynamische Untersuchungen* nicht ohne Interesse. Sowohl bei der durch Acetylcholin (Neergard) erzeugten Contractur als auch bei der Nicotincontractur (Kupelwieser) konnte eine Wärmeproduktion nachgewiesen werden. Die genauere Analyse der Thermodynamik der Nicotincontractur durch Kupelwieser ergab, daß die Wärmebildung nur im Beginn der Contractur erfolgt, weiterhin stundenlang die Dauerverkürzung ohne Wärmeproduktion aufrechterhalten wird, was Kupelwieser nach seinen Berechnungen einfach darauf zurückführt, daß im Beginn der Contractur die gesamte im Muskel enthaltene, wärmeerzeugende Energie verbraucht wird, also im weiteren Verlauf gar kein Material vorhanden ist, welches Wärme erzeugen könnte. Es liegt die Vermutung nahe, daß die im Beginn der Contractur zu beobachtende Wärmebildung der Milchsäurequellung der Fibrillen entspricht, während die eingetretene Quellung einen Dauerzustand darstellt, der ohne weiteren Energieverbrauch, also auch ohne Wärmebildung einhergeht. Ob ähnliche Verhältnisse, wie sie hier bei chemischen Contracturen gezeigt wurden, auch für die durch zentrale Innervation aufrechterhaltenen Dauerverkürzungen gelten, werden erst weitere Untersuchungen zeigen; diesbezügliche thermodynamische Untersuchungen stehen vorläufig aus.

Um in den Mechanismus des Ausbleibens der Erschlaffung näher einzudringen, müßten wir erst wissen, wieso diese eigentlich zustande kommt, wieso die Entquellung der durch das Eindringen von Milchsäure gequollenen Fibrillen bewerkstelligt wird. Die Vorstellung, daß es die Oxydation der Milchsäure sei, welche deren Entfernung aus der Fibrille, die Sprengung der Milchsäureproteinverbindung besorge, hat mit der Schwierigkeit zu kämpfen, daß die Erschlaffung ja auch beim Fehlen von Sauerstoff, anoxybiotisch erfolgen kann (vgl. z. B. die Versuche von Weizsäcker). Die Bedeutung des bei der normalen Kontraktion gefundenen Sauerstoffverbrauches ist also in anderer Richtung zu suchen, als daß er der Erschlaffung diene. Man hat ja auch beobachtet, daß der Sauerstoffverbrauch des Muskels vor allem in das Stadium der Restitution falle (Verzár), und hat angenommen, daß er der Verbrennung, vor allem aber dem Wiederaufbau der Milchsäure zu ihrer Muttersubstanz (Fletcher und Hopkins, Hill) diene, daß aber die Entquellung der Fibrille vielleicht durch eine Verbindung der Milchsäure mit dem im Muskel als Bicarbonat oder Carbonat vorhandenen Alkali oder durch Diffusion erfolge (Hill). Wieso diese Entfernung der Milchsäure, ihr Abtransport von den „Verkürzungsorten" an die „Ermüdungsorte" (Meyerhof) vor sich gehe, welcher Natur die Substanz ist, welche die Bindung der Milchsäure an die „Ermüdungsorte" bedingt, ist noch ganz unklar (vgl. Kries). Die Dehydratation von Säureeiweiß durch Neutralsalze scheint hier eine nicht unwichtige Rolle zu spielen. Fürth macht diesbezüglich auf die Beobachtungen von MacCallum aufmerksam, daß Kaliumsalze in der Ruhe in der Gegend der Basis der anisotropen Stäbchen angehäuft sind, sich dagegen während der Kontraktion über das ganze Innere der Stäbchen verbreiten.

a) Quellungsversuche am Sperr- und Bewegungsmuskel der Auster.

Es entsteht nun die Frage, ob und inwiefern die Quellungstheorie der Muskelkontraktion die verschiedenen Formen tonischer Verkürzung erklären kann. Zunächst ist zu untersuchen, ob die verschiedene *Quellbarkeit* zweier Muskeln die Art ihrer Zuckung beeinflußt, bzw. ob sich bei zwei Muskeln, die auf den gleichen nervösen oder direkten Reiz einen verschiedenen Zuckungsablauf aufweisen, Verschiedenheiten im Quellungsvermögen zeigen. Nachdem, wie wir ausgeführt haben, die Erschlaffung des Muskels als Folge einer Entquellung der während der Verkürzung durch das Eindringen von Milchsäure gequollenen Fibrille anzusehen ist, die Verschiedenheiten im Zuckungsablauf eines „Sperr"- und eines „Bewegungs"-Muskels aber vor allem auf einem verschiedenen Ablauf der Erschlaffung beruhen, handelt es sich darum, ob zwei Muskeln, die bei gleichen Reizen Zuckungskurven von verschiedenem Abfall aufweisen, sich gegenüber den gleichen dehydrierenden Maßnahmen, welche die durch die gleichen Säurekonzentrationen gequollenen Muskeleiweißkörper treffen, verschieden verhalten. Die Untersuchungen von Meigs, Grober, Arnold, Bélak betreffen dagegen nur die verschiedene Quellbarkeit bzw. den verschieden raschen spontanen Rückgang der Quellung verschiedener Muskeln in verdünnter Ringerlösung, Säure usw. Es ist darum begreiflich, daß sich aus den Kurven dieser Autoren wohl Differenzen im Quellungsvermögen einzelner Muskeln ergeben, daß aber ein Zusammenhang dieser Verschiedenheiten mit der Art der Kontraktion der untersuchten Muskeln nicht ersichtlich ist. Denn wenn beispielsweise Arnold findet, daß die Quellungskurve des Musculus pectoralis major rasch ansteigt und eine geringe Neigung zur Umkehr hat, Herz- und Uterusmuskulatur dagegen langsam quellen, jedoch bald wieder eine spontane Entquellung einsetzt, so sind diese Verschiedenheiten wohl schwer mit der raschen Zuckung des quergestreiften Muskels, der trägen Zuckung des glatten Muskels in Beziehung zu bringen. Die Ursache hierfür liegt wohl darin, daß die spontane Entquellung des Muskels nicht nur von der Schnelligkeit abhängt, mit der er sein Quellungswasser abgibt, sondern auch von der Entwicklung jener Faktoren (Gerinnung der Muskelkolloide nach Fürth), welche diese Entquellung bedingen. Die Versuche schienen darum übersichtlicher, wenn die zu prüfenden Muskeln eine bestimmte Zeit in der Quellungsflüssigkeit belassen wurden und dann beide Muskeln gleichzeitig in die zur Entquellung dienende Salzlösung gelangten.

Als Objekt wählte ich zunächst die beiden Anteile des Schließmuskels der Auster. Dieser besteht (vgl. Marceau) aus zwei makroskopisch deutlich voneinander trennbaren Teilen, die bei der Auster ziemlich gleich stark entwickelt sind, einem weißen, härteren und einem glasigen, weicheren Anteil, von welchen der erstere aus glatten Muskelfasern besteht, der letztere schraubenförmig gewundene bzw. als doppelt schräggestreift beschriebene Fibrillen aufweist. Während der graue Anteil die rasche Schließung der Schale ausführt, kontrahiert sich der weiße Anteil des Adductor langsam, hält aber die Schale dauernd mit großer Kraft geschlossen (Coutance, Ihering), ein Unterschied im Zuckungsverlauf, der auch durch direkte Reizversuche (Knoll) gezeigt wurde. Der graue Muskel ist also der Bewegungsmuskel, der weiße der Sperrmuskel im Sinne von Marceau und Uexküll. Auf den letzteren Muskel ist demnach die stromlose Dauerverkürzung, die H. Meyer und Fröhlich hei Cardium tubercul. gefunden haben, zu beziehen.

Mit den morphologischen Verschiedenheiten dieser beiden Muskeln haben wir zwar einen Unterschied gegeben, der den funktionellen Differenzen parallel geht, warum es aber in dem einen Muskel zur Dauerverkürzung kommt, während der andere rasch erschlafft, ist damit keineswegs erklärt. Wenn wir Quellung und Entquellung als die den beiden Phasen der Muskelkontraktion zugrunde liegenden Prozesse ansehen, muß demnach zunächst das Quellungs- und Entquellungsvermögen der Muskeln verglichen werden.

Die Versuche an der Auster wurden in der Weise ausgeführt, daß nach Ausbrechen eines kleinen, keilförmigen Stückes aus dem Rande der Muschel durch Einschieben eines Holzstückes zwischen beide Schalen dieselben etwas auseinander gebracht wurden, so daß ein Skalpell an der Innenfläche der konvexen Schalenhälfte eingeführt und der Adductor hart an seinem Ansatz von dieser Schalenhälfte losgelöst werden konnte. Nun ließ sich die Schale leicht aufklappen, die Eingeweide des Tieres konnten stumpf ausgeräumt werden, so daß nur der Adductor mit der flachen Schalenhälfte übrig blieb. Die beiden Anteile des Schließmuskels ließen sich leicht voneinander mit einem scharfen Skalpell isolieren; sie wurden weiter von der flachen Schalenhälfte abgelöst, durch Auflegen auf nicht faserndes Filtrierpapier von oberflächlich anhaftender Flüssigkeit getrocknet und nach Wägung in je ein verschließbares Gläschen mit der Untersuchungsflüssigkeit gebracht. Nach verschiedenen Zeiträumen wurden die Muskeln aus der Untersuchungsflüssigkeit genommen, von anhaftender Flüssigkeit wieder durch Filtrierpapier befreit und neuerlich gewogen, nachher wieder in die Untersuchungsflüssigkeit gebracht. Nachdem beide Muskeln gleich lange Zeit zur Quellung gebracht worden waren, wurden sie nun nach neuerlichem

Abtrocknen mit Filtrierpapier und Wägung mit der die Entquellung besorgenden Flüssigkeit abgespült und schließlich in Gläschen mit der Entquellungsflüssigkeit gebracht, von wo sie wieder zu verschiedenen Zeiten zur Wägung genommen wurden.

Tabelle 3.   Quellungs- und Entquellungsversuche an den beiden Anteilen des M. adductor der Auster.

	Weißer Anteil				Glasiger Anteil		
		Gewichtszunahme				Gewichtszunahme	
Zeit	Gewicht	absolut	vH	Zeit	Gewicht	absolut	vH
			Versuch 1.	**Quellung in** $\mathrm{n}/_{10}$**-HCl.**			
	0,3586				0,4284		
35′	0,5093	0,1507	42	35′	0,5756	0,1472	34
5ʰ 17′	0,6160	0,2574	72	5ʰ 23′	0,6660	0,2376	55
			Entquellung in 10proz. NaCl.				
17′	0,5261	0,1675	46,3	6′	0,5788	0,1504	34,9
47′	0,4911	0,1325	36,8	35′	0,4662	0,0378	8,7
15ʰ 1′	0,4703	0,1117	31,0	15ʰ	0,3988	—0,0296	— 6,0
			Versuch 2.	**Quellung in** $\mathrm{n}/_{10}$**-HCl.**			
	1,1296				1,1127		
12′	1,3857	0,2561	19	12′	1,2076	0,0949	8,4
27′	1,5007	0,3711	28	29′	1,2621	0,1494	13
3ʰ	1,8075	0,6779	52,1	3ʰ 9′	1,4875	0,3748	33
5ʰ	1,8357	0,7061	54,3	5ʰ	1,5053	0,3926	35
			Entquellung in 10proz. NaCl.				
19′	1,5351	0,4055	35	8′	1,2899	0,1772	15,9
36′	1,4555	0,3259	28	45′	1,1260	0,0133	11,8
16ʰ 25′	1,3556	0,2260	20,0	16ʰ	0,9920	—0,1207	—10,9

Tabelle 3 und Abb. 3 zeigen Versuche von Quellung in $\mathrm{n}/_{10}$-HCl- und Entquellung in 10proz. NaCl-Lösung. Man erkennt, daß der weiße Muskel einen viel

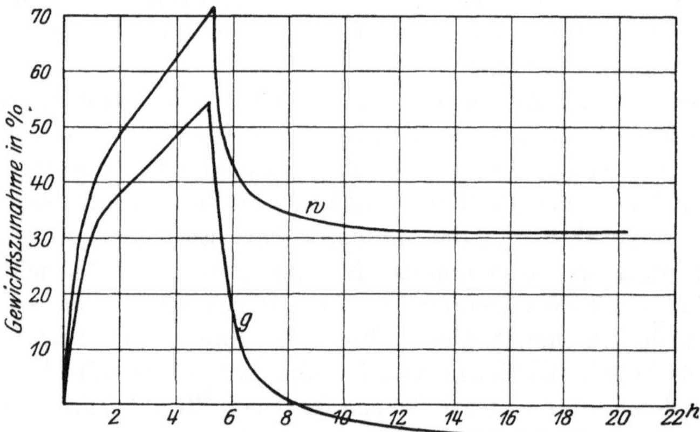

Abb. 3. Adductor der Auster; w = weißer Anteil (Sperrmuskel), g = glasiger Anteil (Bewegungsmuskel). Quellung in $\mathrm{n}/_{10}$-HCl, Entquellung in 10proz. NaCl.

steileren Anstieg der Quellungskurve hat als der graue, daß auch der Maximalwert, dem er zustrebt, höher liegt als der des rasch zuckenden Anteils. Die Entquellung verläuft in beiden Muskeln in der ersten Stunde ziemlich rasch, allerdings im grauen Muskel steiler als im weißen; auch im weiteren Verlauf hält der letztere sein Quellungswasser mit größerer Zähigkeit zurück, während die Kurve des gestreiften Muskels sogar unter die Abszisse sinkt, sein Gewicht also schließlich unter dem Ausgangsgewicht liegt. Ein zweiter Versuch (Tab. 3) zeigt die gleichen Verhältnisse. Auch bei Quellung in Milchsäure (Tab. 4, Abb. 4) tritt das viel stärkere Quellungsvermögen des weißen Muskels hervor, der sich wiederum dehydrierenden Einflüssen gegenüber viel resistenter erweist als sein Partner. Von

Tabelle 4. Quellungs- und Entquellungsversuche an den beiden Anteilen des M. adductor der Auster.

	Weißer Anteil				Glasiger Anteil		
		Gewichtszunahme				Gewichtszunahme	
Zeit	Gewicht	absolut	vH	Zeit	Gewicht	absolut	vH
		Versuch 1. Quellung in 0,11 n-Milchsäure.					
	1,3003				1,2682		
14′	1,4566	0,1563	12	14′	1,3267	0,0585	4,6
40′	1,6084	0,3081	23,7	42′	1,4492	0,1810	14
$3^h\,42′$	2,1246	0,8243	63,4	$3^h\,20′$	1,6494	0,3812	30
$6^h\,10′$	2,3319	1,0316	79,3	$6^h\,7′$	1,8457	0,5775	45,4
		Entquellung in 10proz. NaCl.					
13′	2,0994	0,7991	61,4	21′	1,6071	0,3389	26,6
45′	1,9967	0,6964	53,5	52′	1,5328	0,2646	20,8
$16^h\,30′$	1,9307	0,6304	48,4	$16^h\,21′$	1,4763	0,2081	16,3
		Versuch 2. Quellung in 0,11 n-Milchsäure.					
	1,7278				1,9336		
$1^h\,25′$	2,0688	0,3410	19,7	$1^h\,20′$	2,1682	0,2346	12,1
		Entquellung in 10proz. NaCl.					
18′	1,9339	0,2061	11,9	16′	2,0436	0,1100	5,6
$3^h\,3′$	1,9275	0,1997	11,5	$2^h\,53′$	1,9759	0,0423	2,1
$20^h\,43′$	1,9047	0,1769	10,2	$20^h\,48′$	1,8992	−0,0344	− 1,7

der Wiedergabe der Quellungsversuche in Schwefelsäure sehe ich ab, da sie prinzipiell die gleichen Verhältnisse (leichtere Imbibierbarkeit des weißen Anteils) darbieten, wenn auch die quellungsfördernde Wirkung dieser Säure geringer ist als die der Salzsäure.

Es zeigt sich demnach, daß der langsam zuckende Anteil des Adductors stärker quillt und dieses Quellungswasser mit größerer Avidität festhält als der rasch

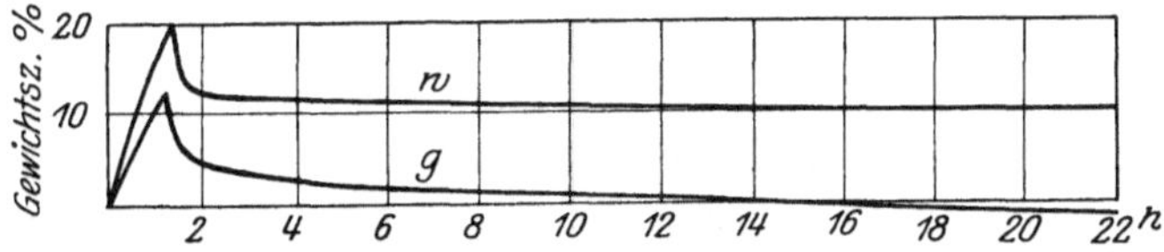

Abb. 4. Sperrmuskel (*w*) und Bewegungsmuskel (*g*) des Adductor der Auster. Quellung in 0,11 n-Milchsäure. Entquellung in 10proz. NaCl.

zuckende Anteil. Auf welche Ursachen die geschilderten Differenzen im physikalisch-chemischen Verhalten der beiden Muskelarten des Adductors zurückzuführen sind, konnte ich bei der Kürze der Zeit, die mir für diese Untersuchung in Helgoland zur Verfügung stand, leider nicht weiter untersuchen. Jedenfalls legen die mitgeteilten Befunde den Gedanken nahe, daß auch intra vitam die *Eiweißkörper des Sperrmuskels mit größerer Zähigkeit das Quellwasser festhalten und dadurch dieser Muskel die Fähigkeit besitzt, in dem einmal erlangten Kontrak-*

tionszustand (id est Quellungszustand der Fibrille) *zu verharren;* damit ist vielleicht auch eine Erklärung der Fähigkeit dieses Muskels zur stromlosen Dauerverkürzung gegeben, die eher den tatsächlichen Verhältnissen nahekommt als die bloß bildliche Vorstellung eines „Sperrmechanismus".

b) Versuche zur Erklärung des verschiedenen Zuckungsablaufes roter und weißer Muskeln. Zur Sarkoplasmatheorie der tonischen Kontraktion.

Mit Rücksicht auf dieses Resultat schien es von Interesse, ob sich ähnliche Unterschiede zwischen Muskeln von verschiedener Zuckungsform auch beim Säuger finden. Hierzu wurden rote und weiße Muskeln gewählt; wissen wir ja seit Ranvier, daß sich die roten Muskeln des Kaninchens gegenüber den blassen durch eine verhältnismäßig lang anhaltende, nach Kronecker und Stirling fast dreimal so lange Kontraktionsdauer auszeichnen. Neuerdings untersuchten Adrian, sowie besonders Cobb und Fulton das Elektromyogramm roter und weißer Muskeln und zeigten, daß die Reaktion des roten Muskels nach einer etwas längeren Latenzzeit auftritt und die Kurve langsamer an- und absteigt als beim weißen Muskel.

Zwei Faktoren sind vor allem als Ursache dieses Unterschiedes in Betracht zu ziehen: der verschiedene *Sarkoplasmagehalt* (P. Grützner) und die verschiedene Stärke der Milchsäurebildung an den beiden Muskelarten. Zunächst wurde untersucht, ob der rote, plasmareiche Muskel sich vom blässeren, vorwiegend aus Fibrillen zusammengesetzten durch Verschiedenheiten im Quellungsvermögen unterscheidet, welche die Unterschiede im Zuckungsablauf verständlich machen könnten. Zu diesen Versuchen ist es nötig, Muskeln von möglichst gleicher Form und Größe zu wählen. Denn vergleicht man beispielsweise den roten, langsam zuckenden M. soleus mit dem blassen, rasch zuckenden Anteil des M. triceps surae, dem Gastrocnemius, so sieht man zwar, daß die Quellungskurve des ersteren rascher ansteigt als die des letzteren, daß der M. soleus aber auch rascher entquillt als sein Partner, was wohl damit zusammenhängt, daß der viel schwächere Soleus (Gewichtsverhältnis von Soleus zum Gastrocnemius beim Kaninchen = 6 : 1) eine im Verhältnis zu seiner Masse viel größere Oberfläche darbietet als der Gastrocnemius, daher die zur Quellung führende, aber auch die die Entquellung bewirkende Flüssigkeit leichter in den roten Muskel eindringen kann als in den viel mächtigeren Gastrocnemius, der eine im Verhältnis zu seiner Masse relativ kleinere Oberfläche aufweist. Leider war es nicht möglich, rote und blasse Muskeln zu finden, deren Massenentwicklung ganz übereinstimmt. Es schien aber auch nicht vorteilhaft, gleich große Stücke aus je einem blassen und einem roten Muskel auszuschneiden, da wir ja durch Fletcher und Hopkins wissen, daß jede mechanische Läsion zu einer explosiven Milchsäurebildung im Muskel führt, andererseits, daß der rote und blasse Muskel ein verschieden hohes Säurebildungsmaximum haben, die Milchsäurebildung in den roten Muskeln nach Gleiß, Fletcher langsamer und weniger intensiv erfolgt als an den weißen (vgl. weiter unten). Es war daher zu befürchten, daß durch Ausscheiden von Stücken gleicher Größe aus den beiden Muskelarten ungleiche Mengen Milchsäure in ihnen gebildet und dadurch verschiedenartige Versuchsbedingungen geschaffen werden. Ich verglich daher schließlich den roten M. semitendinosus einerseits mit dem weißen

M. extens. digit. comm., andererseits mit dem ebenfalls weißen M. extensor carpi radial., nachdem die Massenentwicklung des M. semitend. jener der beiden letztgenannten Muskeln am nächsten kommt, der M. ext. digit. comm. etwas schwerer, der M. extens. carp. rad. etwas leichter ist als der mit ihnen verglichene rote Muskel.

Weiterhin ist bei diesen Quellungsversuchen am roten und weißen Muskel zu berücksichtigen, daß die postmortale Milchsäurebildung in den beiden Muskelarten verschieden rasch erfolgt; nach Bierfreund setzt die Starre im weißen Gastrocnemius des Kaninchens 1—3 Stunden post mortem, beim roten Soleus dagegen erst 11—15 Stunden post mortem ein, bei diesem letzteren Muskel hat sie erst nach 52—58 Stunden ihr Maximum erreicht, während sie beim weißen Muskel schon nach 10—14 Stunden abgeschlossen ist. Es mußte daher, um unter möglichst gleichen Versuchsbedingungen zu arbeiten, der Quellungsversuch ebenso wie die Entquellung möglichst rasch nach dem Tode durchgeführt werden. Wegen der verschiedenen Intensität und Dauer der postmortalen Milchsäurebildung möchte ich auch Versuche über die spontane Gewichtsabnahme der beiden Muskelarten in physiologischer NaCl-Lösung für die Frage der Entquellbarkeit des roten und weißen Muskels nicht verwerten. Ich möchte sie um so weniger verwerten, als ja die Frage noch kontrovers ist, ob diese Gewichtsabnahme durch eine Entquellung infolge Gerinnung der Eiweißkörper des Muskels zustande kommt (Fürth und Lenk) oder ob sie nicht auf einen Austritt von verflüssigtem Eiweiß im Sinne von Winterstein und Weber zurückzuführen ist. Ich sehe daher von der Reproduktion meiner Versuche über spontane Quellung und wieder eintretenden Gewichtsverlust in physiologischer NaCl-Lösung ab und möchte nur bemerken, daß diese Versuche keine Differenz zwischen roten und weißen Muskeln erkennen ließen, die mit der Verschiedenheit der Kontraktion der beiden Muskelarten hätte in Beziehung gebracht werden können.

Mit Rücksicht auf die angeführten Fehlerquellen wurden daher die weiteren Versuche so angestellt, daß der M. semitendinos., M. extens. digit. commun. und M. extens. carpi radial. möglichst rasch und unter Vermeidung einer Läsion dem durch Entbluten getöteten Tiere entnommen, nach möglichster Verkürzung ihrer (besonders am Semitendinosus als Fehlerquelle in Betracht kommenden) Sehnen gleich lange Zeit in Säure (HCl, H_2SO_4, Milchsäure) zur Quellung gebracht, nach Abtrocknung durch nicht faserndes Filtrierpapier und Wägung mit der entquellenden Flüssigkeit (Neutralsalzlösung) abgespült und schließlich in diese versenkt wurden, um durch mehrere Stunden hier zu verbleiben.

Abb. 5 und Tabelle 5 zeigen, daß sich wohl geringe Verschiedenheiten im Quellungsvermögen ergeben, daß aber der Gewichtsverlust in der Salzlösung beim roten und weißen Muskel ziemlich gleich steil erfolgt, diese also keine wesentlichen Verschiedenheiten der Entquellbarkeit aufweisen. Soweit man aus den Entquellungsversuchen in Neutralsalzlösungen schließen darf, kann darum der verschiedene Ablauf der Zuckungskurve der beiden Muskelarten wohl nicht auf ein verschiedenes Quellungsvermögen bzw. auf eine verschieden rasche Entquellbarkeit des sarkoplasmareichen Muskels gegenüber dem sarkoplasmaarmen zurückgeführt werden.

Wenn nun auch der träge, sarkoplasmareiche, rote Muskel sich von dem flinken, weißen Muskel durch keine Besonderheiten des Quellungsvermögens unterscheidet, so könnte sich doch im Sarkoplasma ein eigener Kontraktionsvorgang abspielen, der beispielsweise infolge verschiedener Stärke und Geschwindigkeit der Säurebildung im Sarkoplasma gegenüber der Fibrille langsamer ablaufen und dadurch die Verschiedenheit zwischen den beiden Muskelarten bedingen könnte. Die Beobachtungen von Tonusschwankungen am Schildkrötenherzen, auf welche sich die normalen Kontraktionen superponierten, veranlaßten ja Fano,

Tabelle 5. Quellungs- und Entquellungsversuche an roten und weißen Säugermuskeln.

Zeit	Gewicht	Gewichtszunahme		Zeit	Gewicht	Gewichtszunahme	
		absolut	vH			absolut	vH
M. ext. dig. comm. pedis				M. semitendinosus (Ratte gleich p. m.)			
Quellung in 0,02 n-HCl + 0,8 proz. NaCl.							
$1^h 45'$	0,1002 0,1562	0,0560	56,0	$1^h 45'$	0,1646 0,2711	0,1065	64,5
Entquellung in 0,02 n-HCl + 3 proz. NaCl.							
1^h	0,1187	0,0185	18,5	2^h	0,2003	0,0357	21,6
M. ext. dig. comm. pedis				M. semitendinosus (Kaninchen 6^h p. m.)			
Quellung in 0,04 n-HCl + 0,8 proz. NaCl.							
5^h	1,5713 2,2302	0,6589	41,92	5^h	0,7957 1,0887	0,2930	37,0
Entquellung in 0,04 n-HCl + 2 proz. NaCl.							
$2^h 40'$	2,1745	0,6032	38,4	$2^h 30'$	1,0568	0,2611	33,0
M. ext. carpi radialis				M. semitendinosus (Kaninchen gleich p. m.)			
Quellung in 0,04 n-HCl + 0,8 proz. NaCl.							
16^h	0,6085 0,9778	0,3693	60,6	16^h	0,8770 1,5221	0,6451	73,5
Entquellung in 2 proz. NaCl.							
$6^h 30'$	0,9127	0,3042	49,9	$6^h 30'$	1,3599	0,4829	55
M. ext. dig. comm.				M. semitendinosus.			
Quellung in 0,04 n-HCl + 0,8 proz. NaCl.							
16^h	1,3474 2,3586	1,0112	75,0	16^h	0,8236 1,4450	0,6214	75,4
Entquellung in 2 proz. NaCl.							
$6^h 30'$	2,0289	0,6815	50,6	$6^h 30'$	1,2179	0,3943	47,8
M. ext. carpi radialis				M. semitendinosus (Kaninchen 6^h p. m.)			
Quellung in 0,01 n-H_2SO_4 + 0,8 proz. NaCl.							
17^h	0,4295 0,7155	0,2860	61,8	17^h	0,6216 1,0298	0,4082	65,6
Entquellung in 0,01 n-H_2SO_4 + 7,2 proz. NaCl.							
5^h	0,4632	0,0337	7,8	5^h	0,6681	0,0465	7,4

eine Trennung der tonischen Kontraktion von der gewöhnlichen Zuckung anzunehmen, insbesondere suchten aber Bottazzi und Joteyko, ausgehend von der Beobachtung der durch das Veratrin hervorgerufenen tonischen Verkürzung, den Beweis abzuleiten, daß der Muskel zwei prinzipiell voneinander verschiedene Arten der Verkürzung vollführen kann: die schnelle Zuckung wurde in die Fibrille, die tonische Kontraktion ins Sarkoplasma verlegt, eine Ansicht, die auch in der neuesten Zeit Anhänger gefunden hat (Frank; vgl. dazu Gutherz, Musculus). Gegenüber dieser Vorstellung, daß das Sarkoplasma eine eigene Verkürzung auszuführen imstande sei, ist vor allem darauf hinzuweisen, daß nach Engelmann die Fähigkeit der Verkürzung an die Anisotropie gebunden ist, im Muskel aber nur die Fibrillen den doppelbrechenden Anteil darstellen. Daß tatsächlich aber auch während der langsamen Verkürzung Vorgänge in der Fibrille die Hauptrolle spielen müssen, geht daraus hervor, daß Ebner an der Veratrincontractur, die er eben wegen des langsamen Ablaufs der Verkürzung für seine Untersuchungen wählte, die Abnahme der Doppelbrechung während der langsamen Phase der Verkürzung beobachten konnte; damit ist wohl der direkte Nachweis gegeben, daß die langsame Verkürzung nicht durch eine Kontraktion des Sarkoplasmas, sondern durch eine Veränderung der Fibrillen zustande kommt. Der Gedanke, daß diese Abnahme der Doppelbrechung der Fibrillen während der langsamen Kontraktion durch das Auftreten einer negativen Doppelbrechung im Sarkoplasma vorgetäuscht werde, bedarf wohl keiner weiteren Erörterung, da hierfür gar kein Anhaltspunkt vorliegt. Eher könnte man vielleicht den Einwand erheben, daß das sich kontrahierende Sarkoplasma durch die Verdickung, die es erfährt, scheinbar eine Abschwächung der Doppelbrechung der Fibrillen bewirke. Ich untersuchte darum, ob der Sarkoplasmareichtum des Muskels seine Anisotropie beeinflusse, konnte aber keinen merklichen Unterschied im Doppelbrechungsvermögen sarkoplasmaarmer und -reicher Muskeln beobachten, so daß wohl auch nicht anzunehmen ist, daß die Quellung des Sarkoplasmas während der Veratrincontractur die Herabsetzung der Doppelbrechung bedingt habe. Auch die jüngsten Befunde von Riesser sprechen gegen die Sarkoplasmatheorie der tonischen Kontraktion.

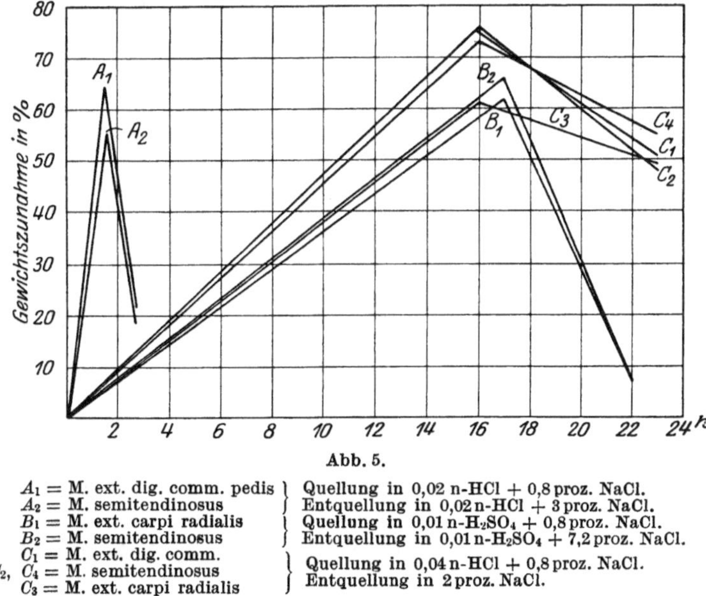

Abb. 5.

A_1 = M. ext. dig. comm. pedis	}	Quellung in 0,02 n-HCl + 0,8 proz. NaCl.
A_2 = M. semitendinosus		Entquellung in 0,02 n-HCl + 3 proz. NaCl.
B_1 = M. ext. carpi radialis	}	Quellung in 0,01 n-H₂SO₄ + 0,8 proz. NaCl.
B_2 = M. semitendinosus		Entquellung in 0,01 n-H₂SO₄ + 7,2 proz. NaCl.
C_1 = M. ext. dig. comm.		
C_2, C_4 = M. semitendinosus	}	Quellung in 0,04 n-HCl + 0,8 proz. NaCl.
C_3 = M. ext. carpi radialis		Entquellung in 2 proz. NaCl.

Denn, wenn die Bottazzische Vorstellung richtig wäre, daß die Wirkung des Veratrins in einer Verstärkung der langsamen Kontraktion des Sarkoplasmas bestehe, so müßte das Veratrin gerade auf den roten, sarkoplasmareichen Muskel wirken, während Riesser im Gegenteil eine Wirkung des Veratrins gerade auf den roten Muskel vermißte.

Auch neuere Studien, in welchen die Innervation roter und weißer Muskeln miteinander verglichen wurde, sprechen gegen jene Theorien, welche einerseits das Sarkoplasma als Träger der tonischen Kontraktion, andererseits Fasern des vegetativen Nervensystems als efferenten Schenkel der diese Kontraktion erhaltenden Innervation betrachten. Man müßte erwarten, sofern diese Theorien zutreffen, daß gerade die sarkoplasmareichen, roten Muskeln in besonderem Maße mit vegetativen Fasern versorgt werden. Bei Reptilien scheint allerdings, worauf besonders neuere Untersuchungen von Kulchitzky hinweisen, daß die feinen Muskelfasern vom plasmareichen Typus vor allem von marklosen Nerven und die groben Muskelfasern von markhaltigen Nerven innerviert werden, während Dart bei Python an jeder Muskelfaser beide Typen von Nerven findet und sich bei Vögeln solche Unterschiede in der Innervation der verschiedenen Muskelfasern nicht sicher nachweisen ließen (Hunter und Latham). Was den Säugermuskel anlangt, so zeigte Hay am weißen Semimembranosus und am roten Semitendinosus des Kaninchens, daß sich in beiden Muskeln ähnliche motorische Endplatten finden (zitiert nach Cobb). Roberts beobachtete nach Durchschneidung der zum Soleus und Gastrocnemius führenden Nerven, daß die Degenerationszeit und Stärke der Degeneration im weißen und roten Muskel annähernd die gleiche ist, daß der rote Muskel eher stärkere Atrophie zeigt als der weiße. Nachdem wir keine Beweise dafür haben, daß Durchschneidung der sympathischen Nerven eines Muskels zur Atrophie an demselben führt, weisen diese Tatsachen ebenfalls darauf hin, wie auch Cobb mit Recht betont, daß die Mehrzahl der roten Muskelfasern beim Säuger vom somatischen Nervensystem innerviert werden.

Wenn demnach die Theorie, daß die langsame Verkürzung auf eine Kontraktion des Sarkoplasmas zurückzuführen sei, abgelehnt werden muß, so ist damit natürlich noch nicht gesagt, daß der Sarkoplasmagehalt des Muskels ganz ohne Bedeutung für den Ablauf der Erschlaffung sei. Wenn die Vorstellung richtig ist, daß die bei der Kontraktion entstehende Milchsäure im Sarkoplasma (Pauli) gebildet wird und weiter in die Fibrille eindringt, so daß in dieser Säureeiweiß entsteht und die Fibrille quillt, so ist es klar, daß diese im Sarkoplasma entstandene Milchsäure auch auf die Proteine des Sarkoplasmas selbst wirken müsse. Aber auch wenn die Milchsäure nur in der Fibrille gebildet würde, so dürfte sie bei ihrem Abtransport aus derselben auf die Eiweißkörper des Sarkoplasmas treffen und hier, ähnlich wie in der Fibrille, zu einer Salzbildung mit folgender Ionisation und Hydratation der Proteine führen. Es ist also anzunehmen, daß die im Muskel bei der Kontraktion entstehende Milchsäure nicht nur zu einer Quellung der Fibrille führt, sondern auch eine Anlagerung von Wassermolekülen an ionisiertes Eiweiß des Sarkoplasmas bewirkt. Damit aber wird, ähnlich wie wir es von Proteinlösungen nach Säurezusatz kennen, die innere Reibung im Sarkoplasma steigen, d. h. vermehrter Widerstand gegen Formveränderungen des Muskels entstehen. Es wird sich demnach durch die Quellung des Sarkoplasmas im roten, sarkoplasmareichen Muskel den die Erschlaffung bewirkenden Kräften eine vermehrte Summe von Widerständen entgegensetzen und dadurch die Rückkehr zur Ursprungslänge verzögert werden. Die Tatsache jedoch, daß, wie wir gefunden haben, der rote Muskel nicht wesentlich langsamer entquillt als der weiße, spricht dafür, daß die Entquellung des Sarkoplasmas und der Fibrille wahrscheinlich ziemlich gleichzeitig verläuft, also mit der Entquellung der Fibrille auch die Widerstände im Sarkoplasma ziemlich gleichzeitig abnehmen; die durch den Sarkoplasmareichtum des roten Muskels bedingte Vermehrung der inneren Widerstände ist daher nur in beschränktem Maße für den langsameren Ablauf des Erschlaffungsvorganges in diesem Muskel in Anspruch zu nehmen. Immerhin könnten Faktoren, die zu einer Stauung von Milchsäure im Sarkoplasma führen und damit einen Abfluß freier Milchsäure aus der Fibrille hemmen, beispielsweise die von Riesser angeführte herabgesetzte Durchlässigkeit der Grenzschichten durch Veratrin oder die von ihm und Neuschlosz beobachtete Hemmung des Wiederaufbaues der Milchsäure zu Lactacidogen unter Coffeinwirkung die Entquellung der Fibrille und damit den Ablauf der Erschlaffung verzögern.

Tabelle 6. Quellung und Entquellung bei verschiedener Konzentration der Quellungsflüssigkeit (HCl).

Zeit	Gewicht	Gewichtszunahme		Zeit	Gewicht	Gewichtszunahme	
		absolut	vH			absolut	vH
M. gastrocnemius (Ratte gleich post mortem).							
Quellung in 0,1 n-HCl				Quellung in 0,01 n-HCl			
	0,5621				0,5768		
3^h	0,6780	0,1159	20,6	2^h 45'	1,4738	0,8970	155,4
Entquellung in 2 proz. NaCl.							
4^h	0,6624	0,1003	17,8	3^h 50'	1,2415	0,6647	115,2
18^h 20'	0,6720	0,1099	19,5	18^h 15'	1,2030	0,6262	108,5
M. triceps (Ratte gleich p. m.).							
Quellung in 0,02 n-HCl				Quellung in 0,002 n-HCl			
	0,5504				0,6912		
3 25'	1,0370	0,4866	88,4	3^h 20'	0,9909	0,2987	43,2
Entquellung in 3 proz. NaCl.							
22^h	0,6489	0,0985	17,9	22^h	0,9924	0,3012	43,5
M. triceps (Ratte gleich p. m.).							
Quellung in 0,04 n-HCl				Quellung in 0,004 n-HCl			
	0,5914				0,4908		
4^h 15'	1,2467	0,6553	110,8	4^h 15'	0,7700	0,2792	56,9
Entquellung in 0,04 n-HCl + 2 proz. NaCl.				Entquellung in 0,004 n-HCl + 2 proz. NaCl			
2^h	1,0705	0,4791	81,0	1^h 40'	0,6884	0,1976	40,2
M. quadriceps (Ratte gleich p. m.).							
Quellung in 0,04 n-HCl + 0,8 proz. NaCl				Quellung in 0,004 n-HCl + 0,8 proz. NaCl			
	0,8999				0,8616		
4^h 15'	1,3122	0,4123	45,8	4^h 15'	1,0657	0,2041	23,6
Entquellung in 2 proz. NaCl.							
2^h 30'	1,1335	0,2336	25,9	2^h 20'	1,0238	0,1622	18,8

Neben dem verschiedenen Sarkoplasmagehalt ist vor allem die verschiedene *Intensität der Milchsäurebildung* im roten und weißen Muskel als Ursache ihres verschiedenen Zuckungsablaufs in Betracht zu ziehen. Schon Gleiß fand die weißen Muskeln von Säugern stärker sauer als die roten, aus den Bestimmungen von Fletcher ergab sich, daß der rote Soleus des Frosches nach 3$^1/_4$ Stunden bei 38° etwa halb so viel Milchsäure (als Zinklactat bestimmt) entwickelte als der weiße Gastrocnemius, daß nach 5$^3/_4$ Stunden die Menge der im weißen Muskel gebildeten Milchsäure nur mehr wenig gestiegen war, während der rote Muskel noch einen langsamen Anstieg der Milchsäurebildung aufwies, deren Menge aber noch nicht die im weißen Gastrocnemius schon nach $3\,^1/_4$ Stunden gebildete Säuremenge erreichte. Aus den neueren Untersuchungen von G. Embden und E. Adler ergibt sich, daß der weiße, rasch zuckende M. biceps femoris des Kaninchens einen höheren Gehalt an Lactacidogen, aber einen geringeren Gehalt an organischer Restphosphorsäure hat als der langsam arbeitende M. semitendinosus.

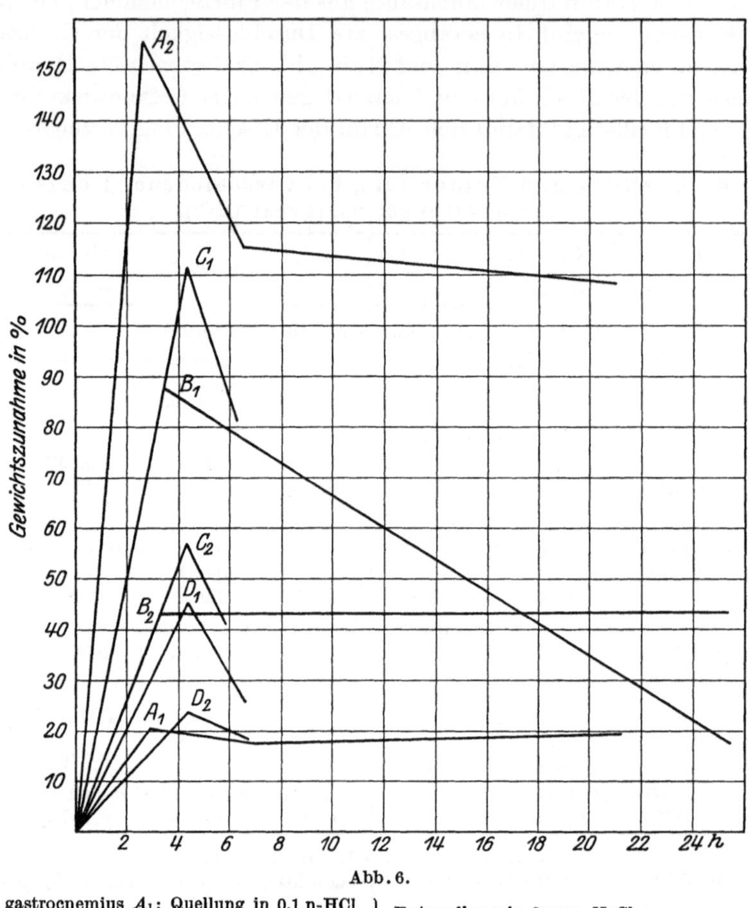

Abb. 6.

M. gastrocnemius A_1: Quellung in 0,1 n-HCl ⎫ Entquellung in 2 proz. NaCl.
        ,, A_2:   ,,   ,, 0,01 n-HCl ⎭
M. triceps B_1:   ,,   ,, 0,02 n-HCl ⎫
   ,,   ,, B_2:   ,,   ,, 0,002 n-HCl ⎭   . ,,   ,, 3 proz. NaCl.
M.   ,, C_1:   ,,   ,, 0,04 n-HCl;   ,,   ,, 0,04 n-HCl + 2 proz. NaCl.
   ,,   ,, C_2:   ,,   ,, 0,004 n-HCl;   ,,   ,, 0,004 n-HCl + 2 proz. NaCl.
M. quadriceps D_1:   ,,   ,, 0,04 n-HCl + 0,8 proz. NaCl ⎫ Entquellung in 2 proz. NaCl.
   ,,   ,, D_2:   ,,   ,, 0,004 n-HCl + 0,8 proz. NaCl ⎭

Die verschiedene Stärke bzw. Schnelligkeit der Milchsäurebildung in den beiden Muskelarten wird zu einem anderen Anstieg der Quellung im roten als im weißen Muskel führen, kann aber auch die Entquellung der Fibrille nicht unbeeinflußt lassen. Es wurde darum untersucht, inwiefern die Verschiedenheit der Konzentration der zu einem Muskel zugesetzten Säure die Art seiner Quellung, bzw. die daran anschließende Entquellung durch Neutralsalze beeinflußt. Es wurden daher gleiche Muskeln (rechter und linker Quadriceps, Triceps, Gastrocnemius usw.) in verschiedenem Maße zur Quellung gebracht, indem der eine Muskel beispielsweise in eine 0,1 n-HCl, der Muskel der Gegenseite in eine 0,01 n-HCl getaucht wurde. Nachdem die Muskeln wieder nach gleichen Zeiten und unter sonst gleichen äußeren Versuchsbedingungen aus der Quellungsflüssigkeit genommen und von anhaftender Flüssigkeit mit Filtrierpapier befreit wurden, kamen nach Wägung beide Muskeln in je ein Gläschen, das mit der gleichen Entquellungsflüssigkeit beschickt war. Es wurde also untersucht, inwiefern die durch verschiedene Konzentration der gleichen Säure bewirkten Verschiedenheiten der Quellung den Wasserverlust in der entquellenden Lösung beeinflussen (s. Tab. 6—8).

Was zunächst die Verschiedenheiten der Quellung anlangt, so ist es ohne weiteres verständlich, daß ein Muskel in 0,1 n-HCl schwächer quillt als in 0,01 n-HCl, während beispielsweise eine Konzentration von 0,02 n-HCl einen stärker quellenden Einfluß ausübt als die 10fach verdünnte Säure. Denn wir wissen ja aus den Untersuchungen, insbesondere der Paulischen Schule, daß Säurequellung von Proteinen mit steigender Konzentration der zugesetzten Säure über ein Quellungsmaximum geht, indem es bei niedrigen Säurekonzentrationen durch die fortschreitende Ionisation zu einer immer stärkeren Hydratation kommt, bei höherer Säurekonzentration dagegen das ionische Eiweiß wieder zurückgedrängt und dadurch eine geringere Quellung bewirkt wird. Was nun die Entquellung durch Salzzusatz betrifft, so sehen wir (sowohl bei den höheren Säurekonzentrationen als auch bei den niederen), daß der Muskel, dessen Quellungskurve höher und steiler ansteigt, auch wieder in kürzerer Zeit sein Quellungswasser unter der Wirkung der Neutralsalzlösung abgibt (vgl. Tab. 6 und Abb. 6).

Tabelle 7. Quellung und Entquellung bei verschiedener Konzentration der Quellungsflüssigkeit (Milchsäure).

Zeit	Gewicht	Gewichtszunahme		Zeit	Gewicht	Gewichtszunahme	
		absolut	vH			absolut	vH
M. extensor hallucis longus (Kaninchen 1 Stunde p. m.).							
Quellung in 0,02 n-Milchsäure				Quellung in 0,002 n-Milchsäure			
	1,3966				1,3983		
4^h 15′	2,6548	1,2582	90,0	4^h 5′	2,1140	0,7157	51,2
Entquellung in 3 proz. NaCl.							
1^h 20′	1,8814	0,4848	34,7	1^h 25′	1,8652	0,4669	33,3

Aus den Quellungsversuchen in HCl mit nachfolgender Entquellung in NaCl könnte man zunächst folgern, es sei das der Säure und dem Salz gemeinsame Cl-Ion, welches durch Zurückdrängung der Ionisation an den geschilderten Eigentümlichkeiten im Verlauf der Entquellung Schuld trägt. Die Quellungsversuche an 0,02 n- bzw. 0,002 n-Milchsäure mit nachfolgender Entquellung in 3 proz. NaCl zeigen (Abb. 7 u. Tab. 7) aber, daß sich hier die gleichen Verhältnisse wiederholen, also wiederum der steilere Anstieg der Gewichtszunahme mit dem steileren Abfall der Entquellung verbunden ist, obwohl Säure und Salz kein Ion gemeinsam haben.

Bei der Verwendung von Salzlösungen zur Rückbildung der Säurequellung muß natürlich auch berücksichtigt werden, daß nicht nur die Dehydratation infolge Abnahme ionischer Eiweißteilchen sondern auch rein osmotische Wirkungen an der Gewichtsabnahme teilhaben. Es mußte darum auch untersucht werden, inwiefern eine bloß osmotische Wirkung allein den Gewichtsverlust nach verschieden starker Quellung beeinflußt. Es wurden daher Versuche mit Rohrzucker-, bzw. Traubenzuckerlösungen nach vorangegangener Säurequellung angestellt. Die durch konzentrierte Lösungen von Rohrzucker, bzw. von Traubenzucker erzielte Gewichtsabnahme nach vorangegangener Quellung in verschieden konzentrierten Lösungen von Milchsäure (Tab. 8 und Abb. 8) läßt jedoch die geschilderten Beziehungen im zeitlichen Verlauf des Gewichtsverlustes zum Anstieg der Quellungskurve vermissen, so daß auch osmotische Wirkungen als Ursache der beobachteten Erscheinungen auszuschließen sind.

Zu ihrem Verständnis ist es vielmehr notwendig, die Wirkung von Säuren auf Eiweiß und jene von Neutralsalzen auf Säureeiweiß heranzuziehen, soweit diese bis jetzt überhaupt klargestellt sind. Beim Zusatz von Säuren zu Eiweiß reagiert dieses, wie die Untersuchungen von Pauli und Hirschfeld zeigen, als vielsäurige Base, bildet typische Salze, welche in das Anion der zugesetzten Säure und das mehrwertige Proteinion zerfallen. Diese Ionisation nimmt mit steigendem Säurezusatz bis zur Erreichung eines Maximums zu, im Überschuß der Säure wieder ab (Pauli und Handovsky, Manabe und Matula). Zusatz von Neutralsalzen zu dem gebildeten Säureeiweiß führt nach den Versuchen von Pauli und Handovsky zu einer Zurück-

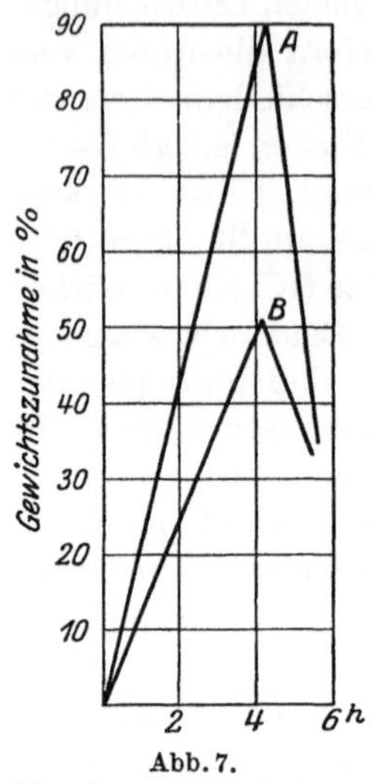

Abb. 7.

M. extensor hallucis longus
A: Quellung in 0,02 n-Milchs.
B: ,,   ,, 0,002 n- ,,
Entquellung in beiden Fällen
in 3 proz. NaCl.

Tabelle 8. Quellung und Entquellung bei verschiedener Konzentration der Quellungsflüssigkeit. Entquellung durch nicht dissoziierende Substanzen.

Zeit	Gewicht	Gewichtszunahme		Zeit	Gewicht	Gewichtszunahme	
		absolut	vH			absolut	vH
M. extensor dig. comm. (Kaninchen 1 Stunde p. m.).							
Quellung in 0,02 n-Milchsäure				Quellung in 0,002 n-Milchsäure			
	2,2643				2,2048		
$2^h\,10'$	3,9552	1,6909	74,8	2^h	3,3794	1,1746	53,3
Entquellung in 30 proz. Rohrzucker.							
$1^h\,5'$	3,4105	1,1462	50,7	$1^h\,10'$	2,7843	0,5795	26,3
M. semitendinosus (Kaninchen 1 Stunde p. m.).							
Quellung in 0,02 n-Milchsäure				Quellung in 0,002 n-Milchsäure			
	1,3176				1,3621		
2^h	1,9141	0,5965	45,1	2^h	1,7659	0,4038	29,6
Entquellung in 30 proz. Rohrzucker.							
$1^h\,10'$	1,7258	0,4082	30,9	$1^h\,5'$	1,4886	0,1265	9,3
M. quadriceps (Ratte 1 Stunde p. m.).							
Quellung in 0,03 n-Milchsäure				Quellung in 0,003 n-Milchsäure			
	1,1340				1,1166		
$4^h\,45'$	2,0153	0,8813	77,7	$4^h\,45'$	1,6266	0,5100	45,6
Entquellung in 30 proz. Traubenzucker.							
$1^h\,45'$	1,9600	0,8260	72,8	1^h	1,3908	0,2742	24,5
$3^h\,40'$	1,9184	0,7844	69,1	$3^h\,30'$	1,3053	0,1887	16,8

drängung der Ionisation, die, wie die Abnahme der inneren Reibung zeigt, auch mit einer Dehydratation der Eiweißteilchen verbunden ist.

Haben wir demnach das gleiche Muskeleiweiß durch zwei verschiedene Konzentrationen derselben Säure zur Quellung gebracht, so entstehen Eiweißsalze, die verschieden stark ionisiert sind und darum auch eine verschieden große Menge H_2O-Molekel anlagern. Wird nun zu beiden Säureeiweißverbindungen die gleiche Neutralsalzkonzentration zugesetzt und damit die Ionisation zurückgedrängt, so wird der Effekt auf das stärker ionisierte und hydratisierte Säureeiweiß größer sein, es wird mehr Wasser abgeben, also rascher entquellen können als das schwächer ionisierte.

Es fragt sich nun, inwiefern diese Verhältnisse auf den roten und blassen Muskel anwendbar sind. Nach den Untersuchungen von Fletcher findet sich bei Fröschen im roten Soleus 0,22 vH Milchsäure (als Zinklactat bestimmt, entspricht 0,017 n-Milchsäure), im weißen Gastrocnemius 0,44 vH (entsprechend 0,035 n-Milchsäure). Wir dürfen daraus folgern, daß es im weißen Muskel infolge der stärkeren Säurebildung zu einer stärkeren Ionisation kommt, nachdem die Versuche von Bottazzi und d'Agostino gezeigt haben, daß bis zu einer Konzentration von 0,06 n-Milchsäure die Viscosität von Muskelpreßsaft mit zunehmender Säuremenge steigt. Die stärkere Ionisation des Eiweiß im weißen Muskel führt aber wieder dazu, daß sich in diesem leichter elektrisch neutrale Eiweißteilchen bilden, er also auch leichter entquillt als der rote. Wodurch diese Entquellung intra vitam während der Erschlaffung bewirkt wird, ist allerdings, wie oben schon erwähnt, heute noch unklar. Unsere Versuche, welche eine Entionisierung und Dehydratation der durch Säurezusatz gequollenen Muskeln durch Neutralsalze bewirkten, sollen nur die raschere Entquellbarkeit des stärker ionisierten Muskeleiweiß demonstrieren. Ob aber auch intravital die Entionisierung wirklich durch Neutralsalze stattfindet, wie dies

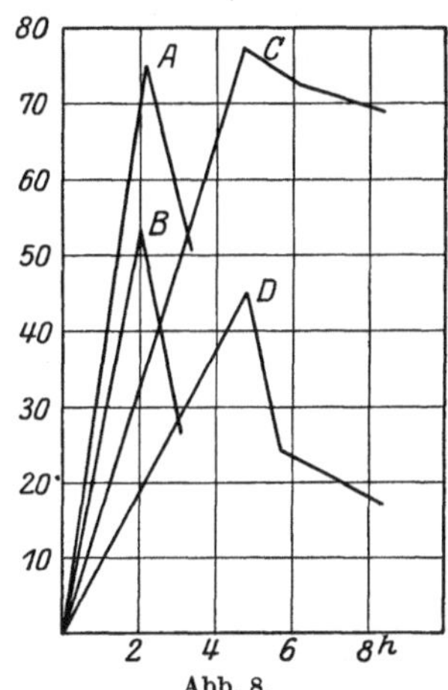

Abb. 8.

M. ext. dig. comm. *A*: Quellung in 0,02 n-Milchsäure, *B*: Quellung in 0,002 n-Milchsäure, Entquellung in beiden Fällen i. 30 proz. Rohrzucker. M. quadriceps *C*: Quellung in 0,03 n-Milchsäure, *D*: Quellung in 0,003 n-Milchsäure, Entquellung in beiden Fällen in 30 proz. Traubenzucker.

beispielsweise Fürth vermutet, werden erst weitere Untersuchungen zu zeigen haben.

Mit dem Hinweis auf die Verschiedenheiten der Säurebildung im blassen und roten Muskel und auf die leichtere Entquellbarkeit des stärker ionisierten Säureeiweißes ist nur der Versuch unternommen, *einzelne Fälle* von verschiedenem Ablauf der Erschlaffung dem Verständnis näherzubringen; findet man ja auch Muskeln, welche deutliche Unterschiede im Säuregehalt vermissen lassen. So zeigte Behrendt, daß der träge zuckende Semimembranosus des Frosches sich von dem rasch zuckenden Gastrocnemius nicht durch deutliche Verschiedenheiten im Lactacidogenphosphorsäuregehalt unterscheidet. In diesem Falle müssen andere Faktoren für den verschiedenen Zuckungsablauf verantwortlich gemacht werden. So fand Behrendt in dem erwähnten Beispiel Verschiedenheiten in der Durchlässigkeit der Grenzflächen der beiden Muskeln, welche einen verschieden raschen Abfluß der Säure aus der Fibrille bedingen und dadurch einen verschiedenen Ablauf der Erschlaffung erklären könnten. Mit Permeabilitätsänderungen mögen auch gewisse Giftwirkungen zusammenhängen, so z. B. die oben erwähnte Veratrinwirkung, die nach Riesser auf einer Herabsetzung der Durchlässigkeit der Grenzschichten und damit einer Milchsäurestauung in der Fibrille beruhen soll.

Es ergibt sich also, daß es keineswegs genügt, die Verschiedenheiten im Zuckungsablauf des roten und weißen Muskels einfach dadurch erklären zu wollen, daß man die schnelle Zuckung schematisch in die Fibrille, die langsame ins Sarkoplasma verlegt. Der verschiedene Sarkoplasmagehalt der beiden Muskelarten mag ja insofern eine Rolle spielen, als die Quellung des Sarkoplasmas die Summe der inneren Widerstände, welche sich der Erschlaffung entgegensetzen, vermehrt. Daneben aber ist auf die Verschiedenheit der Säurebildung in den beiden Muskelarten Rücksicht zu nehmen, welche dazu führt, daß in dem weißen Muskel, in welchem eine stärkere Säurebildung und damit eine stärkere Quellung der Fibrille erfolgt, eher die Dehydratation infolge Abnahme der ionisierten Eiweißteilchen eintreten wird. Auch die verschiedene Permeabilität der Grenzflächen und dadurch bedingte Verschiedenheiten in der Schnelligkeit des Säureabflusses aus der Fibrille sind mit Behrendt in Betracht zu ziehen.

c) Die Bedeutung der Neutralsalze für das Zustandekommen tonischer Phänomene.

Wir haben schon früher erwähnt, daß bei der Entquellung der Fibrillen, also jenem Vorgang, welcher dem Erschlaffungsprozeß zugrunde liegt, die Entionisation und Dehydratation des Säureeiweißes durch Neutralsalze vielleicht auch intra vitam eine wichtige Rolle spielt. Jedenfalls beeinflußt die ionale Zusammensetzung der Nährflüssigkeit eines Muskels dessen Fähigkeit zur Dauerverkürzung in maßgebender Weise. Während Calciumionen eine Reihe von Contracturen zu verhindern, bzw. zu lösen vermögen, wirken vor allem Kaliumionen contracturauslösend, bzw. fördernd, wie besonders die Untersuchungen von Neuschlosz gezeigt haben. So verhindert Vorbehandlung des Muskels mit $CaCl_2$-reicher Ringerlösung die durch Acetylcholin auslösbare Contractur, Ca-Zusatz zur Nährflüssigkeit vermag die durch KCl-Lösung auslösbare Contractur zu verhindern, die innere Unterstützung des isolierten Froschmuskels zu vermindern; die Veratrinzuckung wird zwar durch kleine Ca-Mengen begünstigt, durch große jedoch unterdrückt. Andererseits ergibt sich nach Neuschlosz, daß die einen Muskel durchströmende Nährflüssigkeit einen bestimmten Kaliumgehalt haben muß, sowohl damit die Strychnincontractur bei Kaltblütern (Kröten) als auch die Tetanusstarre des Warmblüters zustande kommt, daß Vermehrung des Kaliumgehaltes der Nährflüssigkeit die Summation von Einzelzuckungen zum Tetanus erleichtert, während nach Weglassung des Kaliums aus der den Muskel durchströmenden Ringerlösung eine Verlängerung des Muskels erfolgt, die ebenso stark ist wie nach Ischiadicusdurchschneidung. Inwiefern das Kaliumion auch beim Zustandekommen der sogenannten Erregungscontracturen, wie sie z. B. durch Acetylcholin oder Nicotin ausgelöst werden, eine Rolle spielt, erscheint allerdings noch nicht völlig klargestellt. Neuschlosz hat zwar bei der Acetylcholincontractur eine Vermehrung des im Muskel gebundenen Kaliums gefunden, gibt aber selbst an, daß die Vorbehandlung mit Novocain oder $CaCl_2$-reicher Ringerlösung die Muskelverkürzung infolge der Cholinwirkung verhindert, ohne die Kaliumvermehrung hintanzuhalten. Die Vermehrung des gebundenen

Kaliums stellt demnach nach Neuschlosz selbst nicht die alleinige Bedingung für das Auftreten tonischer Muskelverkürzungen dar. Auch weist schon Riesser auf Befunde von Okamoto hin, welche zeigen, daß ein in Acetylcholin getauchter Muskel weniger Kalium aus der Ringerlösung aufnimmt als ein nicht vergifteter. Auch ist daran zu erinnern, daß die Veratrinzuckung durch Kalium gehemmt wird, was Neuschlosz durch einen doppelten Angriffspunkt am Plasma und an den Grenzschichten zu erklären sucht. Wenn demnach auch nicht die hohe Bedeutung des Kaliumgehalts der Nährflüssigkeit für das Zustandekommen einer Reihe tonischer Phänomene zu leugnen ist, so kann man darin doch nur einen die Fähigkeit zur Dauerverkürzung mitbestimmenden Faktor erblicken. Die spezifische Natur der Kaliumcontractur ist nach Bethe und Franke zu leugnen; sie sehen im Kaliumion nur dasjenige unter den Alkaliionen, das am meisten contracturfördernd oder gegenüber den Anionen am wenigsten contracturhemmend wirkt. Diese letzteren ordnen sich nach ihnen in ihrer contracturfördernden Wirkung in der Hofmeisterschen Reihe $SO_4 < Cl < Br < J < NO_3 < CNS$. Dementsprechend wird auch die contracturfördernde Wirkung des Rhodan nicht als spezifisch aufgefaßt werden können.

5. Zentral bedingte Dauerverkürzung. Analyse der Tetanusstarre.

Die peripheren im Muskel selbst gelegenen Faktoren reichen natürlich nicht aus, um alle Zustände von Dauerverkürzung, besonders beim höheren Vertebraten, zu erklären. Die peripheren Faktoren können nur die Verschiedenheiten im Zuckungsablauf zweier Muskeln verständlich machen, die von dem gleichen Reiz betroffen werden, Dauerverkürzungen erklären, in die der Muskel auf einen einmaligen Reiz gerät und die er auch nach Unterbrechung seiner nervösen Verbindungen beibehält (Erregungsfang Uexkülls).

Zur Aufrechterhaltung einer bestimmten gegenseitigen Lage der Skeletteile bedarf es aber insbesondere beim höher entwickelten Tier der Dauerimpulse von seiten vorgeschalteter Nervenzentren, einer unwillkürlich aufrechterhaltenen Dauertätigkeit des Nervensystems, die wir am besten mit Jordan und Uexküll als statische Innervation bezeichnen. Welcher Art sind nun die Einwirkungen, mittels welcher das Zentrum eine Dauerverkürzung der quergestreiften Muskulatur aufrechtzuerhalten vermag, ohne daß eine besondere Steigerung des Stoffwechsels dieses Muskels gegenüber dem desinnervierten zustande kommt? Unterscheidet sich jene Dauerinnervation von der kinetischen bloß quantitativ durch die Geringgradigkeit, bzw. Seltenheit der Impulse, welche den Muskel treffen, oder wird der Muskel durch einen besonderen Mechanismus in seinem Quellungszustand so verändert, daß er gegenüber deformierenden Kräften, die ihn aus der gerade eingenommenen Länge zu bringen trachten, dauernd, ohne besondere Vermehrung seines Stoffwechsels einen bestimmten Widerstand entgegenzusetzen vermag?

Jener Spannungszustand des Muskels, welcher die normale Haltung der Skeletteile am unversehrten Individuum bedingt, scheint allerdings nur quantitativ von der durch Summation von einzelnen Impulsen zustande kommenden Bewegungsinnervation verschieden zu sein. Denn die Enthirnungsstarre, welche ja nichts anderes darstellt, als eine durch Abtrennung cranial vom Rautenhirn gelegener Ganglien bedingte hochgradige Steigerung dieses normalen Haltungstonus, geht, wie die oben erwähnten Untersuchungen von Dusser de Barenne, Buytendyk und **Einthoven** erweisen, mit deutlichen oszillierenden Strömen einher, ist also auf eine Summation von Einzelreizen, die vom Zentrum ausgehen, zurückzuführen. **Kries** hat gemeint, daß die Muskulatur in diesem Zustande, welche das Symptom der Flexibilitas cerea aufweist, eine besondere physikalische Veränderung erleidet, die er als Versteifung bezeichnet. Die Fähigkeit der Muskeln, in diesem Zustande jeder Änderung ihrer Länge einen auffallenden Widerstand entgegenzusetzen, jedoch in einer einmal angenommenen neuen Länge wieder zu verharren und einer Längenänderung gegenüber neuerlich einen großen Widerstand zu leisten, glaubt **Kries** auf eine erhebliche Änderung der elastischen Eigenschaften zurückführen zu müssen. Dieses Phänomen ist aber nichts anderes als der plastische Tonus von **Sherrington**, eine Erscheinung, deren reflektorischer Ursprung sich aus dem Verschwinden nach Deafferentiation der betreffenden Extremitäten klar ergibt und die, wie weiter unten noch zu zeigen sein wird, schon beim Normalen vorgebildet ist. Die „Versteifung" von **Kries** ist bloß der Effekt jener Reflexe, die **Sherrington** als shortening und lengthening reaction kennen gelehrt hat, und kann darum nicht als eine besondere physikalische Zustandsänderung des Muskels betrachtet werden.

Im Sinne eines besonderen Innervationsmechanismus mancher Formen von Dauerverkürzung schienen vor allem die oben zitierten Befunde von Stromlosigkeit der betreffenden, tonisch kontrahierten Muskeln zu sprechen. Die Zahl der Zustände, bei welchen man einen Mangel von Aktionsströmen behauptete, wurde zwar mit der Verfeinerung der Methodik, wie erwähnt, immer mehr eingeschränkt, man suchte aber die Existenz von Zuständen stromloser Dauerverkürzung dadurch zu retten, daß man die Annahme machte, die bei den tonischen Contracturen gefundenen Ausschläge des Saitengalvanometers seien gar nicht durch die tonische Verkürzung bedingt, sondern verdankten Reflexen ihre Entstehung, welche durch Dehnung der betreffenden Muskulatur ausgelöst werden und sich sekundär der Dauerverkürzung superponieren, eine Annahme, die beispielsweise von **Riesser** als „biologisches Postulat", von **Hansen**, **Hoffmann** und **Weiszäcker** dagegen als ein Verlegenheitsprodukt angesprochen wird. Eine gewisse Stütze schien diese Annahme durch den oben genauer besprochenen Befund von **Dittler** und **Freudenberg** bei der Atmungstetanie zu erhalten[1], daß nach Leitungsunterbrechung der zur Handmuskulatur ziehenden Nerven mittels Novokain von der noch immer krampfenden Muskulatur keine Aktionsströme mehr abgeleitet werden konnten, Befunde, die allerdings nicht unwidersprochen blieben (**Flick** und **Hansen**) und die, wie schon erwähnt, über die Natur der vom Zentralnervensystem aufrechterhaltenen Zustände von Dauerverkürzung nichts aussagen können.

Ein positiver Anhaltspunkt für das Bestehen eines besonderen Innervationsmechanismus der tonischen Verkürzung ist jedenfalls durch das Studium der

---

[1] **Wachholder** deutet ebenfalls im Sinne einer Überlagerung einer stromlosen Verkürzung durch einen tetanischen Contractionsvorgang die von ihm näher studierte *Narkosestarre*, nachdem er in ganz tiefer Narkose selbst bei Dehnung der Muskulatur keine Ströme ableiten konnte, während er bei geringerer Narkosetiefe Aktionsströme wenigstens bei Dehnung der Muskulatur, bei oberflächlicher Narkose auch ohne Dehnung erhielt. Es wäre aber meines Erachtens noch zu untersuchen, inwieweit der bei ganz tiefer Narkose bestehende Dehnungswiderstand der Muskulatur überhaupt vom Zentralnervensystem aufrechterhalten wird.

Aktionsströme bisher nicht gewonnen worden. Man muß sich daher die Frage vorlegen, ob sich auf anderem Wege Anhaltspunkte für die Existenz eines solchen besonderen Innervationsvorganges finden lassen. Um dem Wesen des Innervationsmechanismus etwas näher zu kommen, der den Formen von anscheinend stromloser Dauerverkürzung zugrunde liegt, suchte ich das Zustandekommen der Tetanusstarre näher zu analysieren, nachdem Untersuchungen von Semerau und Weiler am Menschen, Liljestrand und Magnus bei der Katze konform den Angaben von Meyer und Fröhlich die Stromlosigkeit des tetanusstarren Muskels zu erweisen schienen. Die Abhängigkeit jener allmählich zunehmenden Verkürzung, die nach Injektion von Tetanustoxin an den der Injektionsstelle benachbarten Muskeln entsteht, vom Zentralnervensystem geht schon aus den Befunden von Fröhlich und Meyer hervor, die das Verschwinden der Tonuszunahme des Muskels nach Durchtrennung seiner Verbindungen mit dem Zentralnervensystem feststellen konnten, insolange wenigstens im Muskel keine sekundären Veränderungen eingetreten waren (vgl. auch Ranson u. Morris). Immerhin wäre es möglich, daß zwar das Bestehenbleiben der vom nervösen Zentralorgan fließenden Impulse für das Erhaltenbleiben der Starre nötig ist, daß aber auch eine veränderte Entquellbarkeit des vergifteten Muskels mit eine Rolle spielt. Hat ja insbesondere Zupnik einen peripheren Angriffspunkt des Giftes zu beweisen gesucht. Um diese Möglichkeit auszuschließen, wurden Muskeln, die sich in lokaler Tetanusstarre befanden, mit den entsprechenden Muskeln der gesunden Seite verglichen, indem beide zuerst gleich lange Zeit in verdünnten Säuren von gleicher Konzentration zur Quellung und dann unter gleichen Bedingungen in Salzlösungen zur Entquellung gebracht wurden. Es ließ sich aber keine wesentliche Differenz im Quellungs- und Entquellungsvermögen nachweisen, weshalb ich auf die Wiedergabe der entsprechenden Tabellen und Kurven verzichte.

Ein zweiter Faktor, der berücksichtigt werden mußte, ist der Zustand des Antagonisten. Fröhlich und Meyer betrachten ja die Starre des tetanusvergifteten Muskels als einen neuen Ruhezustand und es wäre denkbar, daß die fortschreitende Verkürzung dadurch eintritt oder wenigstens begünstigt wird, daß der Zug der Antagonisten an dem sich verkürzenden Muskel nicht mehr oder in verringertem Maße wirkt. Es wurden daher bei weißen Ratten die über das Dorsum pedis ziehenden Sehnen der Unterschenkelmuskulatur beiderseits durchschnitten und dann einseitig in die Wade Tetanustoxin injiziert (0,06—0,45 mg TT). Die Starre trat auf der injizierten Seite innerhalb derselben Zeit (2 Tage) ein wie bei Tieren, bei welchen die über das Dorsum pedis verlaufenden Sehnen intakt gelassen waren, während auf der nicht injizierten Seite der Gastrocnemius noch keine Erhöhung seines Dehnungswiderstandes aufwies, trotzdem er nicht mehr unter dem Gegenzug seiner Antagonisten stand. Außerdem wurden Dehnungskurven des Musculus tibialis anticus sowohl auf der Seite, auf welcher sich eine Tetanusstarre des M. gastrocnemius entwickelt hatte, als auch auf der Gegenseite aufgenommen, welche eine gleiche Dehnbarkeit des M. tibialis beiderseits ergaben. Eine Veränderung im Kontraktionszustand der Antagonisten kann also ebenfalls beim Zustandekommen der Tetanusstarre keine Rolle spielen. Der Einfluß des Zentralnervensystems muß sich direkt auf den die Dauerkontraktion einnehmenden Muskel äußern.

Welcher Art ist nun dieser Impuls? Die scheinbare Stromlosigkeit legt den Gedanken nahe, daß das Zentralnervensystem infolge der Vergiftung in der Weise auf die Peripherie wirkt, daß wohl ein Impuls zur Verkürzung erfolgt, aber die normale Erschlaffung durch eine hemmende Innervation aufgehalten ist, daß also dadurch der Muskel wohl in Quellung gerät, aber nicht entquellen kann. Dies würde begreiflich machen, daß die Starre ohne meßbaren Energieumsatz und ohne Aktionsstrom einhergeht. Fröhlich und Meyer erwägen selbst die Möglichkeit, daß vom Zentralnervensystem her die nach der Kontraktion normalerweise eintretende Rückkehr zur vorherigen Länge gesperrt werde, und neuerdings hat Kries (zwar nicht für die Tetanusstarre, sondern ganz allgemein) an die Existenz von erschlaffungshemmenden Innervationen gedacht, nachdem die Untersuchungen von Biedermann und Mangold eine nervöse Förderung der Erschlaffung gezeigt haben[1]. Es wurde daher untersucht, ob sich Anhaltspunkte für eine Verzögerung der Erschlaffung des mit dem Zentrum in Verbindung stehenden tetanusvergifteten Muskels finden lassen. Hierfür schienen auch Angaben der Literatur insofern zu sprechen, als Brunner trägen Zuckungsverlauf des M. orbicularis oculi bei Tetanusvergiftung beschrieb, ein Befund, den er allerdings als periphere Lähmung deutete und der nicht unwidersprochen blieb (Gumprecht).

Es wurde darum an tetanusvergifteten Ratten der in Verkürzung befindliche Triceps surae gereizt, sowohl, solange er in Verbindung mit dem Zentralnervensystem stand, als auch nach Durchschneidung des zugehörigen N. ischiadicus. Die Achillessehne war von ihrem Ansatz losgelöst und stand mittels eines über eine Rolle geführten Fadens mit dem Schreibhebel in Verbindung. Der Muskel wurde sowohl direkt als auch vom Nerven aus mit Einzelinduktionsschlägen bzw. durch Unterbrechung eines Gleichstromes gereizt. Wie aus Abb. 9 ersichtlich ist, zeigt die Zuckungskurve des tetanusvergifteten Muskels keine Verzögerung im Ablauf der Erschlaffung. Die Kurve vor und nach Ischiadicusdurchschneidung zeigte denselben Verlauf, fiel steil bis zur Abszisse herab. Damit wird auch unwahrscheinlich, daß die Starre durch Impulse zustande komme, welche die Erschlaffung des vergifteten Muskels hemmen.

Auch die von Sherrington beschriebene Aufhebung der reziproken Hemmung (also die Aufhebung der Erschlaffung des Antagonisten bei Kontraktion des Agonisten) durch Tetanustoxin kann nicht die Ursache des Entstehens der Tetanusstarre sein. Dies geht schon daraus hervor, daß diese „Reflexumkehr" auch durch Strychninvergiftung erzielt werden kann, ohne daß diese einen der Tetanusstarre analogen Zustand zu erzeugen vermöchte. Liljestrand und Magnus haben überdies direkt gezeigt, daß der lokale Tetanus sich im M. triceps schon zu einer Zeit entwickelte, wo noch die aktive Beugung des Ellbogengelenks von einer Erschlaffung des Triceps begleitet war, und daß die Aufhebung dieser Erschlaffung des Triceps bei Kontraktion der Ellbogenbeuger sich erst sekundär zu der schon entwickelten Starre hinzugesellt.

Wenn also das Zentralnervensystem nicht durch eine Hemmung der Erschlaffung die Starreverkürzung des Muskels bewirkt, so müssen demnach vom

---

[1] Neuerdings sucht E. Gamper den Ruherigor der postencephalitischen Starre im Anschlusse an die Kriesschen Ausführungen auf eine gegen die Norm erhöhte Hemmung der Erschlaffungsphase zurückzuführen.

Rückenmark zum Muskel während des Bestehenbleibens der Verkürzung Dauerimpulse fließen. Jene Rückenmarksegmente, welche die Starre im zugehörigen Muskel aufrechterhalten, müssen sich in einem Zustand der Dauererregung befinden. Dieser Schluß, zu dem wir per exclusionem gelangt sind, wird durch Befunde von Magnus und Liljestrand gestützt, welche zeigen konnten, daß das Erhaltenbleiben der andauernd auf das Zentrum einwirkenden propriozeptiven Impulse für das Bestehenbleiben der Tetanusstarre notwendig ist; denn sie fanden, daß Hinterwurzeldurchschneidung eine bestehende Starre aufhebt, andererseits eine 10 Tage vor der Tetanusimpfung erfolgte, einseitige Hinterwurzeldurchschneidung das Entstehen der Starre auf dieser Seite verhindert[1]. Erst die Injektion sehr großer Dosen von Tetanustoxin (50 mg einer 30proz. Lösung in einem Versuch von Fröhlich und H. Meyer) vermag auch nach doppelseitiger Hinterwurzeldurchschneidung einen lokalen Tetanus zu erzielen, was Liljestrand und Magnus wohl mit Recht darauf zurückführen, daß diese großen Giftmengen das Rückenmark in einen solchen Zustand der Übererregbarkeit versetzen, daß es nicht nur durch die propriozeptiven Impulse sondern auch von anderen afferenten Nerven her in Dauererregung gebracht werden kann. Auch die Tatsache, daß

nach Einspritzung von Tetanustoxin direkt ins Rückenmark auch nachHinterwurzeldurchschneidung Starre in der zugehörigen Muskulatur beobachtet wurde, spricht nach ihnen nicht gegen den reflektorischen Ursprung der Starre beim normalen lokalen Tetanus, da ja die Einspritzung des Giftes in das

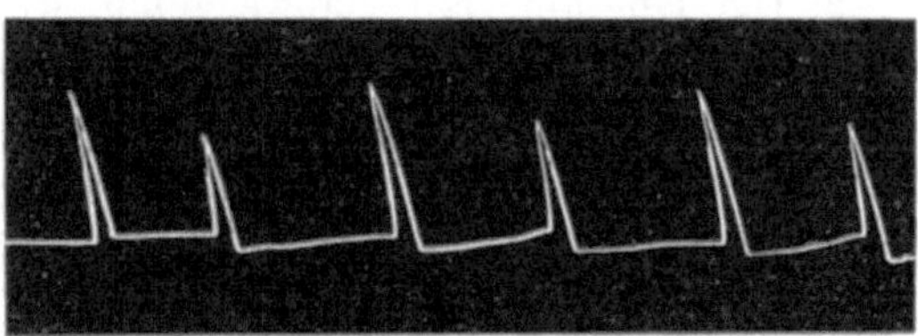

Abb. 9. Weiße Ratte, 2 Tage vor dem Reizversuch 0,1 mg Tetanustoxin in den linken Unterschenkel subcutan injiziert. KSZ des starren M. triceps bei 1 MA. Von rechts nach links zu lesen.

Rückenmark selbst heftige sensible Erregungen in diesem verursacht und dadurch trotz Aufhebung der propriozeptiven Impulse die Starre auslösen kann.

Das den tetanusstarren Muskel versorgende Rückenmarksegment muß sich also in einem Zustand der Dauererregung befinden, welcher durch die von den Propriozeptoren dieses Muskels zuströmenden Impulse aufrechterhalten wird. Diese Dauererregung betrifft die Vorderhornzelle selbst, denn die Tetanusstarre bleibt nach den Versuchen von Magnus und Liljestrand auch nach Exstirpation des Ganglion stellatum im M. triceps bestehen und aus den eben erwähnten Befunden von Meyer und Fröhlich, daß die Injektion des Giftes in das Rückenmark auch nach Hinterwurzeldurchschneidung die Starre auslöst, ergibt sich, daß auch efferente, mit den Hinterwurzeln austretende Fasern, wie sie Frank für seine parasympathische Innervation in Anspruch nimmt, für das Entstehen der Starre nicht in Betracht kommen.

Die Analyse der Tetanusstarre hat uns also dazu geführt, auch diese anscheinend stromlosen Zustände von Dauerverkürzung als durch eine Dauertätigkeit der Vorderhornzelle bedingt anzusehen, die nach den Befunden von Liljestrand und Magnus durch kontinuierliche Erregungen von seiten der Propriozeptoren aufrechterhalten wird. Es ließ sich aber vorderhand kein Anhalts-

---

[1] Der Befund von Aufhebung der Starre durch kleinste Novocaindosen spricht nicht mit Sicherheit für eine reflektorische Genese dieser Dauerverkürzung, da neuerdings eine direkte Wirkung des Novocains auf die rezeptive Substanz des Muskels angenommen wird.

punkt dafür finden, daß dieser Zustand durch einen Innervationsmechanismus bewirkt wird, der von der statischen Innervation jener Zustände qualitativ verschieden wäre, bei welchen sich oszillierende Muskelströme nachweisen ließen[1]. Solange aber der positive Nachweis eines besonderen Innervationsmechanismus für die Fälle anscheinend stromloser Dauerverkürzung nicht erbracht ist, müssen wir für diese ebenso wie für jene Kontraktionsformen, bei welchen Stromschwankungen im Muskel beobachtet werden konnten, *die statische Innervation als nur dem Grade nach verschieden von der kinetischen betrachten.*

Zusammenfassung.

1. Die Fähigkeit zur Dauerverkürzung ohne meßbaren Energieverbrauch erscheint am ehesten für Evertebratenmuskeln erwiesen. Für die beim Säuger bekannt gewordenen Zustände von Tonuserhöhung ist dagegen ein absolutes Fehlen einer Stoffwechselsteigerung gegenüber dem Ruhezustande nicht sichergestellt; jedenfalls aber scheint der Energieumsatz auch bei diesen Zuständen recht geringgradig, viel geringgradiger als bei kinetischer Innervation und in manchen Fällen sogar an der Grenze unserer bisherigen Stoffwechselmethodik zu liegen.

2. Die langsame Saitenabweichung, die man vor allem bei Tonusschwankungen beobachtet hat (Tonusstrom), scheint, soweit wenigstens die Befunde am Skelettmuskel von Wirbeltieren in Betracht kommen, artefiziell bedingt zu sein. Das Vorkommen stromloser Dauerverkürzung dürfte am ehesten für die Zustände von Sperrung, die am glatten Evertebratenmuskel beobachtet wurden und die auch noch nach Ausschaltung der Innervation bestehen bleiben, anzunehmen sein, soweit die gegenwärtige Methodik überhaupt das Fehlen von Muskelströmen zu behaupten gestattet. Die vom Zentralnervensystem her aufrechterhaltenen Zustände von Dauerverkürzung der Wirbeltiere scheinen dagegen in der Regel Oscillationen des Saitengalvanometers hervorzurufen, also ein ähnliches Bild zu geben wie eine durch Summation von Einzelzuckungen entstandene tetanische Muskelaktion, wenn auch die registrierten Stromschwankungen bei den verschiedensten Zuständen von Dauerverkürzung sich durch ihre Geringgradigkeit auszeichnen, manchmal an der Grenze unserer gegenwärtigen Registriermethodik liegen können.

3. Die Geringgradigkeit des Energieverbrauchs, welcher die Dauerverkürzung begleitet, kann nicht darauf zurückgeführt werden, daß der statische Stoffwechsel durch einen besonderen, über das Kreatin führenden Eiweißumsatz charakterisiert ist. Jene Fälle von Dauerverkürzung, bei welchen sich bisher überhaupt kein erhöhter Stoffwechsel gegenüber dem Ruhezustande nachweisen ließ, können ja von vornherein nicht durch vermehrte Bildung einer Substanz als Endprodukt eines Eiweißzerfalls erklärt werden. Jene Formen aber, welche infolge des Nachweises oszillierender Ströme als Summation von Einzelzuckungen angesprochen werden müssen, können sich von der kinetischen Verkürzung bloß quantitativ, durch den besonders trägen Abfall der sie zusammensetzenden Zuckungen unterscheiden (eine geringere Intensität der Einzelstöße kommt ja als Ursache einer erhöhten Kreatinbildung nicht in Betracht). Es ist aber bisher kein Fall bekannt,

---

[1] Damit stimmt auch überein, daß Janssen neuerdings den Sauerstoffverbrauch im lokalen Tetanus gesteigert findet.

wo eine verzögerte Erschlaffung bloß von Kreatinvermehrung ohne Anhäufung von Milchsäure im quergestreiften Muskel begleitet war. Am Beispiele der anoxybiotischen Zuckung konnte andererseits gezeigt werden, daß vermehrte Kreatinbildung keine notwendige Bedingung der Verzögerung der Erschlaffung von Einzelkontraktionen darstellt; wir müssen daher für diese ebenso wie für die aus ihnen zusammengesetzten Formen von Dauerverkürzung die Veränderungen im Kohlehydratstoffwechsel als die maßgebende Ursache der Kontraktion betrachten.

4. Auf Grund der Quellungstheorie der Muskelkontraktion sind Differenzen in der Kontraktionsform bzw. in der Schnelligkeit der Erschlaffung verschiedener, in gleicher Weise gereizter Muskeln durch periphere, im Muskel gelegene Faktoren erklärlich.

a) Am Adductor der Auster konnte gezeigt werden, daß jener Anteil, welchem die Sperrfunktion zufällt stärker quillt und sein Quellungswasser mit größerer Avidität festhält als der Bewegungsmuskel. Die Fähigkeit des Sperrmuskels, den einmal erlangten Quellungszustand mit großer Zähigkeit gegenüber dehydrierenden Einflüssen festzuhalten, macht vielleicht auch das Zustandekommen der stromlosen Dauerverkürzung in diesem Falle verständlich, ohne daß man einen besonderen Sperrmechanismus annehmen muß.

b) Zwischen roten und weißen Säugermuskeln konnte kein Unterschied im Quellungsvermögen bzw. der Entquellbarkeit gefunden werden, welcher den verschiedenen Zuckungsablauf erklären könnte. Auch die Vorstellung, daß die rasche Zuckung in der Fibrille, die langsame Kontraktion im Sarkoplasma ablaufe, mußte abgelehnt werden, da auch die langsame Verkürzung von Änderungen der Doppelbrechung begleitet ist, welche nicht auf das Sarkoplasma bezogen werden können. Dem Sarkoplasma kommt höchstens insofern eine Rolle zu, als seine Eiweißteilchen durch die während der Kontraktion gebildete Milchsäure ebenfalls in Quellung geraten und damit die Summe der Widerstände vermehrt ist, welche der Erschlaffung entgegenwirken. Es ist daran zu denken, daß die verschiedene Stärke der Säurebildung im blassen und roten Muskel für die Verschiedenheiten im Zuckungsablauf mit verantwortlich zu machen ist. Denn bringt man von zwei gleichen Muskeln durch Zusatz verschiedener Konzentrationen derselben Säure den einen zu rascherer und stärkerer Quellung als den anderen und verwendet dann die gleiche Neutralsalzlösung zur Entquellung, so gibt der erstere Muskel sein Quellungswasser auch wieder leichter und innerhalb kürzerer Zeit ab. Die stärkere Säurebildung im blassen Muskel, die in diesem zu einer stärkeren Ionisation des Eiweißes führt, könnte also daran Schuld tragen, daß es in ihm eher zur Entionisierung und Dehydratation der Eiweißteilchen kommt und dadurch die Erschlaffung in ihm rascher abläuft als im roten Muskel.

c) Weitere im Muskel gelegene Faktoren, welche Differenzen in der Dauer der Verkürzung verschiedener Muskeln begünstigen können, sind in Verschiedenheiten der Durchlässigkeit der Grenzflächen zu suchen, welche ein schnelleres oder langsameres Abfließen der Michsäure aus der Fibrille bedingen könnten. Auch die ionale Zusammensetzung der Nährflüssigkeit, insbesondere das Verhältnis der Ca- zu den K-Ionen, so wie auch die Natur der in der Flüssigkeit enthaltenen Anionen scheinen für den erleichterten oder erschwerten Ablauf des Erschlaffungsvorganges von Bedeutung zu sein.

5. Nachdem das Studium des Elektromyogramms (vgl. Abschnitt 2) keine sicheren Beweise für die Existenz eines besonderen Innervationsmechanismus ergeben konnte, welcher den vom Zentralnervensystem aufrechterhaltenen Zuständen von Dauerverkürzung zugrunde liegt, wurde untersucht, ob sich sonst Anhaltspunkte für eine qualitative Verschiedenheit zwischen statischer und kinetischer Innervation finden lassen. Als Typus jener Formen von Dauerverkürzung, bei welchen die scheinbare Stromlosigkeit an einen besonderen Innervationsmechanismus denken ließ, wurde die Tetanusstarre in ihrem Zustandekommen zu analysieren versucht. Es konnte weder eine Veränderung in der Quellbarkeit, bzw. im Entquellungsvermögen des starren Muskels noch eine erhöhte Dehnbarkeit der Antagonisten bzw. eine zentral bedingte Hemmung der Erschlaffung nachgewiesen werden. Auch die durch das Tetanustoxin bewirkte Reflexumkehr kann nicht Ursache der Starre sein, weshalb per exclusionem die Annahme einer Dauererregung der Vorderhornzelle als Ursache der Starre nahegelegt wird. Da bisher kein positiver Anhaltspunkt dafür erbracht ist, daß diese Dauererregung der Vorderhornzelle durch einen Innervationsmechanismus bedingt wird, der von dem der kinetischen Innervation qualitativ verschieden ist, können wir auch die Formen von anscheinend stromloser Dauerverkürzung vorderhand nur als quantitativ verschieden von der kinetischen Kontraktion betrachten.

III. Die Messung des Muskeltonus.

Der tonisch verkürzte Muskel zeigt gegenüber dem atonischen eine Veränderung seiner Konsistenz, indem einerseits seine Eindrückbarkeit verringert, andererseits der Widerstand vermehrt ist, den er einer Dehnung entgegensetzt. Man kann daher, abgesehen von indirekten Methoden, wie Registrierung der Sehnenreflexe und Beobachtung des Zuckungsverlaufs (Wertheim-Salomonson, Viets u. a.) oder Schreibung der Verdickungskurven der Muskeln (F. H. Lewy) auf zweierlei Weise ein Maß des Muskeltonus zu gewinnen suchen: Durch Bestimmung des Widerstandes, den der Muskel gegen eine auf ihn drückende Kraft leistet, oder durch Messung der Spannung, die zur Erzielung einer gewissen Verlängerung überwunden werden muß.

1. Bestimmung der Eindrückbarkeit (Härte).

Die Eindrückbarkeit des Muskels läßt sich auf einfache Weise durch einen von A. Exner und J. Tandler angegebenen Apparat bestimmen. Derselbe besteht aus drei an einem Querbalken befestigten Hohlzylindern, welche in ihrem Innern je einen, durch eine Spiralfeder nach abwärts gedrückten Metallstab tragen. Die beiden Seitenzylinder tragen viel schwächere Federn als der mittlere. Der Apparat wird auf den zu messenden Muskel so stark aufgedrückt, daß die aus den beiden Seitenzylindern etwas herausragenden Metallstäbe bis zu einer bestimmten Tiefe eingedrückt werden. Es wird also bei allen Messungen auf diese Weise der gleiche Druck angewendet und abgelesen, wie tief der Muskel bei Anwendung dieses Drucks den mittleren, von der stärkeren Spiralfeder gehaltenen Stab in seinen Zylinder einschiebt [1].

---

[1] Noch einfacher ist das Prinzip, das dem Schiötzschen Ophthalmotonometer zugrunde liegt. Dem zu prüfenden Organ wird eine Hülse aufgesetzt, die an ihrem, dem Organ

Noyons und Uexküll verwenden zur Untersuchung der „Härte" des Muskels einmal ein von dem ersteren Autor konstruiertes *Gewichtsklerometer*, welches die Tiefe des Eindrucks angibt, den ein an der Oberfläche des Muskels durch einen Elektromagneten schwebend erhaltenes Gewicht nach Unterbrechung des Stroms im Muskel erzeugt. Ein zweiter von ihnen benutzter Apparat ist das von Wertheim-Salomonson angegebene *Federsklerometer*, welches nicht nur die Tiefe des Eindrucks registriert, den eine Pelotte unter dem Druck einer Spiralfeder im Muskel hervorruft, sondern auch die von der Spiralfeder erzeugte Spannung mißt. Schließlich verwenden sie das *ballistische Sklerometer von* Noyons, welches auf dem Prinzip beruht, daß ein Pendel, das gegen einen Gegenstand schlägt, um so weniger gedämpft wird, je härter der Gegenstand ist. Ein Pendel trägt ein Glashämmerchen, das gegen den zu untersuchenden Muskel schlägt, sowie einen langen Hebelarm mit einem in seiner Stellung variierbaren Gewicht. Die Zahl und Höhe der Schwingungen des Pendels geben ein Maß der Härte. Ähnlich mißt Travis den Widerstand, welchen die kinetische Energie eines gegen den ruhig gehaltenen Handrücken schwingenden Pendels erfährt. Jedoch ist zu berücksichtigen, daß schon der erste Schlag Spannungsänderungen auslösen kann, wie schon Gildemeister, Bethe hervorheben, wodurch die Zahl und Stärke der weiteren Oscillationen beeinflußt wird.

Der Gewichtssklerometrie von Noyons steht die einfache von E. Mangold angegebene Methode nahe. Ein zweiarmiger Hebel trägt an dem einen Arm eine Pelotte, deren Gewicht zu Beginn des Versuches durch ein Gegengewicht ausbalanciert ist, so daß die Pelotte dem zu untersuchenden Muskel gerade aufliegt. Durch Anhängen von Gewichten an den die Pelotte tragenden Hebelarm wird diese in den Muskel eingedrückt. Die Tiefe des Eindruckes wird durch den Weg veranschaulicht, welchen die Spitze dieses Hebels längs einer nebenstehenden Millimeterskala ausführt. (Weitere methodische Vorschriften siehe bei R. Müller.) Mittels dieser Methode haben Mangold und seine Mitarbeiter die Härteänderung des Muskels bei verschiedenen Starrezuständen (Wärme-, Totenstarre, chemische Contractur), bei Arbeit (R. Müller), im Zustande der Ermüdung (Hueck) studiert. Mehr als eine annähernde Vorstellung von der Muskelhärte kann aber diese Methode wohl nicht geben.

Nicht nur die Tiefe, sondern auch die Schnelligkeit des Einsinkens bei Belastung der Pelotte sowie die Geschwindigkeit und das Maß des Ausgleichens der Deformität nach Entfernung des belastenden Gewichtes zu verfolgen, gestattet das Schadesche Elastometer, das sich in der Hauptsache von dem Mangoldschen Apparat nur dadurch unterscheidet, daß die Exkursionen des Pelotte und Gewicht tragenden Hebels nicht einfach abgelesen, sondern auf einer rotierenden Trommel registriert werden.

In weniger einfacher, aber sehr exakter Weise orientiert eine von Gildemeister angegebene Methode über die *Eindringungselastizität* des Muskels.

---

zugekehrten Ende eine durchlochte Fußplatte trägt. Im Innern der Hülse gleitet ein Stift, der an seinem oberen Ende mit einem Gewicht beschwert wird und dessen Einsinken in den Muskel (Herabsinken unter das Niveau der Fußplatte) ein mit dem oberen Ende des Stiftes verbundener Zeiger anzeigt. R. Plaut hat diesen für die Messung des intraoculären Druckes ursprünglich angegebenen Apparat für Zwecke der Härtebestimmung des Muskels modifiziert.

Diese kann durch die Stoßzeit eines auf den Muskel fallenden Gewichtes bestimmt werden, indem der Eindringungsmodul mit genügender Genauigkeit' umgekehrt proportional dem Quadrat der Stoßzeit ist, welch letztere nach dem Verfahren von Pouillet (mittels der Ausschläge eines Galvanometers) bestimmt wird (s. auch Gildemeister und L. Hoffmann). Diese Methode hat den großen Vorteil, daß infolge der Kürze des auf den Muskel wirkenden Stoßes die Resistenz des Muskels in der Querrichtung, ganz unbeeinflußt von Nachwirkungen gemessen werden kann, welche in der Deformierbarkeit der Muskelsubstanz, bzw. in reflektorisch durch den Stoß ausgelösten Härteveränderungen ihre Ursache haben. R. Springer, F. Kauffmann haben mit Erfolg diese Methode verwendet.

Alle diese Methoden, welche die Eindrückbarkeit des Muskels zu messen trachten, haben den Vorteil, daß sie auch am unversehrten Körper den Zustand eines *bestimmten* Muskels feststellen, soweit das Resultat nicht durch die verschiedene Dicke des über dem Muskel befindlichen Fettpolsters, den Turgor der Haut, die reflektorisch durch den Druck ausgelösten Kontraktionen beeinflußt wird. Es fragt sich aber, ob die Bestimmung der Resistenz des Muskels uns genügend über die funktionell interessierenden Eigenschaften oder Änderungen des tonisch verkürzten Muskels aufklären kann. Die Aufgabe der Muskulatur besteht, wie wir schon angedeutet haben, einerseits in der Leistung von Arbeit bzw. Bewegung, andererseits in der Haltefunktion; im ersteren Falle hat sich der Muskel gegenüber dehnenden Widerständen zu verkürzen, im letzteren Falle gegenüber dehnenden Kräften eine bestimmte „Dauerlänge" aufrecht zu erhalten. Ähnlich wie wir über die Fähigkeit des Muskels zur Arbeitsleistung Aufschluß erhalten, indem wir bestimmen, wie groß der Gegenzug sein kann, gegen den er sich um ein bestimmtes Maß zu verkürzen vermag, gewinnen wir über die Haltefunktion nur dadurch ein direktes Maß, daß wir den *Dehnungswiderstand* feststellen, den er dem Versuch einer Änderung seiner Dauerlänge entgegensetzt. Die Härte des Muskels ist zwar auch Ausdruck seines Tonus; für den, der die Funktion des Tonus, bzw. die durch Tonusänderungen gesetzten Funktionsstörungen studiert, stellt die Härte doch nur einen Nebeneffekt dar; sie kann höchstens ein indirektes Maß der Haltefunktion liefern, während die Messung des Dehnungswiderstandes uns ein direktes Maß hierfür gibt.

Damit entsteht die Frage, inwiefern Änderungen des Dehnungswiderstandes und seiner Resistenz gegen Druck parallel gehen, denn hiervon hängt es ab, inwieweit Schlüsse aus der Messung des letzteren Zustandes auf den ersteren gestattet sind. Im allgemeinen findet man ja, wie auch die Untersuchungen von F. H. Lewy und Kindermann mit dem Wertheim - Salomonsonschen Sklerometer erweisen, daß beispielsweise bei Tabikern die Eindrückbarkeit der Gastrocnemii erhöht, bei Hemiplegikern und bei einem Teil der Paralysis agitans-Kranken herabgesetzt ist. Bei Verwendung der Gildemeisterschen Apparatur, welche die reine Härte des Muskels, dadurch daß sie eine Momentanmethode ist, unabhängig von superponierten, durch den Eindruck ausgelösten reflektorischen Änderungen erkennen läßt, fand dagegen Hosiosky bei Untersuchung der verschiedensten Erkrankungen (Tabes, Hemiplegie, Sklerosis multiplex, Paralysis agitans) die Muskelhärte (Elastizitätsvollkommenheit) unabhängig vom speziellen pathologischen Tonuszustand. Die Änderungen der Muskelhärte bei Spannungsänderung (Belastung und Entlastung) menschlicher Muskeln untersuchte F. Kauffmann mit dem Gildemeisterschen Apparat und fand, daß sich bei den meisten Individuen der elastische Zustand des Muskels unter dem Einfluß der Belastung und Entlastung rasch ändert. Schon eine halbe Minute nach der Belastung ist meist die der Last entsprechende endgültige Härte erreicht. Ebenso schließt sich an die Entlastung die Rückkehr zur früheren Elastizität unmittelbar an, wenn auch in vielen Fällen ein Härterückstand zurückbleibt. Bei manchen Individuen ändert sich aber die Elastizität sehr langsam bei Belastung und Entlastung, hier ist also keineswegs ein Parallelismus der Änderung der Spannung und der Härte festzustellen. So zieht denn Kauffmann mit Recht aus seinen Versuchen den Schluß, daß ein unmittelbarer, fester Zusammenhang zwischen Spannungs- und Härteänderung für den menschlichen, dem Einfluß des Zentralnervensystems unterworfenen Skelettmuskel nicht angenommen werden kann.

In den Versuchen von Kauffmann handelt es sich um willkürlich innervierte Muskeln (die Last greift bei rechtwinklig gebeugtem Unterarm in der Höhe des Handgelenkes an und wird bei 1 kg Belastung 10 Minuten lang isometrisch gehalten). Die Resultate dieser Versuche sind daher nur bedingt für unsere Frage: das Verhältnis von Härte und Dehnungswiderstand bei verschiedenen Tonuszuständen, verwertbar. Um so wertvoller scheinen daher die Untersuchungen von R. Plaut, die einerseits die Härte mit dem Schiötzschen Ophthalmotonometer, andererseits den Dehnungswiderstand mit der von mir angegebenen Methode (s. u.) bestimmte. Es zeigte sich, daß spastisch gelähmte Muskeln im Ruhezustand, wenn nicht gerade ein Spasmus über sie läuft, nicht härter sind als normale, ja selbst bei Katatonikern finden sich die Muskeln gewöhnlich weich und erst durch psychische oder Berührungsreize werden sie übersperrt. Bei postencephalitischen Rigorzuständen war der unbelastete und ungedehnte Muskel ebenso weich wie beim Normalen und erst im Augenblick der Dehnung verhärtete sich der Muskel. Plaut hebt ausdrücklich gegenüber Foerster hervor, daß sich beim ruhenden Muskel des Rigorkranken keine vermehrte Härte fand. Nur bei der Enthirnungsstarre war eine dauernd erhöhte Resistenz festzustellen, bei stärkerer Entspannung (passiver Streckung der Beine) war aber auch hier der Strecker weich.

Nach alledem scheint es, daß Härte (Druckresistenz) und Dehnungswiderstand bei verschiedenen physiologischen und pathologischen Zuständen weitgehend unabhängig voneinander variieren können, so daß Schlüsse aus einer bestimmten Resistenz des Muskels gegenüber Eindrücken, bzw. aus bestimmten Änderungen dieses Zustandes auf ein gleichlaufendes Verhalten des Dehnungswiderstandes nicht möglich sind.

Die angeführten Methoden der Resistenzprüfung scheinen mir am ehesten für jene Muskelgruppen wertvoll, die schon unter normalen Bedingungen Änderungen des Seitendrucks standzuhalten haben und an denen die Messung des Widerstandes gegen Längsdehnung am unversehrten Objekt nicht möglich ist, wie beispielsweise an der Bauchmuskulatur. Für die Extremitätenmuskulatur haben dagegen die Methoden, welche eine Messung des Dehnungswiderstandes bezwecken, den Vorzug, jene Eigenschaft direkt zu messen, welche die wichtigste Funktion des Tonus charakterisiert, seine Wirkung gegenüber Faktoren, welche eine *Haltungsänderung* herbeizuführen suchen.

2. Bestimmung des Dehnungswiderstandes.

Ändert sich der Tonus eines Skelettmuskels, so wird auch seine Länge wechseln, sofern die Summe der entgegenziehenden Kräfte (Schwerkraft, Bänderzug, Antagonisten) gleich bleibt. Die Haltungsänderungen, die infolge von Tonusstörungen auftreten, können daher zur Erkennung derselben verwendet werden, was vor allem bei einseitigen Störungen, die zu deutlichen Asymmetrien der Haltung führen, in Betracht kommt, wie beispielsweise bei unseren Versuchen mit einseitiger Labyrinthexstirpation (s. Abb. 70 u. 71). Für eine genauere Charakterisierung ist aber die Bestimmung des Spannungswiderstandes gegen Belastung aus den oben angeführten Gründen notwendig. Während man jedoch im Tierversuch die Längenänderungen des Muskels bei verschiedener Belastung durch Abtrennung der Ansatzsehne, an welcher das dehnende Gewicht angreift, leicht direkt bestimmen und registrieren kann (vgl. z. B. die Versuche von Langelaan), gelingt dies beim Menschen nur ausnahmsweise, etwa bei Amputierten mit Sauerbruchschem Wulst, während man in der Regel darauf angewiesen ist, die Änderungen in der gegenseitigen Stellung der dem Muskel zur Insertion dienenden Knochen als Maß seiner Längenänderung zu benutzen.

Dieses Prinzip haben am Menschen zuerst Donders und van Mansvelt angewendet, indem sie den Winkel bestimmten, um den der gegen den vertikal herabhängenden Oberarm gebeugt gehaltene Unterarm nach aufwärts schnellt, wenn ein am Unterarm angreifender Gewichtszug plötzlich wegfällt. Diese Versuche geben aber, abgesehen von den Fehlerquellen der Methode, höchstens über die Dehnbarkeit von willkürlich innervierten Muskeln einen gewissen Aufschluß, da ja die Versuchsperson zu Beginn des Experiments den Unterarm gegen die Schwerkraft durch willkürliche Innervation ihrer Oberarmmuskulatur in der Ausgangsstellung erhalten mußte.

Erst Mosso hat einen Apparat konstruiert, welcher die Dehnung eines willkürlich nicht innervierten Muskels zu beobachten gestattete. Er bestimmt die Verlängerung des Musculus triceps surae durch die Dorsalflexion, welche ein an der Fußspitze angreifendes Gewicht erzielt. Der Unterschenkel der Versuchsperson hängt vertikal abwärts, das spannende Gewicht ist über eine Rolle geführt und sucht das Fußspitzenende des sandalenförmigen Apparates, in dem der Fuß steckt, nach aufwärts zu ziehen; es wird der Winkel gemessen, den der Fuß mit der Horizontalen einnimmt.

Neuerdings hat Reijs die Methode von Mosso für die Fingerbeuger modifiziert. Er registriert die Dehnung des Musculus flexor digitorum sublimis des rechten Ringfingers; Hand, Grund- und Endgelenk dieses Fingers sind an einem Rad immobilisiert, dessen Drehungsachse mit der des allein beweglichen Gelenks zwischen Grund- und Mittelphalanx zusammenfällt. Als dehnendes Gewicht dient fließendes Wasser, welches das Rad zu drehen sucht.

In geistreicher Weise hat Rieger ein Bild der Widerstände erhalten, die sich dem passiven Abbiegen des Unterschenkels entgegensetzen. Der Unterschenkel des liegenden Patienten wird durch Gegengewichte frei schwebend erhalten, deren Zug über eine Rolle geführt ist und den Fuß zu heben trachtet. Durch sukzessives Verringern dieser Gegengewichte bzw. durch Anhängen von Gewichten an einen Rollenzug, der den Unterschenkel nach abwärts zu drehen sucht, wird eine allmähliche Beugung des Kniegelenks erzielt. Die durch die jedesmalige Gewichtsänderung erzielte Beugung wird durch ein Hebelsystem auf eine berußte Trommel übertragen. Der gleiche Versuch wird an einer skelettierten unteren Extremität ausgeführt, an der ein Gummiband den gleichen Zug wie der Quadriceps ausüben soll. Rieger mißt die Verlängerung des Gummibandes bei den verschiedenen Stellungen des Kniegelenks und untersucht dann an dem herausgenommenen Gummiband direkt, durch welchen Gewichtszug die den einzelnen Gelenksstellungen entsprechenden Verlängerungen des Gummibands bewirkt werden. Auf diese Weise bestimmt er, wie groß der tatsächlich am Gummiband angreifende Zug bei den einzelnen Einstellungen ist.

Sucht Rieger auf diese Weise die Schwierigkeiten der Berechnung der tatsächlichen Spannung des Muskels durch Vergleich mit dem Zug eines Gummibandes zu umgehen, so setzt sich Hartenberg über diese Schwierigkeiten einfach hinweg. Er bestimmt den Winkel zwischen Dorsum manus und Vorderarm, den ein die Hand dorsal flektierender Zug hervorbringt, wählt als ziehende Kraft $1/_{10}$ der dynamometrisch gefundenen Kraft des Individuums. Er glaubt in dem gefundenen Winkel ein Maß für den Tonus der Flexoren zu erhalten, ohne zu berücksichtigen, daß sich die Wirkung der die Hand streckenden Zugkraft mit dem Winkel, den Zugrichtung und Hand miteinander einschließen, fortwährend ändern muß, ohne auf die während der Dorsalflexion unvermeidliche Verschiebung des Handrückens gegen das auf demselben liegenden Brett und den dadurch bedingten Reibungswiderstand Rücksicht zu nehmen usw. Überdies gibt seine Methode, da sie nur die Dehnung des Muskels bei einer bestimmten Belastung mißt, keinen Aufschluß über die Änderungen der Muskelspannung mit wechselnder Belastung.

Ähnliche Einwände gelten gegenüber der neuerdings von Filimonoff angegebenen Methode. Er läßt den Unterschenkel des in Seitenlage befindlichen Patienten (bzw. den Unterarm bei horizontal gehaltenem Oberarm) auf eine Schiene legen, die auf einer horizontalen Tischplatte um eine vertikale Achse drehbar ist. Die Drehungsachse der Schiene soll mit der Gelenkachse zusammenfallen. Der Grad der Drehung wird dadurch markiert, daß nach einer Drehung von je 22,5° Kontakte zwischen der Schiene einerseits, ihrer Unterlage andererseits (und damit ein Stromkreis) geschlossen werden. Ein in diesen Kreis eingeschalteter Reizmarkierer zeigt am Kymographion die erfolgte Drehung um diesen Betrag an. Die Bewegung des Unterschenkels gegen den Oberschenkel erfolgt dadurch, daß an dem Riemen, welcher den Unterschenkel auf der Schiene befestigt, ein Dynamometer angreift. An diesem befindet sich ein Gummiballon, der entsprechend dem ausgeübten Zug komprimiert wird und mit einer Mareyschen Kapsel in Verbindung steht, welche die Druckänderungen im Gummiballen und damit den Dynamometerzug registriert. Welche Höhe der Kurve (der Druckänderung im Ballon) einem bestimmten Zug entspricht, wird empirisch bestimmt. Durch die Markierung der Zeit kann die mittlere Geschwindigkeit der Bewegung errechnet werden. Auch diese Methode leidet also an dem Fehler, daß der Wechsel des Winkels, den Dynamometer-, bzw. Muskelzug und Hebelarm (Unterschenkel) miteinander einschließen, nicht berücksichtigt wird, ganz abgesehen davon, daß der Autor außer acht läßt, daß es sich beim Kniegelenk keineswegs um ein einfaches Scharniergelenk handelt (s. unten).

Eine besondere Bedeutung messen v. Weizsäcker und Leibowitz bei Anstellung ihrer Dehnungsversuche der *Geschwindigkeit* bei, mit der die Dehnung erfolgt. Sie registrieren daher den Effekt eines auf den Unterarm ausgeübten Zuges in doppelter Weise. Von dem im Ellbogen gebeugten und horizontal gehaltenen Unterarm geht nach oben ein Faden zu einem Schreibhebel, der die Exkursion des Unterarms an einem mit Zeitschreiber versehenen Kymographion registriert, so daß die Geschwindigkeit dieser Bewegung errechnet werden kann. Nach abwärts steht der Unterarm mit einem zweiten Hebel in Verbindung. An diesem Hebel zieht der Experimentator nach abwärts, um den Unterarm der Versuchsperson nach abwärts zu bewegen. Dieser untere Hebel trägt an seinem der Versuchsperson zugewendeten Ende eine Feder, welche den Zug auf den Unterarm überträgt und die um so stärker verbogen wird, eine je stärkere Spannung die Beugemuskulatur des Patienten dem Abwärtsbewegen des Unterarms entgegensetzt. Die Registrierung der Verbiegung dieser Feder gibt also ein Maß der Spannung der Ellbogenbeuger. So läßt sich aus der Kymographionkurve die *Geschwindigkeit* (c), mit welcher die Dehnung erfolgt, aus der Verbiegung der Feder die angewendete Zugkraft (s) bestimmen. Der *Tonus*-Index $\frac{s}{c}$ bezeichnet den Spannungswert, bezogen auf die Einheit der Geschwindigkeit. Die Versuchsperson erhält den Auftrag, dem Zug am unteren Hebel ohne Zuhilfenahme der Augen zu folgen, die Bewegung entsprechend der Geschwindigkeit des ausgeübten Zuges mitzumachen. Was also durch diese Prüfung des Spannungswiderstandes des Muskels bei „geführten" Bewegungen untersucht wird, sind recht verwickelte Phänomene, abhängig von den Bewegungsempfindungen der Versuchsperson, von ihrer psychischen Einstellung, von ihrer Fähigkeit, den Spannungszustand der Muskulatur willkürlich den Änderungen des vom Experimentator ausgeübten Zuges anzupassen. So verstehen denn die Autoren auch unter „Tonus" „schlechtweg Spannung" und nicht, wie allgemein üblich, einen unwillkürlich aufrecht erhaltenen Spannungszustand. Sie lassen den Patienten den Unterarm schon zu Beginn des Versuches horizontal im Ellbogen gebeugt halten, also die Ellbogenbeuger willkürlich innervieren und führen gerade jenes Moment ein, welches wir bei Untersuchung des Muskeltonus meines Erachtens nach Möglichkeit ausschalten sollen, die psychisch bedingte, willkürliche Beeinflussung der Spannung. Sie lenken die Aufmerksamkeit des Patienten auf die Untersuchung seiner Muskulatur statt von ihr ab[1], so daß ihre Methode Spannungszustände untersucht, die vom Tonus, wie er wohl ziemlich allgemein aufgefaßt wird, recht verschieden sind. Doch soll damit der Wert der Weizsäckerschen Untersuchungen nicht verkannt werden, der vor allem in der Richtung liegt, daß auf die Bedeutung der Geschwindigkeit der Dehnung hingewiesen und gezeigt wird, daß der Spannungszustand bei geführten Bewegungen mit der Geschwindigkeit wächst.

Allen diesen Methoden, bei welchen ein mehr minder lange Zeit anhaltender Zug auf den Muskel ausgeübt wird, haftet der Nachteil an, daß das Resultat durch die *elastische Nachwirkung* des Muskels bzw. durch reflektorisch ausgelöste

---

[1] Es ist zuzugeben, daß diese Ablenkung der Aufmerksamkeit in vielen Fällen nur unvollkommen gelingt, und daß auch dann, wenn wir möglichste Ausschaltung der willkürlichen Innervation des Patienten, möglichste „Erschlaffung" anstreben, durch die psychische Einstellung des Patienten oft das Versuchsresultat beeinflußt wird. Doch das sind Mängel der klinischen Untersuchung, die wir durch möglichst viele Kontrollen, Untersuchung in Hypnose (s. u.), an decerebrierten Tieren nach Möglichkeit auszuschalten trachten müssen, statt diese Momente absichtlich in unsere Methodik einzuführen.

Spannungsänderungen beeinflußt werden kann, ein Nachteil, der nur vermieden werden könnte, wenn — ähnlich wie es Gildemeister bei Prüfung der Muskelhärte tut — die deformierende Kraft möglichst kurze Zeit einwirkt. Bethe hat darum für isolierte Muskeln eine Methode zur Bestimmung der Zugelastizität bzw. der Zugresistenz in Gemeinschaft mit Steinhausen ausgearbeitet, der ein ganz ähnliches Prinzip zugrunde liegt wie der Gildemeisterschen (Druck-) Resistenzprüfung. Der Muskel wird durch einen Hammerschlag mittels eines Hebels immer in der gleichen Weise in seiner Längsrichtung auf Zug in Anspruch genommen und es wird die Zeit bis zur Auswirkung der elastischen Gegenkraft gemessen. Dies geschieht dadurch, daß ein Ende des Muskels an einem Hebel befestigt ist, an welchem man einen Hammer aufschlagen läßt; während der Dauer der Berührung von Hebel und Hammer wird ein Stromkreis geschlossen, so daß die Dauer der Stoß- oder Berührungszeit gemessen werden kann. Diese Apparatur ist für isotonische und isometrische Anordnung brauchbar, hat dagegen am unversehrten Tier und Menschen, anscheinend vor allem wegen der Größe der in Bewegung zu setzenden Massen, keine Anwendung finden können. Es ist aber auch noch fraglich, ob die Messung der elastischen Eigenschaften des Muskels bei Einwirkung ganz kurz dauernder Dehnungsreize jene Eigenschaften des Muskels betrifft, welche unter physiologischen Bedingungen in Anspruch genommen werden. Denn im normalen Leben wirken ja auf die Muskulatur Dauerreize, kommt ihre Plastizität viel mehr in Betracht. Wie wenig die plastischen Eigenschaften des Muskels und seine Elastizität parallel zu gehen brauchen, zeigen die Untersuchungen von Weizsäcker, der bei hochgradigem Rigor die gleiche Elastizität wie bei normalen Muskeln fand. Die Untersuchung der Dehnbarkeit der Muskulatur durch Momentanreize kann darum wohl nur als eine sicherlich wertvolle Ergänzung für jene Methoden gedacht werden, bei welchen mehr in Anlehnung an die natürlichen Bedingungen länger einwirkende Dehnungsreize verwendet werden.

3. Eigene Methode zur Berechnung des Spannungswiderstandes und Aufstellung einer Dehnungskurve.

Die Dehnungskurven, welche vom unversehrten Muskel des Menschen von Mosso und Benedicenti erhalten wurden, zeigen einen charakteristischen Verlauf. Sie steigen im Beginn der Belastung ganz flach an, um erst bei weiter zunehmender Belastung steiler zu werden. Die gleiche Eigentümlichkeit erhält auch Langelaan, der mit demselben Apparat arbeitete, und Reijs, der statt am Triceps surae am Musculus flexor digitorum sublimis seine Versuche ausführte. Dieser Verlauf der Dehnungskurve ist, wie Mosso selbst hervorhebt, von dem der Kurven isolierter Muskeln ganz verschieden (vgl. Blix, Brodie, Langelaan, Schleier). Es fragt sich aber, ob man die am unversehrten Individuum gewonnenen Dehnungskurven mit der Spannungskurve des isolierten Muskels vergleichen kann, da ja bei fortschreitender Beugung eines Gelenkes die Winkel, unter welchen der zu prüfende Muskel sowie das ihn spannende Gewicht angreifen, und damit auch die Größe der entsprechenden Drehmomente fortwährend wechseln müssen[1]. Rieger hat diese Schwierigkeit wohl erkannt und meint darum für

---

[1] Mosso sucht eine Vorstellung von der tatsächlichen Spannung des Triceps surae zu gewinnen, indem er einfach den im Talocruralgelenk dorsal flektierten Fuß als einen

seinen Apparat, „jeder Versuch, etwas zu berechnen, ist lediglich Vergeudung von Zeit", nachdem sich alle Angriffswinkel fortwährend stark ändern. Doch auch der von ihm gewählte Ausweg, die Dehnung eines Gummibandes zum Vergleich mit dem zu untersuchenden Muskel heranzuziehen und die Gewichte zu bestimmen, welche die den einzelnen Gelenkstellungen entsprechende Verlängerung des Gummibandes bewirken, gibt uns nicht die wahre Größe der Muskelspannung an, denn es ist klar, daß die Größe des Gewichtes, welches eine bestimmte Verlängerung des Gummibandes bewirkt, von der Dehnbarkeit dieses Gummibandes abhängt, man also je nach der Dehnbarkeit dieses Bandes verschiedene Werte bekommt. Die Riegerschen Experimente zeigen darum wohl deutlich den Unterschied im Verhalten des statisch innervierten Muskels gegenüber einem bloß elastischen Bande, sein Apparat gibt aber kein Maß der tatsächlichen Größe des Tonus.

Es schien daher nötig, eine Versuchsanordnung zu wählen, welche es gestattet, aus der Bestimmung des Winkels, den die Gelenksteile bei verschiedener Be-

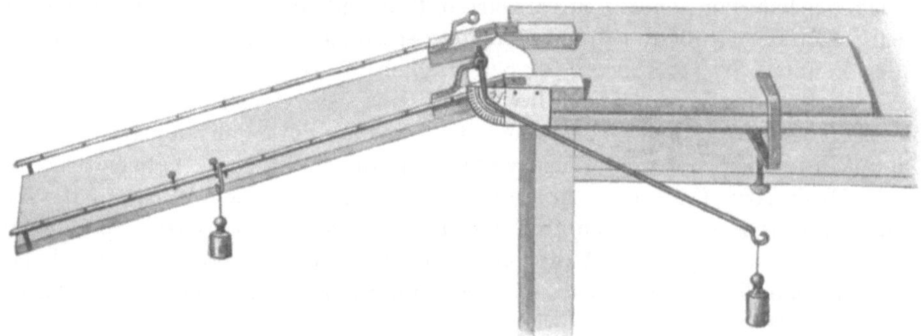

Abb. 10. Apparat zur Tonusmessung beim Menschen.

lastung gegeneinander einnehmen, die tatsächliche, jeder Gelenksstellung entsprechende Zugwirkung der zu untersuchenden Muskulatur zu berechnen.

Zur Bestimmung wurde der Musculus quadriceps cruris gewählt, weil wir es hier mit einem Muskel zu tun haben, dessen Endsehne die einzige ist, welche über die eine Seite des Gelenkes hinwegzieht, und eine genügende Fixation schon allein durch das gegenseitige Massenverhältnis von Rumpf—Oberschenkel einerseits und Unterschenkel andererseits gewährleistet wird, so daß eine besondere Fixation durch Binden, welche den Quadriceps einschnüren und seine Dehnbarkeit dadurch beeinflussen könnten, unnötig ist. Der Apparat besteht demnach (Abb. 10) im Wesen aus zwei, in Scharniergelenken gegeneinander drehbaren Brettern; auf

---

zweiarmigen Hebel betrachtet, an dessen kürzerem Schenkel die Sehne des Muskels, an dessen längerem Schenkel das gegenziehende Gewicht angreift. Ganz abgesehen davon, daß er das Gewicht des Fußes vernachlässigt, hat seine Berechnung nur dann Gültigkeit, wenn beide am Hebel angreifenden Kräfte während aller Phasen der Flexion vertikal gerichtet sind, was aber für stärkere Grade der Beugung nicht zutreffen kann. Wenn bei horizontal stehendem Fuß die Zugrichtung des Triceps und auch das von der Rolle zur Fußspitze gezogene Seil vertikal stehen, so muß am Ende einer Dorsalflexion sowohl der Muskel als auch der Gegenzug von der Vertikalen abweichen, und zwar letzterer stärker als der erstere, da ja die Fußspitze infolge ihrer weiteren Entfernung von der Drehungsachse einen größeren Kreisbogen beschreibt als die Ansatzstelle des Triceps. Dieser Fehler wird um so größer sein, je niedriger die Rolle angebracht ist, über welche der Gegenzug geführt wird.

dem einen, welches an den Untersuchungstisch durch Klemmen fixiert wird, ruht der Oberschenkel des liegenden Patienten, auf dem andern der Unterschenkel. Die einander zugekehrten Schmalseiten der Bretter sind konkav ausgeschnitten, um eine Reibung der Beugesehnen zu vermeiden. Würde die Achse des Scharniergelenkes einfach der Schnittlinie der beiden Bretter entsprechen, also die Kniegelenkachse einige Zentimeter über derselben liegen, so wäre ein gegenseitiges Aneinandergleiten von Unterschenkel und Brett während jeder Beugung oder Streckung im Kniegelenk die Folge und die bei dieser Verschiebung unvermeidliche Reibung des Unterschenkels an dem ihm zur Unterstützung dienenden Brett würde einen Widerstand bedeuten, der in unberechenbarer Weise das Resultat beeinflußt. Deshalb tragen Oberschenkel- und Unterschenkelbrett zu beiden Seiten je eine Leiste von 5 cm Höhe und erst an dieser Leiste ist je ein die beiden Bretter verbindendes Scharnier befestigt. Die Leisten des Unterschenkelbrettes tragen überdies je eine doppelt rechtwinklig geknickte (Z-förmige) Eisenplatte; ein Ende derselben ist an die Leiste angeschraubt, das zweite Ende trägt eine Klammer zur

Fixierung eines Eisenstabes, der die Aufgabe hat, mittels angehängter Gewichte das Unterschenkelbrett samt der darauf ruhenden Extremität in Schwebe zu erhalten. Dieser Stab ist rechtwinklig gebogen, in seinen kürzeren Schenkel ist eine Vertiefung gebohrt, in welche die Schraube der Klammer eingreift. Diese Vertiefung wurde in der Richtung gebohrt, daß bei Fixation des kurzen Schenkels in der

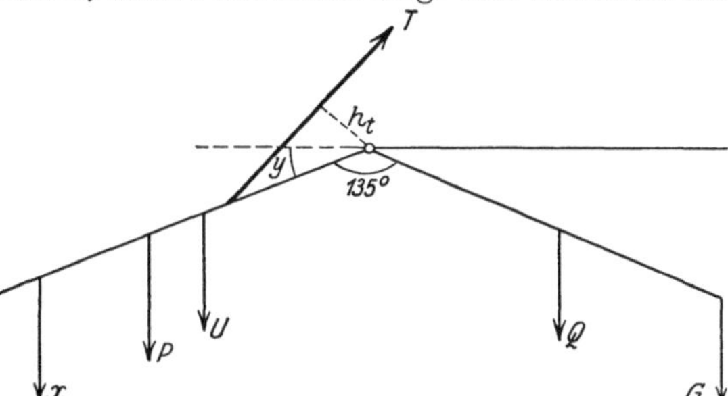

Abb 11. Schema der am Tonusmeßapparat (Abb. 10) angreifenden Kräfte. P = Gewicht des Unterschenkelbrettes. U = Gewicht des Unterschenkels. X = dehnendes Gewicht. Q = Gewicht des Eisenstabes. G = Gegengewicht. T = Zugrichtung der Quadricepssehne. h_t = Abstand der Quadricepssehne vom Drehpunkt des Gelenks. y = Beugungswinkel.

Klammer der längere Schenkel des Eisenstabes mit dem Unterschenkelbrett einen Winkel von 135° einschließt. Zur Fixation des Eisenstabes auf der gegenüberliegenden Leiste (bei Messung der kontralateralen Extremität) muß natürlich der kurze Schenkel des Eisenstabes eine entsprechende zweite Bohrung tragen. Man fixiert also den Eisenstab je nach der Extremität, welche gemessen werden soll, in der linken bzw. rechten Klammer unter Benutzung der entsprechenden Bohrung. An seinem langen Schenkel trägt der Eisenstab einen Ring zur Aufhängung der Gewichte, welche den Unterschenkel in Schwebe erhalten sollen. Das Unterschenkelbrett trägt in Fortsetzung der Leiste jederseits einen schmalen Eisenstreifen, an dem in Entfernung von 5, 10, 15 ... bis 50 cm von der Scharnierachse Löcher angebracht sind, in welche entsprechende Stifte eingesteckt werden können, welche die Arretierung des an dem Eisenstreifen in einer Schlinge hängenden Gewichtes in der gewünschten Entfernung von der Gelenksachse besorgen.

Der ganze Apparat stellt somit einfach einen Winkelhebel dar. Die Last wird durch das Gewicht von Unterschenkel plus Brett und anhängenden Gewichten dargestellt, die Kraft durch den Zug des Quadriceps (minus dem Zug der Kniebeuger) und durch die mittels des Stabes angreifenden Gewichte repräsentiert. Die Berechnung des Zuges des Quadriceps (der unter der Gegenwirkung seiner Antagonisten steht) gestaltet sich demnach folgendermaßen (vgl. Abb. 11):

Für den Apparat allein, an dem nur am Ende des Eisenstabes das aufwärts-
drehende Gewicht G und in der Entfernung l von der Apparatachse das abwärtsdrehende Gewicht ξ am Unterschenkelbrett angreifen, gilt die Gleichung:

$$(\xi\, l + Pp)\ \cos y = K, \qquad\qquad\qquad \text{I}$$

wenn y den vom Unterschenkelbrett mit der Horizontalen gebildeten Winkel
darstellt, P das Gewicht des Unterschenkelbrettes bedeutet, dessen Schwerpunkt
in der Entfernung p vom Drehpunkt liegt und K die Summe der an dem Eisenstab
bei dieser Stellung wirkenden Drehmomente repräsentiert. Wenn auf dem Unterschenkelbrett noch Unterschenkel + Fuß eines Leichnams liegen, deren Gewicht (U) in der Entfernung u von der Drehungsachse angreift, so geht bei gleichbleibendem Drehungswinkel y die Gleichung I in die folgende Gleichung

$$(x_1\, l + Pp + Uu)\cos y = K \qquad\qquad\qquad \text{II}$$

über [1], wenn das Gegengewicht G dasselbe bleibt und zur Erzielung des gleichen
Ausschlags y nur das abwärtsdrehende Gewicht geändert wird (x_1 statt ξ).

Liegt schließlich auf dem Apparat die Versuchsperson, deren Quadriceps (nach
Abzug der Gegenwirkung der Beuger) die Spannkraft T und das Drehmoment Th_t
aufweist, so gilt die Gleichung

$$(x_2\, l + Pp + Uu)\cos y - Th_t = K, \qquad\qquad\qquad \text{III}$$

wenn wieder das Gegengewicht G und der abgelesene Beugungswinkel y gleich
bleiben und nur das abwärtsdrehende Gewicht (x_2) geändert wird; h_t bedeutet den
Abstand der Quadricepssehne von der Gelenkachse.

Aus der Subtraktion der Gleichungen II — I ergibt sich:

$$x_1\, l + Uu - \xi\, l = 0 \qquad\qquad x_1\, l = \xi\, l - Uu;$$

aus II — III folgt:

$$(x_1\, l - x_2\, l)\cos y + Th_t = 0\,.$$

Daraus ist die Spannkraft des unter der Gegenwirkung seiner Antagonisten
stehenden Quadriceps

$$T = \frac{(x_2\, l - x_1\, l)\cos y}{h_t} = \frac{(x_2\, l - \xi\, l + Uu)\cos y}{h_t}\,.$$

Für die Berechnung von T nach dieser Formel dient der direkt abzulesende
Beugungswinkel y, das in der Entfernung l angreifende, beugende Gewicht x_2.
Das Gewicht ξ, das die gleiche Drehung um den Winkel y am Apparat allein besorgt, ist aus einer Eichungskurve abzulesen, die man für die verschiedenen Gegengewichte G in der Weise erhält, daß man die abwärts drehenden Gewichte ξ auf
der Abszisse, den Drehungswinkel y auf der Ordinate aufträgt. Es bleibt nur noch
die Bestimmung der Größen Uu und h_t. Was das Gewicht von Unterschenkel
+ Fuß (U) anlangt, so zeigen die von *Harless* ausgeführten Wägungen, daß das
Körpergewicht das 14,6—16fache des Gewichts von Unterschenkel + Fuß beträgt. Aus den von B r a u n e und O. F i s c h e r bestimmten Werten ergibt sich,

---

[1] Um die Berechnung nicht zu sehr zu komplizieren, wird das Kniegelenk als einfaches
Scharniergelenk betrachtet, dessen Achse mit der des Apparates zusammenfällt, was
natürlich einen kleinen Fehler bedingt.

daß dieser Wert zwischen 14,4—16,6 schwankt. Der Mittelwert aus allen Bestimmungen beträgt 15,3. Ich habe darum $^1/_{15}$ des Körpergewichts als Gewicht von Unterschenkel + Fuß für den Wert U eingesetzt.

Es ist klar, daß damit eine gewisse Ungenauigkeit in die Bestimmung eingeführt wird, ich sehe aber nicht, wie sich dieselbe vorderhand vermeiden ließe, denn auch die Bestimmung des Volumens des Unterschenkels (durch Eintauchen desselben in ein mit Wasser gefülltes Gefäß) und Berechnung des Gewichts der Extremität mittels des spezifischen Gewichts würde nur annähernde Werte geben, da, je nach dem Verhältnis von Knochen zu Weichteilen, bzw. der Entwicklung des Fettpolsters das spezifische Gewicht variieren muß. Es kann aber durch die Ungenauigkeit in der Bestimmung von U höchstens die Lage der gewonnenen Kurve, nicht aber deren charakteristische Form wesentlich verändert werden, da in der Formel für T Uu einen konstanten Wert darstellt, dagegen die verschiedenen Werte von T für verschiedene Winkelgrade von dem Wechsel von $x_2 - \xi$ abhängen.

Die Entfernung des Schwerpunktes von Unterschenkel + Fuß von der Kniegelenkachse verhält sich zur Entfernung der Sohle von der Kniegelenkachse wie 0,52 : 1, wie sich aus den Messungen von Braune und Fischer berechnen läßt. Man kann darum die Entfernung des Schwerpunkts von der Knieachse (u) aus der meßbaren Entfernung der Kniegelenkachse von der Fußsohle unter Berücksichtigung dieses Verhältnisses bestimmen[1].

Was den Wert h_t anlangt, so stellt dieser den Abstand der resultierenden Zugrichtung der Quadricepssehne von der Achse des Kniegelenks in der betreffenden Stellung dar; denn für die Bestimmung des Drehmomentes sowohl der Vasti als auch des Musculus rectus femoris kommt für die Wirkung auf das Kniegelenk nur die Distanz der gemeinsamen Endsehne dieser Muskeln von der Kniegelenkachse in Betracht, Th_t stellt also das Drehmoment des Quadriceps dar. Der Wert h_t wechselt aber mit der Beugung des Kniegelenks vor allem dadurch, daß sich die Patella auf der Facies patellaris nicht nur nach unten, sondern gleichzeitig nach hinten verschiebt, während die Wanderung der Drehungsachse des Kniegelenks (nach hinten und distal) von geringerem Einfluß ist (O. Fischer). Die Veränderung des Wertes von h_t mit zunehmender Beugung ergibt sich aus folgenden Messungen von O. Fischer

y	0°	10°	20°	30°	40°	50°	60°	70°	80°	90°
h_t	4,5	4,5	4,4	4,3	4,2	4,1	4,0	3,9	3,8	3,8 cm,

wenn y den Winkel bedeutet, welchen die Längsachse des Unterschenkels mit dessen Lage in der äußersten Streckstellung bildet. Zur Bestimmung der verschiedenen Werte von h_t für eine bestimmte Versuchsperson wurde der Wert für $y = 0$ gemessen; die Werte bei verschiedenem Beugungsgrad wurden durch Aufstellung einer einfachen Proportion aus der obigen Tabelle berechnet.

Die *praktische Ausführung* einer Tonusmessung und die Berechnung der Tonuskurve gestaltet sich also folgendermaßen. Der Patient wird in Rückenlage bei flach gelagertem Rumpf und leicht erhöhtem Kopf gelagert. Die Stellung des Oberschenkels zum Becken ist übrigens beim Normalen wenigstens von höchstens ganz geringem Einfluß; nach den Kurven von O. Fischer ist auch bei den zweigelenkigen Muskeln, die über Knie- und Hüftgelenk ziehen, das

---

[1] Über die Bestimmung der Lage der Kniegelenkachse siehe weiter unten.

Drehmoment, mit welchem diese Muskeln auf den Unterschenkel wirken, nur von der Gelenkstellung im Kniegelenk abhängig. Es soll aber die Möglichkeit nicht geleugnet werden, daß der mit verschiedener Einstellung des Oberschenkels zum Becken wechselnde Dehnungszustand der über das Hüftgelenk ziehenden Muskeln reflektorisch auch auf die Rückenmarkszentren der Kniegelenksmuskulatur schaltend wirken kann, so daß besonders bei pathologischer Reflexsteigerung, wie bei Pyramidenerkrankung, Unterschiede in der Spannungskurve des Kniestreckers je nach der verschiedenen Stellung des Hüftgelenks beobachtet werden können (Filimonoff). Wir haben jedenfalls immer unter gleichen Bedingungen, i. e. bei flach gelagertem Rumpf und Oberschenkel untersucht, so daß die Vergleichbarkeit unserer Kurven durch dieses Moment nicht beeinflußt werden kann.

Weiter wird die Lage des Epicondylus lateralis femoris durch Palpation festgestellt, mit einem Hautstift markiert und der Oberschenkel durch Unterlage von Tüchern so gelagert, daß dieser Punkt knapp unter und hinter dem Drehpunkt des Apparates liegt.

Es erscheint unmöglich, daß bei allen Stellungen des Unterschenkels während der Beugung des Kniegelenks die entsprechenden Drehungsachsen mit mathematischer Genauigkeit mit der Drehachse des Apparates zusammenfallen, denn die Bewegung der Tibia gegen den Oberschenkel ist ja recht kompliziert, sie stellt eine Gleitbewegung dar, die sich in der Nähe der Streckstellung mit einer Rollbewegung kombiniert (vgl. bezüglich der Mechanik des Kniegelenkes die zusammenfassende Darstellung bei R. Fick, Strasser, denen ich hier folge). Die Achsen für die Gleitbewegung allein wären infolge der spiralförmigen Krümmung der Oberschenkelknorren auf einer dieser Krümmung entsprechenden Evolute zu suchen, wobei überdies die Evoluten des medialen und lateralen Condylus voneinander verschieden sind. Infolge der Kombination der Gleitbewegung der Tibia mit einer Rollung verschiebt sich besonders in der Nähe der Streckstellung die tatsächliche Lage der Drehungsachse von der Evolute gegen die Berührungsstelle des Oberschenkelknochens mit der Tibia. Der Epicondylus lateralis femoris, bzw. der Ursprung des Ligamentum collat. laterale liegt nun nach Strasser derart, daß seine Projektion auf die Ebene des größten Krümmungsprofils der tibialen Gelenkfläche des Femurs nach unten vom hinteren unteren Ende der Evolute dieses Profils fällt. Für die Streckstellung und mittlere Beugestellung liegen die Drehungsachsen daher etwas vor dem Epicondylus lateralis, so daß ich das Kniegelenk derart lagerte, daß dieser leicht palpable Knochenvorsprung knapp hinter dem Drehpunkt des Apparates zu liegen kam.

Wegen der angeführten Schwierigkeit, die Drehungsachse des Kniegelenks mit jener des Apparats zur Deckung zu bringen, ist es wichtig, das Unterschenkelbrett mit dem darauf ruhenden Unterschenkel einige Male auf- und abwärts zu bewegen und zu beobachten, ob die Ferse während dieser Bewegungen nicht auf dem Unterschenkelbrett auf- oder abwärts gleitet; denn in diesem Falle liegen Kniegelenkachse und Drehungsachse des Apparates nicht in gleicher Höhe, der Unterschenkel verschiebt sich infolgedessen längs seines Brettes und die resultierende Reibung würde die Bestimmung in unberechenbarer Weise beeinflussen. Es muß darum vor Anstellung des Versuches die richtige Lagerung des Oberschenkels auf die angegebene Weise kontrolliert werden und erst wenn keine

Verschiebungen des Unterschenkels gegen seine Unterlage bei Beuge- und Streckbewegungen mehr stattfinden, kann der Unterschenkel durch zwei Riemen, die über ihn in der Höhe der Malleoli, bzw. knapp unter der Tuberositas tibiae ziehen, fixiert werden. Das Unterschenkelbrett wird durch Anhängen von Gewichten in den Ring der Eisenstange nach aufwärts gedreht, bis eine Beugestellung von etwa 10° erreicht wird.

Es empfiehlt sich, nicht die Streckstellung selbst, sondern eine Beugestellung von etwa 10° als Ausgangspunkt der Untersuchung zu wählen, weil während der ersten 10° der Beugung die Rollung des Unterschenkels am stärksten ist, während weiter die Gleitbewegung vorherrscht.

Der Patient wird beauftragt, seine Muskulatur möglichst erschlaffen zu lassen [1]. Von dem Erfolg der Entspannung, die oft erst nach wiederholter Aufforderung und Erklärung erreicht wird, überzeugt man sich am einfachsten durch den Versuch, die Patella seitlich zu verschieben, was beim Normalen leicht gelingt, sobald er seine Muskulatur wirklich erschafft hat. Beim Spastiker oder bei Rigidität der Muskulatur fehlt allerdings dieses Kriterium, hier ist aber infolge der Beeinträchtigung der willkürlichen Innervation deren Ausschaltung von geringerer Bedeutung.

Tabelle 9. Beispiel einer Berechnung der Spannungskurve. Rechtes Bein. 43jähriger Mann, 59 kg, $Uu = 94$, $h_{t\,0°} = 4{,}2$ cm.

y Grad	$x_2\,l$ kg-cm	ξl kg-cm	$x_2 l + Uu - \xi l$ kg-cm	$\cos y$	$(x_2 l + Uu - \xi l)\cos y$	h_t	T kg
		für $G = 4$ kg					
8	20	112	2	0,99	1,98	4,2	0,4
14,5	40	126	8	0,97	7,76	4,2	1,8
24	80	158	16	0,91	14,56	4,1	3,5
		für $G = 3$ kg					
32	50	124	20	0,85	17,0	4,0	4,25
44	100	170	24	0,72	17,28	3,9	4,9
		für $G = 2$ kg					
45	40	105	29	0,71	20,59	3,9	5,2
50	60	122	32	0,64	20,48	3,8	5,3
54	80	138	36	0,59	21,24	3,8	5,5
58	100	154	40	0,53	21,2	3,7	5,7
		für $G = 1$ kg					
65	60	98	56	0,42	23,52	3,7	6,4

Nun erfolgt die Beugung des Unterschenkels durch zunehmende Belastung. In die ersten beiden Löcher der Leiste wird je ein Stift eingesteckt. Die Schlinge, an welche das dehnende Gewicht gehängt wird, kommt gelenkwärts von Stift I und das Gewicht wird eingehängt, der Winkel abgelesen, Stift I auf Loch III gesteckt, so daß das Gewicht nach II gleitet, nach der Ablesung der Stift von der Stellung II nach IV gesteckt usw., bis schließlich das Gewicht in Loch X hängt. Bei einiger Übung lernt man leicht, dies immer mit gleichmäßiger Geschwindigkeit zu tun (eventuell unter Zuhilfenahme eines Metronoms). Ist bei dieser Stellung das Knie noch nicht weit genug abgebeugt, so kann man entweder mit einem schwereren Gewicht den gleichen Vorgang wiederholen oder man hängt

---

[1] Vgl. hierzu das oben zur Messung des Tonus bei „geführten Bewegungen" (Weizsäcker-Leibowitz) Bemerkte.

am Ende der Leiste weitere Gewichte an. Zur Gewinnung der charakteristischen Kurve ist es nicht nötig, den Unterschenkel bis zu 90° herabzudrehen; man müßte hierzu den Apparat allzusehr belasten, da ja die Wirkung des abwärts drehenden Gewichtes mit zunehmender Beugung infolge der Abnahme des cos y mit steigendem Wert von y immer kleiner wird. Es genügt eine Drehung bis zu 70—75°. Am Ende der Drehung ist zu kontrollieren, ob der Oberschenkel bzw. dessen Condylus lateralis sich nicht verschoben hat, weiter ist die Länge des Unterschenkels (vom Epicondylus externus aus gemessen) und die Entfernung der Quadricepssehne von diesem Punkte bei gestrecktem Unterschenkel zu bestimmen, schließlich das Gesamtgewicht des Patienten zu notieren.

Die Berechnung wird durch folgendes Beispiel (Tab. 9) illustriert.

Es betrifft einen 43jährigen, normalen, 59 kg schweren Mann. Sein Unterschenkelgewicht wird demnach mit 3,9 kg berechnet, die Unterschenkellänge beträgt 46 cm, also ist $u = 24$, $Uu = 94$, h_t (für 0°) = 4,2 cm.

Die Werte für y und $x\,l$ wurden abgelesen, die Werte für $\xi\,l$ aus der Eichungskurve für ein Gegengewicht von $G = 4\,(3,\,2,\,1)$ kg gewonnen, indem einfach aus der Kurve der zu dem bestimmten y zugehörige ξ-Wert gesucht wurde. Bei allen

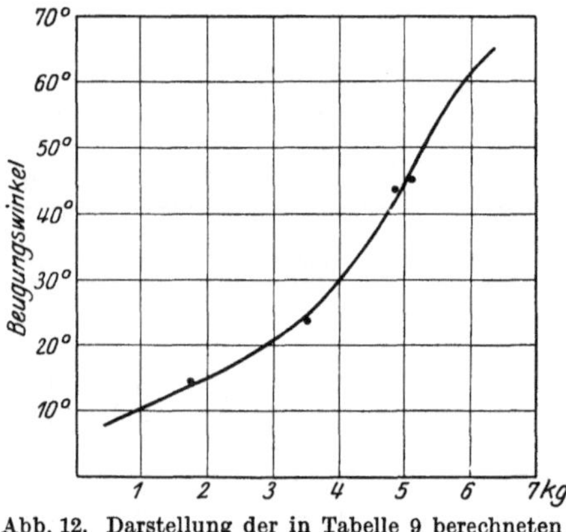

Abb. 12. Darstellung der in Tabelle 9 berechneten Spannungskurve.

Berechnungen wurden die statischen Momente der einzelnen Kräfte in kg-cm ausgedrückt.

Die für T berechneten Werte dienen als Abszissen einer Spannungskurve, deren Ordinaten die entsprechenden Gelenkstellungen darstellen (Abb. 12). Die kurvenmäßige Darstellung der Resultate hat den Vorteil, nicht nur ein anschauliches Bild von der Änderung der Dehnbarkeit bei fortschreitender Belastung zu geben, sondern auch Fehler der Bestimmung, die beispielsweise durch Verschiebung des Kniegelenks zustande kommen, sofort aufzudecken.

Wir erhalten demnach eine Kurve der Spannungsänderung des unter dem Gegenzug seiner Antagonisten stehenden Quadriceps bei fortschreitender Belastung. Es fragt sich, inwiefern diese Kurve, in welcher die erzielten Beugungswinkel als Ordinaten aufgetragen sind, zur Spannungskurve eines isolierten Muskels in Beziehung steht, in welcher die absolute Verlängerung des Muskels die Ordinate bildet. Die Condylen des Oberschenkels sind, wie schon erwähnt, in sagittaler Richtung in Form einer Spirale gekrümmt. H. Albrecht zeigte aber unter Aebys Leitung, wie ähnlich schon früher H. Meyer, daß man die Kontaktlinie, mit welcher der Oberschenkelknorren sich von der Schienbeinfläche abwickelt, mit großer Annäherung auf zwei Kreise von verschiedenen Halbmessern zurückführen kann und daß etwa 70° des Gelenksumfanges dem vorderen, 100° dem hinteren Segment angehören. Bugnion hat demgegenüber vor allem eingewendet, daß im vordersten Teil des Profils der Krümmungsradius noch zunimmt. Da sich unsere Bestimmungen in der Regel nur zwischen 10° Beugung als Ausgangsstellung und 70—75° der Beugung als Endstellung erstrecken, können wir für dieses Bereich der Albrechtschen Darstellung folgen und folgende Überlegung anstellen. Abb. 12a stellt einen Sagittalschnitt durch das Kniegelenk dar. $JPAU$ bedeutet die Richtung des Quadriceps, PA die Patella, AU die Endsehne des Muskels, UO die Unterschenkelachse, OO' die Oberschenkelachse, der Kreisbogen mit dem Radius r und dem Mittelpunkt O die Schnittlinie der Gelenksfläche des Femur mit der Zeichenebene. Wenn der Unterschenkel um den Winkel y, also von OU nach OU', abgebeugt wird, dann wird die Verlängerung des Quadriceps durch den Bogen AB, welchen die Spitze der Patella A beschreibt, dargestellt. Infolge der Kongruenz der Dreiecke $OAU \cong OBU_1$ ist der Winkel $AOB = y$ und der Bogen $AB = \dfrac{2r\,\pi}{360}\,y$; mit anderen Worten, die Verlängerung des Quadriceps steht in linearem Verhältnis zum Beugungswinkel und die berechnete Spannungskurve, in der der Beugungswinkel die Ordinate bildet, kann einfach in die Längenspannungskurve übergeführt werden, indem die Werte y durch die Werte $yr\,\dfrac{\pi}{180}$ ersetzt werden. Es sei noch einmal betont, daß diese Berechnung nur für jenes Bereich der Beugung gelten kann, innerhalb dessen die Sagittalkrümmung des Oberschenkels sich durch einen Kreisbogen darstellen läßt[1].

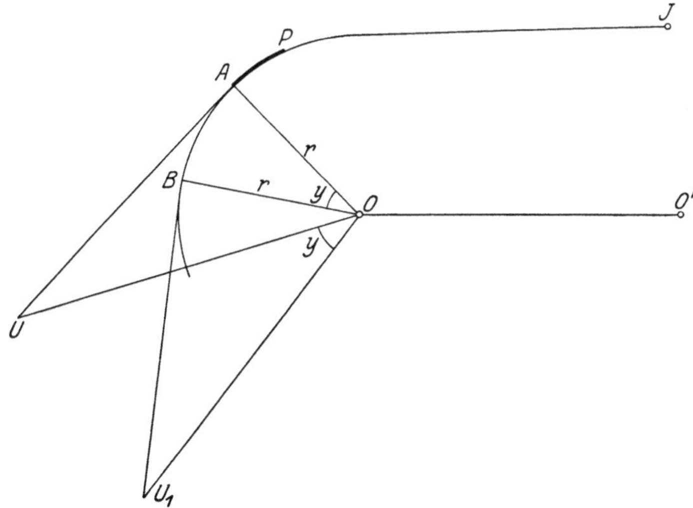

Abb. 12a. (Erklärung im Text.)

4. Die Spannungskurve beim Normalen und unter pathologischen Bedingungen. Analyse ihrer Veränderungen.

Abb. 13 gibt Tonuskurven von normalen Individuen wieder. Man erkennt, daß alle diese Kurven eine charakteristische Form gemeinsam haben, sie zeigen einen anfangs flachen, mit zunehmender Beugestellung immer steiler werdenden An-

---

[1] Zu dem Einwand von Filimonoff, daß die angegebene Methode nur die Kniestrecker untersucht, sei bemerkt, daß sich dasselbe Prinzip natürlich auch an anderen Gelenken, beispielsweise am Ellbogengelenk, anwenden läßt, wobei man selbstredend entsprechende Modifikationen der Apparatur vornehmen muß (z. B. entsprechend kleineres Brett, welches den Unterarm trägt, Fixation desselben an einer die Drehachse tragenden Metallgabel, deren Stellung im Raume beliebig verändert werden kann usw.). Daß es genügt, am Kniegelenk die passiven Bewegungen in dem hier studierten Ausmaß zu verfolgen, geht deutlich daraus hervor, daß die für den Bremsungsmechanismus charakteristischen Besonderheiten der Dehnungskurve gerade zu Beginn der Dehnung zu beobachten sind. Natürlich ist es auch möglich, durch entsprechende Lagerung des Patienten, bzw. des den Oberschenkel tragenden Brettes (Unterschieben von Keilen) verschiedene Stellungen des Oberschenkels zum Becken zu untersuchen. Schließlich kann man leicht der Gefahr entgehen, daß Teile der Dehnungskurve unbemerkt bleiben, wenn man nur genügend viele Etappen der Dehnung untersucht. Die Einwände des russischen Autors haben mich daher nicht zu überzeugen vermocht.

stieg, so daß eine nach oben konkave Form der Kurven entsteht; d. h. im Anfang der passiven Beugung, bei Beginn der Entfernung des Unterschenkels aus seiner Ruhestellung entwickelt der Quadriceps eine rasch zunehmende Anfangsspannung, nach deren Überwindung die weitere Dehnung viel leichter erfolgt. Jene merkwürdige Form der Dehnungskurve, welche Mosso und Benedicenti, Langelaan, Rejs beobachteten und die auch an den Riegerschen Messungen zum Ausdruck kommt, kehrt also auch bei Berechnung der Muskelspannung unter Berücksichtigung der wechselnden Angriffswinkel der verschiedenen Kräfte wieder. Rieger hat diese Erscheinung, daß der Muskel bei fortschreitender Belastung gerade im Beginn der Dehnung einen starken Widerstand entfaltet, mit dem treffenden Ausdruck *Bremsung* bezeichnet. Diese Tatsache, daß im Beginn der Dehnung eine Bremsung auftritt, zeigt uns am klarsten, daß man sich vom Spannungszustand eines Muskels nur durch Aufstellung seiner Dehnungskurve ein Bild machen kann, daß die Bestimmung der Eindrückbarkeit des Muskels oder des Zugs, der eine bestimmte Längenänderung bedingt, durchaus ungenügend ist.

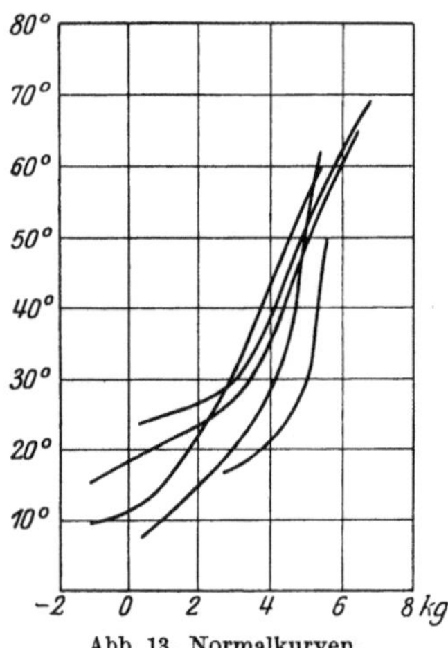

Abb. 13. Normalkurven.

Die individuellen Verschiedenheiten dieser Kurven betreffen einerseits den Beginn, bzw. ihre Lage zu den Ordinaten, andererseits die Form des Anstiegs. Was den Beginn dieser Kurven anlangt, so scheint es auf den ersten Moment überraschend, daß der Wert der Spannung des Quadriceps im Anfang der Beugung manchmal negativ ist. Das bedeutet aber nichts anderes, als daß in der Streckstellung infolge der Entfernung der Ansatzpunkte der Beuger und der Annäherung der Streckerinsertionspunkte die Spannung der überdehnten Beuger gegenüber dem erschlafften Quadriceps überwiegt. Nimmt ja auch normalerweise der Mensch während der Ruhe (z. B. im Liegen beim Schlafen) im Kniegelenk eine leichte Beugestellung ein. Es ist also verständlich, daß die Spannung im Quadriceps gegenüber den Kniebeugern erst dann überwiegt, wenn die Beugung so weit gediehen ist, daß die vorher passiv gedehnten Beuger erschlafft sind.

Was die Lage der Kurve anlangt, so ist ohne weiteres ersichtlich, daß die Kurve um so mehr gegen den Anfangsteil der Abszisse verschoben sein wird, eine je geringere Spannung die Muskeln der Versuchsperson entfalten. Wichtiger aber scheinen die Variationen in der Form der Kurve, ihr flacherer oder steilerer Verlauf, je nachdem die anfängliche Bremsung stärker oder schwächer ausgeprägt ist.

Zum Verständnis dieser Variationen erscheint es nötig, zunächst zu analysieren, wodurch diese merkwürdige Form der Spannungskurve zustande kommt; sie ist ja der Dehnungskurve des isolierten Muskels direkt entgegengesetzt, denn dieser zeigt gerade im Beginn der Belastung einen steilen Anstieg der Dehnungskurve, die erst bei weiterer Belastung immer flacher wird, wie neuerdings die von Langelaan reproduzierten Kurven dartun.

Wodurch ist nun die Bremsung im Beginn der Dehnung zu erklären? Rieger hat das Phänomen wohl beobachtet, ohne aber näher auf seine Analyse einzugehen. Mosso zeigte, daß der État pâteux, der sich in einer bleibenden Verlängerung nach einer Dehnung ausdrückt, und die elastische Nachwirkung (anfangs rasche, dann langsame Dehnung bei konstanter Belastung) wahrscheinlich nicht die Ursache der charakteristischen Form der Tonuskurve darstellen, denn diese Eigenschaften finden sich auch bei Kork, während derselbe bei zunehmender Belastung die für den lebenden Muskel des Menschen charakteristische Eigentümlichkeit vermissen ließ. Weiter ging Mosso der Ursache des Phänomens nicht nach. Zunächst ist auszuschließen, daß es willkürlich bedingt ist. Darauf weist schon die Tatsache, daß sich das Phänomen auch bei Versuchspersonen nachweisen ließ, die sicher die Aufgabe des Experimentes, völlig zu entspannen, verstanden hatten und bei denen im Beginn der Dehnung der Quadriceps sehr leicht hin und her bewegbar war. Jedenfalls wurden aber auch Versuche in Hypnose vorgenommen. Die Versuchspersonen wurden zunächst im Wachzustand untersucht, hierauf ohne Veränderung der Lage der Glieder die Hypnose eingeleitet und völlige Erschlaffung der Glieder suggeriert, so daß man beim passiven Bewegen kaum einen Widerstand merken konnte.

Tabelle 10. Hypnose.

Belastung $x_2 = 2$ kg, Gegengewicht $G = 3^1/_2$ kg. Entfernung der Last vom Drehpunkt: cm	Abgelesener Beugungswinkel y	
	Wachzustand Grad	Hypnose Grad
5	11	11
10	13	14
15	16	15,5
20	18	18
25	20	21
30	24	25
35	29	28
40	31	31
45	33	33
50	36	37

Die Tabelle zeigt, daß die Werte im Wachzustande und bei erreichtem tiefem Schlaf fast völlig übereinstimmen, daß sich also auch im Wachzustande die Aufmerksamkeit genügend ablenken ließ, um eine willkürliche Innervation der Muskulatur während des Versuches praktisch auszuschalten. Die Bremsung der Muskulatur kommt also nicht durch willkürliche Innervation zustande.

Die weitere Analyse dieses Phänomens wird durch die Beobachtung der Spannungskurve unter pathologischen Verhältnissen ermöglicht. Wir sehen zunächst, daß bei *Tabikern* (Tab. 11, Abb. 14) die Kurven mit zunehmender Hypotonie einen um so steileren Verlauf nehmen und daß bei Fällen von hochgradiger tabischer Hypotonie die charakteristische, nach oben konkave Form, also die initiale Bremsung, fast ganz verschwunden ist. Die Kurve des Tabikers bestätigt also zunächst, daß die Spannungskurve um so mehr gegen den Anfangsteil der Abszisse liegt und um so steiler verläuft, je stärker die Hypotonie ist; sie zeigt aber vor allem, daß mit der Degeneration der hinteren

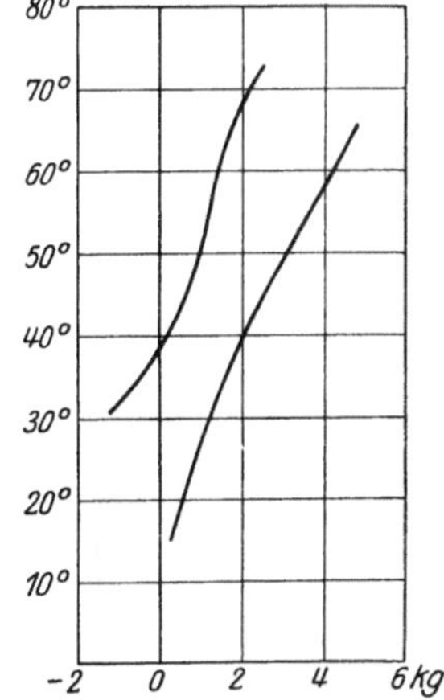

Abb. 14. Hypotonie bei Tabikern.

Wurzeln die Bremsung zurückgeht bzw. verschwindet[1], mit anderen Worten, daß die Bremsung als ein Reflexphänomen zu betrachten ist, das sich dem bloßen physikalischen Dehnungswiderstand des Muskels superponiert. Bei der gewöhnlichen klinischen Prüfung des Patellarreflexes lösen wir durch Beklopfen der Sehne

Tabelle 11. Beispiel eines Falles von Hypotonie bei Tabes dorsalis. Linkes Bein. 55jährige Frau, Aorteninsuffizienz, fehlende PSR, h_{t90} 3,5 cm, $Uu = 60$.

y Grad	$x_2\,l$ kg·cm	$\xi\,l$ kg·cm	$\dfrac{x_2 l + Uu - \xi l}{\text{kg·cm}}$	$\cos y$	$(x_2 l + Uu - \xi l)\cos y$	h_t cm	T kg
		für $G = 3$ kg					
15	10	69	1	0,97	0,97	3,9	0,25
28,5	50	105	5	0,88	4,40	3,9	1,1
35	70	123	7	0,82	5,74	3,8	1,5
40	90	140	10	0,77	7,7	3,8	2
44	110	157	13	0,78	9,36	3,7	2,5
66	302,5	320	42,5	0,41	17,43	3,5	4,9

des Muskels eine Reflexkontraktion aus, deren Abfall, meist unterstützt durch den Zug des Unterschenkels, normalerweise rasch erfolgt. Hier verursachen wir durch Dehnung des Muskels mittels des belastenden Gewichtes ebenfalls eine Reflexkontraktion; dadurch aber, daß das Gewicht des Unterschenkels ausbalanciert ist und nur der anfänglich geringe zugesetzte Gewichtszug dehnend wirkt, kann sich hier eine auf die rasche Zuckung folgende Dauerinnervation verraten, die den Muskel in der durch die Reflexzuckung erreichten Verkürzung zu erhalten

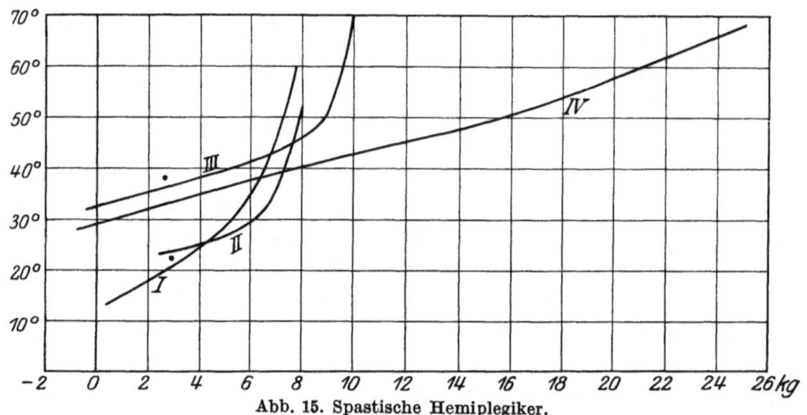

Abb. 15. Spastische Hemiplegiker.

strebt. Diese Dauerinnervation bewirkt die Bremsung, nach deren Überwindung nur mehr der physikalische Dehnungswiderstand des Muskels der weiteren Verlängerung entgegensteht. Die Richtigkeit dieser Deutung wird die weiter unten folgende Analyse im Tierexperiment zu erweisen haben.

---

[1] Bei „Adaptation der Versuchsperson an die führenden Kräfte", wie es der oben erwähnten Weizsäcker-Leibowitzschen Methode entspricht, verläuft interessanterweise auch bei ataktischen Tabikern die Einstellung auf die Geschwindigkeitszunahme der Führung recht gesetzmäßig (Leibowitz), ein Zeichen dafür, daß der „Tonus bei geführter Bewegung" infolge der Einführung des intentionalen Momentes eine viel kompliziertere, höhere Funktion ist als die tonischen Reflexphänomene.

Die Form der Spannungskurve hängt also weniger von der absoluten Größe der Spannkraft der Muskulatur ab als von den Innervationsvorgängen, welche diese Spannung auslösen. Wir können über den Ablauf dieser Innervationsvorgänge gar nichts durch die einfache Feststellung erfahren, daß die Härte des Muskels oder sein Widerstand gegen Dehnung gesteigert ist oder nicht, sondern wir erhalten einen Aufschluß über die Art der Störung erst dann, wenn wir wissen, inwiefern sich dieser Widerstand bei fortschreitender Dehnung ändert, also wenn wir eine Spannungskurve gewinnen.

Das Gegenstück zur Dehnungskurve des Tabikers bildet die des Spastikers, wie sie sich sowohl bei Fällen von Hemiplegie (Abb. 15) als auch bei multipler Sklerose (Abb. 16, Tab. 12) beobachten läßt. Zunächst ist hervorzuheben, daß das Phänomen der Bremsung, wie diese Fälle lehren, nicht nur beim Ausgang von einer der Streckung nahen Stellung sondern auch von Beugestellungen höheren Grades zu beobachten ist. Denn in Fällen von Lähmung,

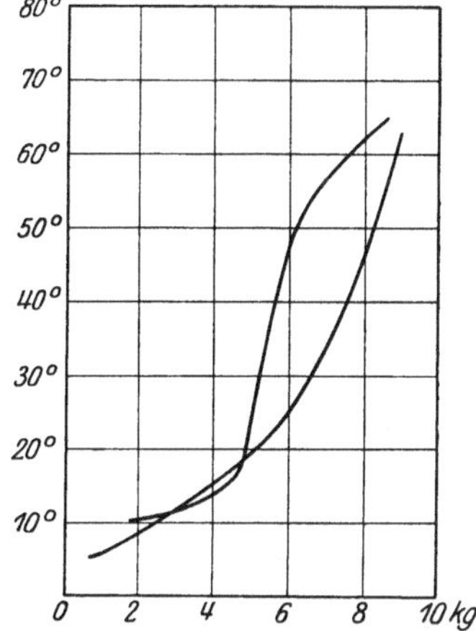

Abb. 16. Fälle von Sclerosis multiplex mit Spasmus der unteren Extremitäten.

bei welchen es zu einer Contractur der Kniebeuger gekommen war, zeigt sich wiederum der nach oben konkave Verlauf der Kurve, obwohl der Ausgangspunkt der Dehnung beispielsweise bei 30° lag. Die Bremsung tritt also bei Dehnung des Muskels aus seiner momentanen Ruhelage ein, auch wenn das Kniegelenk sich in

Tabelle 12.   Berechnungsbeispiel eines Spastikers.

32jähriger Mann, multiple Sklerose seit 10 Jahren, beiderseits Patellar- und Fußklonus, Babinski.   Untersuchung am rechten Bein. $Uu = 90$.

y Grad	$x_2 l$ kg-cm	ξl kg-cm	$x_2 l + Uu - \xi l$ kg-cm	$\cos y$	$(x_2 l + Uu - \xi l) \cos y$	h_t cm	T kg
		für $G = 4$ kg					
10	30	112	8	0,98	7,84	4,0	1,9
12,5	40	116	14	0,98	13,72	4,0	3,4
15	50	122	18	0,97	17,46	3,9	4,4
18	60	130	20	0,95	19,0	3,9	4,8
21	70	139	21	0,93	19,53	3,9	5,0
29,5	100	166	24	0,87	20,88	3,9	5,3
43	165	224	31	0,73	22,63	3,8	5,9
51	220	274	36	0,63	22,68	3,7	6,1
		für $G = 3$ kg					
59	220	258	52	0,52	27,04	3,6	7,5
65	302,5	316	76	0,42	31,92	3,6	8,8

einer Beugestellung befindet. Die Tatsache, daß in solchen Fällen von Beugecontracturen der Anfangswert der Spannung negativ wird, wenn man einen geringeren Grad der Beugung, als der Ruhelage entspricht, als Ausgangspunkt der Untersuchung wählt, ist nach dem oben Ausgeführten leicht verständlich. Es kommt in diesen Fällen zu einer Überdehnung der in Contracturstellung befindlichen Beuger, so daß im Beginn der Beugung der Tonus der Flexoren über den des Streckers überwiegt.

5*

Die Fälle von spastischer Hemiplegie zeigen ferner (Abb. 15), daß die Bremsung vom Erhaltenbleiben des zentralen Neurons der Willkürbahn unabhängig ist, trotz Zerstörung der Pyramidenbahn bestehen bleibt. Bei schlaffen Hemiplegien zeigt sich zwar ein steiler Verlauf der Kurven, dieses Verhalten ist aber wohl auf eine Störung der Funktion (Schock, Diaschisis) der niederen Zentren zurückzuführen, wie die in der Regel gleichzeitige Schädigung der Sehnenreflexe in diesen Fällen beweist. Jedoch muß betont werden, daß Tonusstörung und Störung der Sehnenreflexe keineswegs parallel gehen müssen; man kann nicht nur trotz ausgesprochener Reflexsteigerung eine besondere Veränderung der Dehnungskurve vermissen, ja man kann Fälle finden, in welchen die Muskulatur sich ausgesprochen schlaff erweist, die Dehnungskurven einen steilen Anstieg aufweisen und doch die Sehnenreflexe erhalten bzw. wiedergekehrt sind. Damit stimmen ältere Beobachtungen von Mann überein, der Fälle von Hemiplegie mit Reflexsteigerung neben Tonusaufhebung beobachtete und immer, wenn Sehnenreflex und Tonus nicht in dem gleichen Sinn verändert waren, die Differenz zugunsten der Sehnenreflexe fand. Auch andere Autoren (Knapp, Sternberg, Muskens) heben hervor, daß keineswegs immer ein Parallelismus zwischen Muskeltonus und Sehnenreflexen besteht.

Die Sehnenreflexe haben, soweit die gewöhnliche klinische Prüfung erkennen läßt, einen vorwiegend kinetischen Charakter, wenn auch eine genauere Registrierung (Wertheim-Salomonson, Viets u. a.) an ihnen eine tonische Komponente erkennen läßt. Das Phänomen der Bremsung verrät uns, daß die Dehnung des Muskels reflektorisch nicht nur eine kurz dauernde Zuckung sondern eine länger dauernde Reaktion auslöst, welche den durch diese Zuckung erreichten Verkürzungszustand zu erhalten trachtet. In diesen Fällen von Dissoziation von Sehnenreflex und Bremsung sehen wir, daß wohl die durch Dehnung des Muskels ausgelöste, kurz dauernde Zuckung erhalten bzw. wiederhergestellt ist, nicht aber die daran anschließende Dauerkontraktion. Diese Dissoziation ist nur ein Ausdruck für die weitgehende Unabhängigkeit des zentralen Mechanismus der statischen und kinetischen Innervation, wenn auch die beiden Mechanismen in ihrem untersten afferenten Neuron und in dem letzten efferenten Anteil, den wir im Axon der Vorderhornzelle zu suchen haben (s. Kap. IV), gemeinsam verlaufen.

Wir sehen also beim Spastiker trotz Unterbrechung der Pyramidenbahn das Phänomen der Bremsung in der Regel erhalten, ja es ließ sich auch (unter 12 untersuchten Fällen einmal) ein Fall von Hemiplegie beobachten, wo es infolge abnormer Erhöhung dieser Bremsung zu einem ganz flachen, gestreckten Verlauf der Spannungskurve kam (Abb. 15, Kurve IV). Diese relativ seltenen Fälle von Hemiplegie zeigen weitgehende Ähnlichkeiten im Verhalten der Tonuskurve mit jener Form der Spannungserhöhung, die wir bei der Starre[1] der *Paralysis agitans* beobachten können[2]. Die untersuchten Fälle dieser Erkrankung, die

---

[1] Zur Vermeidung von Mißverständnissen sei betont, daß ich im folgenden unter Rigor bzw. Starre nur den abnormen Dehnungswiderstand der Muskulatur, nicht die damit oft gleichzeitig zu beobachtende Bewegungsarmut, Verlangsamung der Bewegung verstehe.

[2] Inwiefern diese besondere Form des Dehnungswiderstandes bei Hemiplegikern durch eine besondere Ausdehnung der pathologischen Veränderung (Übergreifen auf das Striatum oder Pallidum?) bedingt ist, werden erst anatomische Untersuchungen zu zeigen haben.

mit Muskelstarre einhergingen, zeigten das Gemeinsame (Abb. 17, Tab. 13), daß nicht nur die absoluten Werte der Spannungskurve gesteigert sind, sondern daß vor allem die Kurve einen abnorm flachen Verlauf einnimmt, der Reflexvorgang also, der zu der schon am Normalen beobachteten Bremsung führt, hier besonders stark und anhaltend ausgeprägt ist.

Tabelle 13. Beispiel eines Falles extrapyramidaler Starre.

72jähriger Mann, Tremor in den Händen, Steifigkeit besonders in beiden Beinen, Sehnenreflexe nicht gesteigert, kein Babinski, Körpergewicht 64,6 kg, $Uu = 96$, $h_t = 4,5$ cm. Untersuchung am rechten Bein.

y Grad	$x_2\,l$ kg-cm	$\xi\,l$ kg-cm	$x_2\,l + Uu - \xi\,l$ kg-cm	$\cos y$	$(x_2\,l + Uu - \xi\,l)\,\cos y$ kg-cm	h_t cm	T kg
		für $G = 3$ kg					
10	30	109	17	0,98	16,66	4,5	3,7
15	50	95	51	0,97	49,47	4,5	10,9
26	100	115	81	0,9	72,9	4,3	16,9
		für $G = 2$ kg					
40	100	92	104	0,77	80,0	4,2	19
		für $G = 1$ kg					
64	200	93	203	0,44	89,3	4,0	22,3

Filimonoff stellt die stoßartige der plastischen Hypertonie gegenüber und betrachtet als für die erstere charakteristisch die brüske Entstehung des Widerstandes in irgendeiner Phase der passiven Bewegung („Stoßphänomen"), bzw. das dem Stoß vorangehende *freie Intervall*, id est ein Intervall passiver Bewegung, das von der Hypertonie befreit ist; er wendet sich dagegen, daß bei mir diese beiden Gruppen unter dem Begriff „*Bremsung*" vereint sind und führt die ungenügende Bewertung der stoßartigen Erscheinungen auf die Zerlegung des Prozesses in einzelne Etappen zurück. Er muß aber selbst zugeben, daß auch nach seinen Untersuchungen an den Kniestreckern das freie Intervall verhältnismäßig gering ist, andererseits manche meiner Kurven von Spastikern mit negativen Werten beginnt, und muß daher die Identizität der Resultate, die diese beiden Methoden ergeben, anerkennen, die Anwesenheit des freien Intervalls, d. h. des nach ihm am meisten charakteristischen Moments für den Stoß, auch auf meinen Kurven zugeben. Ferner aber muß Filimonoff auch zugestehen, obwohl er stoßartigen und plastischen Tonus als zwei prinzipiell verschiedene Prozesse betrachtet, daß bei der Pyramidenspastizität die Elemente der stoßartigen Hypertonie nicht absolut notwendig sind und sogar in manchen Fällen (wenn auch nach ihm ausschließlich an den Beugern) eine deutliche Tendenz zu der für die plastische Hypertonie charakteristischen Plateaubildung vorkommen kann, sowie daß bei der extrapyramidalen Rigidität die Tonographie auch das Stoßphänomen feststellt, wenn auch nicht in so deutlicher Form als bei der Spastizität. Nach all dem erscheint es mir fraglich, ob die beiden von Filimonoff unterschiedenen Gruppen wirklich zwei so prinzipiell verschiedene Tonusformen darstellen als der Autor annimmt. Die von ihm gefundenen Unterschiede scheinen mir vor allem darauf zu beruhen, daß bei jener Form, die er als stoßartige Hypertonie bezeichnet und die vor allem bei Pyramidenbahnerkrankungen zu beobachten ist, die Sehnenreflexe, also die Reaktionsfähigkeit auf rasch erfolgende Spannungsänderungen gesteigert sind, beim extrapyramidalen Rigor, dem Typus seiner plastischen Hypertonie, dagegen nicht, wie wir längst durch klinische Untersuchungen wissen, und daß sich durch die Superposition dieser Elemente die sich in der Form des Stoßes bzw. des freien Intervalls manifestierende Unregelmäßigkeit seiner Dehnungskurven erklärt. Tatsächlich fand er ja auch, daß Vergrößerung der Geschwindigkeit die Pyramidentonogramme dadurch beeinflußt, daß sie den Stoß verstärkt oder ihn dort hervorruft, wo er bei geringerer Geschwindigkeit fehlen würde.

Die Tatsache, daß der Rigor der Parkinson-Starre auf eine abnorme Steigerung der normalen Bremsung zurückzuführen ist, diese aber in Fällen, bei welchen es durch Hinterwurzeldegeneration zu Areflexie der Extremitäten gekommen ist, aufgehoben sein kann, führt mich demnach dazu, diesen Rigor ebenfalls als vorwiegend reflektorisch ausgelöst zu betrachten, wenn auch nicht geleugnet werden soll, daß vielleicht besonders an alten Fällen eine periphere muskuläre Komponente beim Entstehen des Rigor mitbeteiligt ist, auf welche Komponente insbesondere Marburg und Pelnař hingewiesen haben. Die Tatsache, daß die Bremsung bei Paralysis agitans abnorm gesteigert ist, spricht aber meines Erachtens dafür, daß das wesentliche Moment für das Zustandekommen der Starre bei dieser Krankheit in der Steigerung der Bremsungsreflexe gesucht werden muß, welche durch die passive Dehnung der Muskeln ausgelöst werden. Eine wichtige Stütze erfährt diese Auffassung durch die neueren Beobachtungen Försters, welcher ein Zurückgehen bzw. Verschwinden des Rigors bei Kombination mit tabischer Hinterwurzelerkrankung bzw. nach operativer Durchtrennung der Hinterwurzeln der entsprechenden Rückenmarksegmente beobachtete.

Was die Beziehungen der extrapyramidalen Starre zu den Störungen der willkürlichen Bewegung anlangt, so ist es klar, daß die erhöhte Bremsung das An-

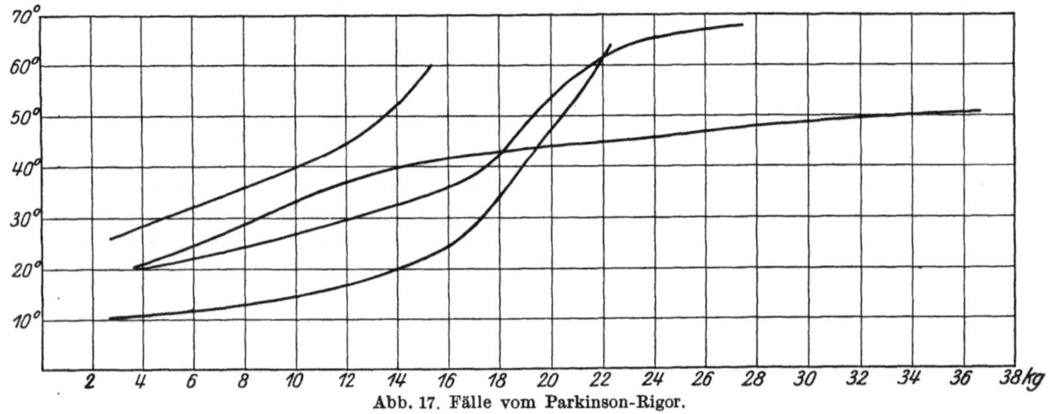

Abb. 17. Fälle vom Parkinson-Rigor.

setzen und Ablaufen einer Bewegung verzögern muß. Doch ist zu betonen, daß die Tonusstörung nur eine der Komponenten für die Störungen im Ablauf der willkürlichen Bewegungen darstellt. Dies zeigten insbesondere Fälle von Encephalitis, die ausgesprochene Bewegungsarmut, Verlangsamung der Bewegungen aufwiesen und bei welchen die Messung des Tonus eine fast normale Spannungskurve oder eine im Verhältnis zu der hochgradigen Störung der Motilität nur ganz geringfügige Erhöhung der Bremsung zeigte. Damit stehen auch die Beobachtungen von Förster im Einklang, der in Fällen, in welchen das Pallidumsyndrom mit Tabes kombiniert war, trotz Fehlen des Rigors deutliche Verlangsamung des Bewegungsbeginnes und des Ablaufes der Bewegungen feststellen konnte.

Die Tatsache einerseits, daß die Bremsung trotz Zerstörung der Pyramidenbahn erhalten bleibt, andererseits die außerordentliche Steigerung dieses Phänomens beim Rigor der Paralysis agitans, der ja von Förster direkt als ein Typus der „Pallidum-Starre" angesehen wird, legen den Gedanken nahe, daß die Bremsung einen extrapyramidal vor sich gehenden Mechanismus darstellt. Doch zu mehr als einer bloßen Hypothese kann uns die Untersuchung pathologischer Zustände nicht führen, zumal ja die anatomische Grundlage der Parkinson-Starre in ihren Details noch recht strittig ist (vgl. Kap.IV). Es schien daher nötig, zur weiteren Analyse der Tonuskurve das Experiment in Ergänzung der klinischen Beobachtungen heranzuziehen. Hierzu wurden Versuche an Kaninchen und Katzen ausgeführt.

Die Methodik mußte gegenüber den Versuchen am Menschen nur insofern geändert werden, als es sich als unzweckmäßig erwies, die Tiere in Rückenlage zu untersuchen, da man in diesem Falle, wenn man den Oberschenkel horizontal lagern wollte, die über die Beugeseite des Hüftgelenkes ziehende Muskulatur abnorm stark anspannen muß. Auch die vertikale Stellung des Oberschenkels an den in Rückenlage befindlichen Tieren erwies sich wenig vorteilhaft, so daß ich schließlich die Bauchlage des Tieres und Vertikalstellung des herunterhängenden Oberschenkels als passendste Lagerung wählte (Abb. 18). Die Fixation des Oberschenkels, ohne daß ein Druck auf die Muskulatur ausgeübt werden sollte, machte anfangs auch Schwierigkeiten. Sie wurde schließlich dadurch erreicht, daß das Becken des Tieres durch eine Klammer fixiert wurde, welche vorn das Becken, rückwärts das Steißbein beiderseits umgriff, andererseits der Unterschenkel an der Unter-

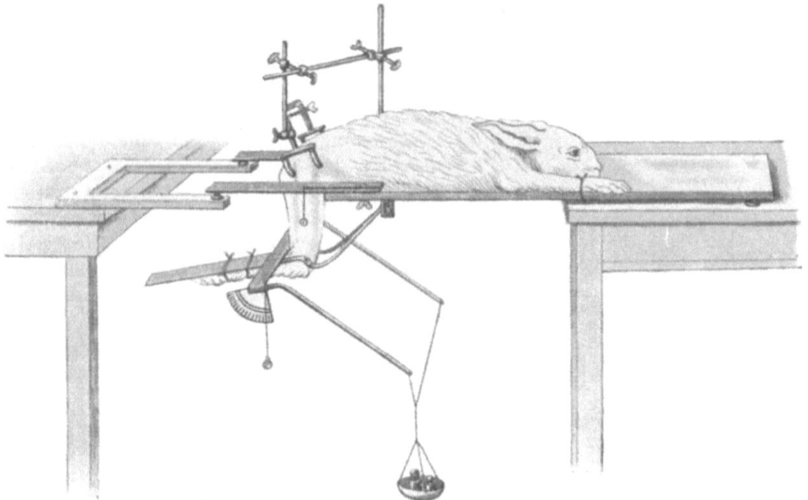

Abb. 18. Apparat zur Tonusmessung bei Tieren.

seite des Unterschenkelbrettes angebunden wurde und so durch Fixation der dem Femur benachbarten Knochen dieser selbst festgestellt wurde. Die Kontrolle dieser Fixation erfolgt, indem an der glatt rasierten Außenfläche des Oberschenkels mittels Hautstift, entsprechend dem Femurverlauf, eine Linie gezogen wird, deren Vertikalstand durch Visierung eines vor dem Oberschenkel vertikal herabhängenden, mit einem Gewicht beschwerten Seidenfadens geprüft werden kann. Das Unterschenkelbrett trägt an seiner proximalen Schmalseite einen Einschnitt, um eine Kompression der Beugersehnen zu vermeiden, an seinen Längskanten sind zwei schmale Stäbchen befestigt, welche derart abgebogen sind, daß die durch ihr Ende gehende Drehungsachse $1/2$ cm vom Unterschenkelbrett entfernt ist. Diese Drehungsachse wird von einer Metallgabel getragen, welche auf der Unterfläche des Kaninchenbretts befestigt ist und sowohl nach vor- und rückwärts, als auch seitlich und in der Höhenlage beliebig verstellbar ist. Die Drehung des Unterschenkels samt seinem Brett geschieht dadurch, daß an der oberen Fläche des letzteren eine quere Leiste angebracht ist, deren Enden beiderseits je 12 cm vom Unterschenkelbrett entfernt sind und je einen Stab tragen, der gegen das Unterschenkelbrett um 135° abgebogen ist. Die freien Enden der Stäbe beider Seiten sind durch eine schlingenförmig herabhängende Schnur verbunden, welche einen kleinen Korb zur Aufnahme der Gewichte trägt. Zur Ablesung der durch Zulegen von Gewichten in den Korb erreichten

Drehung ist an den Enden der Querleiste jederseits ein Transporteur befestigt, vor dem ein durch ein Gewicht gespannter Seidenfaden herabhängt. Um die freie Exkursion des Unterschenkelbrettes zu ermöglichen, ruht der ganze Apparat einerseits mit seinem Kopfende auf einem Tisch, andererseits mit seinem Fußende auf zwei Leisten, die an einem zweiten Tisch fixiert sind und zwischen welchen hindurch das Unterschenkelbrett sich frei drehen kann. Die Drehung der die Gewichte tragenden Stäbe ist dadurch möglich, daß diese an der schon erwähnten Querleiste befestigt sind und sich infolgedessen zu beiden Seiten des zwischen Tisch und Leiste frei schwebenden Apparates bewegen.

Die Messung am Tier wurde demnach in der Weise ausgeführt, daß das Tier in Bauchlage am Brett befestigt wurde und die beiden hinteren Extremitäten an der Rückseite des Brettes herabhingen. Das Becken wurde so fixiert, daß die palpable Spitze des Trochanter major des Femur genau der durch die Oberfläche des Kaninchenbretts bestimmten Horizontalen entsprach. Nun wurde der Unterschenkel des zu untersuchenden Beins auf der Unterseite des Unterschenkelbretts fixiert, das gegenseitige Hinterbein ebenfalls

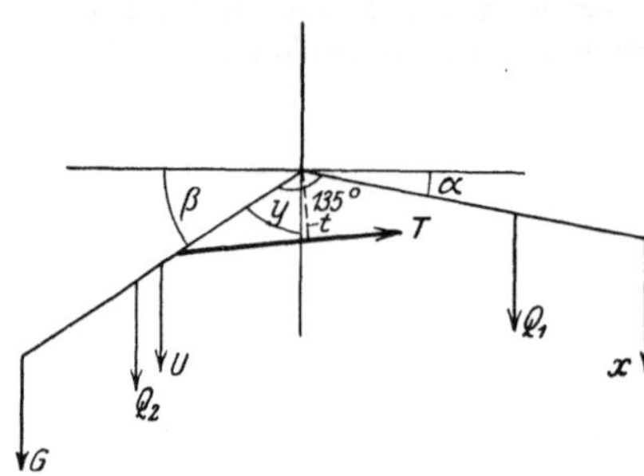

Abb. 19. Schema der am Tonus-Meßapparat (Abb. 18) angreifenden Kräfte. U = Gewicht des Unterschenkels. Q_1 = Gewicht der Stäbe. Q_2 = Gewicht des Unterschenkelbrettes. x = dehnendes Gewicht. G = zur Streckung des Unterschenkels eventuell angehängtes Gewicht. T = Zugrichtung der Sehne des Kniestreckers. t = Abstand der Sehne von der Gelenksachse. y = Beugungswinkel.

bei vertikal herabhängendem Femur mit einer an der Unterseite des Kaninchenbretts befestigten Schnur gefesselt. Bei der Fixation des Unterschenkels des untersuchten Beins mußte genau darauf geachtet werden, daß die Kniegelenksachse der Drehachse des Apparates entsprach, was dadurch kontrolliert wurde, ob bei Auf- bzw. Abwärtsbewegungen eine Verschiebung des Unterschenkels gegen sein Brett erfolgte. Erst wenn jene Lagerung erreicht war, bei der keine Verschiebung bemerkt werden konnte, wurde der Unterschenkel durch eine Binde fest am Unterschenkelbrett fixiert. Nun wurde die Einstellung der das Unterschenkelbrett tragenden Gabel derart reguliert, daß die den Verlauf des Oberschenkels markierende Hautmarke genau vertikal stand. Das Zulegen der Gewichte in den Korb erfolgte in möglichst gleichen Zeitabständen. Bei Kaninchen lassen sich die Ablesungen durch lange Zeit ausführen, ohne daß sie durch willkürliche

Spannungen gestört werden. Daß willkürliche Spannungen hier die Bestimmungen nicht wesentlich beeinflußten, zeigte sich daraus, daß bei wiederholten Messungen, auch an verschiedenen Tagen, fast die gleichen Werte abgelesen wurden. Bei Katzen war dagegen die Anwendung einer leichten Narkose nötig, mit Ausnahme natürlich der decerebrierten Tiere, die ja nur mehr einen Reflexautomaten darstellen. Zur Aufstellung der Eichungskurve dienten die Werte, welche am toten Tiere gewonnen wurden, das vor Eintritt der Totenstarre in genau die gleiche Lagerung am Apparat wie intra vitam gebracht wurde.

Bei der Berechnung hat man sich wieder gegenwärtig zu halten, daß im Augenblick, wo Gleichgewicht am Apparat eintritt, die Summe der aufwärts drehenden Momente gleich der Summe der abwärtsdrehenden Momente sein muß (vgl. Abb. 19). Es gilt also für das tote Tier die Gleichung

$$(1) \qquad x' \, l_1 \cos \alpha + Q_1 q_1 \cos \alpha = (Uu + Gl_2 + Q_2 q_2) \cos \beta \, ,$$

wenn x' die angehängte Belastung, Q_1 bzw. Q_2 das Gewicht der Stäbe bzw. des Unterschenkelbretts, G ein etwa am Unterschenkelbrett zur Streckung des Unterschenkels angehängtes Gewicht, U das Gewicht des Unterschenkels, l_1, l_2, q_1, q_2, u die entsprechenden Hebelarme, β und α den vom Unterschenkelbrett bzw. den Stäben mit der Horizontalen eingeschlossenen Winkel bedeutet. Für das lebende Tier geht die Gleichung I über in Gleichung

$$(2) \qquad x'' \, l_1 \cos \alpha + Q_1 q_1 \cos \alpha = (Uu + Gl_2 + Q_2 q_2) \cos \beta + Tt \, .$$

In dieser letzteren Gleichung kommt nur die Spannung des unter der Wirkung der Antagonisten stehenden Streckmuskels T mal dem Abstand seiner Sehne von der Drehungsachse t hinzu, während die Belastung nun durch x'' dargestellt ist.

Aus der Differenz der beiden Gleichungen 2 minus 1 ergibt sich

$$Tt = (x'' - x')\, l_1 \cos \alpha .$$

Da wir aber nicht den Winkel α, sondern den von Unterschenkel und Vertikalen eingeschlossenen Winkel y messen, $\alpha + \beta + 135° = 180°$ und $\beta = 90 - y$ ist, so ergibt sich

$$T = (x'' - x') \cos (y - 45)\, \frac{l_1}{t} .$$

In dieser Formel bedeutet also y den abgelesenen Winkel, x'' die angehängte Belastung, x' den aus der (am toten Tiere gewonnenen) Eichungskurve interpolierten Wert für das gleiche y, l_1 den Abstand des Aufhängepunktes der belastenden Gewichte vom Drehpunkt, t die Distanz der Strecksehne von der Kniegelenksachse bei der betreffenden Stellung.

Zunächst zeigt es sich, daß die Spannungskurve normaler Tiere im Prinzip dasselbe Verhalten aufweist, wie wir es schon am Menschen beobachtet haben. Man erhält wieder die nach oben konkave Form, wenn man die bei fortschreitender Belastung vom Muskel geleistete Spannung als Abszisse, den Beugungswinkel als Ordinate aufträgt (Abb. 20). Es besteht also auch beim Tier die Eigentümlichkeit, daß bei passiver Entfernung des Gliedes aus seiner Ruhelage die Muskeln, welche diese Lage aufrecht erhalten, vor allem im Beginne der Dehnung einen Widerstand entfalten, so daß anfangs nur eine geringe Dehnung erzielt wird. Sobald aber dieser anfängliche Widerstand überwunden ist, wächst er bei fortschreitender Belastung nur mehr wenig, so daß die weitere Dehnung des Muskels rasch zunimmt.

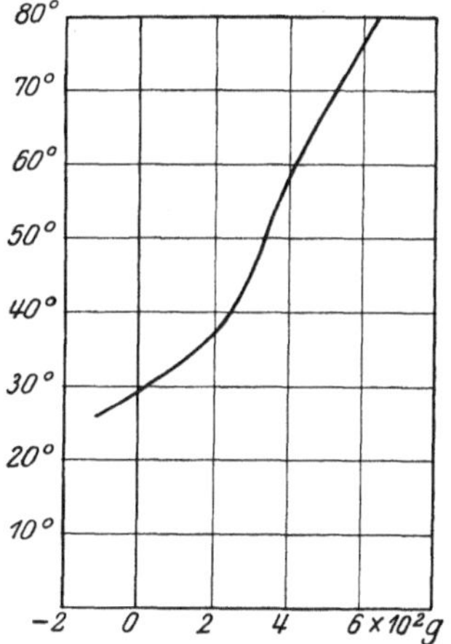

Abb. 20. Spannungskurve des Kniestreckers beim Kaninchen (Beugersehnen intakt).

Daß die willkürliche Innervation an diesem Verlauf der Spannungskurve nicht Schuld trägt, geht schon daraus hervor, daß er auch in der Narkose bestehen bleibt. Das Phänomen läßt sich auch beobachten, wenn die Kniebeuger durchschnitten sind (Abb. 22, Kurve A), also eine Beeinflussung der Spannungskurve des Streckers sowohl durch die bloße mechanische Wirkung als auch durch die Innervation seiner Antagonisten ausgeschaltet ist. Zu diesem Zwecke wurden einerseits die Ansätze der Kniegelenkbeuger am Sitzbein, andererseits die Sehne des Triceps surae durchtrennt und schließlich, um eine eventuelle Wirkung der Innervation auf die kurzen Kniebeuger auszuschalten, der Nervus ischiadicus durchschnitten. Die Spannungskurve des Streckers hat trotzdem ihre Form beibehalten, sie ist nur, nachdem der Gegenzug der Beuger weggefallen ist, nach rechts verschoben, so daß die scheinbar negative Anfangsspannung, die wir ja auch beim Menschen infolge des Gegenzuges der Beuger beobachtet haben, verschwindet.

Wir haben es in dieser Bremsung mit einem Innervationsphänomen zu tun, das sich der Spannung des desinnervierten Muskels superponiert. Dies zeigt sich aus dem Verschwinden des Phänomens nach Durchschneidung des motorischen Nerven. Nachdem uns die Fälle von Tabes schon gezeigt haben, daß diese initiale Hemmung der passiven Entfernung aus der Ruhelage ein Reflexphänomen darstellt, haben wir nun das Zentrum zu bestimmen, über welches dieser Reflex seinen Weg nimmt. Daß er jedenfalls supraspinal verläuft, geht schon aus den Kurven von Langelaan hervor, der an Katzen in Äthernarkose dieselben Dehnungs-

kurven fand wie am menschlichen Triceps surae, dagegen an Katzen mit durchschnittenem Rückenmark im Beginn einen steileren Anstieg der Dehnungskurve,
die weiterhin immer flacher wurde, also eine ähnliche Form, wie sie auch dem aus-
geschnittenen Muskel eigen ist. Das Bestehenbleiben der initialen Bremsung bei
Hemiplegikern, die besondere Steigerung dieses Phänomens bei Paralysis agitans
wiesen darauf hin, daß der efferente Schenkel dieses Reflexes extrapyramidal verläuft. Es fragte sich daher, wie sich die Bremsung nach Ausschaltung höherer
Zentren beim Tier verhalte.

Es wurde daher die *Decerebration* durch Mittelhirndurchschneidung, wie sie von
Sherrington angegeben wurde, gewählt; durch diesen Eingriff wird nicht nur
die Pyramidenbahn durchtrennt, deren Unterbrechung schon nach unseren pathologischen Befunden die Bremsung nicht wesentlich verändert, sondern es werden
nach den Rademakerschen Befunden vor allem die Hemmungen aufgehoben,
welche normalerweise der rote Kern auf die
tiefer liegenden Hirnteile ausübt. Als Ver-
suchstiere dienten Katzen. Abb. 21 zeigt die
Spannungskurve einer Katze nach Erzielung
der typischen Enthirnungsstarre durch Mittelhirndurchschneidung. Die auffallende Ähn-
lichkeit dieser Kurve mit der bei Paralysis
agitans beim Menschen gewonnenen ist wohl
ohne weiteres ersichtlich. Wir sehen also in
der Enthirnungsstarre einen Zustand vor uns,
bei dem die Bremsung besonders gesteigert
ist, bei dem nicht nur bei Beginn der Drehung
aus der ursprünglichen Ruhelage, sondern bei
jeder weiteren Dehnung des Kniestreckers

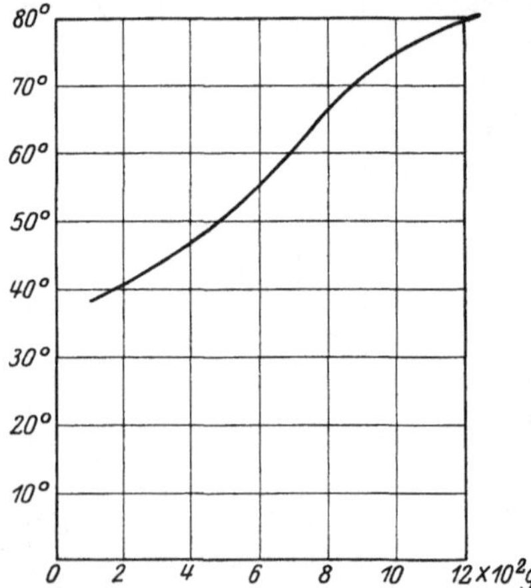

Abb. 21. Spannungskurve des Kniestreckers
bei einer decerebrierten Katze.

immer wieder von neuem der Reflex einsetzt,
der das Glied in der gerade zuletzt eingenommenen Stellung zurückhalten will, indem
der Muskel in jeder Lage des Gelenkes die Verkürzung, die er gerade einnimmt,
zu erhalten trachtet. Dieses Phänomen steht aber offenbar in engster Beziehung
zu den schon von Sherrington beschriebenen Reaktionen, der „shortening
reaction" und der „lengthening reaction", bzw. wie auch Riesser mit Recht
hervorhebt, zu den neuerdings von Liddell und Sherrington beschriebenen
myostatischen Reflexen (s. Kap. IV). Am enthirnten Präparat, an welchem nur
die Innervation des Streckmuskels erhalten geblieben war, konnte Sherrington
zeigen, daß der Kniestrecker, sobald man ihn reflektorisch oder auch durch
direkte Reizung zur Kontraktion gebracht hat, diese Verkürzung beibehält,
daß die reflektorisch, beispielsweise durch Reizung der afferenten Nerven des
kontralateralen Hinterbeins ausgelöste Kontraktion bestehen bleibt. Diese Reaktionen werden nach Durchschneidung der hinteren Wurzeln des betreffenden
Muskels aufgehoben, also durch eine propriozeptive Erregung bedingt. Sie stellen
die Grundlage des plastischen Tonus des Muskels dar. Wir erkennen die engen Beziehungen dieser Phänomene zum „Bremsungsreflex"[1]. Wir haben gesehen, daß

---

[1] Ich betrachte also den „Bremsungsreflex" als eng verwandt den von Sherrington beschriebenen Reflexphänomenen, nicht, wie Leibowitz meint, als vom Reflextonus unabhängig.

bei Dehnung des Muskels durch fortschreitende Belastung sich zu der rein physikalischen Resistenz ein reflektorisch bedingter Widerstand hinzugesellt, ein Reflex, der nicht bloß in einer kurz dauernden Zuckung des Muskels besteht, sondern in dem Bestreben des Muskels zum Ausdruck kommt, diese reflektorisch bedingte Verkürzung beizubehalten, in der Verkürzung zu verharren, so daß die Bremsung zustande kommt, nach deren Überwindung der weiteren Dehnung des Muskels nur mehr der bloße physikalische Widerstand des Muskels entgegensteht.

Diese Tatsache, daß wir im Zustande der Enthirnungsstarre, bei welchem die Verkürzungsreaktion bzw. die durch sie bedingte Plastizität ihre deutlichste Ausprägung erfährt, die Bremsung besonders entwickelt finden, weist darauf hin, daß die in der Spannungskurve des normalen Menschen und Tieres zu findende Bremsung in enger Abhängigkeit von den Reaktionen des plastischen Tonus steht, die nur beim Normalen durch den dämpfenden Einfluß der höheren Zentren abgeschwächt sind. Wir haben demnach in der Aufstellung der Spannungskurve ein Mittel in der Hand, über die sonst nur beim enthirnten Tier oder bei besonderen pathologischen Zuständen, wie der „Pallidum-Starre", zu beobachtenden Reaktionen, die den plastischen Tonus bedingen, auch beim normalen Individuum bzw. unter den verschiedensten pathologischen Zuständen ein Bild zu gewinnen.

Mit dieser Deutung der Bremsung steht auch das Bestehenbleiben des Phänomens bei Ausschaltung des zentralen Neurons der Pyramidenbahn im Einklang und ebenso der Umstand, daß sie bei Tabes verschwindet, da ja auch die „shortening reaction" nach Deafferentiation der betreffenden Gliedmaßen vernichtet wird. Damit sind wir auch auf den Weg zur weiteren Analyse gewiesen. Wenn auch beim Rückenmarkshund in späteren Stadien der plastische Tonus nachweisbar ist, wie schon die älteren Versuche von Philippson zeigen (bei der Rückenmarkskatze ist er schon schwerer nachzuweisen, beim Affen mit durchschnittenem Rückenmark gelang Sherrington dieser Nachweis nicht), so ist doch dieser plastische Tonus des Rückenmarkstieres inkonstant und die Eigenschaften des Muskels nähern sich denen nach Durchschneidung der Hinterwurzeln. Wir gelangen daher wieder dazu, daß für das Zustandekommen der Bremsung, die mit dem plastischen Tonus des Muskels, wie wir gesehen haben, in engster Verbindung steht, vor allem supramedulläre Zentren anzunehmen sind. Die außerordentliche Steigerung, welche die Bremsung, wie wir gesehen haben, ebenso wie die Reaktionen des plastischen Tonus, nach Mittelhirndurchschneidung erfährt, läßt uns diese Zentren caudal vom Mesencephalon suchen. Die große Bedeutung, die man dem Kleinhirn als Zentrum des „Statotonus" zuschrieb, legte es nahe, zunächst zu untersuchen, wie sich die Bremsung nach *Ausschaltung einer Kleinhirnhemisphäre* verhält.

Für diese Exstirpationen bewährte sich beim Kaninchen die von Lehmann und Baginsky angegebene, später von Lewandowsky wieder aufgenommene Methode der Absaugung mittels einer zu einer feinen Spitze ausgezogenen Glasröhre, welche an eine Wasserstrahlluftpumpe angeschlossen ist. Diese Methode hat vor allem den Vorteil, daß man das zu operierende Gebiet immer sehr gut überblicken kann, da eine etwaige (übrigens meist bei dieser Methode recht geringe) Blutung durch das Absaugen rasch entfernt wird. Wenn man die Glascapillare genügend fein auszieht und ihre Spitze immer an den zu verletzenden Hirnteil so anlegt, daß ihr Rand denselben allseitig berührt, so gelingt es, recht umschriebene Läsionen zu setzen, während bei zu großer Öffnung, oder wenn die Spitze nur mit einem Teil ihres Randes der Hirnoberfläche anliegt, leicht zu große Hirnpartien auf einmal in die Capillare hineingesogen und die anliegenden Gewebe gezerrt werden, so daß die Läsion den beabsichtigten Bezirk überschreitet. Für Fälle wie den unsrigen, wo es sich darum handelt, große Hirnpartien zu entfernen, glaube ich jedenfalls diese Methode unter Beobachtung der angegebenen Kautelen empfehlen zu können. Hier mußte nur darauf geachtet werden, daß bei Zerstörung des Kleinhirnmarks Mitverletzungen der Vestibulariskerne vermieden wurden.

Der Erfolg der Operation wurde durch die Sektion nach dem Tode des Tieres kontrolliert. Abb. 22 zeigt die Spannungskurve des rechten Kniestreckers bei durchschnittenen Beugern vor und nach Abtragung der rechten Kleinhirnhemisphäre, mit Ausnahme des Lobulus petrosus. Wir finden, daß die Spannkraft des Muskels nachgelassen hat, denn seine Dehnungskurve befindet sich nach der Operation nach links, also gegen den Nullpunkt verschoben, sie zeigt aber auch nicht mehr das Phänomen der Bremsung in der gleichen Stärke wie vor der Operation, sondern steigt schon im Beginn der Dehnung steiler an als am intakten Tier. Immerhin ist die dorsal gerichtete Konkavität der Kurve, wenn auch nicht mehr so ausgesprochen, so doch noch immer wahrnehmbar. Die Dehnungskurve des kontralateralen Streckers zeigte dagegen vor und nach der Operation keine wesentlichen Verschiedenheiten. Wir sehen also, daß nach der Abtragung der rechten Hälfte des Kleinhirns die Dehnbarkeit des gleichseitigen Streckers wohl etwas zugenommen hat, auch insofern verändert ist, als die initiale Bremsung verringert erscheint, dieses Phänomen jedenfalls zum Teil wenigstens bestehen bleibt, wie das Erhaltenbleiben der dorsal konkaven Form der Spannungskurve beweist (in anderen Fällen war es vielleicht noch ausgesprochener).

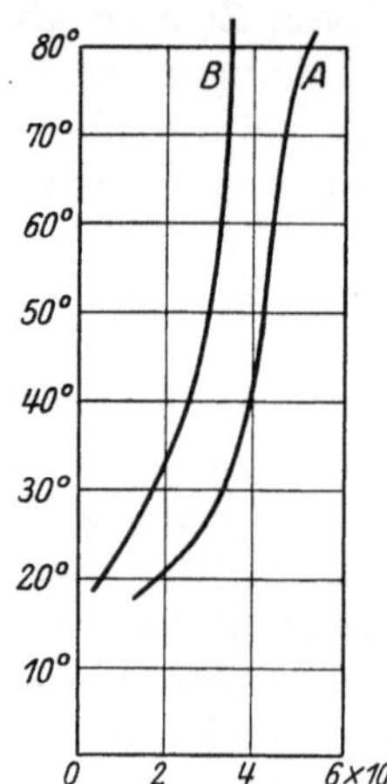

Abb. 22. Kaninchen. Spannungskurve des rechten Kniestreckers (Beugesehnen durchschnitten). *A* vor, *B* nach der Abtragung der rechten Kleinhirnhemisphäre (mit Ausnahme des Lobulus petrosus).

Wir schließen demnach, daß der propriozeptive Reflex, der sich der Dehnungskurve des desinnervierten Muskels superponiert und als initiale Bremsung zum Ausdruck kommt, zum Teil seinen Weg über die homolaterale Kleinhirnhemisphäre nimmt, zum Teil extracerebellar zustande kommt. Hierfür kommen nur Medulla oblongata und Pons in Betracht, da der Reflex einerseits supraspinal abläuft, andererseits bei decerebrierten Tieren (nach Mittelhirndurchtrennung) gesteigert ist.

Zusammenfassung.

1. Die Spannungskurve des unter normaler Innervation stehenden Muskels zeigt bei Mensch und Tier im Beginn der Dehnung einen nur ganz flachen Verlauf und steigt erst bei weiterer Belastung steiler an. Es besteht eine Vorrichtung, die den Muskel in seiner ursprünglichen Ruhelänge zu erhalten sucht (Riegers Bremsung). Dieses Phänomen kann bei Tieren auch nach Ausschaltung der Antagonisten am Kniegelenkstrecker beobachtet werden.

2. Die Bremsung bleibt auch bei Ausschaltung der willkürlichen Innervation in der Hypnose bzw. bei oberflächlicher Narkose bei Tieren bestehen. Sie superponiert sich dem Dehnungswiderstand des desinnervierten Muskels.

3. Sie verschwindet bei Ausschaltung der proprioceptiven Erregungen, wie man es bei tabischer Hinterwurzeldegeneration beobachten kann. Diese Bremsung ist also das Resultat eines Reflexvorganges, der sich dem bloßen physikalischen Dehnungswiderstand des Muskels hinzugesellt und als Bremsungsreflex bezeichnet wird. Das Wesen dieser Bremsung besteht darin, daß die Dehnung des Muskels reflektorisch nicht nur eine kurzdauernde Zuckung auslöst, sondern daß sich an diese eine Dauerinnervation anschließt, die den Muskel in der durch die Reflexzuckung erreichten Verkürzung zu erhalten trachtet.

4. Der efferente Schenkel dieses Reflexes ist unabhängig vom zentralen Neuron der Pyramidenbahn, denn bei Fällen von Hemiplegie und multipler Sklerose bleibt die Bremsung bestehen, läßt sich auch bei hochgradigem Spasmus die nach oben konkave Form der Dehnungskurve erkennen. In Fällen von schlaffer Hemiplegie kann die schnelle Komponente des Sehnenreflexes erhalten bzw. wieder hergestellt sein, während die an die rasche Reflexzuckung anschließende Dauerkontraktion, die zur Bremsung führt, schwer gestört ist. Diese Dissoziation zwischen Sehnenreflexen und Bremsung beweist die weitgehende Unabhängigkeit des zentralen Mechanismus der statischen und kinetischen Innervation.

5. Bei Paralysis agitans zeigt sich eine hochgradige Erhöhung der Bremsung, indem bei diesem Zustand jede neue Länge, die im Verlauf der fortschreitenden Dehnung gewonnen wird, festzuhalten gesucht wird und damit die Spannungskurve einen ganz flachen Verlauf nimmt. Die Tatsache, daß die Bremsung, deren abnorme Erhöhung die Ursache des Rigors der Paralysis agitans darstellt, nach Hinterwurzelerkrankung aufgehoben wird, spricht für den reflektorischen Ursprung der Parkinson-Starre. Die Bewegungsstörungen bei extrapyramidaler Starre können nur zum Teil auf die Tonusveränderung zurückgeführt werden, da sie auch ohne Tonuserhöhung vorkommen können.

6. Aus den Beobachtungen bei Paralysis agitans wird die Vermutung abgeleitet, daß der efferente Schenkel des Bremsungsreflexes extrapyramidal verläuft. Diese Vermutung erfährt eine Bestätigung durch die Experimente bei Tieren nach Mittelhirndurchschneidung. Hier zeigt sich ein ganz analoger Verlauf der Spannungskurve wie bei den Fällen von Parkinson-Starre, die abnorme Erhöhung der Bremsung in jeder neu erlangten Stellung. Die schon normalerweise zu beobachtende Bremsung wird durch Enthemmung rhombencephaler Zentren bei der Enthirnungsstarre so gesteigert, daß jene Reaktion entsteht, die Sherrington als „shortening reaction" bei diesem Zustande beschrieben und zusammen mit der analogen Verlängerungsreaktion als Grundlage des plastischen Tonus angesehen hat. Der Bremsungsreflex, der sich dem Spannungszustand des desinnervierten Muskels superponiert, ist demnach nahe verwandt, vielleicht sogar identisch mit den Reaktionen des plastischen Tonus. Die Aufstellung der Spannungskurve erlaubt es also, Änderungen der (sonst nur nach Mittelhirndurchtrennung zu beobachtenden) Reaktionen des plastischen Tonus unter verschiedenen Zuständen zu beobachten und zu analysieren.

7. Der proprioceptive Reflex, der zur Bremsung führt, nimmt seinen Weg nur zum Teil über das Kleinhirn. Nach Abtragung einer Kleinhirnhälfte (bis auf den Lobulus petrosus) zeigte der homolaterale Kniestrecker Abnahme seines Dehnungswiderstandes und steileren Verlauf der Spannungskurve auch im Beginn der

Dehnung, doch war die initiale Bremsung zum Teil noch erhalten. Es muß demnach der Bremsungsreflex außer über das Kleinhirn noch über andere Teile des Hirnstammes caudal vom Mittelhirn verlaufen. Wir gelangen also zu der Vorstellung, daß die Bremsung, welche als ein Ausdruck des plastischen Tonus betrachtet werden kann, durch Erregung der Proprioceptoren ausgelöst und durch einen Reflexvorgang bedingt wird, der zum Teil über das Kleinhirn, zum Teil über Medulla oblongata und Pons verläuft und schließlich extrapyramidal das Rückenmark erreicht.

IV. Der zentrale Mechanismus der statischen Innervation.

Es wurde schon früher auseinandergesetzt, daß die Spannung des Muskels von zwei Gruppen von Faktoren bestimmt wird, von physikalisch-chemischen Eigenschaften der Muskelsubstanz (Substanztonus von P. Schultz) und einer Dauerinnervation, welche sich den peripheren, im Muskel gelegenen Faktoren überlagert (vgl. Biedermann). Während die Fähigkeit des Muskels, allein durch die ihm innewohnenden Eigenschaften bzw. die ihm eingelagerten Apparate den in einem bestimmten Moment vorhandenen Spannungszustand beizubehalten, vor allem eine Eigenschaft mancher glatter Muskeln von Evertebraten ist (z. B. Biedermann bei Mollusken), sehen wir den Tonus des quergestreiften Skelettmuskels des höheren Vertebraten vorwiegend durch die vom Zentralnervensystem zuströmende Dauerinnervation, die sogenannte statische Innervation, bedingt, wenn auch hier noch einzelne Muskeln, vor allem die Sphinkteren der Hohlorgane, die Fähigkeit bewahrt haben, noch nach Zerstörung der zugehörigen medullären Zentren durch Entwicklung einer erhöhten Erregbarkeit, sei es der eingelagerten Ganglienapparate, sei es der Muskulatur selbst, den weitgehend herabgesetzten Tonus wiederzugewinnen (Goltz und Ewald, L. R. Müller; vgl. auch Spiegel und Hryntschak).

So soll denn, nach einer kurzen Übersicht einzelner typischer Beispiele bei Evertebraten der zentrale Mechanismus der statischen Innervation beim Säuger den hauptsächlichsten Inhalt dieses Abschnittes bilden.

A. Bei Evertebraten.

In zweierlei Form stellt sich die Spannungsentwicklung von Evertebratenmuskeln dar. Entweder wir sehen, daß der Muskel unabhängig von der Größe der Belastung immer die gleiche Spannung entwickelt (*maximale Sperrung* nach Uexküll), oder aber es zeigt sich, daß der Muskel seinen Spannungszustand der wechselnden Belastung anzupassen vermag (*gleitende Sperrung* nach Uexküll). Als Beispiel für die erste Form der Spannungsentwicklung ist mit Uexküll der Sperranteil des Schließmuskels der Muscheln anzuführen; die gleitende Sperrung wurde von diesem Autor vor allem an jenen weißen, undurchsichtigen Haltemuskeln studiert, die, wie im ersten Kapitel schon angedeutet wurde, den *Seeigelstachel* umgeben, während ihnen außen die glashellen Bewegungsmuskeln angelagert sind. Das Wesen dieser gleitenden Sperrung besteht darin, daß, sobald die Bewegung des Stachels durch irgendeinen äußeren Widerstand gehemmt wird, die Erregung den Sperrmuskeln zufließt, deren Spannung allmählich so lange zunimmt, bis sie dem äußeren Widerstand das Gleichgewicht halten. Nun erst vermag die Erregung in die entlasteten Bewegungsmuskeln einzudringen, deren

Verkürzung dann kein Widerstand mehr entgegensteht. Die Erregung fließt also nur so lange dem Sperrapparat zu, als die Verkürzungsapparate belastet sind. Sobald die zunehmende Spannung der Sperrapparate die Bewegungsapparate entlastet hat, hört jeder weitere Erregungszufluß zu den ersteren auf. Umgekehrt wird bei Abnahme der Belastung die Spannung der Sperrmuskeln herabgesetzt und die Erregung fließt nun den Bewegungsmuskeln zu.

Der Seeigelstachel gibt aber nicht nur ein leicht zu übersehendes Modell dafür, wie die übergeordneten nervösen Apparate die statische Erregung der Muskulatur regulieren, er zeigt auch die Bedeutung der statischen Innervation für eine einbrechende dynamische Erregung. Denn bringt man die Muskeln eines Seeigelstachels durch Auflegen einer Last einseitig zur Erschlaffung und reizt man in größerer Entfernung die Haut, so sieht man, daß sich allein die eventuell vom Reiz weit abliegenden erschlafften (gedehnten) Muskeln verkürzen, daß die *Erregung* also *nur den gedehnten Muskeln zufließt*, während sie an allen anderen ohne Wirkung vorübergeht, ein Gesetz, dessen Wirksamkeit sich noch am Rückenmark der Säuger nachweisen läßt (Magnus vgl. weiter unten), das nach den Untersuchungen von Matula allerdings dahin eingeschränkt werden muß, daß die Erregung den gedehnten Muskeln *nur dann* zufließt, *wenn* für dieselben die *Möglichkeit, sich zu verkürzen*, besteht.

Schon bei den Seeigeln hat sich gezeigt, daß das Nervensystem den Tonus der Muskulatur sowohl im Sinne einer Steigerung als auch einer Herabsetzung zu regulieren vermag. Die Rolle, welche den einzelnen Anteilen des Nervensystems bei dieser Regulation zukommt, läßt sich besonders deutlich bei den *Schnecken* studieren. Hier finden wir ein peripheres, den Tonus aufrecht erhaltendes bzw. Tonussteigerung vermittelndes Nervennetz und übergeordnete zentrale Ganglien. Diese Zentren zeigen schon eine Unterteilung in einen die Bewegungen beherrschenden Apparat, das über dem Schlund liegende Cerebralganglion, und einen den Tonus der Muskulatur regulierenden Mechanismus, das unter dem Schlund liegende Pedalganglion. Während eine Schnecke (Aplysia) nach Exstirpation des Cerebralganglions sich in rastloser Bewegung befindet (Jordan), verfällt nach Ausschaltung des Pedalganglions die gesamte Muskulatur des Tieres in einen Zustand dauernder Verkürzung und Sperrung (Jordan, Bethe bei Aplysia, Biedermann bei Landschnecken). Wir sehen also, daß durch nervöse Einflüsse nicht nur ein bestimmter Spannungszustand aufrecht erhalten wird, sondern auch von übergeordneten nervösen Apparaten der Tonus der Muskulatur herabgesetzt werden kann.

Ausgesprochen hemmende Wirkung der Nervenerregung konnte Biedermann besonders deutlich an der *Krebsschere* im Anschluß an die Beobachtung von Richet demonstrieren, daß sich bei Reizung des Scherennerven mit einem schwachen Strom die Schere öffnet, bei Reizung mit einem starken Strom dagegen schließt. Erhält man nämlich nur den Adductor der Schere, dessen Kontraktion die Schließung derselben verursacht, so läßt sich noch immer durch schwache Reizung eine Scherenöffnung auslösen. Es kommt also in diesem Falle durch Erregung des Nerven zu einer Verlängerung des Adductors, also einem nervös bedingten Nachlassen seines Spannungszustandes, einer nervösen Hemmung seines Tonus, die wahrscheinlich durch eigene, im Scherennerven enthaltene Fasern ausgelöst wird (vgl. P. Hoffmann). Im Sinne einer doppelten Innervation der Scherenmuskeln sprechen auch die histologischen Untersuchungen von Mangold.

B. Bei Vertebraten.

Die überragende Bedeutung, welche das Zentralnervensystem beim Wirbeltier für die Erhaltung des Tonus der Skelettmuskulatur gewinnt, eine Bedeutung, die in Deutschland zuerst vor allem von Johannes Müller erkannt wurde, wird durch die Tatsache illustriert, daß der von seinen nervösen Verbindungen getrennte Skelettmuskel in den Zustand weitgehender Erschlaffung verfällt, soweit nicht durch die physikalisch-chemischen Eigenschaften der Muskelsubstanz selbst bzw. durch sekundäre Prozesse (Schrumpfung) eine gewisse Eigenspannung aufrecht erhalten wird[1]. Diese Abhängigkeit des Muskels von den übergeordneten Zentren zeigt sich nicht nur unter normalen Bedingungen sondern auch bei pathologischen Zuständen, indem wir auch hier sehen, daß an dem seiner Innervation beraubten Muskel Tonussteigerungen (Spasmen, Rigorzustände) nicht zur Entwicklung gelangen können, bzw. solche Zustände von Hypertonie durch Desinnervation des Muskels beseitigt werden können, sofern nicht bei längerem Bestande der Verkürzung sekundäre Veränderungen der Muskelsubstanz die Längenänderung zu einer dauernden gemacht haben. (Bezüglich der scheinbar hiermit im Widerspruch stehenden Befunde von Dittler und Freudenberg, vgl. Seite 15).

Quellen der statischen Innervation.

Die Streitfrage der älteren Literatur, ob jene Erregungen, die vom Zentralnervensystem aus zu den Muskeln strömen und dessen Tonus erhalten, automatischer Natur, d. h. bedingt allein durch den Stoffwechsel der Ganglienzellen und die sie treffenden Blutreize oder reflektorischer Genese seien, ist durch den klassischen Brondgeestschen Versuch, den Nachweis der Atonie der hinteren Extremität des Frosches nach Durchschneidung des Ischiadicus, bzw. der zugehörenden hinteren Wurzeln, im letzteren Sinne entschieden. Damit kann die zuerst von Marshall Hall klar erkannte reflektorische Entstehung des Tonus als gesichert betrachtet werden. Daß auch für den höheren Säuger im Prinzip die gleiche Entstehung der statischen Innervation anzunehmen ist, geht besonders aus den Versuchen von Mott und Sherrington hervor. Ein gutes Beispiel an einem in natürlicher Lage gelassenen Objekt läßt sich am Kaninchenohr erbringen, das nach einseitiger Trigeminusdurchschneidung schlaff herabhängt (vgl. Abb. im Kap. IV a), was, wie Filehne zuerst nachwies, nicht auf eine Parese der die Ohrhaltung bedingenden Muskeln sondern auf deren Atonie zurückzuführen ist.

Es soll aber nicht geleugnet werden, daß die Erregbarkeit des Zentralnervensystems, dessen Reflextätigkeit den Tonus aufrecht erhält, automatischen Schwankungen unterworfen sein kann. Luciani verwertet in dieser Richtung Versuche von Fano, die ergaben, daß die Reflexreaktionen der Schildkröte bei Reizung in gleichen Intervallen und in gleicher Intensität in ihrem Umfang periodische Schwankungen zeigen und daß diesen Änderungen des Umfanges der Reaktion solche der Reaktionszeit entsprechen.

---

[1] Es kann aber in manchen Fällen, wie Lullies für die vorderen Extremitäten beim Klammerreflex der Amphibien gezeigt hat, die Extremität trotz Aufhebung der zentralen Innervation und damit des Tonus ihrer Muskulatur die vorher eingenommene Haltung beibehalten, was wohl auf das dieser speziellen Haltung entsprechende gegenseitige Längenverhältnis der betreffenden Muskeln und Bandapparate zurückzuführen ist.

1. Proprioceptive Erregungen (aus der Extremitäten- und Halsmuskulatur).

Schon Mommsen hat gezeigt, daß der Brondgeestsche Tonus beim Frosch auch nach Abstreifen der Haut in der Hauptsache bestehen bleibt und damit auf tiefer gelegene Ursprungsstätten der den Reflextonus vor allem aufrecht erhaltenden Erregungen gewiesen. Den exakten Nachweis, daß der Reflextonus in den sensiblen Organen des Muskels selbst seinen Ursprung nimmt und daß Dehnung des Muskels den auslösenden Reiz darstellt, hat aber erst Sherrington erbracht. Besonders neuere Versuche von Liddell und Sherrington an enthirnten Tieren demonstrieren, daß jede Dehnung der gegenüber der Schwerkraft wirkenden Muskeln, also vor allem der Strecker, reflektorisch eine Gegenspannung derselben auslöst. Dehnung der Beuger führt andererseits zum Überwiegen des Tonus der Beugemuskulatur, aber nicht durch Spannungszunahme in dieser selbst sondern durch Nachlassen des Streckertonus. Diese *myotatischen Reflexe*, welche durch Dehnung der Muskulatur ausgelöst werden, erscheinen eng verwandt dem Phänomen der Bremsung, welches, wie wir bei Besprechung der Messung vom Muskeltonus gesehen haben, ebenfalls durch Dehnung der Muskulatur ausgelöst wird. Sie stellen einen äußerst empfindlichen Mechanismus dar, vermag ja nach Liddell und Sherrington Dehnung der Ruhelänge des Muskels um weniger als 1 vH reflektorisch eine Spannung von 2000 g auszulösen. Innerhalb gewisser Grenzen zeigt sich ferner, daß Zunahme der Dehnung eines Muskels, auch wenn sie allmählich erfolgt, den myotatischen Reflex verstärkt, so daß der Muskel dem auf ihn einwirkenden Zug das Gleichgewicht zu halten vermag. Hört aber die Vermehrung des auf den Muskel wirkenden Zuges auf, so kommt es zu einer lange anhaltenden, plateauähnlichen Kontraktion, wie sie vor allem für die Gewährleistung einer bestimmten Haltung gegenüber dem Zug der Schwerkraft von Bedeutung ist. Scheinen ja die myotatischen Reflexe vor allem beim Stand von Wichtigkeit zu sein, wenn es sich darum handelt, daß die Streckmuskulatur gegenüber dem dauernden Zug, welchen die Schwerkraft auf sie ausübt, eine Gegenspannung entwickelt, während die Beuger in der Regel dem Zug der Schwerkraft viel weniger ausgesetzt sind, vor allem dann, wenn das Tier oder dessen Gliedmaßen lose herabhängen, so daß es verständlich erscheint, daß diese myotatischen Reflexe vor allem bei den Streckern gut ausgebildet sind, bei den Beugern dagegen in der Hauptsache nur in einer Herabsetzung des antagonistischen Tonus bestehen.

Es zeigt sich also, daß die Dauerspannung des Skelettmuskels, worauf uns schon die Analyse der Spannungskurve geführt hat, im Grunde dieselbe Entstehungsursache hat wie die in der Klinik geprüften Sehnenreflexe, nämlich die Dehnung des Muskels, nur daß es sich in dem ersteren Falle um eine Dauerbelastung, im letzteren um ziemlich rasch ablaufende Spannungsänderungen (durch Schlag auf die Sehne) handelt.

Es scheint aber, daß nicht nur die Belastung des Muskels zu einer Anspannung desselben führt, sondern auch eine *Entlastung* eine entsprechende Erschlaffung auslösen kann. Im Sinne des Bestehens solcher Entspannungsreflexe sprechen Versuche von Hansen und P. Hoffmann, welche bei plötzlicher Entlastung des Unterarms eine Verminderung oder ein Verschwinden der von der betreffenden Muskulatur abgeleiteten Ströme feststellten, wenn auch diese „negativen Sehnenreflexe" (anscheinend infolge Überdeckung durch cerebrale Innervation) nicht so regelmäßig zu erzielen waren als die durch Anspannung erhaltenen.

Halten wir uns an die Sherringtonsche Einteilung der Receptoren in solche, die Reize von der Außenwelt durch Vermittlung der Körperoberfläche (exteroceptives Feld) vermitteln, und solche, welche in der Tiefe des Organismus selbst (im proprioceptiven Feld) liegen, um Veränderungen desselben wahrzunehmen, so müssen demnach in proprioceptiven Erregungen die wichtigsten Quellen der statischen Innervation erblickt werden. Dieselbe Entstehung haben die Sehnenreflexe, welche Paul Hoffmann als Eigenreflexe bezeichnet, nachdem Receptor und Effector in einem Organ, dem Muskel, vereint sind.

Die Erkenntnis, daß die durch die Hinterwurzeln dem Rückenmark zuströmenden Erregungen die Hauptquellen der statischen Innervation darstellen, stellt die Grundlage für *therapeutische Maßnahmen* zur Herabsetzung abnormer Tonussteigerungen dar. Der Erfolg der von Foerster zur Herabsetzung von Spasmen angegebenen Radicotomie (Durchschneidung der der spastischen Extremität zugehörigen Hinterwurzeln) zeigt am deutlichsten, daß die im Tierversuch gewonnenen Erfahrungen in der menschlichen Pathologie und Therapie mit Erfolg Anwendung finden. Aber nicht nur an den Eintrittstellen ins Rückenmark, wo gleichzeitig zahlreiche andere zentripetale Erregungen getroffen werden, sondern auch an ihrem Entstehungsort im Muskel selbst lassen sich die proprioceptiven Erregungen ausschalten. E. Meyer und Weiler zeigten an einem Fall von Tetanusstarre beim Menschen, daß die abnorme Spannung der Bauchmuskulatur durch Einspritzung einer Novocainlösung in die hypertonischen Muskeln deutlich vermindert werden kann. Bei experimenteller Analyse dieser Novocainwirkung (A. Fröhlich und H. Meyer, Liljestrand und Magnus) konnten insbesondere die letztgenannten Autoren zeigen, daß die tonusherabsetzende Wirkung kleinster Novocaindosen (etwa 1 cm³ einer 1proz. Lösung pro Kilogramm Körpergewicht bei der Katze, auch bei anderen Formen zentral bedingter Tonuserhöhung, wie z. B. der Enthirnungsstarre, wirksam) auf eine Ausschaltung der im Muskel entspringenden proprioceptiven Erregungen zurückzuführen ist, wobei die Erregbarkeit der motorischen Nerven und der Muskeln völlig erhalten bleibt. Weitere Versuche beim Menschen lehrten, daß die Novocaininfiltration nicht nur bei der Tetanusstarre sondern auch zur Erzielung einer Muskelerschlaffung bei mannigfachen Formen von Tonussteigerung (in Begleitung von Knochen- und Gelenkerkrankungen Moser, bei Frakturen Mandl, bei spastischem Plattfuß Engelmann, beim Parkinson-Rigor Walshe) mehr oder minder erfolgreich verwendet werden kann.

Die tonusherabsetzende, bzw. contracturlösende Wirkung des Novocains kann aber nicht in allen Fällen auf eine Lähmung der proprioceptiven Nerven bezogen werden. So hat Schüller gezeigt, daß die Aufhebung der Coffeincontractur durch Novocain auf der Entstehung einer Komplexverbindung zwischen diesen beiden Stoffen beruht. Bei der Aufhebung der Ermüdungs- und Säurecontractur mögen vielleicht kolloidchemische Wirkungen im Spiele sein (vgl. die betreffenden Abschnitte im Handbuch der normalen und pathologischen Physiologie von Bethe).

Was die Folgen der durch Ausschaltung der proprioceptiven Erregungen erzeugten Atonie anlangt, so ist zu betonen, daß für das Zustandekommen der Bewegungsstörungen, die nach Hinterwurzeldurchschneidung auftreten (Panizza,

H. E. Hering, Bickel, neuerdings Hartmann und Trendelenburg beim Affen), die mit der Deafferentiation einhergehende Hypotonie nur zum geringen Teile verantwortlich zu machen ist. Wissen wir ja aus der Klinik der tabischen Hinterstrangdegeneration, daß Atonie ohne Ataxie vorkommen kann (Frenkel, Lewandowsky); auch zeigt der Tierversuch, daß sowohl bei isolierter Aufhebung der proprioceptiven Erregungen durch Novocaininfiltration der Muskulatur (Liljestrand und Magnus) als auch nach Durchtrennung des supraspinalen Anteils der proprioceptiven Reflexbögen im Vorderseitenstrang bei Verschontbleiben der Hinterstränge und des Kleinhirnseitenstranges (Spiegel, vgl. weiter unten) *Atonie ohne Ataxie* auftreten kann.

Die von den Muskeln eines Körperteiles ausgehenden Erregungen stellen zwar die wesentliche, aber nicht die ausschließliche Quelle der statischen Innervation dieses Körperabschnittes dar. Schon Merzbacher zeigte, daß beim Hunde beiderseitige Abtragung der entsprechenden hinteren Wurzeln den Tonus der Schwanzmuskulatur nicht vermindert, und weiterhin wissen wir, daß bei decerebrierten Katzen auch an den deafferentierten Gliedmaßen noch leichte Grade der Enthirnungsstarre beobachtet werden können (Magnus und de Kleijn, Graham Brown, Dusser de Barenne). Es kommen also noch andere als die in der betreffenden Muskulatur selbst entspringenden Erregungen als Quelle der statischen Innervation in Betracht. Der Tonus eines Muskels hängt nicht nur von seinen eigenen proprioceptiven Erregungen ab, sondern wird auch durch Impulse beeinflußt, welche in anderen Teilen des Körpers entstehen. So kennen wir tonische *Reflexe*, welche in den Muskeln einer Extremität entstehen und *auf die Muskeln einer anderen Extremität wirken*, wie nicht nur Tierversuche (Sherrington), sondern auch Erfahrungen bei Hemiplegikern (Walshe) lehren. So kann man beispielsweise bei Hemiplegikern beobachten, daß die Extensorstarre des Beines durch Beugung des Vorderarmes verstärkt werden kann.

Weiterhin spielen Impulse aus der *Halsmuskulatur* eine bedeutende Rolle. Die durch dieselben ausgelösten, von Magnus und de Kleijn entdeckten und näher analysierten sogenannten Halsreflexe lassen sich isoliert an Tieren studieren, welche durch Mittelhirndurchtrennung in den Zustand der sogenannten Enthirnungsstarre versetzt werden und bei denen die normalerweise mit den Halsreflexen in Interferenz tretenden tonischen Labyrinthreflexe auf die Extremitäten durch doppelseitige Labyrinthexstirpation ausgeschaltet wurden. Bei diesen Tieren zeigt sich, daß Änderung der Lage des Kopfes zum Rumpf den Tonus der Extremitäten beeinflußt, beispielsweise Dorsalflexion des Kopfes den Streckertonus in den Vorderbeinen vermehrt, in den Hinterbeinen vermindert, während Ventralbeugen des Kopfes umgekehrt wirkt. Drehung des Kopfes nach rechts (um eine orocaudal verlaufende Achse), so daß das rechte Auge unten steht, vermindert den Strecktonus in den rechten Extremitäten, vermehrt ihn in den linksseitigen Gliedmaßen, während Wenden des Kopfes um eine ventro-dorsale Achse nach rechts gegensinnig wirkt. Die hier herrschende Gesetzmäßigkeit läßt sich dahin zusammenfassen, daß jene Extremitäten, welchen der Unterkiefer des Tieres zugewendet wird (Kieferbeine) eine Erhöhung, die gegenseitigen Gliedmaßen (Scheitelbeine) eine Verminderung des Streckertonus aufweisen, Tonusänderungen, die so lange unverändert bestehen bleiben, als der Kopf die sie auslösende Stellung beibehält. Aber auch bei erhaltenem Labyrinth lassen sich die Wirkungen der Halsreflexe demonstrieren, wenn nur die Stellung des Kopfes zum Rumpf variiert wird, ohne daß die Einstellung des Kopfes zur Horizontalebene verändert wird. (Also beispielsweise Kopfwenden gegen die rechte oder linke Schulter an dem in Rückenlage liegenden Tiere oder Veränderung der Stellung des Rumpfes bei Fixation des Kopfes.)

Die Wirkung der *Halsstellreflexe,* welche anscheinend durch ähnliche zentripetale Erregungen ausgelöst werden, soll weiter unten im Zusammenhang mit den übrigen Stellreflexen besprochen werden, ebenso die Wirkung der *tonischen Halsreflexe* auf die Augen (mit den entsprechenden tonischen Labyrinthreflexen).

Beim *Menschen* konnten ähnliche Reaktionen an Föten im Alter von 3—5 Monaten (Minkowski) sowie auch bei Säuglingen (Landau, Schaltenbrand) nachgewiesen werden. Für den Erwachsenen gibt I. H. Reijs an, daß nach seinen Tonusmessungen der Ringfinger, nach welchem das Gesicht hin gedreht oder der Kopf gebeugt wurde, einen größeren Beugetonus zeigte als bei entgegengesetzter Kopfhaltung, sonst ließ sich aber nach dem ersten Lebensjahr der Einfluß der Kopfstellung zum Rumpf auf den Extremitätentonus in der Regel nur unter pathologischen Bedingungen demonstrieren, sei es, daß das Vorderhirn in seiner Funktionsfähigkeit schwer beeinträchtigt war, wie bei Fällen von Hydrocephalus (Magnus und de Kleijn), Idiotie (Dollinger u. a.), Meningoencephalitis (Brouwer, Stenvers), Hirnblutungen, Status epilepticus (Jonkhoff), Coma (Weiland), Athétose double, Littlescher Krankheit, Pseudobulbärparalyse (W. Freeman und P. Morin), sei es, daß wenigstens eine Pyramidenbahn in ihrem Verlauf unterbrochen war. So konnte insbesondere Simons bei Hemiplegikern zeigen (ähnliche Befunde weiterhin von Walshe, Stenvers), daß zwar die Kopfstellung zum Rumpf bei ruhig gehaltenen Gliedern meist keinen merklichen Einfluß auf den Extremitätentonus ausübt, daß aber ein solcher Einfluß im Sinne der tonischen Halsreflexe deutlich wird, wenn man, während der Kopf in verschiedene Stellungen zum Rumpf gebracht wird, eine willkürliche Innervation der gesunden Körperseite veranlaßt und damit eine Mitbewegung der gelähmten Gliedmaßen auslöst. Diese Mitbewegungen werden von der Kopfstellung deutlich im Sinne der tonischen Halsreflexe beeinflußt (vgl. dazu die Versuche von Minkowski an Affen über den Einfluß der Kopfbewegungen auf den Extremitätentonus nach Entfernung des Stirnhirns, bzw. der motorischen Region).

Was den Weg dieser Reflexe anlangt, so treten die sie auslösenden afferenten Erregungen nach Magnus durch die Hinterwurzeln der obersten Cervicalsegmente in das Rückenmark ein. Das Zentrum dieser Reflexe liegt nach Magnus in den beiden obersten Halssegmenten, so daß sie noch nach einem Schnitt knapp hinter dem Calamus scriptorius nachweisbar sind. Vom Halsmark aus verläuft eine absteigende Bahn im Seitenstrang (Spiegel und MacPherson), um die segmentären Rückenmarkszentren der Extremitätenmuskeln zu erreichen.

2. Labyrinth.

Vor allem aber besitzen wir im Labyrinth ein die Tonusregulation sowohl der Extremitäten als auch des Kopfes, der Augenmuskulatur und des Rumpfes beherrschendes Receptionsorgan, so daß schon Ewald in Weiterführung der Vorstellungen von Goltz, daß das Labyrinth nicht nur Gehörs-, sondern auch Gleichgewichtsorgan sei, die Lehre von einem Tonuslabyrinth aufstellen konnte. Die eingehendste Analyse der Wirkung der Labyrinthreflexe auf den Muskeltonus verdanken wir den Untersuchungen von Magnus und de Klejin. Mit Breuer, dessen Forschungen gerade durch die neuesten Arbeiten der Utrechter Schule in hellem Lichte erscheinen, unterscheiden sie Reflexe auf Bewegung, die vor allem in den Bogengängen ausgelöst[1] werden, und Reflexe der Lage, deren Receptionsorgan der Otolithenapparat darstellt. (Vgl. auch ältere Untersuchungen von Ach, Graham Brown[2]).

Die uns hier interessierenden *Lagereflexe* werden dadurch ausgelöst, daß die Otolithen bei verschiedenen Stellungen des Kopfes im Raum eine verschiedene Lage zur Horizontalebene einnehmen und dadurch auf die zugehörigen Maculae je nach ihrer Lage einen Druck oder Zug ausüben. Die Entstehung dieser Lagereflexe an den Maculae wird am deutlichsten dadurch demonstriert, daß Magnus und de Kleijn ihr Verschwinden nach Abschleudern der Otolithen von den Maculae durch rasches Zentrifugieren von Meerschweinchen (2000 Umdrehungen in der Minute) nach dem Vorgang von Wittmaack beobachten konnten, während die Drehreaktionen und Reaktionen auf Progressivbewegungen noch bestehen blieben. Diese an den Maculae entstehenden Lagereflexe äußern sich in 1. tonischen Labyrinthreflexen auf die Körpermuskulatur (Haltungsreflexen auf Hals-, Rumpf- und Extremitätenmuskeln), 2. Labyrinthstellreflexen, welche es dem Tiere ermöglichen, den Kopf aus abnormen Lagen wieder zur Normalstellung zu bringen und in dieser zu erhalten und 3. kompensatorischen Augenstellungen (Raddrehungen, Vertikalabweichungen der Augen) durch tonische Labyrinthreflexe auf die Augen.

a) Tonische Labyrinthreflexe auf die Körpermuskulatur und Labyrinthstellreflexe.

Die *tonischen Labyrinthreflexe auf die Körpermuskulatur* lassen sich ebenso wie die Halsreflexe am besten an Tieren demonstrieren, welche durch Mittelhirndurchtrennung in den Zustand der Enthirnungsstarre versetzt werden. Haben wir bei den Halsreflexen gesehen, daß zu ihrer Reindarstellung die Ausschaltung der Labyrinthe notwendig ist, so empfiehlt es sich umgekehrt, zum Studium der tonischen Labyrinthreflexe auf die Körpermuskulatur, die Halsreflexe mittels Durchtrennung der obersten cervicalen Hinterwurzeln auszuschalten oder wenigstens die Stellung des Kopfes zum Rumpf, z. B. durch Eingipsen, zu fixieren.

---

[1] Der Mechanismus der Auslösung der Bogengangsreflexe kann hier leider nicht besprochen werden; diesbezüglich sei besonders auf die geistreichen Ausführungen von A. Spitzer verwiesen.

[2] Die Konzeption von Breuer unterscheidet sich nur insofern von der der holländschen Autoren, daß er ebenso wie Mach nur die Drehreaktionen von den Bogengängen ihren Ausgang nehmen läßt, die durch geradlinige Bewegungen (Progressivbewegungen) ausgelösten Reflexe dagegen ebenso wie die Reflexe der Lage als Otolithenreflexe auffaßt. Demgegenüber zeigten Magnus und de Kleijn, daß die Reaktionen auf Progressivbewegungen noch nach Abschleudern der Otolithenmembranen zustande kommen und betrachten sie demgemäß als zum Teil wenigstens in den Bogengängen entstehend. Auch zeigten Ornstein und Burger, daß Strömungen der Bogengangsendolymphe, entgegen der Annahme von Breuer, auch durch geradlinige Bewegungen hervorgerufen werden können.

Bringt man ein solches Tier in verschiedene Lagen im Raum, so daß der Kopf eine verschiedene Einstellung zur Horizontalebene erhält, so zeigt sich bei Rückenlage des Tieres, wenn der Kopf mit dem Scheitel nach abwärts mit etwas über die Horizontalebene gehobener Mundspalte (bis 45°) eingestellt wird, das Maximum des Tonus in den Streckern der vier Extremitäten und den Kopfhebern (Maximumstellung), während der Tonus der genannten Muskeln am meisten abgeschwächt erscheint, wenn der Kopf bei Bauchlage des Tieres mit dem Scheitel aufwärts gehalten und die Mundspalte bis zu 45° unter der Horizontalen geneigt ist. Untersucht man die zugehörigen Einstellungen der Otolithen zu den Maculae, so zeigt sich, daß in der Maximum- und in der Minimumstellung die Utriculusotolithen horizontal eingestellt sind, in der ersteren sich unterhalb, in der zweiten über der zugehörigen Macula befinden, so daß die stärkste Wirkung auf den Streckertonus der Extremitäten und auf die Nackenheber erreicht wird, wenn der Utriculusotolith an der Macula vertikal nach abwärts zieht, die schwächste, wenn er auf sie drückt, während den Zwischenstellungen entsprechend abgestufte Wirkungsgrade zugehören.

An einseitig labyrinthektomierten Tieren konnte gezeigt werden, daß die geschilderten Änderungen im Streckertonus der Extremitäten bei verschiedenen Kopflagen auf beiden Seiten auftreten, so daß Magnus schließt, daß der Einfluß jedes Labyrinths auf die Extremitätenmuskulatur ein doppelseitiger ist. Die Einwirkung auf die Halsmuskulatur (vgl. auch Davis und Pollock) scheint dagegen nur einseitig zu sein, da nach unilateraler Labyrinthexstirpation zu beobachten ist, daß der Kopf derart gedreht wird, daß das Ohr der Operationsseite ventral zu liegen kommt (sogenannte Grunddrehung, die auch nach Mittelhirnabtragung bestehen bleibt).

Während die tonischen Labyrinthreflexe auf die Körpermuskulatur (Haltungsreflexe) ihr Zentrum im Rhombencephalon, vermutlich in jenen Teilen der Vestibulariskerne, welche lange Bahnen zum Rückenmark senden, also vor allem im Nucleus Deiters haben, ist für das Zustandekommen der *Labyrinthstellreflexe* das Erhaltenbleiben des Mittelhirns (nach Rademaker des roten Kerns) erforderlich. Durchschneidung des Hirnstamms hinter dem hinteren Vierhügel vernichtet daher diese Reflexe, während sie an einem sogenannten „Mittelhirntier", an dem nur die vor den Vierhügeln gelegenen Hirnteile abgetragen sind, noch nachweisbar erscheinen. An einem solchen „Mittelhirntier" zeigt sich, daß bei erhaltenem Labyrinth der Kopf des Tieres immer wieder in die normale aufrechte Stellung zurückkehrt, ganz unabhängig von der Lage, welche man dem in der Luft gehaltenen Körper des Tieres gibt. Dieser Reflex verschwindet nach Abschleudern der Otolithen von den Maculae, nimmt also ebenfalls im Otolithenapparat seinen Ursprung.

Die Frage, von welchen Otolithen die Labyrinthstellreflexe ihren Ursprung nehmen, konnten Magnus und de Kleijn durch das Studium einseitig labyrinthektomierter Tiere beantworten. Es zeigte sich an diesen, daß vom intakten Labyrinth das Maximum der den Stellreflex bewirkenden Erregungen dann ausgeht, wenn der Kopf derart in Seitenlage gehalten wird, daß das erhaltene Labyrinth sich unten befindet, daß dagegen das Minimum des Labyrinthstellreflexes erreicht wird, wenn der Kopf um 180° gedreht ist, so daß sich das erhaltene Labyrinth oben befindet. Damit hängt es zusammen, daß nach einseitiger Labyrinthexstirpation die Tiere (besonders deutlich Kaninchen) den Kopf derart um die occipito-nasale Achse gedreht halten, daß das Auge der Operationsseite gegen den Boden gerichtet ist, also das erhaltene Labyrinth sich in der Minimumstellung des Labyrinthstellreflexes befindet. In den geschilderten beiden extremen Stellungen, in welchen vom erhaltenen Labyrinth das Maximum bzw. Minimum der den Labyrinthstellreflex auslösenden Erregungen ausgeht, findet man nun, daß der Teil der Sacculusmacula, der vom Ramus saccularis innerviert wird (sogenanntes Sacculushauptstück) horizontal steht, und zwar drückt wieder in der Minimumstellung der Otolith auf die Macula, während er in der Maximumstellung an derselben zieht. Daraus folgern Magnus und de Kleijn, daß das Sacculushauptstück jene Labyrinthstellreflexe vermittelt, welche das Aufrichten des Kopfes aus der Seitenlage bewirken, während für jene Labyrinthstellreflexe, die die Rückkehr aus ventral oder dorsal geneigter Kopfstellung innervieren, der Ursprungsort (Sacculus oder Utriculus) noch nicht sicher feststeht.

Unter normalen Verhältnissen sucht natürlich jedes Labyrinth sozusagen nach oben zu kommen, d. h. es werden, sobald der Kopf aus der Normalstellung gedreht wird, von dem unten befindlichen Labyrinth (hängender Sacculusotolith) stärkere Erregungen ausgehen als von dem oben stehenden (drückender Sacculusotolith); das unten stehende Labyrinth sucht also den Kopf so zu drehen, daß es selbst in die Minimumstellung kommt (oben steht), eine Tendenz, die aber nur so lange befolgt wird, bis gleich starke Erregungen von den beiden Labyrinthen ausgehen, also beide Sacculi gleich hoch stehen und damit der Kopf in Normalstellung gelangt.

b) Zusammenwirken der Labyrinthstellreflexe mit anderen Stellreflexen.

Zu diesen Labyrinthstellreflexen kommen unter normalen Verhältnissen noch andere Gruppen von Stellreflexen hinzu. Befindet sich beispielsweise das Tier in Seitenlage und ist nun durch die Wirkung der Labyrinthstellreflexe der Kopf in Normalstellung zurückgebracht, so befindet sich der Kopf in asymmetrischer Einstellung zum Rumpf. Die abnorme Stellung des Kopfes zum Rumpf (asymmetrische Dehnung der Halsmuskulatur) löst ihrerseits wieder Stellreflexe aus, die sogenannten *Halsstellreflexe*, welche es bewirken, daß weiterhin der Vorderkörper und schließlich auch das Becken aus der abnormen in die Normalstellung gebracht werden. Andererseits aber löst asymmetrischer Druck auf die Körperdecke (bei Seitenlage des Tieres Druck der Unterlage nur auf die nach unten gerichtete Seite) wieder eine Gruppe von Stellreflexen aus, die sogenannten *Körperstellreflexe*. Man unterscheidet diesbezüglich die Körperstellreflexe *auf den Kopf* und auf den Körper. Die ersteren bewirken auch am labyrinthlosen Tier, dessen Kopf der Schwere entsprechend herabfällt, solange man es frei in der Luft hält, ein Aufrichten des Kopfes in Normalstellung, sobald der Körper auf eine Unterlage gelegt wird. Die *Körperstellreflexe auf den Körper* lösen dagegen ein Aufsetzen des Rumpfes aus, auch wenn der Kopf des Tieres in Seitenlage festgehalten wird. Sie vermögen also, entgegen den Halsstellreflexen, welche den Körper bei Seitenlage des Kopfes ebenfalls in Seitenlage zu bringen suchen, ein Aufsetzen des Rumpfes zu bewirken.

Was den *zentralen Mechanismus* dieser Reflexe anlangt, so haben die Versuche von Rademaker gezeigt, daß die *roten Kerne* bei Katzen und Kaninchen nicht nur die Zentren der Labyrinthstellreflexe sondern auch der Körperstellreflexe auf den Körper darstellen, während die Körperstellreflexe auf den Kopf zwar nicht über den roten Kern gehen, ihre Zentren aber doch wahrscheinlich im Mittelhirn im Niveau dieser Kerne haben sollen. Weiter caudalwärts ist dagegen das Zentrum der Halsstellreflexe zu suchen. Rademaker vermutet es caudal vom vorderen Ponsteil. Weiter haben die Versuche von Magnus und de Kleijn ergeben, daß die genannten Gruppen von Stellreflexen noch nach totaler Kleinhirnabtragung zustande kommen und auch das Vorhandensein von Pros- und Diencephalon zu ihrer Auslösung nicht notwendig erscheint. Über die Wege, auf welchen die die Stellreflexe auslösenden zentripetalen Impulse die roten Kerne erreichen, läßt sich vorderhand nur so viel aussagen, daß die Erregungen vom Otolithenapparat, welche Labyrinthstellreflexe bewirken, nach Untersuchungen von Nishio wahrscheinlich in den lateralen Abschnitten der Vestibulariskerne umgeschaltet und durch das hintere Längsbündel zentralwärts weitergeleitet werden[1].

Während die bisher beschriebenen Gruppen von Stellreflexen in tieferen Teilen des Hirnstamms lokalisiert erscheinen, kommt in der aufsteigenden Phylogenese (bei Katzen, Hunden, insbesondere bei Affen) noch die Wirkung im Cortex[2] lokalisierter *optischer Stellreflexe* hinzu, welche bei diesen Tieren trotz Labyrinthmangels (nach Überwindung des durch die Labyrinthausschaltung bewirkten Choks) den Kopf in die Normalstellung zurückzubringen vermögen, während labyrinthlose Kaninchen und Meerschweinchen auch längere Zeit nach der Operation die abnorme Kopflage nicht zu korrigieren vermögen, wenn sie frei in der Luft gehalten werden, so daß die Wirkung der Körperstellreflexe ausgeschaltet ist. Will man daher die Wirkung der Labyrinthstellreflexe bei Tieren mit höher entwickeltem Cortex nachweisen, so muß man entweder den Cortex oder einfacher die Wirkung optischer Erregungen (durch eine Kopfkappe, bzw. Verkleben der Augenlider mit einem Heftpflasterstreifen) ausschalten.

c) Kompensatorische Augenstellungen.

Genauer betrachtet, handelt es sich bei den Stellreflexen eigentlich um das Zusammenwirken zweier Vorgänge: Es erfolgt zunächst die Einstellung eines Körper-

---

[1] Die Tatsache, daß vestibuläre Erregungen, sei es auf dem Umwege über Cerebellum-Brachium conjunctivum, sei es extracerebellar, wie die Analyse der Labyrinthstellreflexe ergibt, den roten Kern erreichen, gibt vielleicht auch einen Hinweis bezüglich der noch so unklaren *corticalen Endstätten labyrinthärer Impulse.* Daß auch der Nervus vestibularis, ebenso wie andere Sinnesnerven, eine in den Cortex einstrahlende Bahn besitzt, das läßt die Tatsache des Bewußtwerdens labyrinthär ausgelöster Schwindelempfindungen höchst wahrscheinlich erscheinen. Der Umstand, daß Erregungen aus dem Labyrinth in den roten Kern einmünden, läßt nun die Vermutung entstehen, daß jene Rindenareale, in welche Erregungen aus dem roten Kern einstrahlen (es kommt vor allem die Präfrontalregion, bzw. die Regio centrooppercularis [Monakow] in Betracht), auch Regionen darstellen, in welchen vestibuläre Erregungen, vielleicht vermischt mit zentripetalen Impulsen anderer Genese, enden. Hierüber werden erst weitere Untersuchungen genaueren Aufschluß geben müssen.

[2] Nach noch im Gange befindlichen Versuchen an Hunden mit Th. Démétriades scheinen die optischen Stellreflexe nach doppelseitiger Exstirpation der Gyri sigmoidei noch erhalten zu bleiben, dagegen durch beiderseitige Occipitalhirnzerstörung vernichtet zu werden.

teils aus der abnormen in die Normalstellung und weiterhin die Fixation in derselben durch tonische Dauerreflexe. Etwas Ähnliches sehen wir bei den *kompensatorischen Augenstellungen*. Wird bei einem Tier der Kopf aus der Normalstellung um irgendeine Achse gedreht, so treten Reflexe in Wirksamkeit, welche zur Erhaltung des Gesichtsfeldes die Augen im Raum zu fixieren trachten. Es erfolgt eine Drehung der Augen in der Orbita entgegen der Kopfdrehung und weiterhin eine Fixation der so erreichten Augenstellung (kompensatorische Augenstellung). Während bei Tieren, bei welchen die Augen frontal stehen und dadurch die Gesichtsfelder sich decken, die Einstellung der Augen vor allem durch retinale Eindrücke bewirkt wird, garantieren bei Tieren mit seitlich stehenden Augen, bei welchen sich also die Gesichtsfelder nicht decken (Meerschweinchen, Kaninchen), tonische Hals- und Labyrinthreflexe auf die Augen die Konstanz der Gesichtsfelder durch Fixation der Stellung der Augen im Raum, wie wieder die eingehende Analyse von Magnus und de Kleijn dargetan hat. (Ältere Literatur s. bei Magnus.) Hat man durch Fixation des Kopfes zum Rumpf die Wirkung der Halsreflexe ausgeschaltet, so zeigt sich, daß das Labyrinth zwei Arten von tonischen Reflexen auf die Augen auszulösen vermag; *kompensatorische Vertikalabweichungen*, wenn man den Kopf des Tieres um die naso-occipitale Achse dreht und *Raddrehungen*, die nach Drehung des Kopfes um die bitemporale Achse auftreten. Während für die Vertikalabweichung durch Bestimmung der Maximum- und Minimumstellung beim Kaninchen gezeigt werden konnte, daß sie, ähnlich wie die Labyrinthstellreflexe, vom Sacculushauptstück ausgelöst werden, ist es noch unklar, welcher Anteil des Otolithenapparates die Raddrehungen verursacht.

Die Wirkung dieser Otolithenreflexe wird im normalen Leben durch *tonische Halsreflexe* unterstützt, deren Existenz dadurch bewiesen werden kann, daß auch an labyrinthlosen Tieren Kopfdrehung um die occipito-nasale Achse eine entgegengesetzte Vertikalabweichung der Augen (Kopfdrehung nach rechts, rechtes Auge geht nach oben, linkes nach unten), Kopfdrehung um die bitemporale Achse eine entgegengesetzte Raddrehung der Augen und schließlich Kopfwendung eine entgegengesetzte Horizontalabweichung der Augen auslöst. Die letztgenannte Reaktion wird in ihrer tonischen Komponente überhaupt allein von den Halsreflexen geleistet. Der Otolithenapparat scheint ihrer nicht fähig zu sein, da er nur Raddrehungen und Vertikalabweichungen zu bewirken vermag.

Andererseits greift aber der Bogengangsapparat bei Bewegungen, welche den Kopf aus der Normalstellung bringen, unterstützend in den Mechanismus der kompensatorischen Augenabweichungen ein, indem jede Drehbewegung des Kopfes eine Reaktion in den entsprechenden Bogengängen auslöst, durch welche die Augen entgegen der Kopfdrehung abgelenkt, also in jene Stellung gebracht werden, in welcher sie Otolithen-, bzw. tonische Halsreflexe zu fixieren trachten. Hier scheint also die Wirkung von Bogengangs- und Otolithenreflexen, Reflexen der Lage und der Bewegung ineinander über zu gehen.

d) Vorkommen der Labyrinthreflexe beim Menschen.

Was das Vorkommen der genannten Labyrinthreflexe und der mit ihnen in Kombination tretenden Stellreflexe beim Menschen anbelangt, so konnten tonische Labyrinthreflexe relativ seltener nachgewiesen werden als die tonischen Halsreflexe. Am ehesten gelang dies wieder bei noch mangelhafter Entwicklung, bzw. pathologischer Schädigung des Vorderhirns. So beschreiben Marinesco und Radovici tonische Labyrinthreflexe bei einer siebenmonatigen Frühgeburt. Auch ist mit Schaltenbrand zu vermuten, daß an dem von Landau beschriebenen, zwischen erstem und zweitem Lebensjahr auftretenden Reflex[1] außer der Wirkung der tonischen Halsreflexe auch tonische Labyrinthreflexe beteiligt sind. Unter pathologischen Bedingungen wurden an die tonischen Labyrinthreflexe erinnernde Tonusänderungen bei amaurotischer Idiotie, Meningitis, Thalamusblutung mit Ventrikeldurchbruch, sowie Hemiplegikern beobachtet (Magnus und de Kleijn, Dollinger, Marinesco und Radovici, Böhme und Weiland, Walshe).

Den Labyrinthstellreflex konnte Schaltenbrand bei Säuglingen vom zweiten Monat ab in ähnlicher Form wie beim Tier finden, wenn er auch bei älteren Kindern häufig gehemmt war, lange auf sich warten ließ oder nach kurzer Zeit verschwand. Daß die anatomische Grundlage des Reflexes beim Menschen eine ähnliche ist wie beim Tier, dafür spricht das Erhaltenbleiben desselben bei der von Gamper beschriebenen Mißbildung, bei welcher das Prosencephalon so gut wie gar nicht zur Entwicklung kam und auch der Thalamus sich ziemlich schwer verändert erwies.

Auch die Existenz der Halsstellreflexe (Rückenlage des Untersuchten, der Kopf wird um 90° nach links oder rechts gedreht, der Rumpf folgt der Halsdrehung) konnte Schaltenbrand bei Kindern vor dem fünften Lebensjahr nachweisen, während weiterhin dieser Reflex gehemmt erscheint. Die Existenz der Körperstellreflexe auf den Körper glaubt der genannte Autor in der primitiven Art des Aufstehens aus der Rückenlage zu erkennen, die man bei Kindern besonders im ersten Lebensjahre beobachtet hat: Es wird zuerst der Kopf, dann der Schultergürtel und schließlich das Becken um die Körperachse gedreht, so daß weiterhin eine Hockstellung und schließlich eine sitzende Haltung eingenommen wird, von der endlich das Aufstehen erfolgt.

Viel schwieriger erscheint es, den Zusammenhang mit den im Tierexperiment nachgewiesenen und analysierten tonischen Reaktionen, bzw. Stellreflexen bei jenen komplizierten Reaktionen zu erkennen, die Goldstein und Riese, Hoff und Schilder, sowie Zingerle beim Menschen beschrieben haben. Goldstein sieht in den von Magnus und de Kleijn beschriebenen Hals- und Stellreflexen nur eine Teilerscheinung einer Gruppe von Phänomenen, welche zeigen, daß Haltung und Stellung eines jeden Gliedes eine Rückwirkung auf den Gesamtorganismus ausüben. Goldstein und Riese geben an, schon beim Normalen nicht nur durch Änderung der Kopfstellung Extremitätenbewegungen auslösen zu können, sondern auch umgekehrt durch Änderung der Lage der Extremitäten selbst die der anderen Extremitäten und des Kopfes zu beeinflussen. Die Beurteilung der Frage, inwiefern diese „induzierten Tonusänderungen" physiologische Reaktionen darstellen, wird besonders dadurch erschwert, daß Goldstein selbst angibt und auch eine Beobachtung von Zingerle in dem Sinne spricht, daß eine bestimmte Bewußtseinslage notwendig ist, um diese Reaktionen zu erhalten, eine

---

[1] Das in Bauchlage auf der Hand des Untersuchers liegende Kind hebt zunächst den Kopf (Labyrinthstellreflex); im Anschluß an die Kopfhebung tritt eine tonische Streckung der Wirbelsäule und der Beine ein, Ventralflexion des Kopfes bringt diese Tonuserhöhung zum Verschwinden (tonische Hals- plus Labyrinthreflexe).

Bewußtseinslage, die vom Zustand der Hypnose nur schwer abzugrenzen ist, so daß die Möglichkeit eines Einflusses von Suggestion auf die Auslösung mancher dieser Phänomene nicht von der Hand zu weisen ist. Immerhin ist nicht zu leugnen, daß man manche der beschriebenen induzierten Tonusänderungen bei organischen Affektionen des Nervensystems, besonders bei Kleinhirnerkrankungen, gesteigert gefunden hat. So zeigten auch Hoff und Schilder, daß die beim Normalen nach Kopfdrehung nach einer Seite auftretende Höhendifferenz der vorgestreckten Arme (Steigen des dem Gesicht zugekehrten Armes, Absinken des gegenseitigen Armes), sowie auch die Drehung der Arme in der Richtung des gedrehten Kopfes[1] bei Läsionen des Zentralnervensystems, z. B. bei Kleinhirnerkrankung, gesteigert sein können. Auch scheint es, daß Innervationsmechanismen bestehen, welche die einem Glied erteilte Lage beizubehalten suchen und auch eine nachfolgende Innervation im Sinne der Erhaltung der früheren Lage zu beeinflussen vermögen. Läßt man beispielsweise eine Versuchsperson beide Arme bei geschlossenen Augen horizontal vorstrecken, hebt nun den einen Arm etwa um 60°, läßt weiterhin beide Arme fallen, so zeigt sich, daß die Versuchsperson bei neuerlichem Befehl, beide Arme horizontal vorzustrecken, den vorher gehobenen Arm wieder um einige Zentimeter höher hält (Lagebeharrungsversuch von Hoff und Schilder), eine Reaktion, die bei Parkinson und Parkinsonismus fehlen soll. Weitere Untersuchungen erscheinen nötig, um auf diesem komplexen Gebiet auseinander zu halten, inwiefern wir es mit den Stell- und tonischen Reflexen verwandten Phänomenen zu tun haben, inwiefern sich psychische Faktoren hinzugesellen und vor allem, um den Einfluß verschiedener Proprioceptoren von der Labyrinthwirkung bei der Entstehung dieser Phänomene zu differenzieren.

e) Folgen des Labyrinthausfalls.

Trotz der bedeutenden Rolle, welche das Labyrinth für die Regulation des Skelettmuskeltonus spielt, macht sich der Ausfall seiner Funktion im Tonus der Skelettmuskulatur beim Säuger höchstens vorübergehend bemerkbar. Ewald hat vor allem darauf aufmerksam gemacht, daß es nach Labyrinthausschaltung (vgl. Abb. 70, rechtsseitige Labyrinthexstirpation beim Frosch) zu Atonie der homolateralen Strecker und Abductoren der Extremitäten, auf der Gegenseite dagegen zu einer Tonusherabsetzung der Beuger und Adductoren kommt, und hatte geschlossen, daß jedes Labyrinth mit den gleichseitigen Extensoren und Abductoren, dagegen mit den kontralateralen Flexoren und Adductoren in Beziehung steht. Die Annahme, daß es sich hierbei bloß um den Verlust einer direkten Labyrinthwirkung auf den Tonus dieser Muskeln handelt, wurde aber durch Untersuchungen von Magnus und de Kleijn erschüttert, welche zeigten, daß diese Tonusdifferenz zwischen den Extremitäten beider Seiten zum großen Teil durch die nach der Labyrinthexstirpation auftretende Kopfdrehung[2] bedingt ist, welche die oben erwähnten tonischen Halsreflexe auf die Extremitäten auslöst.

---

[1] In diesem Zusammenhang erscheint die Armtonusreaktion von Wodak und Fischer erwähnenswert. Kaltspülung des Ohres führt nach den Untersuchungen dieser Autoren außer Kopf- und Körperdrehung sowie Körperneigung zur gespülten Seite und Deviation der vorgestreckten Arme (Güttich-Báránys Abweichereaktion) ein relatives Tieferstehen des gleichseitigen und Höherstehen des gegenseitigen Armes herbei.

[2] Diese Kopfdrehung beruht nach Magnus auf der Kombination des vom erhaltenen Sacculusotolithen ausgehenden, im Mittelhirn lokalisierten *Labyrinthstellreflexes*, welcher

Allerdings geben die Autoren zu, daß man auch nach Aufhebung dieser Kopfdrehung, wenn man den Kopf etwa bei Rückenlage des Tieres in symmetrische
Stellung zum Rumpf bringt, eine Hypotonie der Extremitätenstrecker auf der
Seite der Labyrinthexstirpation bemerken könne, eine Hypotonie, die sich bei
verschiedenen Tieren rasch nach der Operation zurückbildet (bei Katzen und
Hunden nach wenigen Tagen, bei Kaninchen und Affen nach mehreren Wochen),
während die Kopfdrehung ein Dauersymptom darstellt. Diese vorübergehende,
auch bei gerade gesetztem Kopf zu beobachtende Hypotonie tritt auch nach
Durchschneidung des Nervus octavus ein, sie läßt sich bei Kaninchen hervorrufen,
ohne daß die übrigen labyrinthären Ausfallserscheinungen auftreten, wenn man
das Labyrinth an der Fenestra rotunda vom Mittelohr aus punktiert (Arndts).
Es scheint also, daß die für die sonstigen labyrinthären Ausfallserscheinungen ver-
antwortlichen Vestibularisendstellen in den Bogengangsampullen und den
Otolithenmaculae für den vorübergehenden Tonusverlust nach einseitiger Labyrinthexstirpation nicht verantwortlich sind. Denn der Tonusverlust tritt, wie
Arndts betont, nach Lähmung dieser Nervenendstellen durch Cocain nicht auf,
während er sich andererseits durch die Labyrinthpunktion isoliert hervorrufen

Abb. 23. Decerebrierte Katze; rechtsseitige Labyrinthexstirpation.

ließ. Diese Beob-
achtungen scheinen
in enger Beziehung
zu der eigentüm-
lichen, auch von
Magnus betonten
Tatsache zu stehen,
daß einerseits nach
einseitiger Laby-
rinthexstirpation
ein homolateraler,
zum Teil wenigstens auf den Labyrinthausfall zu beziehender Tonusverlust
auftritt, andererseits die tonischen Labyrinthreflexe auf die Extremitäten
auch nach Ausschaltung eines Labyrinths auf beiden Körperhälften gleichsinnig und in gleicher Stärke nachweisbar sind. Jedenfalls ist zu betonen, daß
auch an decerebrierten Tieren, z. B. Katzen, also in jenem Zustand, bei welchem
sich nach Magnus die Wirkung der tonischen Labyrinthreflexe bei Lagever-
änderung des Kopfes von einem Labyrinth auf die Extremitäten beider
Körperhälften in gleicher Stärke nachweisen läßt, Exstirpation eines Labyrinths
zu einer deutlichen Tonusverminderung auf der gleichen Seite zu führen
vermag, wie ich mich in Versuchen mit Démétriades zu überzeugen vermochte, wenn auch bei einzelnen Tieren ein gewisser Streckertonus auch
auf der der Labyrinthexstirpation homolateralen Seite nachgewiesen werden
konnte. Abb. 23 zeigt eine Katze, bei welcher auf der rechten Seite das
Labyrinth exstirpiert und die unmittelbar darauf folgende Mittelhirndurchtrennung durch den hinteren Vierhügel streng symmetrisch vollführt worden

---

den Kopf in Seitenlage mit dem erhaltenen Labyrinth nach oben zu drehen sucht, und
des vom erhaltenen Utriculusotolithen ausgehenden, auch nach Abtragung des Mittelhirns erhalten bleibenden *tonischen Labyrinthreflexes* auf die Halsmuskulatur einer Seite,
welcher die sogenannte Grunddrehung verursacht.

war, wie die nachfolgende Sektion lehrte. Das Tier befindet sich in Rückenlage, der Kopf ist streng symmetrisch zum Rumpfe eingestellt, so daß also Halsreflexe keine Rolle spielen können. Dennoch zeigt dieses Tier eine deutliche Hypotonie der Strecker der zur Labyrinthexstirpation homolateralen vorderen Extremität, so daß diese schlaff herabhängt, während die gegenseitige gestreckt in die Höhe gehalten wird. An den hinteren Extremitäten ist die Tonusdifferenz im Bilde nicht deutlich zu sehen, weil die Starreentwicklung hier auch auf der gesunden Seite nicht groß genug war, um die Extremität in die Höhe zu halten. Doch ließ sich auch hier die stärkere Streckung dieser Extremität bzw. Erhöhung des Streckertonus derselben gegenüber der Gegenseite feststellen; besonders war beim Versuch, die Hinterbeine passiv zu beugen, der stärkere Widerstand der Strecker der gesunden Seite deutlich zu fühlen.

Es ergibt sich also, daß einseitige Labyrinthexstirpation eine Hypotonie der homolateralen Strecker hervorruft, obwohl die tonischen Labyrinthreflexe von dem erhaltenen Labyrinth bei Lageänderung des Kopfes auf die Extremitäten beider Seiten in gleicher Stärke einwirken. Mit anderen Worten, ein anderer Mechanismus als die Störung der tonischen Labyrinthreflexe ist für die einseitige Hypotonie nach Labyrinthausfall verantwortlich zu machen, ein Mechanismus, von dem wir vorderhand nur so viel aussagen können, daß er wahrscheinlich von anderen Stellen des Vestibularapparates seinen Ausgang nimmt als die tonischen Labyrinthreflexe. Wenn aber auch das genauere Wesen dieses Mechanismus, auf dessen Ausfall die einseitige Hypotonie nach Labyrinthexstirpation zu beziehen ist, noch unklar ist, so müssen wir doch daran festhalten, daß in den Ewaldschen Vorstellungen ein wahrer Kern enthalten ist, Beziehungen zwischen dem Labyrinth und der Aufrechterhaltung des homolateralen Streckertonus auch unabhängig von den tonischen Halsreflexen bestehen.

Was die Folgen der Labyrinthausschaltung für den Extremitätentonus beim Menschen anlangt, so beobachtete Wanner, daß Labyrinthlose sich leichter nach der operierten Seite drängen lassen, auf dieser Seite eine geringere Kraft entwickeln, Angaben, die jedoch von Passow nicht bestätigt wurden. Auch Herzfeld vermißte bei einem Falle von doppelseitiger Labyrinthnekrose Zeichen von Hypotonie, während Egger bei zwei Fällen von Labyrinthschwindel Hypotonie der gesamten Körpermuskulatur beobachtete. Die Unsicherheit der Resultate hängt anscheinend mit zwei Umständen zusammen, einmal damit, daß man die Tonusstörung in der Regel nicht direkt durch Messung der Muskelspannung, sondern aus der Beobachtung der Arbeitskurve (v. Stein) oder der Sehnenreflexe (Frey, Beck und Biach) nachzuweisen suchte, anderseits, daß man nicht genügend die Zeit, die nach dem Eintreten der Labyrinthausschaltung vergangen war, berücksichtigte. So bemerken auch Beck und Biach, daß ihre Versuche, eine Tonusstörung bei labyrinthoperierten Patienten nachzuweisen, erfolglos waren, sobald auch nur eine kurze Zeit nach der Operation verstrichen war, und sie heben mit Recht hervor, daß die Mangelhaftigkeit der Prüfungsmethodik wahrscheinlich mit schuld an dem negativen Ergebnis sei. Ihre Feststellung, daß nach Kaltspülung des Ohres auf der gleichen Seite der Patellarreflex gesteigert ist, bedeutet aber, wie die Autoren selbst hervorheben, nur, daß der Vestibularapparat überhaupt Beziehungen zur Muskulatur habe, die Intensität der Sehnenreflexe kann aber nicht als ein Maßstab für den Muskeltonus betrachtet werden[1].

Ich konnte bisher zwei Fälle von Labyrinthexstirpation beobachten, einen Fall von (autoptisch verifiziertem) Acusticustumor und einen Fall von raumbeschränkendem Prozeß in der hinteren Schädelgrube, bei dem eine alleinige Beteiligung des Nervus octavus nicht mit Sicherheit angenommen werden konnte und den ich daher weiter nicht verwenden möchte.

Der erste Fall von Labyrinthexstirpation betraf einen neunjährigen Knaben, den ich vier Tage nach der rechtsseitig ausgeführten Operation untersuchen konnte. Leider kann ich in diesem Falle die Ablesung nicht auf die absoluten Werte der Muskelspannung umrechnen, da zur Zeit, als diese Untersuchung erfolgte, die Ausbalancierung des Unterschenkelbrettes noch nicht auf die im vorigen Kapitel beschriebene Weise nach dem Prinzip eines Winkelhebels erfolgte, sondern durch einen am Fußende des Unterschenkels angreifenden, nach aufwärts gerichteten Zug, der durch ein Gewicht ausgeübt wurde, das an einer über der Drehachse des Apparates angebrachten Rolle wirkte. Immerhin zeigten wiederholte Messungen, die an mehreren Tagen hintereinander ausgeführt wurden, immer wieder, daß dieselbe Belastung des Quadriceps auf der linken Seite eine geringere Beugung erzielte als auf der rechten, daß also auf der Seite der Operation eine deutliche Hypotonie des Streckers bestand.

Rechtsseitige Labyrinthexstirpation.

Gegengewicht an der Rolle 1¹/₂ kg, Belastung 1 kg.

Entfernung des Angriffspunkts der Belastung von der Drehachse cm	abgelesener Beugungswinkel	
	links Grad	rechts Grad
5	—	8
10	3	64
15	15	69
20	58	—
25	66	—
35	70	—

Ein zweiter Fall zeigte schon 19 Tage nach der Operation (rechtsseitige Labyrinthexstirpation) keine deutlichen Differenzen zwischen beiden Seiten mehr. Die Bremsung war sowohl auf der Seite der Operation als auch auf der Gegenseite ausgeprägt. Bei dem untersuchten rechtsseitigen Acusticustumor war die Kurve des homolateralen Muskels etwas gegen den Nullpunkt gegenüber der Spannungskurve der Gegenseite verschoben, die Bremsung aber ebenfalls deutlich entwickelt.

Soweit also das vorliegende Material Schlüsse gestattet, ruft die Ausschaltung eines Labyrinthes auch beim Menschen eine kurzdauernde Hypotonie des homolateralen Kniestreckers hervor. Dies stimmt mit den Befunden Ewalds am Tier überein, der jedes Labyrinth mit den Streckern und Abductoren der gleichen Seite und mit den Beugern und Adductoren der Gegenseite verbunden fand. Diese Hypotonie wird aber beim Menschen sehr bald kompensiert, so daß schon in der dritten Woche nach der Ausschaltung kein deutlicher Unterschied nachweisbar ist.

---

[1] Hier könnte vielleicht eine Registrierung der Sehnenreflexe, wie sie von Wertheim-Salomonson beim Menschen, Viets bei Tieren durchgeführt wurde, und eine Analyse der erhaltenen Kurven Aufschluß über die Änderung des Muskeltonus gewähren.

Noch überraschender als diese schnelle Kompensation der nach einseitiger Labyrinthexstirpation auftretenden Hypotonie der homolateralen Strecker, die, wie wir gesehen haben, sowohl bei niedrigen Säugern als auch beim Menschen zu beobachten ist, erscheint auf den ersten Blick die Tatsache, daß auch die doppelseitige Labyrinthausschaltung nur zu einer kurz dauernden Hypotonie führt, daß einige Zeit nach diesem Eingriff durch Mittelhirndurchtrennung eine deutliche Enthirnungsstarre ausgelöst werden kann, wie schon Sherrington gezeigt hat. Damit werden wir gewarnt, die Bedeutung des Labyrinths als eines tonuserhaltenden Receptors im Vergleich zu den übrigen Quellen der statischen Innervation, die seinen Ausfall zu kompensieren vermögen, zu sehr zu überschätzen, wenn auch die Wichtigkeit dieses Organs für die Regulation des Muskeltonus nicht verkannt werden soll.

3. Exteroceptive Erregungen.

Wir haben im Labyrinth einen Receptor kennen gelernt, der die von den Proprioceptoren der Muskeln kommenden Erregungen in der Erhaltung und Regulierung der statischen Innervation unterstützt, einen Receptor, der aber infolge seiner Abstammung vom Ektoderm eigentlich den Exteroceptoren nahesteht. Damit entsteht die Frage, inwieweit Erregungen von der Körperoberfläche für die Aufrechterhaltung des Muskeltonus von Bedeutung seien. Daß den Erregungen von der Haut nicht die überragende Rolle zukommt, die ältere Autoren angenommen hatten (vgl. L. Hermann, Cohnstein, Eckhard), hat wie oben erwähnt, schon Mommsen gezeigt, der zumindest einen beträchtlichen Teil des Brondgeestschen Tonus auch nach Enthäutung beim Frosch bestehen bleiben sah. Doch lassen Versuche von Ozorio de Almeida und Piéron vermuten, daß doch die Erregungen von der Haut bei der Aufrechterhaltung der statischen Innervation mitbeteiligt sind. Es ist allerdings die Frage, ob nicht ein guter Teil des Tonusverlustes, den diese Autoren nach Abziehen der Haut beim Frosch feststellten, einfach Folge einer Chockwirkung ist, ebenso wie die Abnahme der Erregbarkeit des mit dem Zentrum in Verbindung stehenden motorischen Nerven, welche Lapicque und Marcelle nach diesem Eingriff fanden. Immerhin erscheint bemerkenswert, daß nach Almeida und Piéron und ebenso nach den Versuchen Wertheimers schon ringförmige Einschnitte in die Haut einer hinteren Extremität des Frosches ein Herabhängen dieses Gliedes bedingen, was die Autoren zu der Vermutung führt, daß die Reize, welche durch Zugwirkung des herabhängenden Gliedes auf die Haut ausgeübt werden, die auslösende Erregung für diesen Reflex darstellen. Wertheimer betont aber selbst, daß ähnliche Versuche bei der Taube negativ ausfielen, also der für den Frosch gefundene Einfluß der Haut auf den Tonus nicht ohne weiteres für höhere Tiere verallgemeinert werden kann. Die diesbezüglichen Versuche von Almeida und Piéron bei Rückenmarkskaninchen, an welchen sie nach der Enthäutung initial eine Hypotonie, nachher eine Hypertonie feststellten, die auf die reizende Wirkung des Austrocknens der Nervenfasern zurückgeführt wird, scheinen wenig beweiskräftig, zumal Sherrington fand, daß bei Säugern der Tonus der Gliedmaßen trotz Durchschneidung der Hautnerven normal bleibt. Es wäre aber zu weitgehend, einen Einfluß sensibler Erregungen, welche den Körperdecken entspringen, auf den Muskeltonus für den Säuger ganz leugnen zu wollen. Haben wir ja schon früher (vgl. S. 87) die sogenannten Körperstellreflexe (auf den Kopf, bzw. auf den Körper) kennen gelernt, welche durch asymmetrischen Druck der Unterlage auf den Körper ausgelöst werden, bei deren Entstehung also die auf Druck eingestellten Sinnesorgane der Körperoberfläche von Bedeutung sind. Auch weisen Versuche von Leiri darauf hin, daß der Trigeminus[1] exteroceptive Reize dem Zentrum zuführt, welche eine Verstärkung der Enthirnungsstarre bewirken, sowie daß in der Haut ausgelöste Reize, wie sie durch Eintauchen eines decerebrierten Tieres in Wasser erzeugt werden, zu einer Verstärkung der Starre führen.

4. Optische Einwirkungen.

Was den Einfluß optischer Erregungen auf den Mechanismus der statischen Innervation anlangt, so haben wir schon oben die in der aufsteigenden Phylogenese mit zunehmender Entwicklung des Cortex (bei Katze, Hund, Affe, Mensch) auftretenden *optischen Stellreflexe* erwähnt. Daß aber auch bei Tieren, welche noch keine optischen Stellreflexe aufweisen, retinale Erregungen den Muskeltonus zu beeinflussen vermögen, haben die Untersuchungen von E. Metzger an albinotischen Kaninchen dargetan, welche Veränderungen der Körperhaltung und Bewegungen der Tiere nach Ausschaltung eines Auges erwiesen. Verbindet man nämlich ein Auge, so zeigt sich, am deutlichsten gleich nach der Ausschaltung, daß sich das Tier im Kreis derart dreht, daß das noch offene Auge dem Mittelpunkt dieses Kreises zugekehrt wird, eine Erscheinung, welche sich die Karusselbesitzer schon längst zu nutze gemacht haben, indem sie ihren Pferden das der Außenseite des Kreises zugewendete Auge verbinden. Es erfolgt also bei Belichtung bloß eines Auges eine Spannungszunahme der Muskulatur in dem Sinne, daß eine Zuwendung des ganzen Körpers zum Reiz resultiert.

5. Erregungen aus inneren Organen.

Schließlich scheinen sogar Erregungen aus inneren Organen (*interoceptive* Reflexe) für den Mechanismus der statischen Innervation nicht ohne Bedeutung zu sein. Hierfür gibt schon die bei entzündlichen Prozessen an den Eingeweiden zu beobachtende Tonuserhöhung der segmental zugehörigen, quergestreiften Muskulatur (défense musculaire der Bauchmuskeln) einen Anhaltspunkt. Genauer hat Langelaan die Reizung zentripetaler Splanchnicusfasern am Frosch in ihrer Wirkung auf die Extremitätenmuskulatur verfolgt. Er fand bei Zug am Nervus splanchnicus einen doppelten Effekt an der Muskulatur der hinteren Extremität, eine Erhöhung der Gewebsspannung, welche von einem Anstieg der „Plastizität" begleitet ist, und weiterhin eine bilaterale, langsame tonische Spreizung der Zehen mit Streckung des Fußes, worin er den Ausdruck des „contractilen Tonus" sieht.

Für den Säuger zeigten Spiegel und Worms an decerebrierten Katzen, daß es regelmäßig im Anschluß an die faradische oder mechanische Reizung des zentralen Splanchnicusstumpfes zu einer deutlichen Tonuserhöhung beider vorderen Extremitäten kommt, die besonders ausgesprochen wird, wenn ihr Tonus vor der Reizung nicht besonders hoch war. Man kann dann beobachten, daß die

---

[1] Daß Reizung des Trigeminus zu Streckerkrämpfen führt, habe ich schon früher in Gemeinschaft mit Bernis beschrieben. Arbeiten a. d. Wr. neurol. Inst., **27**, 207. 1925.

vorher nur etwas über die Horizontale emporgehobenen vorderen Extremitäten nun in gestreckter Haltung vertikal emporgehoben werden, wobei sich ihr Wider stand gegenüber passiver Beugung besonders im Ellbogengelenk im Anschluß an die Reizung deutlich erhöht erweist. Gleichzeitig kann es zu Spreizung der Zehen kommen. An den hinteren Extremitäten ist dagegen die Wirkung der Splanchnicusreizung geringer, am ehesten ist noch ein leichtes Anziehen der Extremitäten, besonders im Hüftgelenk, nachweisbar.

Nachdem dieser Effekt auch nach Durchschneidung des Hirnstammes hinter dem Mittelhirn sowie nach Kleinhirnabtragung zu beobachten ist, muß man annehmen, daß die aus dem Splanchnicus stammenden, zentripetalen Erregungen auf die Kerngebiete im verlängerten Mark und der Brücke, wahrscheinlich auf die in der Formatio reticularis gelegenen Tonuszentren (vgl. Bernis und Spiegel) wirken, zumal da wir wissen, daß auch die in der Substantia reticularis des Rautenhirns gelegenen Atemzentren durch Splanchnicusreizung beeinflußt werden, die charakteristische Atmungshemmung auch nach Mittelhirndurchschneidung erhalten bleibt (Spiegel und Bernis).

Die zum Vergleich vorgenommene Reizung des zentralen Stumpfes des durchschnittenen *Vagus* gab im Gegensatz zur regelmäßigen Wirkung der Splanchnicusreizung keinen deutlichen Einfluß auf den Extremitätentonus. Dieses Resultat erscheint nicht so sehr wegen der Frage der im Vagus verlaufenden zentripetalen Erregungen aus den Eingeweiden bemerkenswert, nachdem wir schon längst wissen, daß der Vagus keine Schmerzimpulse aus dem Abdomen, sondern höchstens Erregungen zum Brechzentrum hirnwärts leitet, als vielmehr wegen der Frage der zentripetalen Leitung von Schmerzimpulsen von den Brustorganen, speziell der Aorta; wissen wir ja, daß sonst regelmäßig die Reizung von Schmerzimpulse leitenden Fasern den Muskeltonus, sei es im positiven, sei es im negativen Sinne beeinflußt. Die Abwesenheit einer solchen Reaktion bei Vagusreizung spricht also dagegen, daß zentripetale Vagusfasern in bedeutenderem Maße für die Schmerzleitung auch von Brustorganen her in Betracht kommen, im Einklang mit diesbezüglichen Versuchen von Spiegel und Wassermann über die Schmerzleitung von der Aorta zum Zentralnervensystem.

C. Die Bedeutung der einzelnen Teile des Zentralnervensystems für die statische Innervation.

1. Rückenmark.

Die auf dem Wege der hinteren Wurzeln dem Rückenmark zuströmenden, tonuserhaltenden, vorwiegend proprioceptiven Erregungen beeinflussen zunächst auf dem Wege von im Rückenmark selbst verbleibenden Reflexen den Tonus der Skelettmuskulatur. Zum Teil geschieht dies durch kurze, in benachbarten Segmenten verbleibende Bögen, die auf dem Wege der Reflexkollateralen auf die zugehörigen Vorderhornzellen wirken, zum Teil durch *längere* Reflexbögen, welche den zentripetalen Reflexschenkel mit dem entfernten Segmenten angehörigen, zentrifugalen Schenkel verbinden. Solche lange Reflexbögen haben wir z. B. in den Halsreflexen vor uns, die durch Erregungen aus dem Bereich der obersten Halsnerven zustandekommen und deren Einfluß sich sowohl auf die vorderen wie die hinteren Extremitäten erstreckt; die Verbindung zwischen zentripetalem und zentrifugalem Neuron wird durch absteigende Fasern des Seitenstrangs dargestellt (Mac Pherson und Spiegel), welche entweder als Kollateralen des zentripetalen Neurons oder wahrscheinlicher als ein im Halsmark entspringendes, endogenes System aufzufassen sind.

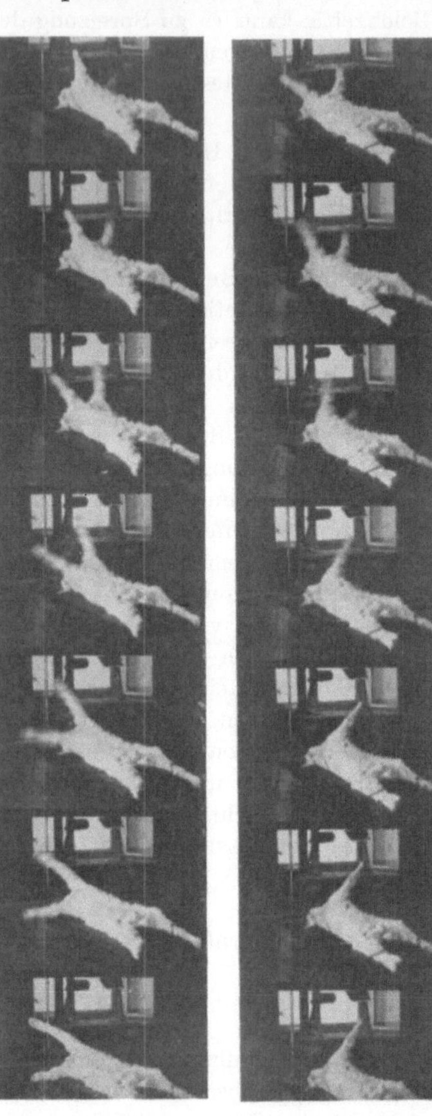

Abb. 24. Filmaufnahme. Decerebrierte Katze in Rückenlage, Kopf und hintere Extremitäten fixiert. a Reizung des linken Ischiadicus, b Reizung des rechten Ischiadicus. Die Filmstreifen sind von oben nach unten zu lesen.

Ein anderes Beispiel eines langen, intraspinal ablaufenden, statischen Reflexbogens stellt die von Spiegel und Worms beschriebene tonische Rumpfdrehung bei Ischiadicusreizung dar. Beim Vergleich der Reizwirkung des zentralen Splanchnicusstumpfes mit der anderer, zentripetale Fasern führender Nerven fiel es uns auf, daß bei Reizung des zentralen Ischiadicusstumpfes, abgesehen von den besonders durch Sherrington studierten Reflexbewegungen an den Extremitäten (Beugung der homolateralen Hinter- und kontralateralen Vorderpfote, Streckung der gegenseitigen Hinter- und gleichseitigen Vorderpfote) die in Rückenlage befindlichen Tiere immer auf die Seite fielen. Während wir anfangs dieses Phänomen als eine zufällige Störung betrachteten, die wir durch Fixation des Rumpfes hintanzuhalten suchten, schien es uns doch bald wegen seiner Konstanz einer genaueren Untersuchung wert und da zeigte sich, daß bei der am Rücken liegenden, decerebrierten Katze regelmäßig einseitige Ischiadicusreizung eine typische Drehung der vorderen Rumpfhälfte zur Gegenseite hervorruft, derart, daß beide vorderen Extremitäten, die vor der Reizung vertikal emporgerichtet waren, sich von der Reizseite abwendend, der Unterlage zuneigen, so daß die kontralaterale vordere Extremität schließlich der Unterlage aufliegt (Abb. 24). Dieser Reflex läßt sich auslösen, ob man den zentralen Stumpf des durchschnittenen Ischiadicus oder den unversehrten Stamm dieses Nerven reizt, ob die hinteren Extremitäten fixiert oder frei sind. Er kann an empfindlichen Präparaten auch durch bloße mechanische Reizung des zentralen Ischiadicusstumpfes hervorgerufen werden, während bloße passive Beugung der hinteren Extremität ihn nicht auszulösen vermag. Die Unabhängigkeit dieser Reaktion von Kopfbewegungen geht daraus hervor, daß sie bei symmetrisch zum Rumpf fixiertem Kopf ebenso gut auslösbar ist wie bei freibleibendem Schädel. In letzterem Falle kann man bemerken, daß der Kopf zu der dem gereizten Ischiadicus kontralateralen Schulter geneigt wird, eine Reaktion, die aber viel inkonstanter ist als die beschriebene Rumpfdrehung. Manchmal bleibt sie aus, bzw. kommt es bloß zu einer passiven Kopfdrehung infolge der Rumpfdrehung. Ist aber die Reflexwirkung auf die Kopfmuskulatur deutlich vorhanden, so läßt sich ihre Unabhängigkeit von der Rumpfbewegung dadurch erweisen, daß einerseits die Kopfbewegung auch bei Fixation des Rumpfes nachweisbar ist, während andererseits, wie schon hervorgehoben, die Rumpfdrehung auch bei fixiertem Kopf eintritt. Schließlich ist hervorzuheben, daß sich dieser Rumpfdrehreflex von der Kopf- und Körperstellung insofern unabhängig erweist, als er nicht nur an dem in Rückenlage befindlichen Tier nachweisbar ist, sondern auch dann, wenn man die Katze in Bauchlage auf einem Gestell schwebend erhält. Sein Charakter ist bei decerebrierten Tieren tonischer Natur. Die Extremitäten bleiben so lange zur Gegenseite geneigt, als die Ischiadicusreizung anhält. Manchmal erweist der Reflex sich so stark, daß der Rumpf des Tieres, der sich etwa in linker Seitenlage befindet, durch mehrmalige Wiederholung einer einige Sekunden anhaltenden Reizung des gleichseitigen Ischiadicus schließlich zur Gegenseite gerollt wird, so daß die vorderen Extremitäten eine Drehung von fast 180° beschreiben. Diese Beobachtungen enthalten vielleicht auch einen gewissen Hinweis auf die „biologische Bedeutung" dieses Reflexes. Er ist vielleicht als eine Reaktion aufzufassen, die den Rumpf auf die Gegenseite dreht, wenn ein schmerzhafter Reiz das Hinterbein des in Seitenlage befindlichen Tieres trifft.

Was den *zentralen Mechanismus* dieses Rumpfdrehreflexes anlangt, so konnten wir ihn auch nach totaler Kleinhirnexstirpation an decerebrierten Katzen nachweisen. Er blieb weiter auch bei sukzessiver Anlegung von Querschnitten caudal vom Mittelhirn erhalten, deren caudalster bei den künstlich geatmeten Tieren durch den Calamus scriptorius ging. Am Rückenmarktier war nur höchstens manchmal insofern eine quantitative Änderung feststellbar, als der Reflex sich nach 1—2 Reizen erschöpfbar erwies. Nach Erholung konnte er aber wieder hervorgerufen werden, so daß wir es jedenfalls mit einem im Rückenmark lokalisierten Reflexvorgang zu tun haben. Nach Querschnitten durch die caudalsten Abschnitte der Medulla oblongata bzw. am Rückenmarktier läßt sich auch eine gewisse Unabhängigkeit des Rumpfdrehreflexes von den Reflexwirkungen der Ischiadicusreizung auf die vorderen Extremitäten feststellen, indem man bei diesen Tieren beobachten kann, daß die Rumpfdrehung noch in typischer Form erhalten ist, die vorderen Extremitäten dagegen bei Ischiadicusreizung nun eine intensive Beugung in allen Gelenken ausführen. Durch die Anlegung der Querschnitte in den caudalsten Abschnitten des Rautenhirns wird also wohl die Form des Extremitätenreflexes, nicht aber die des Rumpfdrehreflexes geändert.

Impulse aus den hinteren Wurzeln wirken aber nicht nur im Sinne der Erregung, also Erhaltung der statischen Innervation, sondern auch *hemmend*, tonusherabsetzend. Schon dieselbe zentripetale Erregung, welche den Spannungszustand eines Muskels erhöht, setzt den des Antagonisten herab (*reziproke Innervation* von Sherrington). Wird beispielsweise das Rückenmark oral von der Lumbalregion durchschnitten und das Abklingen der Chockwirkung abgewartet, so daß wieder Reflexe von der hinteren Extremität leicht ausgelöst werden können, so zeigt sich, daß beispielsweise Reizung der Haut der hinteren Extremität, besonders des Fußes, oder schwache Reizung eines zentripetalen Nerven der hinteren Extremität eine Beugebewegung im gleichseitigen Knie-, Hüft- und Fußgelenk auslöst. Dieser homolaterale Beugereflex des Rückenmarkshundes kommt aber nicht bloß durch eine Spannungserhöhung der Flexoren zustande; registriert man beispielsweise die Kontraktionen des isolierten Kniestreckers (also nach Durchschneidung der Flexoren), so zeigt sich, daß derselbe Reiz noch immer eine Beugung auslöst, welche dadurch zustande kommt, daß die Strecker erschlaffen und nun die Schwerkraft, der Zug von Bändern allein auf das Glied wirken und die Beugung veranlassen. Dasselbe läßt sich im akuten Versuch am

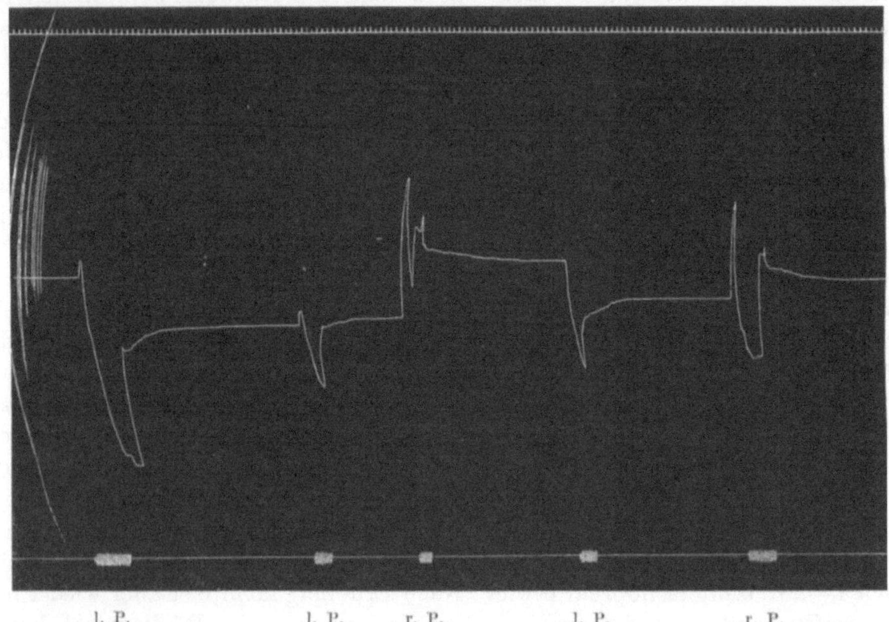

Abb. 25. Decerebrierte Katze. Schreibung der Kontraktionen des isolierten linken M. vastocrureus bei Reizung des zentralen Stumpfes des linken und rechten N. peroneus (Auslösung des homolateralen Beugereflexes und des gekreuzten Streckreflexes). Streckung des Knies (Kontraktion des M. vastocrureus nach oben). Eigener Versuch.

decerebrierten Tier nachweisen (vgl. Abb. 25). Reizung derselben Hinterwurzel, welche die Kontraktion der Beuger verursacht, vermag also eine Erschlaffung der Kniestrecker zu bewirken; diese beiden Reaktionen zeigen — wie Sherrington näher analysiert hat — in bezug auf Charakter, Stärke und Frequenz der auslösenden Reize, die Begrenzung des receptiven Feldes, die Größe der Latenzzeit, die Abstufbarkeit mit steigendem Reiz so weitgehende Übereinstimmung, daß man annehmen kann, daß die Erregung des Ergisten und die Erschlaffung des Antagonisten Teile ein und derselben Reflexreaktion sind.[1]

Wenn wir bedenken, daß die Haltung des Körpers im sogenannten Ruhezustande einen labilen Gleichgewichtszustand darstellt, welcher im Interesse der

---

[1] Auf den näheren Mechanismus dieser Hemmung kann hier nicht eingegangen werden. Siehe diesbezgl. meine Experimentelle Neurologie. I. Teil. Karger 1927.

Erhaltung des Organismus, bzw. seiner Teile, bei Umweltänderungen jederzeit durchbrochen werden kann, so wird man begreiflich finden, daß die die Haltung bedingenden *tonischen Reflexe* besonders *leicht durch kinetische Reaktionen gehemmt* werden können. So wird beim Gehen der Antagonist eines sich kontrahierenden Muskels so weit gehemmt, daß er auch nicht auf den durch Dehnungsreize ausgelösten myotatischen Reflex reagiert (Liddell und Sherrington). Besonders leicht wird aber die Haltungsinnervation durch Reize unterbrochen, welche eine Schädigung des Organismus oder seiner Teile bedeuten und Abwehr- oder Fluchtreaktionen auslösen. So gibt Sherrington an, daß schon eine schwache Reizung der am Fuße entspringenden nociceptiven Bogen oft genügt, um den Tonus, etwa der Kniestrecker, zu hemmen. Auch während der Enthirnungsstarre kann man beobachten, daß die Reizung nociceptiver Bögen leicht die den Extensorspasmus aufrechterhaltenden, tonischen Reflexe hemmend durchbricht.

Für die Art, wie ein bestimmter sensibler Reiz auf eine Muskelgruppe reflektorisch wirkt, ob im Sinne der Tonuserhöhung oder Herabsetzung, ist aber nicht nur die Art und der Ursprungsort des Reizes, sondern auch der *Zutsand des Erfolgsorganes*, die Spannung des Muskels, dessen Tonus erhöht oder herabgesetzt werden soll, von Bedeutung. Magnus hat gezeigt, daß die von Uexküll an Evertebraten aufgefundene Gesetzmäßigkeit, daß die Erregung immer jenen Zentren zufließt, deren Muskeln sich im Zustande der größten Dehnung befinden, bis zu einem gewissen Grade auch für Rückenmarksreflexe der Säuger Geltung hat, indem Änderung des Dehnungszustandes der zu prüfenden Muskulatur durch passive Änderung der Haltung des betreffenden Körperteiles eine veränderte ,,*Schaltung*" in den zugehörigen motorischen Rückenmarkszentren bewirkt, so daß die Erregung immer jenen Zellgruppen zuströmt, deren Erfolgsorgane am stärksten gedehnt sind. Besonders an den gekreuzten Reflexen (z. B. an dem von Freusberg gefundenen, durch Schmerzreize an den Zehenballen auslösbaren gekreuzten Streckreflex des Rückenmarkshundes) kann die Wirkung der veränderten Schaltung in einer Reflexumkehr demonstriert werden, indem vorherige Streckung der betreffenden Extremität, also Dehnung der Beuger das Auftreten von Beugereflexen, Dehnung der Strecker durch Abbeugen die Entstehung von Streckreflexen begünstigt.

Ein besonders geeignetes Objekt zur Demonstration dieser Gesetzmäßigkeit stellt der Schwanz der Rückenmarkskatze dar, an dem Magnus zeigen konnte, daß er bei Berühren der Schwanzspitze immer nach der gedehnten Seite schlägt, die Erregung also immer zu den Zentren der am stärksten gedehnten Schwanzmuskeln fließt.

Was die Bedeutung des Rückenmarks für die statische Innervation in der *aufsteigenden Phylogenese* anlangt, so stellen bei niederen Vertebraten (z. B. Amphibien) die medullären Reflexe noch den wichtigsten Teil der statischen Innervation dar, so daß z. B. beim dekapitierten Frosch noch die charakteristische Spannungskurve des tonisch innervierten Muskels erhalten bleibt (vgl. Langelaan). Auch beim Säuger sind noch Elemente der statischen Innervation im Rückenmark vertreten. So konnte Viets zeigen, daß die atonische Form des Patellarsehnenreflexes an der Rückenmarkskatze bei gleichzeitiger Reizung des kontralateralen Peroneus, also gleichzeitiger Auslösung des gekreuzten Streckreflexes an jenem

Bein, an welchem die Patellarreflexe geprüft werden, in eine spastische Form des Patellarreflexes verwandelt werden, also die Kombination einfacher Rückenmarksreflexe tonische Phänomene auch beim Säuger hervorrufen kann. Man muß sich aber darüber klar sein, daß jener medulläre Tonus, der sich einige Wochen nach Rückenmarksdurchtrennung bei Hunden und Katzen ausbilden kann (vgl. Phillipson, Sherrington), nur ein Rudiment der normalen Haltungsinnervation dieser Tiere darstellt. Dies gilt natürlich noch mehr für den höheren Affen (vgl. Sherrington, Crocq) und insbesondere den Menschen, wenn auch Reste von Tonus noch nach Querschnittsverletzungen des Rückenmarks beobachtet werden können, wie insbesondere die Erfahrungen des Weltkriegs (G. Holmes, Riddoch, Lhermitte) lehrten.

Mit dem Aufsteigen der Phylogenese tritt demnach die Bedeutung *supraspinal verlaufender*, langer proprioceptiver *Reflexe* immer mehr in den Vordergrund. Was den Weg des afferenten Schenkels dieser Reflexe im Rückenmark anlangt, so ist nach klinischen Erfahrungen zunächst an den Hinterstrang zu denken; wissen wir ja, daß die tabische Hinterstrangsdegeneration relativ häufig mit Hypotonie einhergeht und daß es andererseits bei dieser Erkrankung zu einem Verlust der Tiefenempfindung kommt, die ja zum Teil in der Muskulatur ihren Ursprung nimmt, so daß die Vermutung naheliegt, daß die Hinterstränge es sind, welche den supramedullären Zentren proprioceptive Erregungen zuleiten. Wohl im Sinne dieser Überlegung hat ja auch Schüller die Durchschneidung der Hinterstränge zur Behandlung spastischer Zustände vorgeschlagen. Es ist aber zu bedenken, daß die Hinterstränge ein phylogenetisch relativ junges System darstellen, dessen aufsteigender Anteil bei den meisten Säugern (vgl. Brouwer) noch ziemlich gering entwickelt ist, obwohl bei diesen Tieren sich die supramedulläre Tonusregulation schon deutlich nachweisen läßt. Machen also schon vergleichend-anatomische Untersuchungen die Annahme, daß der afferente Schenkel der Tonusregulation seinen Weg vorwiegend über den Hinterstrang nimmt, unwahrscheinlich[1], so zeigen eigene Versuche, daß die *Hinterstränge wohl nur einen geringen Einfluß auf die Erhaltung der statischen Innervation nehmen*, einen Einfluß, *dessen Wegfall schon nach kurzer Zeit kompensiert wird*. Denn bei einseitiger Hinterstrangsdurchschneidung im Brustmark bei Katzen fand sich zwar in den ersten Tagen nach der Operation eine deutliche Hypotonie der homolateralen hinteren Extremität, was sich am deutlichsten durch das stärkere Herabsinken dieser Extremität demonstrieren läßt, wenn das Tier an der Nackenhaut in die Höhe gehalten wird. Nach einigen Tagen tritt jedoch diese Störung immer mehr zurück, so daß schon am fünften bis sechsten Tag nach der Operation keine sichere Tonusdifferenz zwischen beiden Seiten mehr nachweisbar ist. Damit stimmt auch überein, daß Borchert, der auch die geringe Entwicklung des Hinterstrangs beim Hunde hervorhebt, nach Verletzung des Systems bei dieser Tierart Störungen im Gang und in den isolierten Bewegungen vermißte. Ob er im speziellen auf Tonusstörungen geachtet hat, darüber finden sich allerdings bei Borchert keine näheren Angaben.

Die Beobachtung von Sherrington, der an decerebrierten Tieren eine Entwicklung der Enthirnungsstarre trotz Hinterstrangsdurchschneidung zustande

---

[1] Auch Rothmann erscheint es zweifelhaft, ob die Durchtrennung der Hinterstränge den gewünschten tonusherabsetzenden Einfluß haben würde.

kommen sah, steht mit unseren Versuchen, aus welchen eine allerdings gering-gradige Beteiligung der Hinterstränge an der Aufrechterhaltung der statischen Innervation hervorgeht, nur scheinbar im Widerspruch. Im Zustand der Ent-hirnungsstarre nach Mittelhirndurchtrennung befinden sich die caudal von der Schnittebene gelegenen Zentren in einem solchen Zustand der Übererregbar-keit, daß schon ein Teil der zentripetalen Erregungen genügt, um die Starre aufrecht zu erhalten. Es ist nur daran zu erinnern, daß selbst totale Ausschaltung der von einer Extremität kommenden sensiblen Erregungen den Tonus derselben nach Decerebration nicht völlig aufzuheben vermag. Die Ver-nichtung nur eines kleinen Teiles dieser Erregungen, wie er in den Hintersträngen verläuft, kann daher bei enthirnten Tieren auf die Entwicklung der Starre fast ganz ohne Einfluß bleiben.

Im Zustande der Decerebration kommt daher nur dem positiven Versuch, dem Nachweis einer Verringerung der Starre durch den Eingriff Beweiskraft für die Bedeutung eines zentripetalen Systems für die Aufrechterhaltung des Tonus zu; das Fehlen einer Wirkung auf die Enthirnungsstarre nach Durchschneidung einer sensiblen Bahn vermag aber eine etwaige Beteiligung derselben an der statischen Innervation nicht auszuschließen. Darüber können nur Versuche an Tieren etwas aussagen, deren tonusregulierende Zentren sich im Zustande normaler Erregbar-keit befinden. Darum können die Sherringtonschen Versuche nicht als Argu-ment gegen den aus den oben mitgeteilten Versuchen gezogenen Schluß gelten, daß *ein allerdings kleiner Teil der proprioceptiven, tonusregulierenden Impulse durch die Hinterstränge verläuft, ein Teil, dessen Ausfall aber schon nach kurzer Zeit kompensiert wird und darum nicht zur Beseitigung pathologischer Tonus-erhöhungen genügen kann.*

Was den *Kleinhirnseitenstrang* anlangt, dessen Durchschneidung Schüller zur Behebung spastischer Zustände neben der Hinterstrangsdurchtrennung in Er-wägung gezogen hat, so hebt schon Marburg nach seinen Versuchen hervor, daß diesem System kein wesentlicher Einfluß auf die Tonuserhaltung zukomme. Bing hat zwar demgegenüber eine deutliche Hypotonie in der ersten Woche nach der einseitigen Durchschneidung des Flechsigschen Bündels feststellen wollen, eine Hypotonie, die aber, wie er selbst beschreibt, sich rasch zurückbildet, be-sonders in den Fällen, in welchen er das Flechsigsche Bündel isoliert traf, während er bei den Tieren, bei welchen die Hypotonie länger bestand, das Go-wersche Bündel mitverletzt hat.

Die eigenen Untersuchungen zeigten nur am ersten, bzw. in den ersten zwei Tagen nach isolierter Durchschneidung des *Tractus spino-cerebellaris dorsalis* eine geringgradige Hypotonie der operierten Seite, so daß wir unter Berücksichtigung der in den ersten Tagen post operationem möglichen Chockwirkungen auch diesem Bündel *höchstens eine ganz untergeordnete Bedeutung als Weg der proprioceptiven, tonuserhaltenden Impulse zuschreiben können*; der Ausfall dieses Systems wird jedenfalls rasch ausgeglichen[1]. Es kann daher auch die Durchschneidung des

---

[1] Bei der Beurteilung der nach Durchschneidung des Flechsigschen Bündels beob-achteten, kurzdauernden Hypotonie muß man auch bedenken, daß vielleicht Anteile des Vorderseitenstranges, die sich mit der Flechsigschen Bahn vermischen, mitbetroffen sind. An eine solche Vermengung der beiden Systeme läßt, wie schon Ziehen hervorhebt, die kranialwärts zunehmende Erschöpfung des Gowerschen Systems an Degenerations-

Flechsigschen Bündels zur Herabsetzung zentral bedingter Formen von Hypertonie nicht in Frage kommen.

Damit werden wir schon per exclusionem auf den *Vorderseitenstrang* gewiesen. Untersucht man Tiere nach einseitiger Durchschneidung dieses Systems, so kann man schon beim Stehen bemerken, wie die Gelenke der hinteren Extremität der operierten Seite stärker gebeugt gehalten werden als die der gesunden Seite, so daß also z. B. das Fußgelenk näher dem Boden steht als auf der Gegenseite. Diese Differenz wird besonders deutlich, wenn die Tiere ermüdet sind oder nach einem Sprung wieder zum ruhigen Stand zurückkehren. Wenn man die Tiere dazu bringt, etwa vom Tisch auf einen davorstehenden Sessel zu springen, oder sie am Oberkörper in die Höhe hält, so daß der größte Teil der Last des Rumpfes auf den hinteren Extremitäten lastet, kann man ein leichtes Tieferstehen des Fußgelenkes der operierten Seite beobachten. Dabei ist zu betonen, daß in den gelungenen Fällen isolierter Verletzung des Vorderseitenstrangs Erscheinungen von Parese fehlen, die Tiere beide hinteren Extremitäten, falls man diese über die Tischkante herunterhängen läßt, prompt und mit gleicher Kraft anziehen, daß auch auf der operierten Seite der Berührungsreflex in normaler Weise auslösbar ist, die Pfote auch sofort in die Normalstellung gebracht wird, wenn man etwa versucht, sie auf das Dorsum umzulegen.

Abb. 26. Hypotonie (stärkeres Herabsinken) des rechten Beines nach Durchschneidung des homolateralen Vorderseitenstranges.

Auch das Gehen und Laufen der Tiere zeigt, abgesehen von einem durch die Hypotonie bedingten, leichten Einknicken des Standbeines, keine auffälligen Störungen. Erst bei möglichster Ausschaltung der willkürlichen kinetischen Innervation, am besten bei Halten des leicht narkotisierten Tieres an der Nackenhaut, bzw. bei Emporhalten des Rumpfes durch eine Binde, welche um die Brust durch die beiden Achselhöhlen gezogen ist (Abb. 26), zeigt sich deutlich die Verschiedenheit der statischen Innervation auf beiden Seiten. Man bemerkt deutlich, daß die Extremität auf der operierten Seite tiefer herabsinkt, in allen Gelenken stärker gestreckt ist als auf der Gegenseite, also die Beugemuskeln, welche die Haltung der hängenden Extremität gegenüber dem Zug der Schwerkraft aufrechterhalten, auf der operierten Seite diese Aufgabe nicht mehr ganz zu erfüllen vermögen. Für die Streckmuskeln war die Tonusherabsetzung schon durch die Beobachtung des ruhigstehenden Tieres, welche das stärkere Einknicken der Gelenke erkennen ließ, bewiesen. Der verringerte Dehnungswiderstand der Streckmuskulatur wird auch offenbar, wenn man eine Dehnungskurve des Knie-

---

präparaten denken. Auch Bruce weist auf eine Verflechtung der beiden Systeme hin. Nachdem aber, wie im folgenden gezeigt wird, der Vorderseitenstrang den Hauptteil der tonuserhaltenden, zentripetalen Erregungen führt, ist es möglich, daß die nach Durchschneidung des Flechsigschen Bündels beobachtete Hypotonie überhaupt nicht Eigensymptom dieses Systems darstellt, sondern auf Durchtrennung von Fasern zurückzuführen ist, die aus dem Vorderseitenstrang stammen.

streckers beiderseits mit der oben beschriebenen Apparatur aufnimmt. Die Dehnungskurve verläuft infolge der verringerten Spannung auf der operierten Seite steiler und näher der Ordinate als normalerweise. Über etwaige Differenzen in der Stärke und Höhe der Sehnenreflexe, bzw. eine leichtere Eindrückbarkeit der hypotonischen Muskeln soll dagegen nichts Bestimmtes ausgesagt werden, da die Beurteilung der Sehnenreflexe nach dem bloßen Augenschein, sowie der Härte der Muskeln nach dem Tastgefühl, wie es beispielsweise de Boer in seinen Versuchen nach Sympathicusexstirpation bei Katzen beschreibt, nicht ganz frei von subjektiven Momenten sein kann. Um in dieser Beziehung sichere Behauptungen aufzustellen, sind genaue Messungen notwendig.

Es ergibt sich also, daß *Durchschneidung des Vorderseitenstrangs einer Seite im Brustmark zu einer deutlichen Hypotonie der gleichseitigen hinteren Extremität führt.* Diese Störung hält durch mehrere Wochen hindurch an, um infolge Ausbildung eines gewissen spinal bedingten Tonus wieder abzunehmen. So zeigten Katze Nr. 4 und 6 dieser Versuchsreihe nach vier Wochen nur mehr geringe Verschiedenheiten zwischen linkem und rechtem Hinterbein, die sich in der fünften Woche völlig zurückbildeten. Wissen wir ja auch schon aus Untersuchungen von Philippson, Sherrington, daß sich bei Tieren einige Zeit nach Rückenmarkdurchschneidung ein medullär bedingter Tonus ausbilden kann[1].

Auch bei kombinierter Strangdurchschneidung (Vorderseitenstrang der rechten, Hinterstrang und Flechsigsches Bündel der linken Seite) zeigte sich, daß die Durchtrennung des Vorderseitenstrangs allein zu einer stärkeren Hypotonie führt als die Durchschneidung der gesamten übrigen, langen aufsteigenden Spinalbahnen.

Es gelingt also am ehesten durch Unterbrechung des Vorderseitenstrangs, beim Tier eine länger dauernde Hypotonie der Extremitäten zu erzeugen. Damit steht die Angabe von Sherrington im Einklang, daß er mittels Durchschneidung dieses Systems die Entstehung der Enthirnungsstarre verhindern konnte. Es ergibt sich nun die weitere Frage, auf *Verletzung welcher Systeme* die nach Vorderseitenstrangdurchtrennung zu beobachtende Hypotonie zu beziehen ist. Es ist zu bedenken, daß in diesem Teil des Rückenmarkquerschnittes nicht nur afferente Bahnen sondern auch absteigende Systeme verlaufen, die für die Tonusregulation von Bedeutung sind. Die Verletzung der letztgenannten Systeme mag nun tatsächlich die Entstehung der Hypotonie begünstigen, der Umstand aber, daß die Durchtrennung der nicht im Vorderseitenstrang verlaufenden, aufsteigenden Systeme von einer nur ganz kurzdauernden Tonusherabsetzung gefolgt ist, weist darauf hin, daß die langdauernde Hypotonie nach Vorderseitenstrangdurchschneidung höchstens zum Teil auf das Betroffensein efferenter Fasern zu beziehen ist, daß die wichtigsten aufsteigenden Systeme, welche den supramedullären tonusregulierenden Zentren Impulse zuführen, in diesem Teil des Rückenmarkquerschnitts gelegen sein müssen.

---

[1] Mit der Weiterentwicklung in der Tierreihe verliert das Rückenmark immer mehr die Fähigkeit, nach Durchtrennung des supramedullären Reflexbogens den Tonus wieder herzustellen, wie die Erfahrungen bei Affen (vgl. Crocq) sowie die Fälle hoher Rückenmarksdurchtrennung beim Menschen gezeigt haben. Damit ist zu erwarten, daß die Tonusherabsetzung nach Vorderseitenstrangdurchschneidung beim Menschen kaum durch Entwicklung eines medullär bedingten Tonus zurückgebildet wird.

Für die Klinik erscheint dieses Resultat insofern nicht ohne Interesse, als es darauf hinweist, daß man die von Schüller an Stelle der Hinterwurzeldurchschneidung vorgeschlagene Strangdurchtrennung (Chordotomie) zur Herabsetzung zentralbedingter Tonuserhöhungen der Skelettmuskulatur nicht im Hinterstrang oder Kleinhirnseitenstrang sondern im Vorderseitenstrang ausführen muß[1]. Bezüglich der Frage, welche der im Vorderseitenstrang gelegenen Bahnen als Weg der proprioceptiven Erregungen anzusprechen ist, s. S. 114 bei Besprechung der Medulla oblongata.

Die weiße Substanz des Rückenmarks enthält aber nicht nur lange aufsteigende Bahnen, welche tonuserhaltend wirken, sondern führt auch zentripetale Impulse, welche den entgegengesetzten Einfluß haben. So zeigten Sherrington und Fröhlich, daß zentripetale Reizung eines nahe dem Vorderhorn liegenden Gebietes des Vorderstranges (vielleicht auch ein wenig auf den Seitenstrang übergreifend) vom sechsten Lendensegment aufwärts im Zustand der Enthirnungsstarre die Rigidität des gleichseitigen Vorderbeines hemmt.

2. Verlängertes Mark und Brücke.

a) Lokalisation der normalen statischen Reflexe.

Zwei Gruppen von tonuserhaltenden Erregungen strömen dem Rautenhirn zu, die vor allem im Vorderseitenstrang aufsteigenden proprioceptiven Erregungen einerseits, jene aus dem Labyrinth andererseits. Es fragt sich nun, welches Schicksal diese Erregungen im Rautenhirn erleiden, bzw. welche Teile desselben zur Aufrechterhaltung der statischen Innervation verwertet werden. Die Tatsache, daß die Enthirnungsstarre sowohl nach Mittelhirndurchtrennung als auch bei Kleinhirnmangel eintreten kann (Thiele, Magnus, Bremer), der Umstand ferner, daß die vom Labyrinth ausgelösten Reflexe der Lage, sowie auch die tonischen Halsreflexe auf die Extremitäten und die Halsstellreflexe[2] nach so gut wie totaler Kleinhirnabtragung auch noch beobachtet werden (Magnus und de Kleijn), schließlich auch die den myotatischen Reflexen eng verwandten Bremsungsreflexe zum großen Teil wenigstens extracerebellar zustandekommen (Spiegel), all dies weist darauf hin, daß die dem Rautenhirn zuströmenden tonuserhaltenden Impulse schon extracerebellar, also in der Medulla oblongata und im Pons, auf efferente Bahnen umgeschaltet, bzw. subkortical gelegenen Zentren weitergeleitet werden, womit natürlich nicht ausgeschlossen ist, daß ein Teil dieser Impulse auch seinen Weg über das Cerebellum nimmt (vgl. hierzu das Kapitel Kleinhirn).

Fragen wir uns zunächst nach der Bedeutung der Endkerne des Nervus vestibularis für die Tonusregulation, so erscheint eine genauere Lokalisation bestimmter Labyrinthreflexe in einzelnen Teilen der Vestibulariskerne nur noch mit Vorbehalt möglich. Es scheint allerdings, daß die laterale Säule der Vestibularis-

---

[1] Tatsächlich hat Förster eine solche Operation mit Erfolg ausgeführt (siehe Diskussionsbemerkung zu meinem Vortrag über „Experimentelle Grundlagen der Chordotomie" auf der Neurologentagung in Kassel 1925 (Dtsch. Zeitschr. f. Nervenheilk. 89, 18. 1926).

[2] Die Körperstellreflexe auf den Kopf und die optischen Stellreflexe wurden bisher, soweit ich sehe, nur an Tieren mit unvollständiger Kleinhirnexstirpation beobachtet. Ob die Körperstellreflexe auf den Körper an die Existenz des Cerebellums gebunden sind, erscheint noch unsicher.

kerne (Nucleus Deiters, Bechterew, Kern der absteigenden Vestibulariswurzel) vor allem für die Übertragung von Labyrinthreizen auf die quergestreifte Muskulatur, der mediale Kernanteil (Nucleus triangularis) dagegen vor allem vegetativen Labyrinthreflexen dient, wofür experimentelle Erfahrungen von Spiegel und Démétriades (Bestehenbleiben der durch Vestibularisreizung hervorgerufenen Blutdrucksenkung nach Zerstörung der lateral gelegenen Kernabschnitte, Aufhebung dieses Reflexes nach Vernichtung des Nucleus triangularis), sowie auch theoretische Erwägungen von A. Spitzer sprechen. Auch ist zu vermuten, daß die tonischen Labyrinthreflexe auf die Körpermuskulatur durch jene Teile der lateralen Kernsäule vermittelt werden, welche spinal gerichtete Fasern entspringen lassen, also vor allem durch den Deitersschen Kern[1], während die Labyrinthstellreflexe nach Nishio schon nach Durchschneidung des hinteren Längsbündels in der Höhe des Abducenskerns aufgehoben werden, also wahrscheinlich die diese Reflexe vermittelnden Impulse aus dem Sacculus wahrscheinlich in caudal gelegene Abschnitte der lateralen Kernsäule einstrahlen und von hier durch Anteile des hinteren Längsbündels zum Mittelhirn weitergeleitet werden.

Wenn wir aber Näheres über die Lokalisation einzelner Labyrinthreflexe innerhalb der Vestibulariskerne noch nicht aussagen können, so geht jedenfalls die außerordentliche Bedeutung dieses Kerngebietes für die Erhaltung der statischen Innervation daraus hervor, daß jener merkwürdige Starrezustand, der nach Mittelhirndurchtrennung auftritt (Sherringtons Enthirnungsstarre) bei sukzessiver Anlegung von Querschnitten vom Mittelhirn abwärts so lange erhalten bleibt, bis der Schnitt in die Ebene des Deitersschen Kerns fällt (Thiele); so hat man denn, ohne aber eine exakte Prüfung der in dieser Region in Betracht kommenden Kerne durch punktförmige, histologisch kontrollierte Verletzungen vorzunehmen, dem Deitersschen Kern bzw. den Vestibulariskernen im allgemeinen eine maßgebende Bedeutung für die Entstehung der Starre zugesprochen (Thiele, Cobb und Mitarbeiter, Bazett und Penfield). Unabhängig von diesen Autoren ist Spitzer auf Grund theoretischer Überlegungen dazu gelangt, die Enthirnungsstarre direkt als Labyrinthstarre zu bezeichnen. Die Starreentwicklung nach Durchtrennung der ventral von den Bindearmen im Mittelhirn kreuzenden Fasern (Rademaker) führt er nicht auf die Zerstörung beider Rubrospinaltrakte (vgl. Kap. Mittelhirn), sondern der die beiden Bechterewschen Kerne (vielleicht auch die übrigen Labyrinthkerne) verbindenden, bis hierher reichenden Kommissur zurück. Durch diese Durchtrennung soll die gegenseitige Hemmung, welche die Labyrinthkerne beider Seiten mittels der Fasern der Bechterewschen Kommissur nach Spitzers Meinung aufeinander ausüben, aufgehoben werden.

Wenn auch die überragende Bedeutung des statischen Labyrinths für die Tonusregulation, insbesondere nach den grundlegenden Untersuchungen von Magnus und de Kleijn nicht verkannt werden soll, so muß doch darauf hingewiesen werden, daß die Enthirnungsstarre noch bei doppelseitig labyrinthektomierten Tieren beobachtet werden kann (Sherrington). Die Annahme aber, daß unter diesen Bedingungen zentrale, etwa aus dem Kleinhirn zufließende

---

[1] Der Nucleus Bechterew ist nach Magnus für die tonischen Labyrinthreflexe auf die Gliedmaßen nicht erforderlich.

Impulse einen genügenden Erregungszustand dieser Kerne aufrecht erhalten, um die Enthirnungsstarre entstehen zu lassen, ist hypothetisch. Daß tatsächlich neben den rhombenzephalen Endstätten des N. vestibularis noch andere Zentren existieren müssen, welche die statische Innervation garantieren, geht daraus hervor, daß Enthirnungsstarre an deafferentierten Gliedmaßen in der Regel nicht zur Entwicklung kommt, die von den Vestibulariskernen ausgehende Erregung also zur Entstehung der Enthirnungsstarre nicht ausreicht, vielmehr die aus der Extremitätenmuskulatur stammenden Impulse für deren Entstehung notwendig sind.

Zur experimentellen Prüfung der Bedeutung rhombencephaler Kerne für die Aufrechterhaltung der statischen Innervation wurde in Versuchen mit Bernis an decerebrierten Katzen versucht, umschriebene Läsionen des Rautenhirns zu setzen und deren Einfluß auf die Enthirnungsstarre zu prüfen.

Nach Freilegung der Hinterfläche des Wurms und des Calamus scriptorius durch Öffnung der Membrana atlanto-occipitalis wurden die Tiere in typischer Weise durch Mittelhirndurchtrennung dezerebriert; sofern sich eine gute Starre entwickelt hatte, wurde weiterhin der Wurm

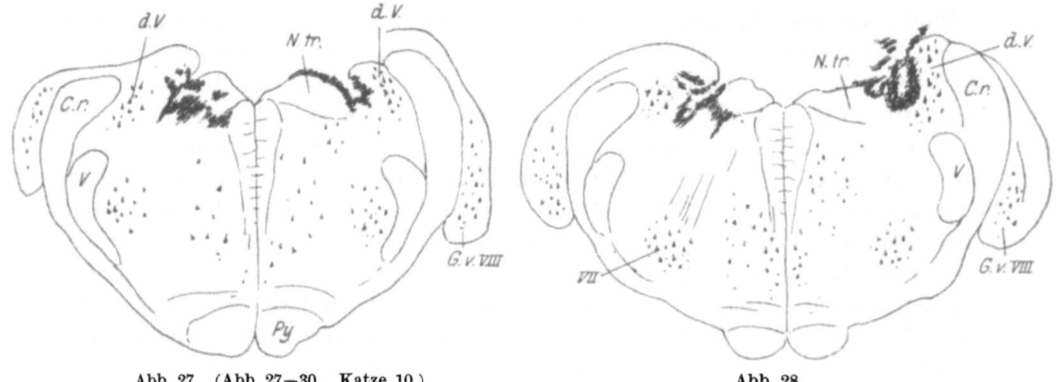

Abb. 27. (Abb. 27—30. Katze 10.)   Abb. 28.

Gemeinsame Erklärung zu Abb. 27—47.

Bl = Blutung, *Bu* = Burdachscher Kern, *C. r.* = Corpus restiforme, *C. tr.* = Corpus trapezoides, *d. V* = descend. Vestibulariswurzel, *f. l. p.* = fasc. long. post., *F. r.* = Form. reticularis, *G. v. VIII* = Gangl. ventrale VIII, *L. m.* = Lemnisc. medialis, *N. B.* = Nucl. Bechterew, *N. Bu.* = Nucl. Burdach, *N. cu.* = Nucl. cuneatus, *Necr.* = Necrose, *N. D.* = Nucl. Deiters, *N. G.* = Nucl. Goll, *N. tr.* = Nucl. triangularis, *O. i.* = Oliva inferior, *O. s.* = Oliva superior, *Po* = Pons, *Py* = Pyramidenbahn, *Ventr. Bl.* = Ventrikel-Blutung, *Verm.* = Vermis, *V, VI, VII, X, XII* = Hirnnerven, *Vm* = motorischer Trigeminus, *Vs* = sensibler Trigeminus.

durch einen schmalen Spatel, bzw. durch vorsichtiges Unterschieben von Wattebäuschchen von der Oblongata emporgehoben, bzw. durch eine Wasserstrahlpumpe in seinem hintersten Teil abgesaugt. Nachdem wir auf diese Weise einen guten Überblick über die Rautengrube gewonnen und uns überzeugt hatten, daß noch eine deutliche Starre beiderseits bestand, wurden mit einem schmalen, lanzettförmigen, in der Fläche etwas gebogenen Messerchen Verletzungen entsprechend dem inneren Rande des Strickkörpers, bzw. in Kontrollversuchen in den medialen Abschnitten des Ventrikelbodens gesetzt, um die dort befindlichen Vestibulariskerne zu treffen, und weiterhin die Wirkung dieses Eingriffes auf die Starre geprüft. Die Ausdehnung der Läsion wurde an Serienschnitten, die nach Nissl gefärbt wurden, kontrolliert.

Bei der Beurteilung dieser Versuche hat man sich vor Augen zu halten, daß sich infolge der engen Nachbarschaft der hier in Betracht kommenden Zentren dem Funktionsausfall eines Kerns durch die mikroskopisch abgrenzbare Läsion eine mit unserer gegenwärtigen Methodik morphologisch nicht darstellbare Chockwirkung auf ein benachbartes Zentrum superponieren kann; man darf aus diesem Grunde die Frage nicht nach der Schädigung, welche die statische Innervation durch Verletzung einzelner Kernabschnitte erleiden kann, stellen, sondern muß das Problem dahin formulieren, welche die weitestgehende Verletzung in der Region der Vestibulariskerne sei, die die nach der Decerebration auftretende Steigerung der statischen Innervation zum Bilde der Streckerstarre noch bestehen bleiben läßt. Es sind daher für unsere Frage vor allem jene Fälle heranzuziehen, welche die ausgedehnteste Verletzung der Vestibulariskerngegend bei erhaltener Erhöhung des Streckertonus aufweisen, während demgegenüber Fälle, bei welchen eine gleich große oder minder ausgedehnte Zerstörung zum Tonusverlust führt, keine Beweiskraft besitzen können.

Untersucht man unser Material nach diesem Gesichtspunkt, so läßt sich zeigen, daß trotz beiderseitiger, fast kompletter Zerstörung des N. magnocellaris Deiters und des N. angularis Bechterew

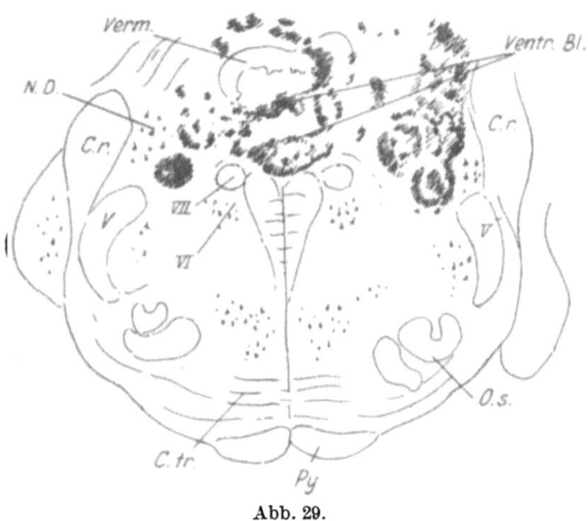

Abb. 29.

Starre der Extremitätenstrecker und der Kopfheber erhalten bleiben kann.

Katze Nr. 10 dieser Reihe illustriert dies auf das deutlichste. Versuch vom 13. Januar 1925. Nach der Mittelhirndurchschneidung tritt an den vorderen Extremitäten gute Streckerstarre auf. Es werden die dem oralsten Abschnitt des Corpus restiforme anliegenden Abschnitte des Ventrikelbodens zerstört. Nach dem Einstich in dieser Region nimmt jedesmal der Streckertonus auf der homolateralen Seite ab. Es zeigt sich aber, daß nach Ausführung der beiderseitigen Verletzung noch immer deutlicher Rigor an den Vorderextremitäten nachweisbar ist und daß der Kopf stark dorsal flektiert gehalten wird. Eine sichere Differenz im Zustand dieser Starre läßt sich zwischen Bauch- und Rückenlage nicht unterscheiden, dagegen sind die Halsreflexe an den vorderen Extremitäten noch gut nachweisbar.

Die *histologische Untersuchung* (Abb. 27—30) ergibt an Quer

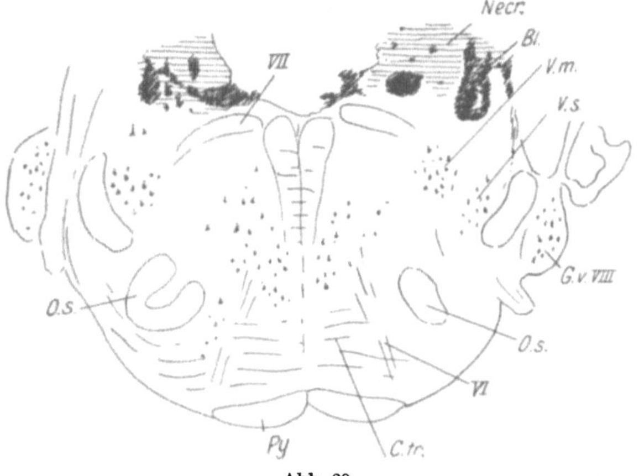

Abb. 30.

schnittsebenen im Beginn des Acusticuseintrittes beiderseits in der Mitte des N. triangularis eine dreieckige, mit der Basis ventrikelwärts gerichtete Verletzung, rechts auch auf die deszendierende Vestibulariswurzel übergreifend. Die Verletzung der rechten spinalen Acusticuswurzel nimmt weiter vorn an Ausdehnung zu, links erstreckt sich an einzelnen Schnitten die Stichverletzung durch den Triangularis schief nach außen ventral bis knapp an die deszendierende Trigeminuswurzel. Im Beginn des VII. Kerns sind beiderseits der mediale Abschnitt der spinalen Acusticuswurzel und der dort eingelagerten Zellgruppen sowie die äußeren Teile des Triangularis von der Verletzung ergriffen. An den nächsten Schnitten (durch den VI. Kern) ist der großzellige Deiters rechts fast ganz zerstört, links sitzt eine Blutung im Kerngebiet, die nur einzelne Zellen an seiner Außenseite verschont. Weiterhin erweisen sich der N. Deiters und Bechterew ganz zerstört. Nach vorn zu sind noch auf der rechten Seite Blutungen medial vom Bindearm nachweisbar.

Dieser Versuch, bei welchem eine fast komplette Zerstörung beider Nuclei Deiters und Bechterew, eine Verletzung des medialen Abschnittes der spinalen Acusticuswurzel und des lateralen Anteils des Triangularis im oralen Anteil, der mittleren Partie desselben in caudalen Ebenen erzielt wurde, beweist zumindest so

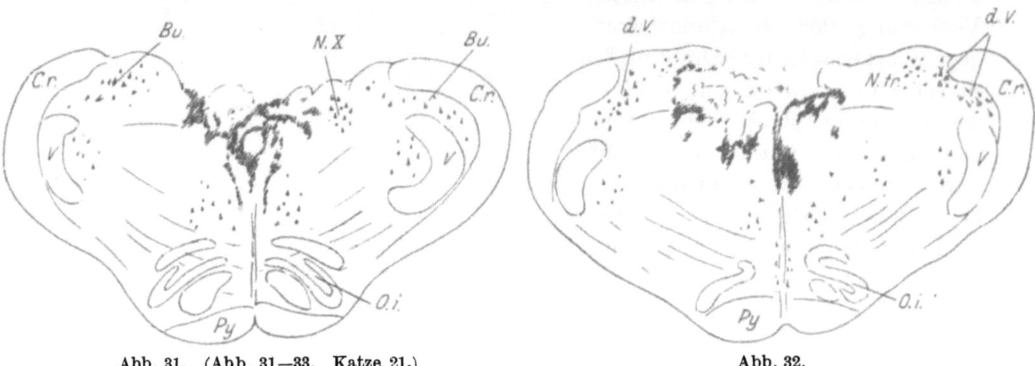

Abb. 31. (Abb. 31—33. Katze 21.)   Abb. 32.

viel mit Sicherheit, daß *das Erhaltenbleiben der Enthirnungsstarre an die Intaktheit des Nucleus* Deiters *und* Bechterew *nicht gebunden ist,* wenn auch eine Abschwächung der Starre auf der homolateralen Seite nach einseitiger Verletzung zu konstatieren ist.

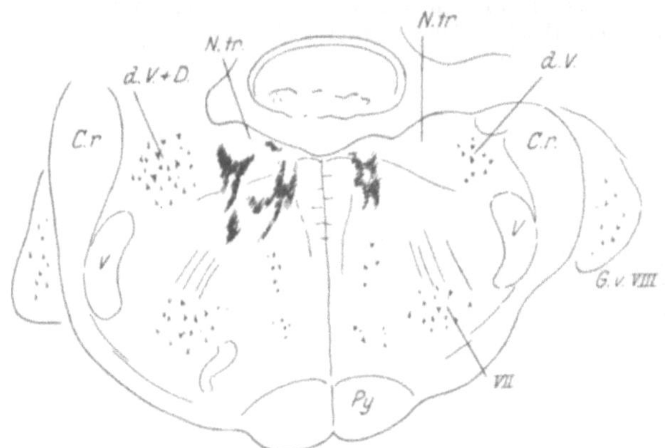

Abb. 33.

Was den Triangulariskern anlangt, dessen äußerer Abschnitt im oralen, dessen mittlerer Teil im caudalen Gebiet verletzt war, so beweist Fall 21, daß auch die medialen Teile dieses Kerns ohne Verlust der Starre zerstört sein können.

Katze Nr. 21. Versuch vom 20. Januar 1925.

An den Vorderextremitäten ist nach Decerebration die Enthirnungsstarre gut entwickelt. Nach der Zerstörung der medialen Abschnitte des Ventrikelbodens ist die Starre anfangs links etwas vermindert, später jedoch beiderseits deutlich nachweisbar, in Rückenlage stärker als in Bauchlage.

Histologisch (Abb. 31—33) zeigt sich eine Blutung beiderseits im N. praepositus hypoglossi und im hinteren Längsbündel in dieser Ebene. Weiter vorn ist links der ganze Triangularis zerstört, rechts nur dessen innerer Anteil. In der Mittellinie greift die Verletzung auf die dorsalen Abschnitte der Raphe und die angrenzenden Teile der Subst. reticularis über. In der Höhe des VII. Kerns ist links der innere Teil des Triangularis zerstört, die Verletzung greift von hier auf die dorsomedialen Anteile der reticulierten Substanz über, rechts ist der mediale Abschnitt des dreieckigen Kerns von einer Blutung durchsetzt; eine kleine Blutung greift auch auf die dorsalen Teile der Subst. reticularis über. In der Höhe des VII. Knies findet sich nur mehr nach innen vom austretenden VII. Schenkel eine kleine Hämorrhagie in der S. reticularis.

Wir sehen demnach, daß nicht nur der N. Deiters und Bechterew und die äußeren Anteile des Triangularis wie im Fall 20, sondern auch dessen innerer Ab-

schnitt sowie der dorsomediale Anteil der S. reticularis und die im caudalen Anteil des hinteren Längsbündels absteigenden Vestibularisfasern trotz Erhaltenbleibens der Starre zerstört sein können.

Was schließlich die in die descendierende Vestibulariswurzel eingelagerten Zellgruppen (auch Griseum formationis fasciculatae oder Rollerscher Vestibulariskern genannt) anlangt, so können wir diesbezüglich Fall 11 und 13 heranziehen, die folgendes lehren:

Katze 11. 28. November 1924, große Katze. Nach der Decerebration besteht deutlich Starre aller vier Extremitäten und Opisthotonus. Nach Einstich am Innenrand des rechten Strickkörpers erfolgt eine Tonusabnahme an der rechten Vorder- und Hinterextremität; nach beiderseitigem Einstich zeigt sich besonders an den beiderseitigen Hinterextremitäten eine deutliche Tonusabnahme, während an den Vorderextremitäten die Steifigkeit zwar vermindert, aber doch noch nachweisbar vorhanden ist.

Die histologische Kontrolle (Abb. 34—36) ergibt in caudalen Querschnittsebenen durch die Oblongata einen Einstich im rechten Rollerschen Kern, links zwischen diesem und dem Triangularis, zum Teil auf den Roller übergreifend. Im vorderen Teil des verlängerten Marks ist der linke großzellige Deiters nur an einer Stelle (in der Höhe des VII. Knies) von einer Blutung durchsetzt, rechts umkreist eine Hämorrhagie (an Querschnitten durch den VII. Kern) den Deiterschen Kern an seiner Außenfläche und endigt im Marklager des Kleinhirns.

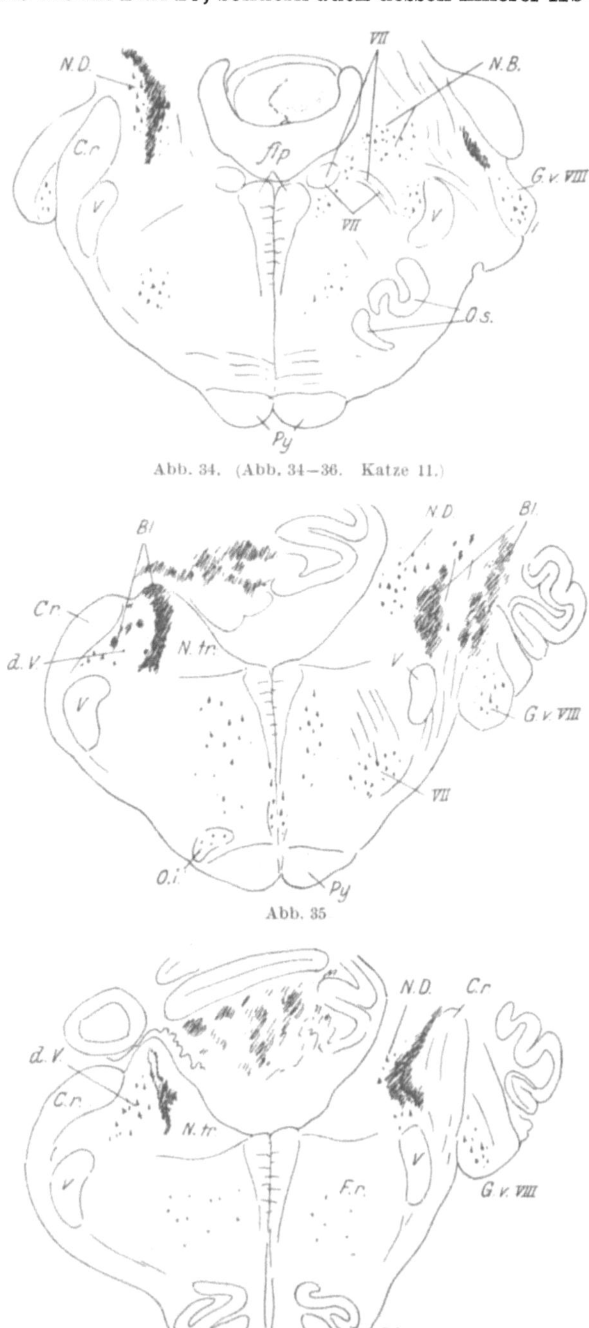

Abb. 34. (Abb. 34—36. Katze 11.)

Abb. 35

Abb. 36.

Katze 13. 2. Dezember 1924. Nach der Decerebration entwickelt sich mäßige Starre an den vorderen Extremitäten. Nach Verletzung entlang dem Innenrande des linken Corpus restiforme erfolgt Tonusabnahme an der linken vorderen Extremität. Diese hat anfangs noch eine gewisse Rigidität, später nimmt die Steifigkeit an beiden vorderen Extremitäten ab, doch besteht noch eine Differenz zugunsten der rechten Seite.

Histologischer Befund (Abb. 37—39): In caudalen Ebenen durch die Oblongata findet sich links ein Einstich außen vom Vaguskern, der bis an das Corpus restiforme reicht.

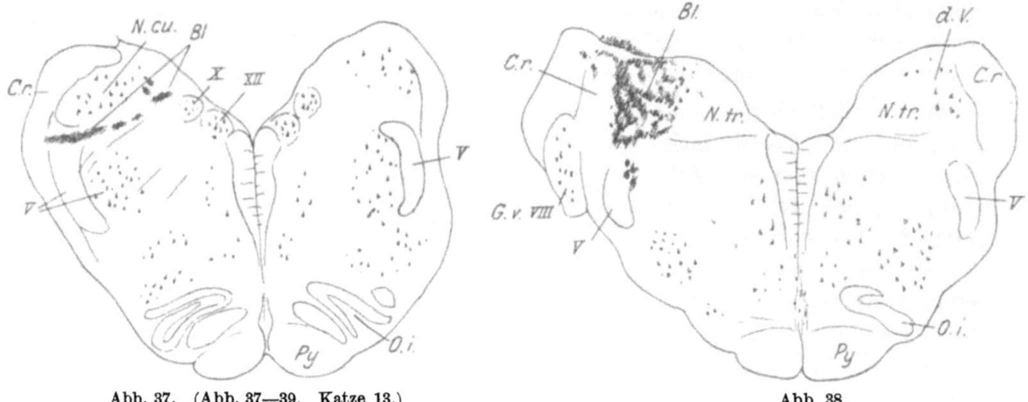

Abb. 37.   (Abb. 37—39. Katze 13.)   Abb. 38.

Weiter vorn erweisen sich die dem Strickkörper medial anliegenden Zellgruppen von einer Blutung ergriffen, die zum Teil auf das Corpus restiforme übergreift. Der linke Nucl. magnocellularis Deiters ist bis auf einzelne Zellen in der Höhe des Abduceuskerns von einer Blutung zerstört, die sich nach außen auf das Marklager des Kleinhirns erstreckt. Die dem Ventrikel anliegenden Zellgruppen (N. angularis) sind teilweise erhalten.

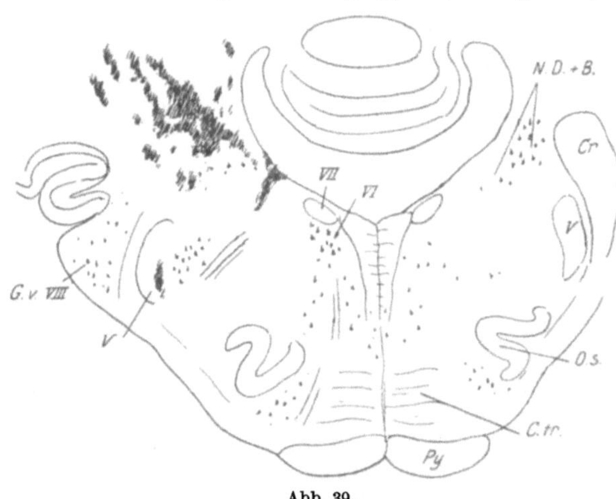

Abb. 39.

Was zunächst die komplizierende Strickkörperverletzung in diesen beiden Fällen anlangt (auch in Fall 11 betraf die den N. Deiters an seiner Außenfläche umkreisende Blutung im Marklager des Kleinhirns vor allem die ins Cerebellum eintretenden Fasern des Corpus restiforme), so kann diese nicht als Ursache der Tonusherabsetzung angesprochen werden; denn wir wissen schon aus Versuchen von Sherrington, daß Durchschneidung des Strickkörpers das Entstehen der Enthirnungsstarre nicht hintanhält, womit auch der Mangel längerdauernder Tonusstörungen nach Durchschneidung des Tr. spinocerebellaris dorsalis an sonst intakten Tieren (Marburg, Bing, Spiegel) übereinstimmt. Während in Fall 13 die Herabsetzung der Steifigkeit auf der linken Seite durch eine Blutung bedingt war, die sowohl das Griseum formationis fasciculatae als auch den Nucl. Deiters betraf, sehen wir bei Katze 11, bei der der Einstich am Innenrand des Strickkörpers zu Herabsetzung des Streckertonus auf der gleichen Seite führte, den Rollerschen Kern der linken Seite zum allergrößten Teil, rechts nur in seinem medialen Abschnitt zerstört; die Zellen des N. Deiters waren hier links nur in beschränkter Ausdehnung von einer Blutung durchsetzt, während der rechte N. Deiters als ziemlich intakt bezeichnet werden muß. Ein Rest von Steifigkeit war aber auch in diesem Falle trotz der beiderseitigen Verletzung wenigstens an den vorderen Extremitäten nachweisbar. *Es ergibt sich also, daß wohl Zerstörung des N. magnocellularis* Deiters *(vgl. Fall 20) sowie der descendierenden Vestibulariswurzel, bzw. der in diese eingelagerten Zellgruppen (Griseum formationis fasciculatae oder* Rollerscher *Vestibulariskern) zu einer deutlichen Tonusverminderung der homolateralen Extremitätenstrecker führt, daß aber trotz dieser Läsion kein völliger Tonusverlust eintreten muß, sondern noch ein Rigor an decerebrierten Tieren erhalten bleiben kann.*

Wir müssen schließen, daß die Vestibulariskerne für die Tonusregulation und für die Entstehung der Streckersteifigkeit an decerebrierten Katzen zwar von maßgebender Bedeutung sind, daß aber die außerhalb des Vestibularisgebietes sich abspielenden Reflexe zum Erhaltenbleiben der statischen Innervation und ihrer pathologischen Steigerung nach Mittelhirndurchtrennung genügen. Es fragt sich nun, in welchem Abschnitt des Rhombencephalon sich dieser extravestibuläre Mechanismus abspielt. Durch Reizversuche hierüber Aufschlüsse zu erlangen, scheint schwierig, wenn auch Reizung der Brückenhaube, wie wir in einigen Versuchen (Katze 17 und 19) beobachten konnten, tonische Streckerkrämpfe, vor allem der gleichseitigen Vorderextremität, zur Folge hat. Besonders deutlich war dies bei Katze 19, bei welcher ein Querschnitt in der Höhe des VII. Kerns angelegt wurde und Reizung der Gegend der Formatio reticularis Streckung der homolateralen Vorderextremität, eine geringere Streckung der gegenseitigen Vorderpfote zur Folge hatte. Der Streckkrampf überdauerte in diesem Versuch die Reizung einige Zeit. Vom Ventrikelboden und seiner Nachbarschaft war dieser Effekt nicht auslösbar, ebensowenig von der Pyramidenbahn, deren Reizung Beugung der Extremitäten zur Folge hatte. Aus diesen Reizversuchen allein läßt sich aber schon darum keine sichere Schlußfolgerung über die Lage der rhombencephalen Zentren der statischen Innervation ziehen, weil wir bei Reizung der in den Hirnstamm eintretenden sensiblen Nerven, z.B. des Trigeminus, ähnliche Streckkrämpfe beobachten konnten wie bei Reizung der Haubenregion, es darum offen bleiben muß, inwiefern an dem bei Reizung der Brückenhaube beobachteten Effekte eine Wirkung etwa auf die descendierende V. Wurzel, bzw. auf die Subst. gelat. V. mitbeteiligt war. Eher scheint es möglich, von einer anderen Seite her Antwort auf die gestellte Frage zu erhalten. Wir haben früher ausgeführt, daß Durchschneidung des Hinterstranges oder Kleinhirnseitenstranges einer Seite im Thorakalmark höchstens eine sehr geringe und rasch vorübergehende Tonusherabsetzung der gleichseitigen Hinterextremität zur Folge hat, Durchschneidung des Vorderseitenstranges dagegen eine längere Zeit anhaltende, nachweisbare Atonie der zugehörigen Hinterextremität bedingt, was in Übereinstimmung mit der Feststellung Sherringtons stand, daß nur Zerstörung des letztgenannten Systems die Enthirnungsstarre aufzuheben vermag.

Weder die dem Cerebellum noch die dem Mittelhirn, bzw. dem Thalamus opticus zustrebenden Anteile des Vorderseitenstranges können die zur Aufrechterhaltung der statischen Innervation notwendigen Impulse führen. Dies ergibt sich mit Sicherheit daraus, daß die Enthirnungsstarre noch nach Durchschneidung des Hirnstammes hinter dem hinteren Vierhügel zustande kommt und auch, wie oben erwähnt, Kleinhirnexstirpation ihre Entstehung nicht verhindert. So müssen wir

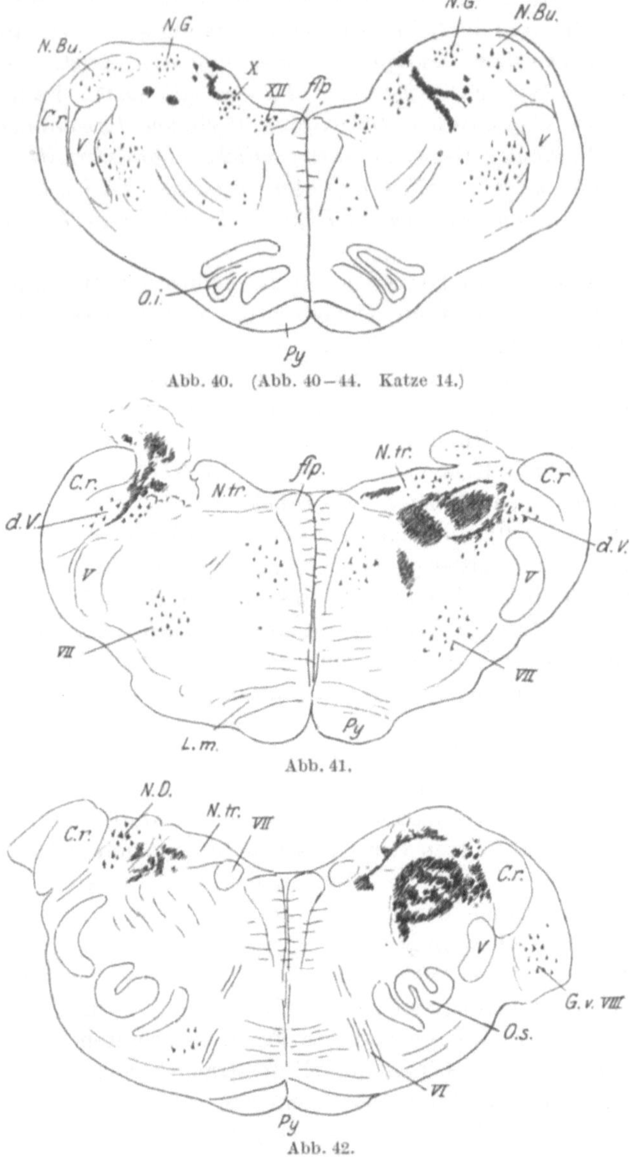

Abb. 40.   (Abb. 40—44.   Katze 14.)

Abb. 41.

Abb. 42.

denn jene Fasern des Vorderseitenstranges, welche Zweige in die Medulla oblongata bzw. in die Brücke abgeben, als den die statische Erregung führenden Anteil dieses Systems betrachten. Diese vom Vorderseitenstrang sich absplitternden Fasern endigen aber, wie wir durch Degenerationspräparate von Tooth, Thomas, Kohnstamm, Horsley wissen und wie neuerdings von de Nó auch an Silberpräparaten gezeigt wurde, an großzelligen Anteilen der Subst. reticularis. Hier hätten wir demnach neben den Vestibulariskernen die rhombencephalen Zentren der statischen Innervation zu suchen, deren efferenter Schenkel durch die Retikulospinalbahn dargestellt erscheint. Mit der Anschauung, daß in der Subst. reticularis, besonders in deren lateralem Anteil die supraspinalen Zentren der Tonusregulation liegen, deren vom Rückenmark her aufrecht erhaltene Reflextätigkeit in Gemeinschaft

mit den vestibulären Reflexen das Entstehen der Enthirnungsstarre mitbedingt, steht auch in Einklang, daß in den oben zitierten Versuchen Verletzung der dorsomedialen Abschnitte der reticulierten Substanz die Enthirnungsstarre nicht beeinträchtigte, dagegen in solchen Fällen unserer Beobachtung, in welchen die Verletzung der Vestibulariskerngegend auf die lateralen Teile der S. reticularis übergriff, die Tonusabnahme eine fast vollständige war.

Katze 14. 18. Dezember 1924. Gute Starre beider vorderen Extremitäten nach der Decerebration; nach Verletzung an der Innenseite des rechten Corp. restiforme erfolgt ausgesprochene Tonusabnahme an der rechten vorderen Extremität; nach der linksseitigen Zerstörung tritt bei Umdrehen des Tieres aus der Bauch- in die Rückenlage für einen Moment Streckung der vorderen Extremitäten auf, die aber rasch einem Tonusverlust Platz macht.

Die histologische Untersuchung (Abb. 40—44) ergab beiderseits die Zellgruppen der deszendierenden Vestibularwurzel zum größten Teil zerstört, vom N. Deiters nur in seinen vordersten Abschnitten (Austrittsebene des VII.) Zellgruppen erhalten, den N. Bechterew relativ intakt. Rechts greift die Blutung von der deszendierenden Vestibulariswurzel, bzw. vom Kerngebiet des N. Deiters auf die lateralen Abschnitte der Subst. reticul. über.

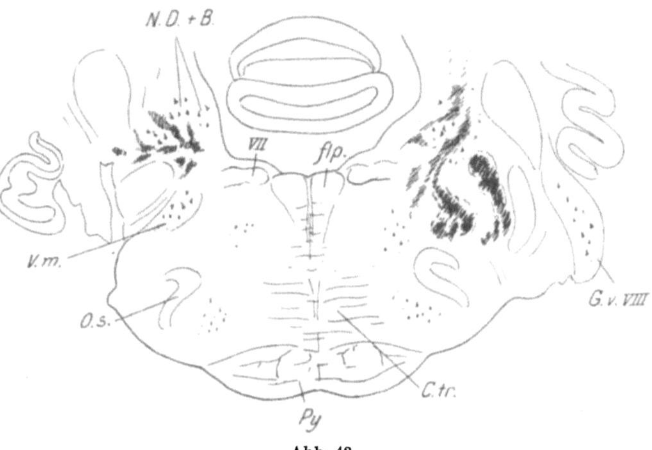

Abb. 43.

Katze 22. 12. Februar 1925. Durch Decerebration wird Steifigkeit an beiden Vorderextremitäten hervorgerufen. Nach Einstich am Innenrande des linken Corp. restif. bleibt der Rigor beiderseits erhalten. Längs des Innenrandes des rechten Strickkörpers wurde der Einschnitt weiter nach vorn und in die Tiefe geführt. Deutliche Schlaffheit des rechten Armes war die Folge, während die linke Vorderpfote noch längere Zeit hindurch einen Rigor des Ellbogenstreckers aufwies.

Histologisch (Abb. 45 bis 47) zeigt sich, daß der linksseitige Einstich nur von der Ebene des dorsalen X. Kerns bis zum VII. Kern reicht, die lateralen Abschnitte des N. triangularis und die medialen Zellgruppen der deszendierenden VIII. Wurzel betrifft. Rechts dagegen greift die Verletzung in caudalen Ebenen vom N. triangularis, dessen lateraler Abschnitt betroffen war, auf das laterale Gebiet der S. retic. über, während die deszendierende VIII. Wurzel hier relativ intakt ist. Weiter vorn wird der rechte Deiters von einer Verletzung durchsetzt, eine zweite Schnittlinie reicht vom Deiters nach ventromedial auf den Triangularis, dessen ventrale Grenze nur wenig überschreitend. Der größte Teil der großzelligen Elemente des Deiters schen Kerns ist aber noch erhalten, ebenso der N. angularis.

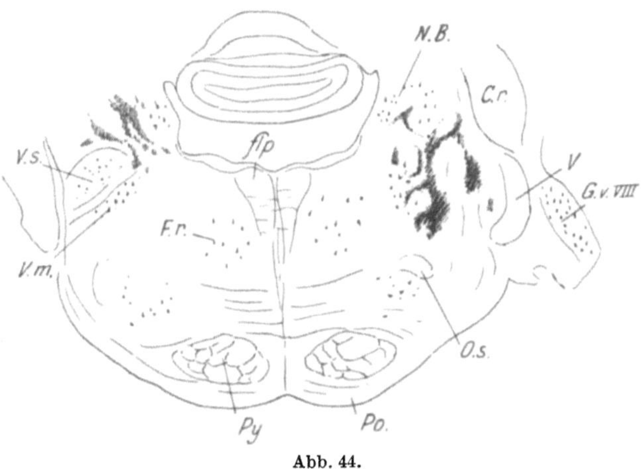

Abb. 44.

Während es im Fall 14 im Anschluß an die zweite (linksseitige) Verletzung rasch zu beiderseitigem Tonusverlust kam, so daß eine Differenz zwischen der rechten Seite, auf welcher die Verletzung auf die Subst. reticularis übergriff, und der Gegenseite nicht mehr mit Sicherheit festgestellt werden konnte, war bei

Katze 22 der Gegensatz zwischen der linken steifen, und der rechten, völlig schlaffen Extremität durch längere Zeit hindurch wahrnehmbar.

Nachdem die früheren Fälle gezeigt haben, daß Stichverletzungen der Vestibulariskerne an sich in der geschilderten Ausdehnung noch keinen totalen Tonusverlust nach sich ziehen, müssen wir die Atonie der rechten Seite in diesem Falle auf das Übergreifen der Verletzung auf die S. reticularis beziehen.

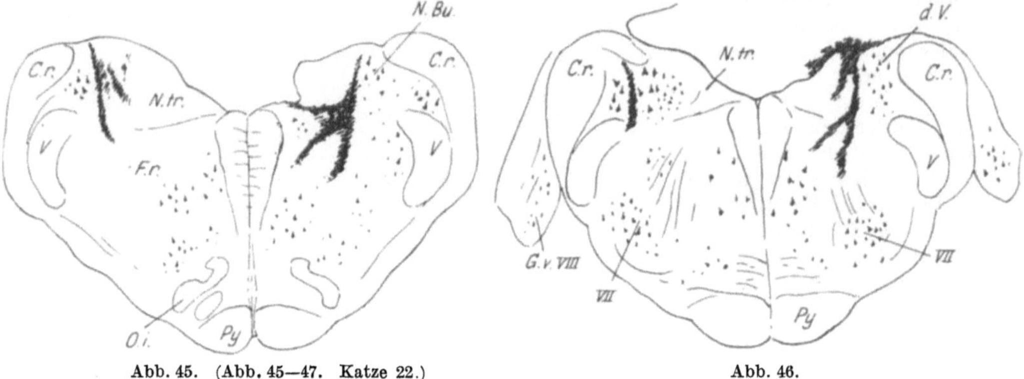

Abb. 45. (Abb. 45—47. Katze 22.)   Abb. 46.

Es ergibt sich also, daß die Vestibulariskerne trotz der wichtigen Rolle, welche ihnen für die Tonusregulation zukommt, nicht die einzigen rhombencephalen Zentren der statischen Innervation darstellen; neben ihnen dienen jene Elemente der Subst. reticularis, welche die im Vorderseitenstrang aufsteigenden proprioceptiven Erregungen in efferente Impulse umsetzen, der Aufrechterhaltung des Muskeltonus.

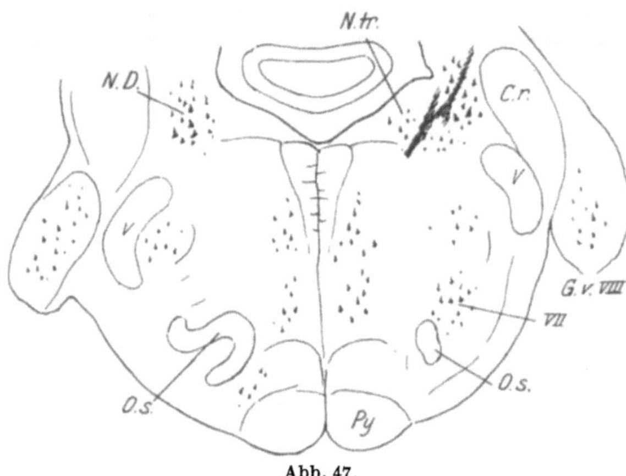

Abb. 47.

Eine exaktere Lokalisation der die statische Innervation erhaltenden Reflexe in bestimmten Teilen der Substantia reticularis muß Aufgabe weiterer Untersuchungen sein. Es ist jedenfalls daran zu denken, daß auch ein Teil der Stellreflexe hier zustande kommt, nachdem Rademaker das Zentrum der Halsstellreflexe bei Kaninchen und Katzen caudal vom vorderen Ponsteil sucht.

b) Lokalisation pathologischer Krampfformen.

Eine *ähnliche Lokalisation* wie für die den normalen Tonus bzw. dessen Zerrbild, die Enthirnungsstarre, erhaltenden Reflexe gilt auch für manche *pathologischen Krampfformen*, wie im speziellen für die nach Epithelkörperexstirpation auftretenden tonischen Tetaniekrämpfe in Versuchen mit Nishikawa gezeigt werden konnte.

Legt man bei Hunden und Katzen, welche durch partielle Entfernung der Epithelkörperchen in den Zustand einer latenten Tetanie versetzt wurden, Hemisektionen durch das Mittelhirn an, so zeigt sich, daß jene Extremitäten spontane Krämpfe bzw. eine erhöhte Krampfbereitschaft aufweisen, an welchen durch die Mittelhirnverletzung das Bild der Enthirnungsstarre hervorgerufen wurde.

Beispiel: Bei dem partiell parathyreoidectomierten Hund Nr. 1 dieser Reihe kam nach der linksseitigen Mittelhirndurchschneidung Starre nur in den linksseitigen Extremitäten zur

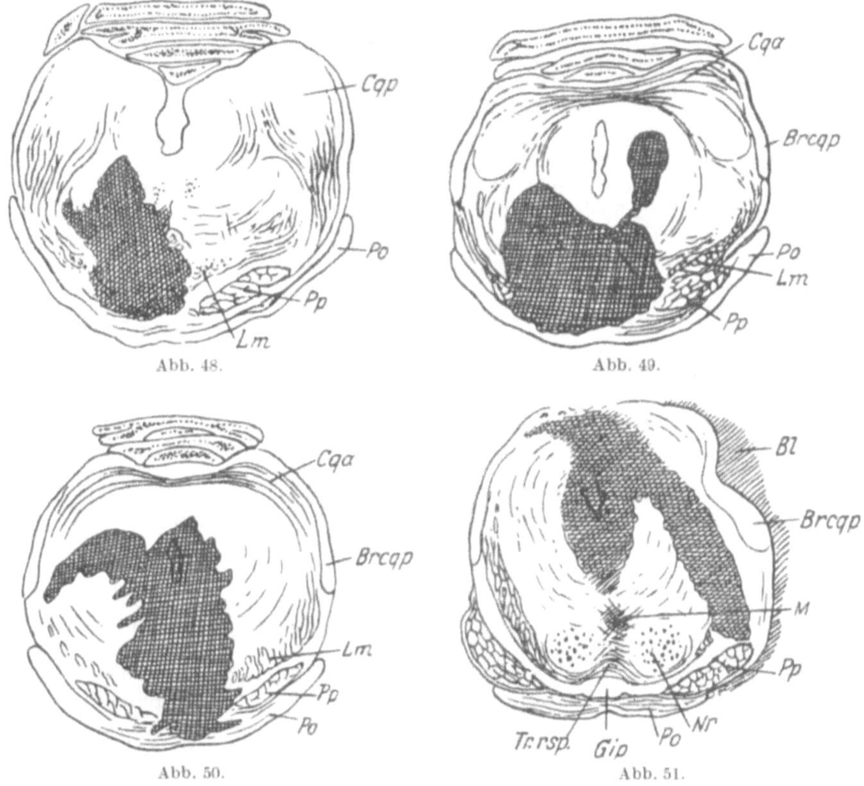

Gemeinsame Erklärung zu Abb. 48—51.

Bl = Blutung, *Brcqp* = Brach. corp. quadr. poster., *Cqa* = Corp. quadr. anter., *Cqp* = Corp. quadr. poster., *Gip* = Gangl. interpedunc., *Lm* = Lemn. medial., *M* = Decuss. Meynert, *Nr* = Nucl. ruber, *Po* = Pons, *Pp* = Pes pedunculi, *Tr. rsp.* = Tract. rubrospinal.

Entwicklung. Durch Kopfbewegung nach links gelang es, auf dieser Seite die Starre zu verstärken, welche schließlich in einen von feinschlägigem Tremor begleiteten Krampf überging, während Kopfwendung nach rechts auf der entsprechenden Seite keine Veränderung erzeugte. Besonders deutlich zeigte sich aber die Krampfbereitschaft der linken Seite bei Anstellung des Trousseauschen Versuches. Druck auf den linken Nerv. femoralis löste Streckkrämpfe nur der entsprechenden unteren, manchmal auch der gleichseitigen oberen Extremität aus, während durch Druck auf den rechten Femoralis Krämpfe an beiden hinteren Extremitäten erzeugbar waren.

Die kranial vom Rautenhirn gelegenen Zentren können also für die Entstehung der Tetaniekrämpfe höchstens insofern von Bedeutung sein, als sie normalerweise die Reflexerregbarkeit tieferliegender Ganglien dämpfen, also das Entstehen manifester Krampfanfälle hintanhalten. Damit steht auch im Einklang, daß Noël Paton, Findlay und Watson nach Ausschaltung des Großhirns die schon vor der Operation vorhandenen Tetaniesymptome erhöht fanden. Der Reflexmechanismus, welcher die nach Epithelkörperentfernung auftretenden tonischen Krämpfe auslöst, muß sich nach unseren Versuchen mit Nishikawa in Zentren abspielen, die caudal vom roten Kern, im Rhombencephalon zu suchen sind, da noch nach einer Verletzung, welche das Mittelhirn caudal vom roten Kern betraf und dessen Faserung beiderseits zerstörte, an einer partiell parathyreoidektomierten Katze deutliche Streckerkrämpfe bei den geringsten sensiblen Reizen beobachtet werden konnten.

Bei der partiell parathyreoidektomierten Katze 11 dieser Reihe entwickelte sich einige Stunden nach der Operation eine deutliche Steifigkeit in beiden hinteren Extremitäten, welche besonders bei Rückenlage fast in Streckstellung gehalten wurden. Beim geringsten sensiblen Reiz wurden die beiden hinteren Extremitäten, und nur diese, von deutlichen Streckkrämpfen befallen, welche mit Klonismen gepaart waren.

Die anatomische Untersuchung ergab: Fuß und Haube der linken Seite an Schnitten durch den hinteren Vierhügel von einer Blutung durchsetzt, welche hier auch die Mittellinie überschreitet und beide Tract. rubrospinal. zerstört. Nach vorne zu wird der Aquädukt von einer Blutung umkreist, welche sich auf die andere Seite begibt und den vorderen Vierhügel der rechten Seite, schräg nach unten und außen ziehend, durchsetzt. Mächtige Hämorrhagien im Aquädukt und im Lumen des dritten Ventrikels (Abb. 48—51).

Schließlich ließ sich noch an Ratten zeigen, daß die Krampfanfälle der Tetanie auch noch nach fast totaler (mikroskopisch kontrollierter) Abtragung des Kleinhirns zustande kommen.

Weiße Ratte (Nr. 6):

30. Oktober 1922: Ausbrennung beider Epithelkörperchen.

3. November: Spontane Krämpfe in beiden hinteren Extremitäten.

4. November: Beim Emporheben an der Nackenhaut Krämpfe an den hinteren Extremitäten, schwächer an den vorderen.

4. November, 11 Uhr: Kleinhirnabsaugung, Muskeltamponade. Gleich nach der Operation deutlich Streckkrämpfe der beiden vorderen Extremitäten ohne Tremor. Die Zehen werden zur Faust geballt.

4. November, 12 Uhr: Das Tier vermag sich aus der Rückenlage noch nicht zu erheben.

4. November, 5 Uhr nachmittags: Das Tier kann sich schon in Bauchlage erhalten, macht Gehversuche, fällt meist nach rechts. Manchmal auch Manègebewegungen nach rechts. Einige Male werden auch Rollbewegungen (aber nach links) beobachtet. Auf den Rücken gelegt, macht das Tier unkoordinierte Bewegungen, ohne sich umdrehen zu können; diese Bewegungen werden zeitweise von spontanen Krämpfen in den vorderen Extremitäten abgelöst. In den hinteren Extremitäten sind spontane Krämpfe seltener und schwächer, doch ließ sich auch hier durch Umschnürung deutlich der Krampf auslösen.

5. November: Tot aufgefunden.

Sektion: Vom Kleinhirn nur der rechte Lobulus petrosus sichtbar. Das übrige Organ durch einen Muskeltampon ersetzt.

Histologischer Befund (vgl. Abb. 52—54): An Schnitten durch die caudalen Ebenen der Oblongata bemerken wir eine kleine Blutung im Ventrikelgrau, entsprechend dem rechten Vaguskern; über der Oblongata sind außer dem Muskeltampon nur auf der rechten Seite zwei kleine, zum Teil zerstörte Kleinhirnläppchen zu bemerken, die keinen Zusammenhang mit dem Hirnstamm aufweisen. In der Ebene des Facialiskernes schließen sich die erhaltenen Windungen zum Lobulus petrosus zusammen, gewinnen aber erst an Schnitten durch den Austrittsschenkel des Facialis Zusammenhang mit der Brücke. Mit Ausnahme dieser, dem rechten Lobulus petrosus zugehörigen Läppchen ist auch bei Verfolgung der Serie weiter nach vorne vom Kleinhirn nichts mehr zu sehen. Die Brücke weist in der Höhe der Trigeminuskerne auf der linken Seite eine Blutung im Ventrikelgrau auf.

Der Reflexmechanismus, der zum Auftreten der tonischen Tetaniekrämpfe führt, nimmt also höchstens teilweise den Weg über das Cerebellum. Seitdem wir durch die Untersuchungen von Lanz, Biedl, Noël Paton wissen, daß der Mechanismus dieser Krampfform (es ist hier nur von der tonischen Komponente der Tetaniekrämpfe, nicht aber von den kurzdauernden Klonismen die Rede) sich supramedullär abspielt, nach Rückenmarksdurchschneidung an den gelähmten Gliedmaßen keine tonischen Tetaniekrämpfe mehr auftreten, müssen wir schließen,

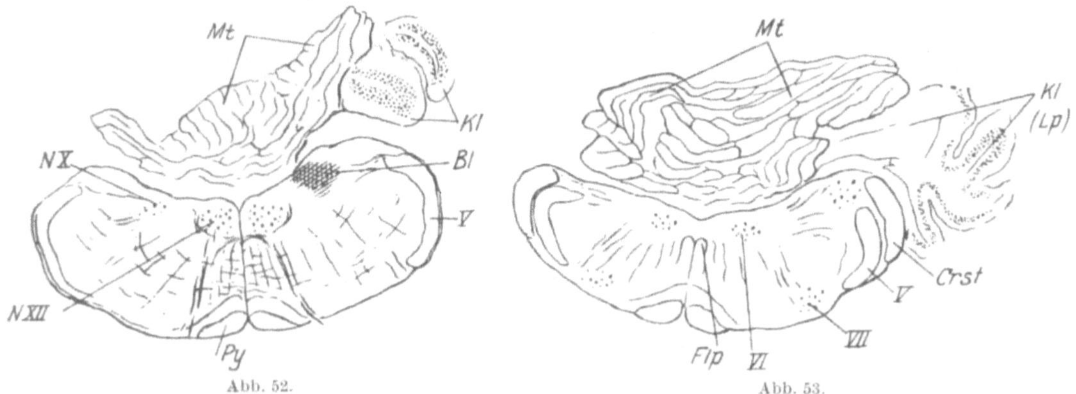

Abb. 52. Abb. 53.

daß diese Krampfform durch Reflexe zustande kommt, die vorwiegend über extracerebellare, zwischen rotem Kern und Rückenmark liegende Zentren ablaufen, also wahrscheinlich ganz ähnlich lokalisiert ist, wie wir es für die Streckerspasmen im Zustande der sogenannten Enthirnungsstarre ausgeführt haben.

Auf die innigen Beziehungen, die zwischen diesen beiden Zuständen bestehen, weisen ja vor allem die obenerwähnten Versuche, in welchen nach Hemisektion des Mittelhirns an partiell parathyreoidektomierten Tieren gerade nur jene Extremitäten Krampfanfälle aufwiesen, welche sich im Zustande der Enthirnungsstarre befanden.

Die Lokalisation, welche wir für die nach Epithelkörperexstirpation auftretenden tonischen Krämpfe beschrieben haben, scheint einer ganzen Gruppe von tonischen

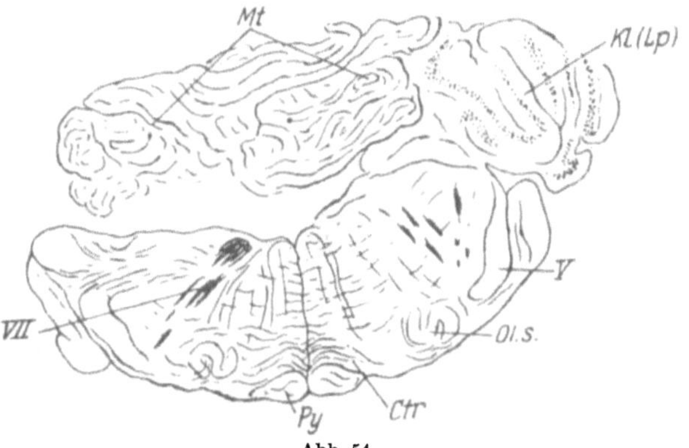

Abb. 54.
Abb. 52—54. Ratte Nr. 6.

Bl = Blutung, Crst = Corp. restif., Ctr = Corp. trapez., Flp = Fasc. long. post., Kl = erhaltene Kleinhirnlappen, L. p. = Lobul. petrosus, Mt = Muskeltampon, N. X = dorsaler Vaguskern, N. XII = Hypoglossuskern, Ol. s = Oliva superior, Py = Pyramidenbahn, V = spinale Trigeminuswurzel, VI = Abducenskern, VII = Kern, bzw. Austrittsschenkel des Facialis.

Krampfzuständen zuzukommen. Wissen wir ja beispielsweise, daß die tonische Komponente der epileptiformen Krämpfe, wie sie etwa durch Vergiftung mit Cocain im Tierversuch ausgelöst werden können, ebenfalls nach Mittelhirndurchtrennung erhalten bleibt (Fuchs u. a., s. Zusammenstellung bei Trendelenburg).

3. Mittelhirn.

Die im Rückenmark und Rautenhirn sich abspielenden Reflexvorgänge stellen sozusagen die Grundlage der Haltungsinnervation dar. Sie garantieren jene Innervationen, welche den Säugetierkörper befähigen, sich gegenüber der Schwerkraft aufrecht zu erhalten. Auf sie bauen sich Reflexmechanismen im Kleinhirn, bzw. in cranial gelegenen Hirnteilen auf, welche eine Regulierung dieser Haltungsreflexe im fördernden oder hemmenden Sinn, bzw. das Aufrichten etwa aus liegender Stellung in Normalstellung besorgen (die schon früher erwähnten Stellreflexe).

Wir möchten vorderhand die Besprechung des Kleinhirns zurückstellen, da ein Verständnis seines regulierenden Einflusses auf den Muskeltonus erst möglich erscheint, wenn wir über die vom Großhirn absteigenden Impulse einen Überblick gewonnen haben, und, im Hirnstamm cranial fortschreitend, zunächst das Mittelhirn abhandeln.

Die Erkenntnis von der Bedeutung der hier gelegenen Zentren für die Tonusregulation nimmt ihren Ausgang von den klassischen Versuchen Sherringtons über die nach Decerebration auftretende *Enthirnungsstarre*. Sherrington zeigte, daß nach Durchtrennung des Mittelhirns in der Ebene des Tentoriums ein merkwürdiger Starrezustand einsetzt, der die Strecker der Extremitäten und des Rückens, bzw. die Schwanz- und Kopfheber sowie die Schließmuskeln des Unterkiefers betrifft, also jene Muskeln, welche entgegen dem Zug der Schwere die Körperteile in ihrer Lage erhalten.

Es entsteht nun die Frage, auf Verletzung welcher Teile des Mittelhirns die Starreentwicklung nach dessen Durchschneidung zurückzuführen ist. Betrachten wir die drei Etagen des Mittelhirns (Pes, Tegmentum und Tectum), so wiesen schon ältere Untersuchungen von Economo und Karplus darauf hin, daß ein- oder doppelseitige Durchtrennung der Pesfaserung nicht die Ursache der Starre sein kann. In den obenerwähnten Untersuchungen mit Nishikawa über den zentralen Mechanismus der Tetaniekrämpfe und ihre Beziehungen zur Enthirnungsstarre legten wir uns die Frage vor, welche die kleinste Läsion des Mittelhirns sei, die noch zur Starre führt. Wir konnten zeigen, daß es bei völliger Intaktheit der Pesfaserung bei einer nur das Dach und die Haube caudal vom linken roten Kern durchsetzenden Stichverletzung zu einem Rigor der linken vorderen Extremität kam, und führten weiter aus, daß die Entstehung dieser Starre auf die Unterbrechung der in der Haube verlaufenden Faserung zu beziehen sei, nachdem es durch Verletzung des Tectum allein nicht gelingt, Starre zu erzeugen (S. 238 der Arbeit mit Nishikawa). Die Gruppierung unserer Verletzungen nach ihrem Verhältnis zum roten Kern selbst zeigte uns, daß eine den roten Kern selbst betreffende, bzw. knapp hinter ihm gelegene Läsion eine Streckerstarre der zur Läsion homolateralen vorderen Extremität erzeugt, daß dagegen eine knapp cranial vom roten Kern liegende Verletzung zu Streckstellung der kontralateralen vorderen Extremität führt[1].

Auf die Bedeutung der Haube in der Gegend des roten Kerns für die Entstehung der Starre wiesen auch Reizversuche von Graham Brown, der durch Reizung eines Punktes des Mittelhirnquerschnittes, der in der Gegend des

---

[1] Inwiefern bei diesen einseitigen Tonusänderungen die durch die Halbseitenverletzung erzeugte Kopfdrehung eine Rolle spielt, wird weiter zu untersuchen sein.

Nucleus ruber lag, Beugung des gleichseitigen und Streckung des gegenseitigen Armes erzeugte, obwohl, wie noch weiter unten auszuführen sein wird, die Annahme Browns, daß die von ihm beobachteten Reizeffekte auf den N. ruber zu beziehen seien, irrig war.

Die schon mehrfach (Monakow, Kleist u. a.) geäußerte Ansicht, daß der *rote Kern* die normale Körperhaltung, bzw. Tonusverteilung vermittle, hat neuerdings insbesondere durch die sehr gründlichen Untersuchungen von Rademaker an Katzen und Kaninchen eine Bestätigung und experimentelle Begründung gefunden. Ausgehend von der Beobachtung von Magnus, daß bei Tieren nach Durchschneidung des Hirnstamms vor dem Mittelhirn die Tonusverteilung zwischen Streckern und Beugern ziemlich der Norm entspricht und die Stellreflexe mit Ausnahme der optischen Stellreflexe noch erhalten sind, nach Entfernung des Mittelhirns dagegen Streckerstarre eintritt und die Stellreflexe verschwinden, zeigte er, daß Zerstörung des roten Kerns, bzw. Durchschneidung beider Rubrospinaltrakte in der Forelschen Kreuzung nicht nur beim Thalamustier zur gleichen Tonusverschiebung zugunsten der Strecker, wie die totale Durchschneidung des Hirnstamms hinter dem Mittelhirn führt, sondern daß auch bei völliger Intaktheit des übrigen Gehirns nach Durchtrennung der rubrospinalen Bahnen die normale Tonusverteilung einem verstärkten Streckertonus Platz macht. Allerdings gibt Rademaker zu, daß die Starre nach Spaltung der Forelschen Kreuzung besonders bei Katzen bei intaktem Großhirn weniger kräftig schien als bei Thalamus-oder Mittelhirntieren (vgl. weiter unten). Durch die Ausschaltung der roten Kerne werden weiterhin die bei Mittelhirntieren noch vorhandenen Labyrinthstellreflexe sowie die Körperstellreflexe auf den Körper vernichtet, so daß Rademaker zu dem Schluß kommt, daß die roten Kerne die Zentren der normalen Tonusverteilung, der Labyrinthstellreflexe und der Körperstellreflexe auf den Körper seien. Es wäre allerdings schematisierend, wollte man für alle Fälle die Vorstellung vertreten, daß die caudal vom Mittelhirn in der Medulla Oblongata und der Brücke vor sich gehenden Reflexvorgänge den Streckertonus aufrecht erhalten, die vom Mittelhirn ausgehenden Impulse dagegen immer nur einfach den Beugezügel darstellen, welcher das Verhältnis zwischen Beugern und Streckern zugunsten der ersteren verschiebt. Weisen ja schon die Erfahrungen bei einseitiger Mittelhirndurchtrennung darauf hin, daß von hier auch Impulse ausgehen können, welche im entgegengesetzten Sinn, also Streckertonus erhöhend wirken können. Der Einwand, den Rademaker gegen solche halbseitige Eingriffe erhebt, daß die dadurch ausgelösten Änderungen der Kopfstellung und die durch diese sekundär hervorgerufenen Halsreflexe mit eine Rolle spielen mögen, verdient sicherlich Beachtung. Es zeigen aber besonders die Untersuchungen von Bazett und Penfield, daß auch nach totaler Mittelhirndurchtrennung eine Beugerstarre an Stelle der Streckerstarre eintreten kann. Wenn auch die Bedingungen, unter welchen es zu dieser Tonusverschiebung kommt, noch näher zu analysieren sein werden, so scheinen auch diese Befunde dafür zu sprechen, daß vom Ruber sowohl Impulse spinalwärts geleitet werden können, welche die Tonusverteilung zwischen Beugern und Streckern zugunsten der ersteren verschieben, als auch solche, welche die umgekehrte Verteilung bedingen, bzw. daß die caudal vom Ruber sich abspielenden Reflexvorgänge nicht bloß einen erhöhten Streckertonus sondern unter gewissen Bedingungen auch einen erhöhten Beugertonus gegenüber dem Spannungszustand der Antagonisten aufrecht erhalten können. Dies wird vielleicht eher begreiflich, wenn wir uns daran erinnern, daß schon am einfachen Rückenmarkspräparat ein durch Reizung einer bestimmten hinteren Wurzel auftretender Reflex bei gleichbleibendem Reiz unter bestimmten Bedingungen (Chloroform-, Strychnin-Vergiftung, Ermüdung) in die entgegengesetzte Reflexfigur umschlagen kann, so daß beispielsweise statt eines Beugereflexes eine Streckung auftritt. Ähnliche Momente, wie sie am spinalen Präparat zu dieser sogenannten Reflexumkehr führen können, mögen vielleicht auch hier eine Rolle spielen, vielleicht aber, daß auch zentrale Innervationen, sei es vom Kleinhirn, sei es von den Vorderhirnganglien aus, eine „Schaltung" im Sinne einer Umkehr der Tonusverteilung bewirken können, ähnlich wie wir von peripheren Reizen wissen, daß sie den Reflexerfolg schaltend zu beeinflussen vermögen.

Wie dem auch sein mag, jedenfalls scheint es, daß auch beim Menschen der rote Kern für die normale Tonusverteilung und für die Fähigkeit sich aufzurichten, von großer Bedeutung ist. Zeigen ja die Beobachtungen englischer Autoren (Wilson, Walshe), daß es bei Zerstörung des menschlichen Mittelhirns entsprechend jenen Ebenen, in welchen bei Tieren die Decerebration nach Sherrington geführt wird, zu einem der tierischen Enthirnungsstarre sehr ähnlichen Bild kommt, und Rademaker stellt in seinem Buch eine Reihe von Herden im Bereich des Mittelhirns aus der Literatur zusammen, bei welchen ein roter Kern zerstört war, während die Pedunculi und die Substantia nigra mehr minder verschont blieben und intra vitam eine kontralaterale spastische Hemiparese mit Ataxie, zum Teil auch Tremor, bzw. Hemichorea beobachtet wurde. Andererseits beschrieb erst jüngst Gamper eine Mißbildung, bei welcher Rhombencephalon und Mesencephalon ziemlich normal entwickelt waren, das Diencephalon sich schwer geschädigt erwies, das Telencephalon so gut wie gar nicht ausgebildet war und in Übereinstimmung mit dem Tierexperiment eine ziemlich normale Tonusverteilung, sowie typische Hals- und Stellreflexe nachgewiesen werden konnten.

Allerdings scheint insofern in der aufsteigenden Phylogenese eine Veränderung einzutreten, als die Stellfunktion des Mittelhirnapparates bei höheren Tieren (Katze, Hund im Gegensatz zum Kaninchen) immer mehr „willkürlich" gehemmt werden kann, eine Fähigkeit, die beim Menschen noch viel stärker ausgeprägt erscheint, wie schon Schaltenbrand mit Recht aufmerksam macht.

Viel schwieriger als die Resultate der Zerstörung verschiedener Teile des Mittelhirns sind die bei *Reizung* seiner Querschnittsfläche zu beobachtenden Erscheinungen zu deuten. Die Meinung von Kuré und Mitarbeitern, daß die Enthirnungsstarre auf Reizung des roten Kerns beruhe, können wir jedenfalls mit Sicherheit ablehnen, da wir uns wiederholt davon überzeugen konnten, daß die Enthirnungsstarre nach Querschnitten caudal vom roten Kern erhalten bleibt (vgl. den oben zitierten Versuch mit Nishikawa Abb. 48—51). Was die elektrische Reizung des Mittelhirnquerschnittes anlangt, so beschrieb Graham Brown, daß Reizung der Haubenregion zu einer Drehung des Gesichtes auf die entgegengesetzte Seite, Krümmung des Halses mit der Konkavität nach der Reizseite, Beugung der gleichseitigen Vorder- und gekreuzten Hinterextremität, Streckung der gekreuzten Vorder- und gleichseitigen Hinterextremität führt.

Während er aber in der ersten Arbeit angibt, daß innerhalb des dorsal vom Pedunculus gelegenen Areals, dessen Reizung die von ihm beschriebenen Effekte gab, zwei maximal reizbare Punkte abgrenzbar seien, ein ventraler, der dem Ruber entsprechen solle und ein dorsaler, den er in der Gegend des hinteren Längsbündels lokalisiert, schreibt er in der zweiten Arbeit, die sich nur auf Versuche bei einem einzigen Affen bezieht, den Reizeffekt bloß dem Nucleus ruber zu. Damit steht aber in einem gewissen Widerspruch, daß er den Effekt noch nach Sagittalspaltung des Mittelhirns, also Durchtrennung der wichtigsten efferenten Bahnen aus dem roten Kern in der Forelschen Kreuzung, in der Hauptsache fortbestehen sah. Die so notwendige histologische Kontrolle seiner Versuche scheint er überhaupt nicht vorgenommen zu haben.

Weiterhin muß man sich die Frage vorlegen, ob die beobachteten Extremitätenbewegungen *direkt* auf Reizung spinalwärts gerichteter Bahnen zurückzuführen oder nicht sekundärer Natur seien, bedingt durch Magnus - de Kleijnsche Reflexe, infolge einer primären Änderung des Verhältnisses zwischen Kopf und Rumpf.

Wir haben in Versuchen mit Környey (vorwiegend an Katzen, vereinzelt an Hunden) ursprünglich aus ganz anderen Gründen, zum Studium der Wechselbeziehungen zwischen Kleinhirn und Ruber, nach Unterbindung beider Carotiden zunächst entsprechend der Sherringtonschen Decerebrierungstechnik mit einem breiten Spatel den Hirnstamm vor dem vorderen Vierhügel, bzw. in dessen vorderstem Abschnitt durchtrennt, weiterhin aber die gesamten, vor der Schnittfläche liegenden Hirnteile ausgeräumt und nach Erreichen einer möglichst glatten Schnittfläche dieselbe mit einer mono-, bzw. bipolaren Elektrode bei einem Rollenabstand von 7—11 cm faradisch gereizt. Zur Beobachtung der Reizwirkung erwies sich die Verwendung einer Schwebevorrichtung am geeignetsten, die aus einem horizontal von zwei Pfeilern getragenen Balken bestand. An einem der beiden Pfeiler wurde der Kopf, bzw. Kopfhalter des Tieres fixiert, während der Rumpf durch eine Schlinge, welche um dessen caudalen Abschnitt gelegt und am horizontalen Balken befestigt war, schwebend erhalten wurde. Zur Beobachtung der Kopfbewegung erwies es sich am vorteilhaftesten, den Kopf, bzw. Kopfhalter nur lose zu fixieren, so daß eine gewisse Beweglichkeit des Kopfes möglich war, z. B. dadurch, daß die Stange des Kopfhalters in einen vertikalen Schlitz des Tragpfeilers gesteckt wurde, so daß Bewegungen um die occipitonasale Achse ausgeführt werden konnten.

Zunächst zeigte sich in diesen Versuchen mit Környey, daß es außer den erwähnten, von Graham Brown beschriebenen Reaktionen zu typischen Haltungsänderungen des Rumpfes kommt, zu einer Rotation um die Längsachse und einer Krümmung mit der Konkavität nach der gereizten Seite (Fig. 55). Die Rotation prägt sich in konjugierter Deviation der Extremitäten aus: Die Vorderextremitäten deviieren nach der entgegengesetzten Seite, die Hinterextremitäten stärker nach der Seite der Reizung. Der orale Abschnitt der Wirbelsäule wird also im selben Sinne wie der Kopf um die Längsachse rotiert, der caudale im entgegengesetzten Sinne. Der Schwanz zeigt nicht immer einen deutlichen Effekt, wird aber oft auf die Seite der Reizung hinübergeschlagen, manchmal wird aber die Spitze des Schwanzes auf die entgegengesetzte Seite gewendet wie die Wurzel. Die Extremitäten zeigen einerseits eine Tonusveränderung in der Beuge- und Streckmuskulatur, andererseits die schon erwähnte Deviation. Die Tonusveränderung ist in den typischen Fällen die von Graham Brown beschriebene: es kommt bei der Reizung zur Beugung der gleichseitigen vorderen und der entgegengesetzten hinteren und zur Streckung der gekreuzten vorderen und der gleichseitigen hinteren Extremität, besonders im Ellbogen, bzw. Kniegelenk. Außerdem deviieren beide Vorderbeine nach der entgegengesetzten, beide Hinterbeine nach der gleichen Seite hin. Die Hinterbeine, besonders das der Reizseite, werden auch in der Regel durch Beugung im Hüftgelenk gehoben. Die Deviation ist in ihrem Wesen die Folge der Rotation der Wirbelsäule, aber bei ihrem Zustandekommen spielen wahrscheinlich auch die Ad- bzw. Abductoren der Extremitäten eine gewisse Rolle, worauf die Tatsache hinweist, daß das gleichseitige Vorderbein das andere oft überkreuzt. Diese Erscheinung scheint dadurch bedingt zu sein, daß die gleichseitigen Adductoren der oberen Extremität stärker innerviert werden als die gegenseitigen Abductoren.

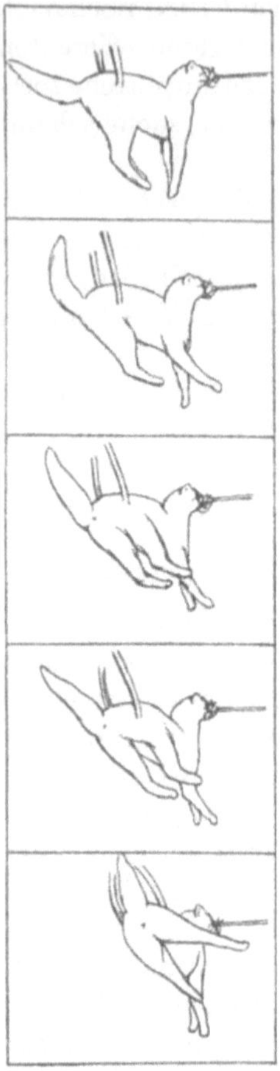

Bei kinematographischer Analyse der Reaktion zeigte sich, was man übrigens oft auch schon bei gewöhnlicher Betrachtung, besonders wenn die Reaktion langsam abläuft, beobachten kann, daß dieselbe in mehreren Phasen vor sich geht. Es kommt zunächst zur Streckung bzw. Beugung der Extremitäten und meistens auch zugleich zur Wendung des Schwanzes. Hieran schließt sich die Reaktion des Rumpfes mit der Deviation der Extremitäten. Nach der Aufhebung der Reizung überdauert die Streck-, bzw. Beugereaktion der Extremitäten die Haltungsänderung des Rumpfes, so daß man zum Schluß ein Bild erhält wie bei Beginn der Reaktion: die Tonusänderung der Extremitäten allein bei normal gehaltenem Rumpf. Der Effekt überdauert manchmal, besonders an den Extremitäten, den Reiz um mindestens mehrere Sekunden, so daß wir wohl mit Graham Brown von einer tonischen Reaktion sprechen können; auch eine „Rückschlagswirkung" —Umschlag der Extremitätenreaktion in ihr Gegenteil nach Aussetzen des Reizes — konnten wir in einzelnen Fällen wahrnehmen.

Wichtiger erscheint die Beobachtung, daß die Beuge-, bzw. Streckbewegung der Extremitäten eintritt, bevor es zu einer Änderung im Verhältnis zwischen Kopf und Rumpf kommt, was darauf hinweist, daß diese Extremitätenbewegungen direkte Folge des Reizes und nicht sekundärer Natur, kein Ausdruck von Magnus-de Kleijnschen Reflexen, infolge der Kopf- bzw. Rumpfdrehung sind. Dies läßt sich übrigens auch dadurch beweisen, daß man das Auftreten der geschilderten Beuge-, bzw. Streckbewegungen auch dann beobachten kann, wenn am schwebenden Tier sowohl Kopf wie Rumpf fixiert werden, so daß sie keine Haltungsänderungen eingehen können.

Die Reaktion zeigt sich nicht in allen Fällen in so typischer Weise, wie in den vorigen Zeilen beschrieben wurde, was auch Graham Brown schon auf-

Abb. 55. Skizzen nach einer kinematographischen Aufnahme (von oben nach unten zu lesen). Decerebrierte Katze, durch den Kopfhalter und ein um den Hinterkörper geführtes Band schwebend erhalten. Rechtsseitige Reizung der Decerebrationsfläche. Beugung der rechten oberen, Streckung der linken oberen Extremität, (atypische) Beugung beider hinteren Extremitäten, Deviation derselben nach rechts, Wirbelsäule nach rechts konkav gekrümmt.

gefallen ist. So hat er manchmal Streckung beider Vorderextremitäten beobachtet, was auch in unseren Versuchen einige Male vorkam, wobei aber wieder die gleichseitige Extremität die andere überkreuzte. Außerdem konnten wir verschiedene Abweichungen von der typischen Reaktion konstatieren. In manchen Fällen zeigten beide Hinterextremitäten Beugung, aber auch in diesen Fällen war ein stärkerer Extensorentonus der gleichseitigen Hinterextremität vorhanden, was in einem deutlichen Widerstand gegen die weitere passive Beugung zur Geltung gelangte, während die weitere passive Beugung der gekreuzten Hinterextremität ganz leicht auszuführen war. Eine andere Form des atypischen Effektes ist, daß die Extremitäten einer Seite gleichsinnig reagieren, und zwar beide gleichseitigen Extremitäten gebeugt oder gestreckt werden, während an beiden entgegengesetzten die entgegengesetzte Reaktion eintritt. Nicht selten war der Effekt durch das Auftreten von Laufbewegungen einer oder mehrerer Extremitäten kompliziert. Es sei bemerkt, daß abweichende Reaktionen auch an Tieren auftraten, die den typischen Effekt zeigten, derart, daß bei einem Tier durch die eine Reizung der typische Effekt, durch eine spätere ein atypischer auszulösen war (oder auch umgekehrt). Inwiefern dieser Wechsel der Reaktionen mit Abkühlung, bzw. Austrocknen des Präparates, Fehler, die wir nach Möglichkeit durch Auflegen warmer Ringer-Tupfer zwischen den einzelnen Reizungen zu vermeiden suchten, oder Ermüdungserscheinungen, bzw. Änderungen der Widerstände an den von der Erregung wiederholt betroffenen Synapsen zusammenhängt, wird weiterhin untersucht werden müssen. Stromschleifwirkung auf die Gegenseite läßt sich durch Abtragung des N. ruber einer Seite ausschließen.

Was nun die Frage anlangt, auf Reizung welcher Gebilde des Mittelhirnquerschnittes die beschriebenen Effekte zu beziehen sind, so können wir nach den Versuchen mit Környey sowohl das Gebiet des Mittelhirndaches als auch die hinteren Längsbündel, die Rubrospinaltrakte und die zur unteren Olive ziehende zentrale Haubenbahn ausschließen. Der Reizeffekt blieb trotz Zerstörung der Corp. quadrigemina, Durchtrennung des hinteren Längsbündels caudal von der Reizstelle, bzw. Durchtrennung der die Mittellinie überschreitenden Fasern des Rubrospinaltraktes bestehen, auch konnte Reizung der unteren Olive keinen ähnlichen Effekt auslösen. Zerstörung der ventral vom N. ruber gelegenen Querschnittsanteile, i. e. des Gebietes der Subst. nigra und des Pes pedunculi, hob dagegen den beschriebenen Effekt der Mittelhirnreizung in der Hauptsache auf. Nachdem Abtragung der Pedunculi allein, bzw. Degeneration der von der motorischen Region absteigenden Bahnen nicht diese Wirkung hat, außerdem Pedunculusreizung, wie schon Graham Brown ausführte, keine den Reiz überdauernde tonische Reaktion sondern nur kurzdauernde Zuckungen auslöst, müssen wir vermuten, daß die oben beschriebenen Tonusänderungen auf die Region der Substantia nigra zu beziehen sind, wobei aber vorderhand offen bleiben muß, inwiefern die Zellen dieses Ganglions selbst, inwiefern durchziehende Bahnen aus cranialen Hirnabschnitten hierbei eine Rolle spielen (vgl. hierzu nächstes Kapitel).

Zum Zustandekommen dieser Reizwirkung ist, wie schon Graham Brown gezeigt hat, die Existenz von proprioceptiven Erregungen aus den Gliedmaßen entbehrlich, das gleiche gilt, wie in den Versuchen mit Környey gezeigt werden konnte, für die labyrinthären Erregungen, nachdem sowohl beiderseitige Octavusdurchschneidung als auch Einstiche in die Labyrinthkerne, bzw. Durchtrennung ihrer descendierenden Bahnen den Reizeffekt nicht aufhoben. Auch konnten wir die Angabe von Graham Brown bestätigen, daß die Existenz des Kleinhirns zum Zustandekommen des Effektes nicht nötig ist.

Legt man, successive caudal fortschreitend, Querschnitte durch den Hirnstamm an, so zeigt sich, daß man durch Reizung des vordersten Teils der Brückenhaube noch einen ähnlichen Effekt erhält wie bei Reizung des Mittelhirnquerschnittes, während derselbe bei Reizung von Querschnitten durch die Medulla oblongata vermißt wird. Es scheint also, daß die durch Mittelhirnreizung getroffenen Systeme die Erregung den in der Formatio reticularis der Brücke gelegenen Tonuszentren übertragen.

Ein Hinweis auf die *Bedeutung dieser Systeme* ist vielleicht dadurch gegeben, daß die erzielten Haltungsänderungen der Extremitäten (Beugung des gleichseitigen Vorder- und gegenseitigen Hinterbeins, Streckung der übrigen Extremitäten) jenen entsprechen, welche die Gliedmaßen der Quadrupeden beim Übergang vom Stehen zum Laufen erleiden, daß auch manchmal, besonders bei stärkerer Reizung, die Haltungsänderung tatsächlich in Laufbewegungen übergehen kann. Wir haben es also hier vielleicht mit Systemen zu tun, welche die vom Rhombencephalon besorgten, das ruhige Stehen vermittelnden Innervationen durchbrechen und *jene Haltungsänderungen ausführen, welche die Fortbewegung einleiten.*

Anhang: Hypnoseversuche an Mittelhirntieren.

Wir haben früher darauf hingewiesen, daß die Stellfunktion willkürlich, also anscheinend vom Vorderhirn aus, gehemmt werden kann. Außerdem scheint aber auch eine reflektorische Unterdrückung der Stellreflexe und damit ein Festhalten abnormer Lagen durch zentripetal ausgelöste Mechanismen möglich, die sich caudal vom Zwischenhirn abspielen. Dies beweisen jene kataleptischen Erscheinungen, die wir als *tierische Hypnose* bezeichnen, Zustände, bei welchen alle zur Bewegung führenden Reaktionen, also auch die Stellreflexe unterdrückt sind, so daß abnorme, passiv erteilte Haltungen fixiert werden. In Untersuchungen mit A. A. Goldbloom haben wir uns die Frage vorgelegt, in welchen Teilen des Zentralnervensystems sich jene Reflexe abspielen, welche im Zustand der tierischen Hypnose die Aufrechterhaltung der den Körperteilen (passiv) erteilten Haltung gewährleisten. Für den Kaltblüter wissen wir zwar aus den Untersuchungen von Heubel, daß das Erhaltenbleiben von Rückenmark, Medulla oblongata und Kleinhirn genügt, um das Zustandekommen der charakteristischen Erscheinungen der Hypnose zu ermöglichen [1]; für das Huhn hat Verworn gezeigt, daß auch am großhirnlosen Tier das Experimentum mirabile des Pater Kircher gelingt. Aus diesen Erfahrungen am Kaltblüter- bzw. Vogelhirn aber Schlüsse auf den Säuger ziehen zu wollen, erscheint bei der Verschiedenheit der Organisation des Zentralnervensystems dieser Tierklassen nicht möglich. An Untersuchungen dieser Frage liegt für den Säuger nur ein einziges Experiment von Szymansky

---

[1] Die von Danilewsky erörterte Möglichkeit, daß das Rückenmark allein für das Zustandekommen der Hypnose genüge, wird von Verworn und Mangold mit Recht negiert. Denn dem Rückenmarkstier fehlt das wichtigste Kriterium der Hypnotisierbarkeit, die Fähigkeit der Lagekorrektur. Für den Säuger schließen Versuche von Verworn diese Möglichkeit mit Bestimmtheit aus.

vor, der berichtet, daß ein Kaninchen, dem die beiden Hemisphären entfernt wurden, sich ebenso leicht in den Zustand der Bewegungslosigkeit versetzen ließ wie ein normales Tier. Dasselbe verharrte in diesem Zustande ebenso lange, wie dies beim gesunden Kaninchen der Fall ist. Die anatomische Untersuchung ergab vollkommene Entfernung „beider Hemisphären". Inwieweit die unter dem Pallium gelegenen Ganglien erhalten oder geschädigt waren, ist leider nicht beschrieben, nach der beigegebenen Abbildung zu schließen, scheinen sie größtenteils erhalten geblieben zu sein.

In den Versuchen mit Goldbloom konnten zunächst die von Szymansky an einem gehirnlosen Kaninchen gemachten Beobachtungen bestätigt werden, daß ein des Palliums beraubtes Tier noch in den Zustand der Bewegungslosigkeit versetzt werden kann. Nur insofern möchten wir diese Angabe erweitern, daß unsere dekortizierten Tiere nicht nur ebenso leicht in hypnotische Katalepsie gebracht werden konnten und in dieser ebenso lange verharrten wie normale Tiere, sondern daß entschieden die Bewegungslosigkeit bei diesen Tieren leichter auszulösen war, länger anhielt und erst durch stärkere Reize aufgehoben werden konnte, als vor der Operation. Kaninchen, die früher nur sehr selten und nur für wenige Sekunden bewegungslos in Rückenlage verblieben, zeigten dieses Phänomen nach Absaugung des Palliums, auch wenn mehrere Tage nach der Operation verstrichen waren, schon beim ersten Versuch und konnten erst durch stärkere akustische Reize bzw. Erschütterung der Unterlage zum Umdrehen in die normale Hockstellung veranlaßt werden. Damit stehen auch Beobachtungen Verworns an großhirnlosen Hühnern in Übereinstimmung.

Nach beiderseitiger Exstirpation des Striatums (bzw. des mit dem Vorderteile des Putamens verschmolzenen Kopfes des Nucleus caudatus) samt dem darüberliegenden Teil der Hemisphären, welche Operation nach der alten Methode der Absaugung mit der Wasserstrahlluftpumpe (Baginski und Lehmann) wieder an Kaninchen und Meerschweinchen vorgenommen wurde, waren im Prinzip ähnliche Verhältnisse zu beobachten. Speziell an einem Kaninchen, welches den Eingriff 6 Tage überlebte und das am zweiten Tage post operat. sich sehr lebhaft erwies, ohne besondere Maßnahmen in Rückenlage gebracht, sich prompt umdrehte, war es auffallend, wie leicht die Erzeugung der Bewegungslosigkeit gelang und wie wiederum nur sehr starke Sinnesreize das hypnotisierte Tier zum Umdrehen aus der Rückenlage in die Normalstellung veranlaßten. So konnte man beobachten, daß beispielsweise beim Aufklopfen auf den Tisch an dem in Rückenlage hypnotisierten Tier nur eine ruckartige Streckung des linken Hinterbeines erfolgte, ohne daß das Tier sonst seine Stellung änderte. Erst mehrmaliges Aufklopfen auf den Tisch oder Abbeugen der Hinterbeine durch Druck auf die Zehen vermochte das Tier zum Umdrehen zu veranlassen.

Schon an einzelnen des Striatums beraubten Tieren, besonders den Meerschweinchen, hatte die nachfolgende anatomische Untersuchung gezeigt, daß auch der Thalamus opticus von Blutungen mehr minder durchsetzt sein konnte, ohne daß die Fähigkeit der Lagekorrektion einerseits, der Hypnotisierbarkeit (i. e. des Verbleibens in abnormen Stellungen) andererseits aufgehoben wurden. So war denn schließlich zu untersuchen, ob nach Ausräumung des gesamten, vor dem Mittelhirn gelegenen Anteils des Gehirns die oben auseinandergesetzten Kriterien noch zutreffen.

Die Operation erfolgte in Anlehnung an die von Karplus und Kreidl angegebene Technik der Großhirnexstirpation. Nach breiter Eröffnung des Schädeldaches wurde mit Wattebäuschchen, die zwischen Occipitallappen einerseits, Falx und Tentorium andererseits eingeschoben wurden, der Hinterhauptslappen nach außen luxiert, bis der vordere Vierhügel zur Darstellung gebracht war. Hierauf erfolgte die Durchschneidung des Hirnstammes entsprechend dem vorderen Rande des Corpus quadrig. anter. Vorherige doppelseitige Unterbindung der Carotiden und temporäre Kompression der Vertebralarterien (nach Sherrington) während des Moments der Durchschneidung verringern die Blutung auf ein Minimum. Überdies kann nach der Durchschneidung bei etwaiger stärkerer Blutung aus den basalen Gefäßen ein Wattetampon gegen die Schädelbasis gedrückt werden, wobei nur eine Kompression der Schnittfläche des Mittelhirns zu vermeiden ist. Abtragung der den Sinus sagittalis bedeckenden Knochenspange (nach Abpräparieren der Dura mit dem Sinus vom Knochen mittels eines schmalen Raspatoriums) erleichtert sehr die Übersicht, erhöht aber die Gefahr einer späteren Verletzung des verbleibenden Anteils des Hirnstammes, bzw. einer Nachblutung, besonders bei den Hypnose-

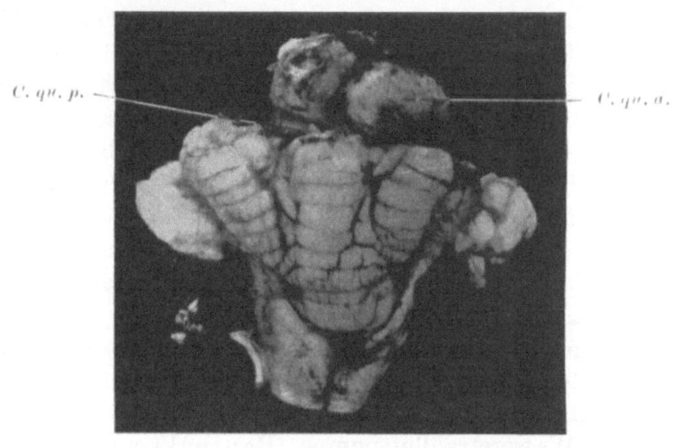

Abb. 56. Nach Exstirpation des Pros- und Diencephalon verbleibender Anteil des Hirnstammes eines Kaninchens, der zur Auslösung des „hypnotischen" Zustandes genügt. *C. qu. a.* = Corp. quadrig. anterius, *C. qu. p.* = Corp. quadrig. posterius.

versuchen, bei welchen die Tiere oftmals in Rückenlage gebracht werden. Im ganzen konnten an 4 Tieren nach diesem Eingriff Hypnoseversuche angestellt werden. Abb. 56 zeigt den verbleibenden Anteil des Hirnstammes eines auf diese Weise operierten Kaninchens; der Schnitt verläuft dorsal gerade entsprechend dem vorderen Rande der Corpora quadrigemina anteriora, ventral durch den vordersten Abschnitt der Pedunculi. Das Tier starb am 2. Tage post operationem infolge einer Blutung im Anschluß an einen Hypnoseversuch. (Das Blutkoagulum, welches das Mittelhirn bedeckte, wurde nach Härtung des Gehirns abgetragen.)

An allen unseren „Mittelhirnkaninchen" gelang es nun mit besonderer Leichtigkeit, dieselben in abnorme Stellungen zu bringen, in welchen sie bewegungslos verblieben; dies gelang auch an jenen Tieren, welche die Stellreflexe, also die Fähigkeit der Rückkehr aus abnormen Lagen in die Normalstellung, prompt aufwiesen, wie beispielsweise jenes Tier, dessen nach der Operation verbliebener Hirnstammanteil in Abb. 56 dargestellt ist. In noch auffallenderer Weise als an jenen Tieren, bei welchen nur Anteile des Prosencephalon entfernt waren, zeigte sich, daß nur sehr starke und wiederholte Reize die Aufhebung der einmal eingetretenen Hypnosekatalepsie bewirken konnten.

Die Entfernung des Vorder- und Zwischenhirns stellt die weitgehendste Läsion dar, nach der die aufgestellten Kriterien der Hypnotisierbarkeit noch zutreffen.

Denn ein Schnitt durch das Mittelhirn bzw. caudal von diesem hebt, wie erwähnt, die Stellreflexe auf und versetzt das Tier in den Zustand der Enthirnungsstarre. Es ergibt sich also, soweit wenigstens die Versuche an Meerschweinchen und Kaninchen zeigen, daß jene statische Innervation, welche für die Aufrechterhaltung der dem Tiere erteilten Körperhaltung im Zustand der Hypnose bei Säugetieren nötig ist, durch Reflexe bedingt wird, die in der Hauptsache im Hirnstamm vom Mittelhirn abwärts verlaufen.

Nach Entfernung der vor dem Mittelhirn gelegenen Gehirnanteile ist die zum Festhalten passiv erteilter, abnormer Stellungen nötige statische Innervation besonders leicht auslösbar und kann erst durch sehr starke und wiederholte Reize durchbrochen werden. Es ist naheliegend anzunehmen, daß, abgesehen von Chockwirkung, die Ausschaltung der in Pros- und Diencephalon gelegenen Re-

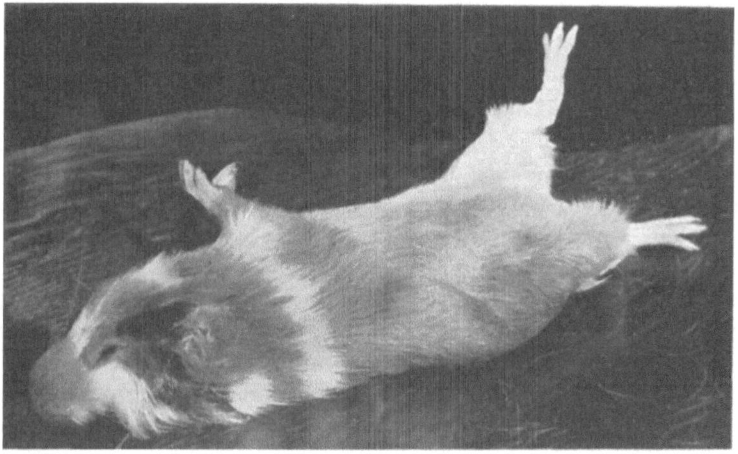

Abb. 57. Hypnotisiertes Meerschweinchen. „Tonischwerden" einer versuchten Lagekorrektion im Sinne von Verworn.

flexzentren und Endstätten zentripetaler Erregungen, vielleicht auch die Verringerung der in der Hauptsache vom Cortex ausgehenden „spontanen Impulse" hierfür verantwortlich zu machen ist.

Schwieriger erscheint die Frage zu beantworten, inwiefern die Tätigkeit des Endhirns während der Hypnose normaler Tiere beeinträchtigt ist.

Einen Anhaltspunkt in dieser Richtung scheint das Verhalten hypnotisierter Tiere bezüglich des erleichterten Auftretens gewisser, normalerweise mehr minder gehemmter tonischer Reflexe zu geben. Schon aus Beobachtungen von Verworn geht hervor, daß normale Meerschweinchen, die in Rückenlage in Hypnose versetzt werden, je nach der verschiedenen Stellung des Kopfes die hinteren Extremitäten verschieden halten. Ist der Kopf beiswielsweise so um die occipitonasale Achse gedreht, daß das rechte Auge nach oben, das linke gegen die Unterlage blickt, so hält das Tier das rechte Bein im Knie- und Fußgelenk gestreckt auf der Unterlage, während das gegenseitige Bein im Hüft- und Kniegelenk im stumpfen Winkel gebeugt über die Unterlage emporgehalten wird (Abb. 57). Der Rumpf erscheint um seine Längsachse gedreht, so daß trotz der Seitenlage des Kopfes die untere Rumpfpartie mit der Bauchfläche nach oben gerichtet ist. Liegt dagegen der Kopf um 180° gegen die beschriebene Stellung verdreht, so daß das rechte Auge die Unterlage anblickt, so verhalten sich die beiden hinteren Extremitäten und die Rumpfdrehung gerade umgekehrt. Diese von der Kopflage abhängige Beinstellung wird von Verworn als Ausdruck eines plötzlich stehengebliebenen Versuches des Tieres, sich aus der Rückenlage in die Bauchlage umzudrehen, aufgefaßt. Wir wissen heute, dank den Untersuchungen von Magnus und de Kleijn, daß dieses Umdrehen durch Stellreflexe vermittelt werden kann, deren Zentrum im Mittelhirn zu suchen ist. Inwiefern an diesem Umdrehen aus der Rückenlage beim intakten Tier neben den im Mittelhirn lokalisierten Stellreflexen spontane Innervationen beteiligt sind, ist schwer zu sagen. Jedenfalls kann man die beschriebene Haltung in der Regel dann beobachten, wenn das Tier, noch während es in Rückenlage zum Zweck des Hypnotisierens festgehalten wird, die Tendenz zeigt, sich in die Normalstellung umzudrehen. Dabei erscheint es weniger von Bedeutung, ob man das Tier durch Drehung um die Längsachse in die Rückenlage gebracht hat, wie dies Verworn angibt, sondern die im Moment des Eintritts der Hypnose vorhandene Kopfstellung ist die Hauptsache.

Schon Mangold hat hervorgehoben, daß das Tonischwerden einer Lagekorrektion im Sinne von Verworn nicht eine Conditio sine qua non der tierischen Hypnose darstellt. Tatsächlich läßt sich zeigen, daß außer dem geschilderten Erstarren der ein Umdrehen des Tieres aus der Rückenlage bezweckenden Reaktionen, aus dem Verworn auf eine „tonische Erregung des cerebralen Lagereflexgebietes" als einer notwendigen Komponente für den Eintritt der Hypnose schloß, noch ein anderes Verhalten beobachtet werden kann. Wird nämlich das einerseits am Bauch, andererseits am Kopf gefaßte Tier genügend rasch in den Zustand der Hypnose versetzt und schon während des Umdrehens in die Rückenlage der Kopf um seine occipitonasale Achse gedreht, so kann man oft nicht nur die von Verworn beschriebene Stellung, sondern (insbesondere, wenn das Tier im Moment des Niederdrückens in Rückenlage sich schon völlig ruhig verhält) auch beobachten, daß die hintere Extremität jener Seite, welcher der Scheitel des Tieres zugekehrt ist (Scheitelbein), in gebeugter Stellung an den Rumpf angezogen, das kontralaterale (Kieferbein) dagegen in einer Mittelstellung zwischen maximaler Beugung und Streckung über die Unterlage emporgehalten wird, also ein Verhalten wenigstens der hinteren Extremitäten, wie es den Magnus-de Kleijnschen Halsreflexen ähnelt, wenn auch die Haltung des Kieferbeines nicht so vollkommen die Streckstellung erreicht wie am decerebrierten Präparat (Abb. 58).

Neben der Fixierung der zum Umdrehen tendierenden Reaktionen kann man also auch im Zustand der Hypnose in tieferen Abschnitten des Zentralnervensystems sich abspielende tonische Reflexe wie den Halsreflexen ähnliche Reaktionen hervortreten sehen, die sonst nur nach Decerebration, bzw. bei Beeinträchtigung der Tätigkeit höherer Zentren (durch Narkose Rothfeld) deutlich werden. Dies scheint ein Hinweis darauf, daß wahrscheinlich während der Hypnose sonst normaler Säugetiere die Tätigkeit jener Zentren gehemmt ist, welche die vorwiegend in tieferen Teilen des Hirnstamms ablaufenden Mechanismen der statischen Innervation zügeln, so daß diese Reaktionen nun verstärkt zur Wirkung kommen können. Es wäre aber verfehlt, etwa nur eine Beeinträchtigung der Tätigkeit des Vorderhirns, im speziellen des motorischen Cortex anzunehmen, für welch letzteren Verworn aus dem Mangel spontaner Bewegungsimpulse bei den vor Eintritt der Hypnose aufgeregten Tieren sowie aus einer gewissen, manchmal die Hypnose überdauernden „Benommenheit" auf einen Hemmungszustand schließt; wissen wir ja, daß beim Säugetier für die Regulation der statischen Innervation insbesondere das Mittelhirn von Bedeutung ist. Daß die Hemmung in der Hypnose auch noch tatsächlich Ganglien des Mittelhirns betreffen muß, beweist am deutlichsten der Umstand, daß hierbei nicht nur spontane Innervationen sondern auch die in den Nucleus ruber (Magnus und Rademaker) zu lokalisierenden Stellreflexe unterdrückt werden.

Der Wunsch, aus den Ergebnissen des Tierversuchs Hinweise für das Verständnis der beim Menschen zu beobachtenden Erscheinungen abzuleiten, mag nicht unbegreiflich erscheinen. Doch sind solche Schlüsse, namentlich aus Versuchen an niederen Säugern, wie sie hier angestellt wurden, nur mit der größten Vorsicht zu ziehen, wenn auch Mangold unter Betonung der psychologischen

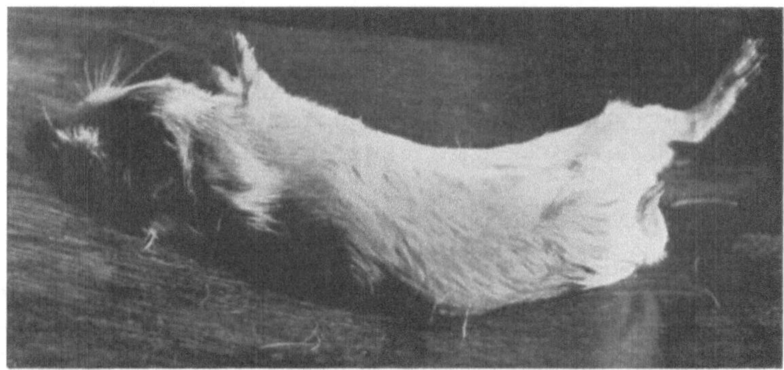

Abb. 58. Hervortreten von Reaktionen an den hinteren Extremitäten, welche den Halsreflexen ähneln. Maximale Beugung des rechten Hinterbeins („Scheitelbeins"), die Gelenke des linken Hinterbeins („Kieferbeins") werden in stumpfem Winkel gehalten.

Unterschiede (besonders Fehlen der Suggestion sowie eines Rapportverhältnisses) auf die weitgehenden Analogien in physiologischer Beziehung (vor allem die Bewegungslosigkeit, die Hemmung aller spontanen, motorischen Impulse und der Lagekorrektion bei beiden Zuständen) mit Recht hingewiesen hat.

Wir möchten es daher vermeiden, uns in Hypothesen darüber einzulassen, inwiefern subcorticale Ganglien beim Menschen an dem Mechanismus der statischen Innervation beteiligt sind, der die Aufrechterhaltung der Hypnosekatalepsie gewährleistet (vgl. hierzu Schilder u. Kauders). Es soll nur darauf hingewiesen werden, daß ein Weg, um in das Studium dieses Mechanismus einzudringen, durch die Untersuchung der Frage gegeben sein könnte, ob normalerweise mehr minder gehemmte tonische Reflexe, ähnlich den Magnus-de Kleijnschen Reaktionen, während der Hypnose erleichtert ausgelöst werden können. Daß in dieser Hinsicht vielleicht ähnliche Beobachtungen, wie sie hier am Tiere gezeigt wurden, gemacht werden könnten, dafür scheint auch eine Bemerkung zu sprechen, die erst jüngst Zingerle machte. Er betont, daß zum Nachweis der von ihm beschriebenen Reaktionen bei Normalen ein besonderer Gehirnzustand durch Abschluß der Augen und Einstellung der Glieder in den Zustand aktiver Ruhe erzeugt werden müsse. Dieser Zustand, den er als Automatose bezeichnet, scheint aber von Hypnose nicht weit entfernt zu sein. Wir wollen uns aber hier nicht weiter auf Vermutungen einlassen, nur tatsächliche Beobachtungen können uns weiterführen.

4. Zwischenhirn.

Wenn es auch richtig ist, daß die Enthirnungsstarre erst nach Hirnstammdurchtrennung hinter dem roten Kern auftritt, so muß doch (gegenüber Rademaker) betont werden, daß auch nach Querschnitten, die vor dem Mittelhirn angelegt werden, die Tonusverteilung meist nicht ganz der Norm entspricht, daß auch hier eine gewisse Erhöhung des Streckertonus zu beobachten ist (besonders deutlich, wenn man Hemisektionen vor dem Ruber ausführt, aber auch bei Totaldurchtrennung wahrnehmbar). Übrigens muß Rademaker selbst zugeben, daß nach isolierter Ausschaltung der roten Kerne mittels Spaltung der Forelschen Kreuzung bei Katzen die Erhöhung des Streckertonus bei intakt gelassenem Großhirn nicht so stark ist wie nach kompletter Mittelhirndurchtrennung, was ebenfalls dafür spricht, daß noch andere im Mittelhirn absteigende Bahnen für die Tonusverteilung nicht ganz ohne Bedeutung sind.

Wir müssen uns damit die Frage vorlegen, inwiefern die oral vom roten Kern gelegenen Teile des Zentralnervensystems den Muskeltonus zu regulieren vermögen. Wenn auch einzelne Fälle (Bischoff, Herz) darauf hinweisen, daß schon Läsionen des eigentlichen Thalamus opticus Tonusänderungen zur Folge haben können, so liegen eingehendere Untersuchungen über Störungen der Tonusregulation bei Herden im Bereich des Diencephalon nur bezüglich der *Substantia nigra* vor[1], an deren Bedeutung für die Tonusregulation schon Brissaud gedacht hat und auf welche für den *Menschen* die Untersuchungen von Tretiakoff wieder hingewiesen haben (degenerative Veränderungen in der Substantia nigra bei Fällen von Parkinsonismus, weitere Befunde siehe bei Foix, Goldstein, Lhermitte). Aus dem Encephalitismaterial ist allerdings schwer ein sicherer Beweis für oder wider die Anschauung zu gewinnen, daß die Substantia nigra an der Tonusregulation beteiligt sei, da in diesen Fällen noch andere Hirnteile, vor allem die Vorderhirnganglien mehr minder betroffen waren (vgl. dazu die Untersuchungen von Hohman), so daß diese Fälle für die Frage der Lokalisation nicht ernstlich in Betracht kommen können. Wir müssen aber auch jene Fälle, in welchen bloß Zellausfälle, bzw. degenerative Veränderungen in der Substantia nigra bei Tonuserhöhungen beschrieben wurden, mit großer Vorsicht beurteilen. Denn es ist daran zu erinnern, daß nach Zerstörung des Großhirns, bzw. des Striatum und Pallidum die Zellen der Substantia nigra sekundär zugrunde gehen (neuerdings Dresel und Rothmann beim Hunde). Die Befunde von Zellschwund im Bereiche der Substantia nigra bei Fällen von abnormer Tonuserhöhung kann darum nur dann für die Frage der Funktion dieses Ganglions Bedeutung beanspruchen, wenn die Serienuntersuchung des Vorderhirns einschließlich der Stammganglien dasselbe

---

[1] Wir behandeln hier die Substantia nigra im Abschnitt „Zwischenhirn" nur mit Rücksicht darauf, daß dieses Ganglion in caudalen Abschnitten des Diencephalon, bzw. oralen Anteilen des Mittelhirns anzutreffen ist, ohne zu der Frage Stellung nehmen zu wollen, ob diese Zellanhäufung entwicklungsgeschichtlich dem Vorderhirn zuzurechnen ist, wie neuerdings Spatz annimmt. Die Besprechung dieser anatomischen Frage fällt außerhalb des Rahmens unserer physiologisch orientierten Untersuchung.

normal erweist, eine Forderung, welche die bisherigen Untersuchungen nicht genügend erfüllen. Am ehesten weist noch der Charcotsche Fall (beschrieben von Béchet, pathologisch-anatomische Untersuchung von Blocq und Marinescu, klinisch ein parkinsonähnliches Bild der linken Körperhälfte mit Tremor, Steigerung der Sehnenreflexe und leichter Ataxie, anatomisch Tuberkel im Bereich des rechten Hirnschenkels) auf' einen gewissen Zusammenhang der Substantia nigra mit der Tonusinnervation; denn Lotmar betont mit Recht gegenüber Rademaker, daß die Beschreibung der Grenzen des Tuberkels (ventral der Pes pedunculi, dorsal der Bindearm, innen die Oculomotoriusfasern, außen die Schleife) vor allem auf die Substantia nigra hinweist, während die verschiedenen Teile der Haube zwar komprimiert, aber nicht zerstört gewesen sein sollen, so daß also der anatomische Befund nicht recht die Annahme stützt, daß die Symptome dieses Falles nicht auf Läsion der Substantia nigra sondern des Nucleus ruber zu beziehen seien. Es wäre demnach die Möglichkeit, daß die Substantia nigra beim Menschen an der Tonusregulation beteiligt sei, nicht von der Hand zu weisen.

Die bisherigen experimentellen Läsionen (doppelseitige Zerstörungen dieses Ganglions bei Katzen und Affen Economo und Karplus, bei Kaninchen und Katzen Rademaker) haben allerdings zu einem negativen Ergebnis geführt. Es ist aber, abgesehen davon, daß schon die Morphologie (Auftreten eines melanotischen Pigments!) eine besondere Entwicklung dieses Ganglions beim Menschen erkennen läßt, darauf hinzuweisen, daß in keinem dieser Versuche (soweit es wenigstens die Abbildungen in Rademakers Buche zeigen) die Substantia nigra total zerstört war. Die oben erwähnten, in Gemeinschaft mit Környey ausgeführten Reizversuche sprachen dafür, daß beim Zustandekommen der bei Mittelhirnreizung zu beobachtenden Haltungsänderungen der Region der Substantia nigra eine maßgebende Bedeutung zukomme, daß also diese Region auch schon beim Quadrupeden eine gewisse Bedeutung für die Tonusregulation habe (Innervation von Haltungsänderungen beim Übergang vom Stand zur Fortbewegung?). Es sei aber nochmals betont, daß nicht nur die Zellen der Substantia nigra sondern auch diese Region durchsetzende, von cranialen Hirnabschnitten kommende Bahnen bei Reizung dieses Gebietes in Betracht gezogen werden müssen. Ich möchte daher die Frage der Bedeutung der Zellen der Substantia nigra für die Tonusregulation noch als offen betrachten, solange nicht die Funktion der hier deszendierenden Fasern geklärt ist. Hierüber sollen weitere Versuche Aufschluß geben.

5. Vorderhirnganglien.

Zur Nomenklatur und Anatomie der im Vorderhirn gelegenen Zentren des sogenannten extrapyramidalen Systems, id est der außerhalb der Pyramidenbahn deszendierenden Bahnen, sei nur so viel erwähnt, daß man das Striatum (Nucleus caudatus und Putamen) dem Pallidum (Globus pallidus) gegenüberstellt, daß also der Linsenkern (Nucleus lentiformis) aus zwei verschiedenartigen Anteilen, dem in seiner Struktur (vorwiegend kleinzellige Elemente, einzelne große Zellen) dem Nucleus caudatus gleichenden Putamen und dem in der Hauptsache aus großen Zellen bestehenden Globus pallidus zusammengesetzt ist. Die Zusammengehörigkeit von Putamen und Nucleus caudatus läßt sich besonders vergleichend-anatomisch schön demonstrieren, da man bei Tieren mit gering entwickelter innerer

Kapsel den Zusammenhang dieser beiden Ganglien viel deutlicher erkennen kann (vgl. Spiegel) als beim Menschen, wo die mächtige Kapselfaserung sie getrennt hat.

Was die Faserung dieser Ganglien anlangt, so bestehen nur ganz spärliche Relationen des Striatums zum Cortex, von dessen Entwicklung sich dasselbe auch vergleichend-anatomisch weitgehend unabhängig erweist (Spiegel), während das Pallidum aus den Zentralwindungen, bzw. dem Stirnhirn Zuflüsse erhält (Flechsig, Grünstein). Zentripetale Impulse strömen dem Nucleus caudatus und Putamen einerseits durch Kollateralen der inneren Kapsel, andererseits aus dem Thalamus opticus zu (nach E. Sachs vor allem aus dem Nucleus medialis, nach C. u. O. Vogt aus dem Kern m. v. sowie aus dem Kern des Forelschen Feldes, vielleicht auch aus dem Tuber cinereum), so daß Corteximpulse wenigstens indirekt auf dem Umweg über den Thalamus (besonders fronto-thalamische Bahn zum medialen Kern) zum Striatum geleitet werden können. Ob die dem Striatum zugeleiteten Erregungen, wie C. und O. Vogt annehmen, vor allem an dessen kleinzelligen Elementen endigen, so daß diese Schaltzellen darstellen, welche die Reize auf die großen Ursprungszellen der striofugalen Fasern übertragen, erscheint noch hypothetisch, bei niederen Säugern sind jedenfalls solche Unterschiede im Zellaufbau des Striatums nicht so deutlich nachweisbar. Die efferenten Bahnen aus den beiden genannten Anteilen des Striatums endigen, wie insbesondere die Verfolgung der Degenerationen nach kleinsten Läsionen durch Grünstein, Wilson gezeigt hat, im Globus pallidus, der also als dem Striatum untergeordnet anzusehen ist. Andererseits sollen aber auch direkte Impulse aus dem Thalamus, also mit Umgehung des Striatums, an die großen Zellen des Pallidums herantreten. Efferente Bahnen aus dem Globus pallidus, in der Ansa lenticularis, bzw. peduncularis verlaufend, resp. den Pedunculus durchbrechend, sind außer zum gegenseitigen Pallidum zum Thalamus (Nucleus m. v., Kern n. c. F.), zur gleichseitigen Substantia nigra, vorwiegend zum gleichseitigen roten Kern, Nucleus Darkschewitsch, Corpus subthalamicum und Tuber cinereum sowie zum kontralateralen Nucleus interstitialis, ja sogar zu den Vierhügeln (?) beschrieben worden. (Vgl. hierzu Wilson, C. u. O. Vogt, Spiegel, Spatz, Pollak, neuerdings die zusammenfassende Darstellung von Foix und Nicolesco.)

a) Pathologie.

Für die genauere Lokalisation der Beziehungen der einzelnen Teile der Vorderhirnganglien zur Tonusregulation können natürlich nur jene Fälle aus der menschlichen Pathologie Bedeutung haben, welche bei Untersuchung in lückenloser Serie eine umschriebene Affektion eines einzelnen Ganglions oder eines einzelnen Faserbündels aufweisen. Damit aber wird das für unser Problem brauchbare Material trotz der übergroßen klinischen und pathologisch-anatomischen Literatur, die sich in den letzten Jahren über die Erkrankungen des sogenannten extrapyramidalen Systems angehäuft hat, recht eingeschränkt (vgl. zusammenfassende Darstellung von Bostroem, Foerster, Hunt, Jacob, Kleist, F. H. Lewy, Lotmar, Marburg, Monakow, Runge, Souques, Stertz, Strümpell, C. u. O. Vogt, Wilson).

Durch entzündliche Prozesse hervorgerufene Starrezustände, wie der *postencephalitische Parkinsonismus*, erscheinen nicht nur für die Frage, inwiefern

Striatum, inwiefern Pallidumerkrankungen zu Rigor führen, sondern auch für das Problem, inwieweit die Läsionen der Vorderhirnganglien überhaupt Tonus-änderungen auslösen können, kaum verwertbar, wenn man bedenkt, daß in neuerer Zeit von einigen Autoren die schwersten Veränderungen (vgl. Tretiakoff u. a., vgl. oben) oder doch wenigstens gleich schwere Veränderungen wie in den Vorderhirnganglien in der dieser untergeordneten Substantia nigra gefunden wurden, daß aber auch andere Systeme, wie der Nucleus dentatus, von der Er-krankung nicht freiblieben.

Aber auch die eigentliche Paralysis agitans ist für das Lokalisations-problem nur mit großer Vorsicht zu verwerten. Abgesehen davon, daß die ein-gehenden Untersuchungen der letzten Jahre (Jelgersma, F. H. Lewy, Vogt, Bielschowsky, Jacob, Lhermitte und Cornil, Foix) gezeigt haben, daß außer in den am stärksten befallenen Vorderhirnganglien noch Veränderungen im Tuber cinereum, Corpus Luysii, in den fronto- und temporopontinen Bahnen, bzw. deren Ursprungsgebiet und im Kleinhirn zu beobachten sind (vgl. insbesondere F. H. Lewy), sind wir weit von einer einheitlichen Auffassung der Entstehung des Rigors bei dieser Erkrankung, namentlich was die Frage der Beteiligung der ein-zelnen Teile der Vorderhirnganglien anlangt, entfernt. Denn während Foerster beispielsweise den Rigor der Paralysis agitans und unkomplizierter Fälle von arteriosklerotischer Muskelstarre als Beispiel des ,,hypokinetisch-rigiden Pallidum-syndroms" darstellt, Lewy die Läsion des Pallidums und der Substantia inomi-nata wenigstens als überwiegend ansieht, stellen C. und O. Vogt, Jacob die Striatumläsion in den Vordergrund, nicht zu sprechen von der Ansicht Tretia-koffs, der, wie schon erwähnt, auch den Rigor der Paralysis agitans auf die Er-krankung der Substantia nigra zurückführen will.

Aber auch aus der Gruppe der Wilsonschen *progressiven* lenticulären De-generation (vgl. Hall) scheidet eine große Reihe von Fällen für die Frage der Lokalisation aus, zumal seitdem Stöcker, Spielmeyer u. a. gezeigt haben, daß diese Erkrankung durch Übergänge mit der Pseudosklerose verbunden ist und es ähnlich wie bei dieser auch bei der Wilsonschen Erkrankung zu Läsionen des Kleinhirns, insbesondere des Nucleus dentatus, der Rinde, vor allem des Stirnhirns kommen kann (Spielmeyer, Schütte, Schob, Pollak). Immerhin bleiben einige Fälle von Wilsonscher Erkrankung, z. B. der von Economo, bei welchen anscheinend die Läsion in der Hauptsache auf die Linsenkerne beschränkt war, ja einzelne Beobachtungen (Wilson, C. u. O. Vogt u. a.) weisen darauf hin, daß Rigor und Tremor bei dieser Erkrankung auftreten können, wenn nur vor-wiegend das Putamen betroffen ist. Solche Fälle würden im Sinne jener Autoren sprechen, welche annehmen, daß schon reine Striatumläsionen zur Rigidität führen können, wofür sich auch die Beobachtung von Loewy anführen läßt, der bei einer (allerdings nicht genauer mikroskopisch untersuchten), auf die Nuclei caudati und Putamina beschränkten Erweichung ein Parkinson-ähnliches Bild beobachten konnte.

Diesen Fällen, welche auf eine striäre Entstehungsmöglichkeit des Rigors hin-weisen, stehen auf der anderen Seite Beobachtungen von isolierter Pallidum-erkrankung gegenüber, in ihrer reinsten Form in Fällen von Kohlenoxyd-vergiftung, die genügend lange überlebten, so daß der Rigor zur Beobach-tung kommen konnte (Fälle von Wohlwill, Richter, Grinker).

Das vorhandene klinische Material läßt demnach nur den Schluß zu, daß Erkrankungen der Vorderhirnganglien zu Tonuserhöhung der Skelettmuskulatur führen können[1], ohne daß sich behaupten ließe, daß nur Erkrankung des Pallidums oder nur Erkrankung des Striatums als Ursache dieser Tonuserhöhung in Betracht kommen. Auch der vielzitierte Fall von Deutsch (Rigor mit Contracturen nach Strangulation, makroskopisch Erweichung beider Linsenkerne und Nn. caudati) läßt diesbezüglich keine Entscheidung treffen. Man wird daher mit Schlüssen auf die normale Funktion der Vorderhirnganglien auf Grund dieser klinisch-pathologisch-anatomischen Beobachtungen recht vorsichtig sein müssen. Eine Reihe von Autoren ist geneigt, den *Rigor bei Pallidumerkrankung* einfach als eine Enthemmung subpallidärer Ganglien (C. u. O. Vogt)[2] aufzufassen, vor allem des Nucleus ruber (Kleist), bzw. cerebellarer Reflexe (nach Foerster speziell des angeblich cerebellar zustandekommenden Dehnungswiderstandes der Muskulatur, der Fixationsspannung, der stellunggebenden Tätigkeit des Kleinhirns) oder hypothalamischer Zentren, welche nach Foerster den von ihm sogenannten „plastischen Muskeltonus" anregen sollen. Diesen Auffassungen, welche also darauf hinweisen würden, daß das Pallidum normalerweise eine hemmende Funktion auf die untergeordneten Ganglien ausübt, stellt sich aber bezüglich des Nucleus ruber die Schwierigkeit entgegen, daß es ja nach neueren Ergebnissen des Tierversuches (Rademaker) gerade der rote Kern sein soll, welcher den Streckertonus hemmt, aber auch beim Menschen eine Reihe von Fällen von Rigidität nach ziemlich lokalisierter Rubererkrankung bekannt geworden sind (vgl. oben). Ebenso würde, wenn es sich als richtig erweist, daß lokalisierte Erkrankung der Substantia nigra Hypertonie der Skelettmuskulatur auslöst, diesem Ganglion normalerweise ein tonushemmender Einfluß zukommen. Wenn also die neueren Untersuchungen bezüglich des Nucleus ruber, bzw. der Substantia nigra richtig sind, so würde das Pallidum auf die Tätigkeit dieser Ganglien normalerweise nicht hemmend, sondern im Gegenteil fördernd einwirken.

Die Funktion des Pallidums läßt sich aber auch nicht einfach auf die Formel bringen, daß es den cerebellaren Tonus, bzw. stellungserhaltenden Apparat hemmt. Denn abgesehen davon, daß ein großer Teil der statischen Innervation extracerebellar zustandekommt (vgl. unsere Versuche Kap. III), werden wir noch weiter sehen, daß das Kleinhirn auch seinerseits auf die medullären, bzw. pontinen Apparate, welche den Tonus aufrechterhalten, nicht nur im fördernden, sondern auch im hemmenden Sinn einzuwirken vermag.

Wir müssen also vorderhand die Tatsache registrieren, daß doppelseitiger Pallidumausfall beim Menschen zum Rigor der Skelettmuskulatur führt, ohne über die normale Wirkung der vom Pallidum ausgehenden Innervationen auf die untergeordneten Apparate mehr aussagen zu können, als daß es anscheinend normalerweise tonushemmend wirkt.

---

[1] Auf die Frage der Beziehungen der Vorderhirnganglien zu Bewegungsstörungen soll hier, dem Thema unserer Darstellungen entsprechend, nicht eingegangen werden.

[2] Nach ihnen kann jedes Pallidum infolge Semidekussation der aus ihm entspringenden Faserung auf beide Körperhälften wirken, so daß erst bei doppelseitiger Pallidumerkrankung das sogenannte Pallidumsyndrom, die Versteifung in vertrackten Stellungen, eintritt.

Noch viel unklarer sind aber die Vorstellungen, zu welchen die bisherigen pathologischen Beobachtungen über die *Bedeutung des Striatums* bezüglich der Tonusregulation geführt haben. Eine Gruppe von Autoren (Hunt, Lewy, Jacob, Lotmar) führen Gründe dafür an, daß es die Erkrankung der großen Striatumstellen sei, welche hypertonische Symptome bei Striatumerkrankungen auslöse, während die Affektion der kleinen Striatumzellen unwillkürliche, choreatische Bewegungen, die eher von Hypotonie begleitet sind, zur Folge habe. So soll bei der chronischen, progressiven Chorea die alleinige Erkrankung der kleinen Striatumzellen die Grundlage der Hyperkinese sein, während weiter bei Miterkrankung der großen Striatumzellen Versteifung auftreten soll. Ob man aber schon so weit gehen kann, auf Erkrankung bestimmter Zellgruppen bestimmte Symptome der Striatumerkrankung zu beziehen, erscheint angesichts des Umstandes, daß ein elektiver Untergang der großen Striatumzellen noch nicht beobachtet wurde, zweifelhaft. Es ist daran zu erinnern, daß Kleist die mit Hypertonie einhergehenden Hyperkinesen nicht als rein striär bedingt auffaßt und selbst C. und O. Vogt, welche Tonussteigerung als ein Symptom ihres Striatumsyndroms beschreiben, es offen lassen, auf Erkrankung welcher Zellformen dieselbe zu beziehen sei. Über die Art, wie das Striatum normalerweise die Tätigkeit des Pallidums beeinflußt, wird sich natürlich solange nichts Sicheres aussagen lassen, als wir über die Eigenfunktion des letztgenannten Ganglions nicht genauer unterrichtet sind. Es muß daher noch durchaus die Frage offen bleiben, ob dem Striatum eine bloß inhibitorische Einwirkung auf das Pallidum zugeschrieben wird, wie Foerster annimmt, oder ob dem Pallidum vom Striatum, entsprechend den Vogtschen Vorstellungen bezüglich der motorischen Funktion dieser Ganglien, sowohl hemmende als auch fördernde Impulse zufließen. Wir müssen es nach all dem durchaus begreiflich finden, wenn eine Reihe von Autoren (Wilson, Lewy, vgl. auch Spatz) sich den weitgehenden Differenzierungsversuchen zwischen Striatum- und Pallidumsyndrom gegenüber noch ablehnend verhalten, und möchten dem nur noch hinzufügen, daß es bei der Unstimmigkeit, die bezüglich der Unterscheidung von reinen Pallidum- und reinen Striatumsyndromen herrscht, noch viel gewagter wäre, Schlußfolgerungen über die normale gegenseitige Einwirkung dieser beiden Ganglien aus den klinischen Symptomen abzuleiten.

b) Experimentelle Ergebnisse.

Die Unsicherheit, in welcher uns die Erfahrungen der menschlichen Pathologie über die normale Funktion der Vorderhirnganglien gelassen haben, stellt uns vor die Frage, welche Erscheinungen im Tierversuch bei Verletzung dieser Ganglien beobachtet werden. Hier sind aber die Resultate noch viel spärlicher. Gegenüber der ausgesprochenen Hypertonie, wie wir sie in der Klinik zum Beispiel bei der progressiven Lenticulärdegeneration beobachten, muß es auffallen, daß im Tierversuch sowohl in Reiz- als auch Ausschaltungsversuchen nur recht geringe Änderungen der Tonusinnervation beobachtet wurden. Schon bei den Versuchen, in welchen Großhirnentfernungen ausgeführt wurden (Goltzscher Hund, untersucht von G. Holmes, Rothmannscher Hund, Makaken von Karplus und Kreidl) und bei welchen die Striata ein- oder doppelseitig mehr minder mitverletzt waren, ist der Mangel von Beobachtungen über Tonusänderungen bemerkenswert. Das gleiche gilt von den doppelseitigen Streifenhügelexstirpationen, die Schüller ausführte. Allerdings ist an die alte Angabe von Nothnagel zu erinnern, der bei bilateralen Chromsäureinjektionen in die Linsenkerne kataleptische Erscheinungen an den Extremitäten beobachtete, wenn natürlich auch diese Versuche wegen der Diffusion der injizierten Säure, bzw. der mangelnden histologischen Untersuchung keine exaktere Lokalisation zulassen. Neuerdings gelang es am ehesten F. H. Lewy, durch Vergiftungen, welche zu Striatumschädigungen führten, den am Menschen beobachteten klinischen Bildern ähnliche Symptome experimentell zu erzeugen. Es handelt sich dabei aber weniger um Tonus-, denn um Bewegungsstörungen, so um die Erzeugung einer Spasmus mobilis-artigen Hyperkinese infolge Degeneration der kleinzelligen Elemente des Striatums nach *Diphtherietoxinvergiftung* bei Mäusen, bzw. um Akinese bei Mangan-vergifteten Kaninchen von Lewy und Tiefenbach, wenn auch bei diesen letzteren Tieren einige Male auch Rigor beobachtet wurde. Es ist aber schwer, diesen Rigor mit Sicherheit bloß auf Schädigung der großen Striatumzellen zu beziehen, zumal da bei dieser Vergiftung auch diffuse Rindenveränderungen, bzw. Affektionen anderer grauer Massen zu beobachten sind. Auch bei den von Mella mit Mangan vergifteten Affen war ein Rigor, bzw. Tremor, Contractur der Hände nach einem choreatisch-athetotischen Stadium zu beobachten, wobei die histologische Untersuchung die schwersten Veränderungen im Pallidum und Striatum neben leichteren Rindenveränderungen aufwies.

Was die Versuche F. H. Lewys anlangt, in welchen er bei Affen durch doppelseitige Läsion der Stammganglien an die menschliche Paralysis agitans erinnernde Symptome, vor allem Bewegungsarmut erzeugte, so liegen leider keine histologischen Befunde über die Ausdehnung der Läsion vor, so daß nicht gesagt werden kann, auf Ausschaltung welcher Ganglien die beobachteten Erscheinungen zu beziehen sind. In den histologisch an Serienschnitten kontrollierten, äußerst genauen Versuchen von Wilson gelang es dagegen dem Autor nicht, durch allerdings nur einseitige Verletzungen des Nucleus caudatus, bzw. des Putamen oder Globus pallidus, bzw. beider gleichzeitig, Tonusänderungen zu erzeugen. So gelangt er denn zu dem Resultat, daß bei Affen kein experimenteller Beweis vorhanden sei, daß das Striatum irgendeine der Rinde vergleichbare motorische Funktion ausübe. Man habe auch keinen Anhaltspunkt dafür, daß es ein Zentrum für sogenannte automatische Bewegungen sei. Es erweise sich als elektrisch unerregbar und ziemlich ausgedehnte einseitige Verletzungen geben keine sicheren motorischen Erscheinungen. Man könnte dieses negative Ergebnis der Wilsonschen Versuche vielleicht darauf zurückführen, daß er bloß einseitige Verletzungen erzeugte. Doch haben Edwards und Bagg, welche bei Hunden Läsionen der Corpora striata durch versenkte Radiumemanation hervorriefen, auch bei doppelseitiger Zerstörung des Nucleus caudatus und Nucleus lentiformis keine sicheren und konstanten Erscheinungen nachweisen können, abgesehen davon, daß es in den ersten 3—5 Tagen nach der Operation zuweilen zu Hypertonie, Tremor und lokomotorischer Ungeschicklichkeit kam, Erscheinungen, die aber bald wieder kompensiert wurden.

Wenn man nun auch die Symptomenarmut der Striatumverletzungen im Tierversuch gegenüber den in die Augen springenden Tonusstörungen bei Erkrankungen dieses Gebiets beim Menschen bis zu einem gewissen Grade damit erklären könnte, daß diese Ganglien erst in der phylogenetischen Entwicklung einen Einfluß auf die Tonusregulation gewonnen haben, so könnte doch dieser Einfluß bei Mensch und Tier nur quantitativ verschieden sein. Es ist zu erwarten, daß sich auch schon beim Quadrupeden Anhaltspunkte für eine solche Funktion des Striatums finden lassen. Nachdem die Reiz- und Ausschaltungsversuche am sonst normalen Tier zu keinen sicheren Störungen von seiten der Skelettmuskulatur führen, die in der älteren Literatur beschriebenen Erscheinungen vielmehr mit Schüller auf Betroffensein der inneren Kapsel zu beziehen sind, schien es nötig, das Problem der Funktion des Streifenhügels auf andere Weise anzugehen.

Wir kennen eine Reihe von Krampfzuständen, bei welchen ähnlich wie bei der Enthirnungsstarre die Tonusverschiebung zwischen Streckern und Beugern zugunsten der entgegen der Schwerkraft wirkenden Strecker erfolgt, so daß der Gedanke nahe liegt, daß bei der Entstehung dieser Krampfzustände supraspinale, subcorticale, die Tonusverteilung zwischen Streckern und Beugern regulierende Zentren wesentlich mitbeteiligt seien. Einen solchen Krampfzustand haben wir in der *Tetanusstarre* vor uns, deren zentralen Mechanismus wir mit Bruwer in der Hoffnung analysierten, einen gewissen Aufschluß über die Bedeutung subcorticaler Ganglien zu gewinnen. Es zeigte sich nun tatsächlich, daß supraspinale Zentren auf die Entstehung des lokalen Tetanus nicht ohne Einfluß sind. Durchschneidet man bei Ratten und Katzen halbseitig das Rückenmark und injiziert in beide hinteren Extremitäten der Tiere gleiche Mengen Tetanustoxin an korrespondierenden Stellen (in die Wade), so zeigt sich, daß auf der Seite der Durchschneidung die Rigidität des lokalen Tetanus viel weniger zum Ausdruck kommt als auf der Gegenseite (vgl. folgenden Versuch).

Katze 17 dieser Reihe. 24. Januar 1924. Hemisektion des Rückenmarks auf der linken Seite in der Höhe der letzten Rippe. Nachher Lähmung der linken hinteren Extremität bei gut erhaltener Motilität der rechten.

29. Januar 1924. Geringe Bewegungen sind auch im linken Hinterbein zu beobachten, am deutlichsten im Hüftgelenk. Injektion von 2,5 mg Tetanustoxin in jede hintere Extremität.

31. Januar 1924. Deutliche Streckerstarre in allen drei Gelenken des rechten Hinterbeins, das linke Hinterbein zeigt eine Streckersteifigkeit im Fußgelenk, aber nicht so deutlich ausgesprochen wie auf der rechten Seite. Das linke Knie, speziell die linke Hüfte, werden nahezu rechtwinkelig gebeugt gehalten. Diesen Unterschied in der Haltung der hinteren Extremitäten sieht man am besten, wenn man den Hinterkörper des Tieres am Schwanz in die Höhe hebt.

1. Februar 1924. Die Steifigkeit der linken Seite ist deutlicher ausgesprochen, Hüfte und Knie werden im stumpfen Winkel, das Fußgelenk fast gestreckt gehalten. Die Steifigkeit ist aber noch immer auf der linken Seite geringer als auf der rechten.

Man könnte gegenüber diesen Versuchen den Einwand erheben, daß Chockwirkung auf die tiefer liegenden Rückenmarkspartien die Entwicklung der Starre bei diesen Experimenten verhinderte, bzw. verzögerte. Es ist aber daran zu erinnern, daß besonders die Trendelenburgschen Versuche mit vorübergehender Ausschaltung durch Kälteeinwirkung gelehrt haben, daß im sogenannten Chock großenteils der Ausfall erregungsfördernder Impulse aus höheren Zentren enthalten ist, ganz abgesehen davon, daß solche Differenzen in der Stärke der Tetanusstarre auch beobachtet wurden, wenn die Tetanusinjektion zu einer Zeit vorgenommen wurde, wo sich schon wieder eine gewisse Beweglichkeit der anfangs gelähmten Extremitäten herstellte. Ein zweiter Einwand, den man erheben könnte, wäre der, daß Rückenmarksdurchschneidung nach voller Entwicklung der Starre den Grad der Steifigkeit nicht ändert. Es ist aber darauf hinzuweisen, daß nach den Untersuchungen von Fröhlich und Meyer auch Durchschneidung peripherer Nerven, die einige Tage nach Entwicklung der Tetanusrigidität vorgenommen wird, dieselbe nicht zu verändern vermag. Dies weist darauf hin, daß sich sekundäre Veränderungen in den rigiden Muskeln ausbilden, welche die Aufrechterhaltung der Starre auch nach Entnervung des Muskels ermöglichen. Die Tatsache, daß Rückenmarksdurchschneidung nach Ausbruch der Tetanusstarre dieselbe nicht zum Verschwinden bringt, kann also nicht als Einwand gegen unsere Schlußfolgerung gelten, daß von übergeordneten Zentren her stammende Impulse vorhanden sein müssen, damit die im Rückenmark sich abspielenden Dauerreflexe die gewöhnliche Stärke der Streckerrigidität nach Tetanusvergiftung aufrecht erhalten.

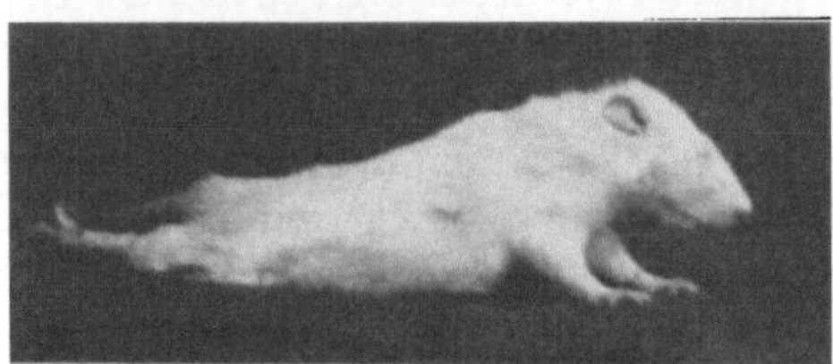

Abb. 59. Ratte 24.

Eines der Zentren, deren Einfluß auf das Rückenmark eine gewisse Rolle spielt, scheint das *Kleinhirn* zu sein. Denn bei Kombination von halbseitiger Kleinhirnexstirpation und Injektion von Tetanustoxin in beide hinteren Extremitäten fand sich zwar die Streckerstarre beiderseits entwickelt, aber doch eine Differenz in ihrer Stärke zuungunsten der operierten Seite.

Abtragung der *Großhirnrinde* blieb dagegen auf die Entwicklung des lokalen Tetanus ganz ohne Einfluß, was folgender Versuch belegen mag.

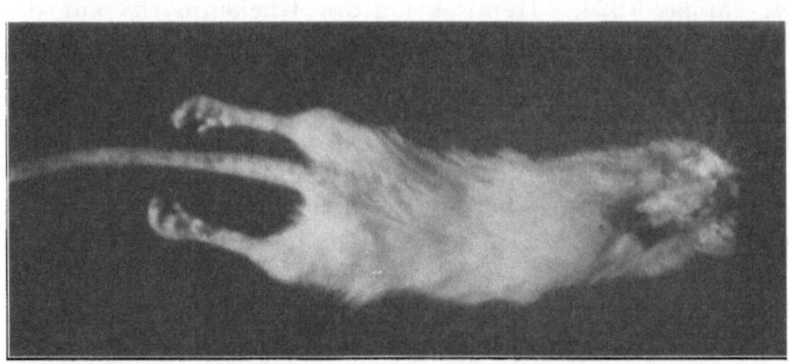

Abb. 60. Ratte 24 (von oben).

Ratte 24. 11. Februar 1924. Zerstörung der lateralen Partien des rechten Cortex. Injektion von 1,25 mg Tetanustoxin in jede hintere Extremität.

13. Februar 1924. Streckersteifigkeit beider hinteren Extremitäten und der Rumpfmuskulatur (vgl. Abb. 59 u. 60). Das Tier starb in der Nacht vom 14. Februar. Die Sektion zeigte einen leichten Prolaps der lädierten Hemisphäre, eine Zerstörung besonders der dorsalen Partien der Rinde der lateralen Oberfläche, mikroskopisch zeigte sich, daß die Verletzung auf die weiße Substanz nicht übergriff.

Eine Änderung in der Ausbildung der typischen Streckstellung tritt erst ein, wenn die Läsion das *Corpus striatum* betrifft. Saugt man beispielsweise bei Ratten den mit dem Putamen verschmolzenen Kopf des Nucleus caudatus nach der von Baginsky und Lehmann beschriebenen Methode ab oder zerstört man ihn bei Katzen mit einem Metallpinsel, ähnlich wie Schüller angegeben hat, und injiziert kürzere oder längere Zeit nach der Operation wieder Tetanustoxin unter sonst gleichen Umständen in beide hinteren Extremitäten, so entsteht nicht mehr das gewohnte Bild der Streckerstarre. Es zeigt sich vielmehr an beiden hinteren Extremitäten eine Tendenz zur Entwicklung einer mehr gebeugten Stellung, eine

Tendenz, die besonders an dem der Exstirpation des Corpus striatum homolateralen Hinterbein deutlich ist (vgl. nachfolgende Versuche).

Ratte 21. 5. Februar 1924. Zerstörung der dorsolateralen Oberfläche der Rinde(rechts), Eröffnung des Seitenventrikels und Absaugen des rechten Nucleus caudatus. Injektion von 1,25 mg Tetanustoxin in jede hintere Extremität.

7. Februar 1924. Die linke hintere Extremität wird in Hüft-, Knie- und Fußgelenk im stumpfen Winkel, die Zehen werden fast gestreckt gehalten. Das rechte Bein ist in allen Gelenken gebeugt, weniger ausgesprochen in Hüfte und Knie, die einen stumpfen Winkel zeigen, als vor allem im Fußgelenk, das unter rechtem Winkel gehalten wird, und an den Zehen, die deutlich flektiert sind (Abb. 61). Die in Beugestellung gehaltenen Gelenke leisten einen deutlichen passiven Widerstand beim Versuch der Streckung, so daß man besonders auf der rechten Seite eine Flexorrigidität annehmen kann. Die Wirbelsäule ist kyphoskoliotisch mit der Konkavität nach der rechten Seite. Das Tier starb am Morgen des 8. Februar.

Die *anatomische Untersuchung* ergab Abtragung der dorsolateralen Oberfläche der rechten Hemisphäre, an einer Frontalserie zeigt sich das Corpus striatum, mit Ausnahme einer kleinen medialen Partie, zerstört (Abb. 62). Schnitte durch mehr caudale Ebenen lassen Infiltration und Hämorrhagien im caudalen Teil des Putamen, Globus pallidus und der inneren Kapsel erkennen. Der Thalamus opticus ist hiervon nicht betroffen.

Besonders lehrreich war auch folgender Fall, bei welchem ursprünglich bloß eine Cortexverletzung geplant war und die Entwicklung einer Beugestellung in den hinteren Extremitäten erst durch die histologische Untersuchung erklärt wurde, die eine auf das Striatum übergreifende Läsion aufdeckte.

Ratte 18. Absaugung des rechten Cortex (laterale Oberfläche). 29. Januar 1924. Injektion von 1,25 mg Tetanustoxin in jede hintere Extremität.

31. Januar 1924. Beide hinteren Extremitäten werden in Hüfte und Knie im stumpfen Winkel, in den Fußgelenken im rechten Winkel gehalten. Die Zehen beider hinteren Extremitäten sind flektiert.

Abb. 61. Ratte 21. Exstirpation des rechten Streifenhügels; Injektion von 1,25 mg Tetanustoxin in beide Unterschenkel (5. Februar 1924). — Das Tier ist an der Nackenhaut aufgehängt; man erkennt besonders die Beugestellung im rechten Fußgelenk und an den rechten Zehen. Das linke Hinterbein ist en face eingestellt, so daß die hier vorhandene (geringere) Beugestellung nicht zum Ausdruck kommt.

Am Nachmittag des 31. Januar entwickeln sich lebhafte Krämpfe, die Flexorstarre erweist sich auf der rechten Seite stärker ausgesprochen. Das Tier stirbt in derselben Nacht. Die *anatomische Untersuchung* ergibt eine Zerstörung der dorsalen und lateralen Oberfläche des rechten Cortex; nur ein schmaler Streifen am Frontal- und Occipitalpol sowie entlang der Medianlinie ist erhalten.

Bei *histologischer Serienuntersuchung* fand sich, daß der Nucleus caudatus gegen den Defekt vorgewölbt ist und an seiner dorsolateralen Fläche lädiert erscheint. Außerdem findet sich eine Blutung im medioventralen Teil dieses Ganglions nahe dem Seitenventrikel (Abb. 63), während im Globus pallidus keine Läsion gefunden wurde.

Schließlich sei noch ein Versuch an einer Katze angeführt.

Katze 31. 26. Februar 1924. Zerstörung des rechten Corpus striatum mit dem Schüllerschen Drahtpinsel, der 15 mm außen von der Mittellinie und 9 mm hinter dem

Sulcus cruciatus in einer Tiefe von 15 mm eingestochen wird. Die den Pinsel schützende Kanüle wird um 5 mm zurückgezogen, darauf wird der Pinsel um seine Längsachse gedreht, weiter wieder in die Kanüle gezogen und samt dieser aus dem Stichkanal entfernt. Nach der Operation ist ein leichter Prolaps des freigelegten Teils des Cortex wahrzunehmen. Am Nachmittag macht das Tier Manègebewegungen nach links (entgegengesetzt dem Uhrzeiger). Es werden in jedes Hinterbein 2,5 mg Tetanustoxin injiziert.

27. Februar 1924. Ungeschicklichkeit des linken Hinterbeins bei lokomotorischen Bewegungen; hält man das Tier an der Nackenhaut empor, so wird das rechte Hinterbein stärker als das linke angezogen. Die Manègebewegungen sind dagegen verschwunden.

28. Februar 1924. Beginn der Steifigkeit in beiden Hinterbeinen.

1. März 1924. Die Flexorsteifigkeit ist in beiden Hinterbeinen deutlich geworden, besonders auf der rechten Seite. Das Knie wird in stumpfem, das Hüftgelenk der rechten Seite in rechtem Winkel gehalten. Beim Versuch, die Gelenke zu strecken, fühlt man einen deutlichen Widerstand. Beim Versuch, Knie- und Fußgelenk in einen mehr spitzen

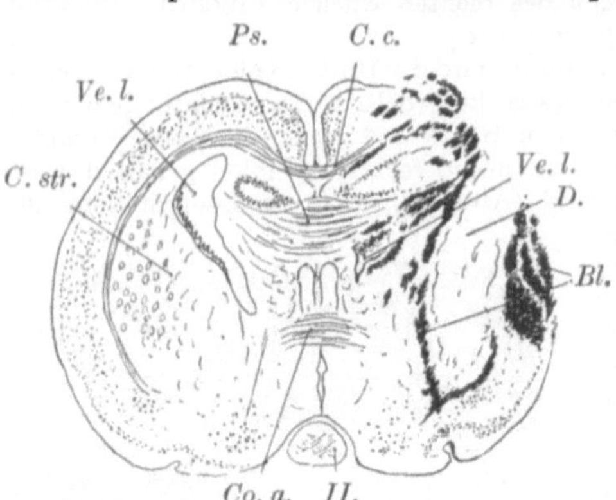

Abb. 62. Schnitt aus einer Serie durch das Vorderhirn der in Abb. 59 dargestellten Ratte. *Bl.* = Blutung, *C. c.* = Corp. callosum, *C. a.* = Commissura anter., *C. str.* = Corp striatum, *D.* = Defekt, *Ps.* = Psalterium, *Ve. l.* = Ventricul. lateralis, *II.* = Opticus.

Winkel zu bringen, ist zwar ebenfalls ein Widerstand bemerkbar, der aber nicht so stark ist als die Resistenz, die gegenüber Streckversuchen ausgeübt wird.

Die *anatomische Untersuchung* zeigte einen Prolaps im rechten Cortex im vorderen Teile des Gyrus coronalis und ectosylvius anterior. An Frontalschnitten zeigte sich, daß die Blutung, die von der prolabierten Rinde ausging, durch die weiße Substanz bis auf den Seitenventrikel reichte, den Kopf des Nucleus caudatus und den dorsalen Teil des Septum pellucidum zerstörte. An caudalen Schnitten erwies sich der dorsale Teil des Putamen sowie auch der laterale Teil des Thalamus und die zwischen diesen Ganglien gelegene innere Kapsel lädiert.

Es kommt also nach den Striatumverletzungen nicht bloß zu einer unvollkommen ausgebildeten Streckerstarre, denn in den stumpf- oder rechtwinkelig gebeugten Gelenken der hinteren Extremitäten dieser tetanusvergifteten Tiere war ein deutlicher Widerstand der Flexoren zu spüren, wenn man versuchte, die

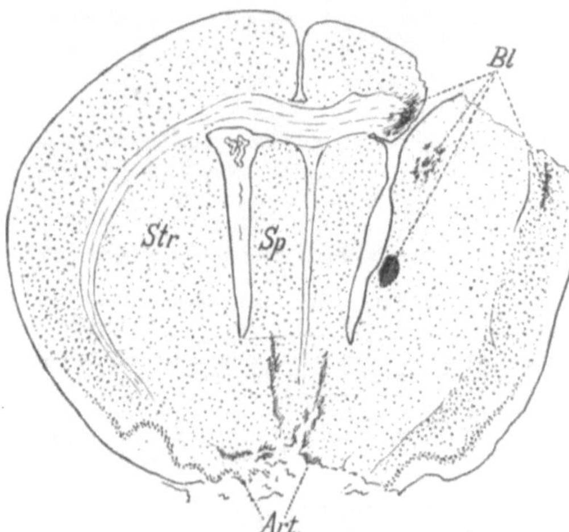

Abb. 63. *Art.* = Artefakt, *Bl* = Blutung, *Sp* = Septum pellucidum, *Str* = Striatum.

betreffenden Gelenke zu strecken. Statt der normalen Extensorstarre der gewöhnlichen Tetanusvergiftung hatte sich infolge der Exstirpation des Striatums eine Beugehaltung mit Rigidität der Flexoren entwickelt, mit anderen Worten: es war eine Änderung der Tonusverteilung zwischen Beugern und Streckern zugunsten der ersteren eingetreten.

Daß diese Veränderung auf die Zerstörung des Striatums zu beziehen ist, geht daraus hervor, daß weder Abtragung der Ursprungsstätten der den Streifenhügel durchsetzenden, bzw. begrenzenden Kapselfaserung, noch weitgehende Verletzung des benachbarten Marklagers diesen Effekt hervorbrachte, wie auch noch folgende Kontrollversuche zeigen mögen.

Katze 30. 23. Februar 1924. Zerstörung des Gyrus coronalis und ectosylvius anterior.

28. Februar. Injektion von 1,8 mg Tetanustoxin in jede hintere Extremität.

1. März. Beginnende Steifigkeit.

3. März. Deutliche Streckerstarre in beiden hinteren Extremitäten bis zur Tötung des Tieres am 8. März.

Die *anatomische Untersuchung* zeigte einen Prolaps an der Stelle der zerstörten Region (Gyrus coronalis und Gyrus ectosylvius anterior).

Die Zerstörung der Rinde an der Stelle, wo der Drahtpinsel eingeführt wird, hat also auf die Entwicklung der Starre keinen Einfluß.

Katze 32. 26. Februar 1924. Freilegung der Rinde in der Umgebung der motorischen Region und etwas schräger Einstich des Drahtpinsels.

26. Februar 1924. Nachmittags Injektion von 2,5 mg Tetanustoxin in jede hintere Extremität.

27. Februar 1924. Ziemlich deutliche Ungeschicklichkeit der linken hinteren Extremität beim Gehen.

28. Februar 1924. Deutliche Extensorstarre auf beiden Seiten, ohne merkbare Differenz der Stärke. Die Steifigkeit hielt bis zur Tötung des Tieres am 9. März an.

Die *anatomische Untersuchung* zeigte einen Prolaps in der Gegend des Gyrus coronalis, G. sigmoideus posterior und eines Teils des Gyrus ectosylvius anterior. An Frontalschnitten erwies sich der Kopf des Nucleus caudatus intakt. Der Stichkanal erstreckte sich auf den Schwanz des Nucleus caudatus, der durch die Blutung ebenso wie der laterale Kern des Thalamus opticus zerstört war. Ebenso war durch die Blutung das Corpus callosum mit seiner in die rechte Hemisphäre einstrahlenden Faserung und die Capsula interna in der Nachbarschaft des Nucleus caudatus durchsetzt.

Es ergibt sich also, daß die beschriebene Veränderung der Tonusverteilung auf die Zerstörung des Striatums zu beziehen ist, nachdem weder Abtragung der Ursprungsstätten der den Streifenhügel durchsetzenden, bzw. begrenzenden Kapselstrahlung noch weitgehende Verletzung der benachbarten Markfasern, des Balkens, der inneren Kapsel sowie des angrenzenden Teils des Thalamus diesen Effekt hervorbrachten. Eine genauere Lokalisation, welche Teile des Striatums für die Änderung der Tonusverteilung bei der Tetanusstarre verantwortlich zu machen sind, kann noch nicht gegeben werden. Wir möchten nur soviel hervorheben, daß sie bei Zerstörung des Kopfes des Nucleus caudatus, nicht aber des Schwanzes auftritt. Daß der caudale Teil des Putamens sowie der Globus pallidus in die Verletzung nicht einbezogen zu sein brauchen, zeigt der Versuch bei Ratte 18, bei dem nur der Kopf des Nucleus caudatus lädiert war und dennoch Beugehaltung an Stelle der Streckerstarre beobachtet wurde.

Es ergibt sich also, daß von den Vorderhirnganglien ausgehende Impulse für das Zustandekommen der charakteristischen Haltung und Tonusverteilung der Tetanusstarre von Bedeutung sind. Diese Tatsache, zusammen mit Beobachtungen, die ich weiter bei *Strychninvergiftung* machen konnte, scheint aber auch geeignet, auf die normale Funktion des Streifenhügels ein Licht zu werfen.

Injiziert man Ratten, welchen ähnlich wie bei den Tetanusversuchen das Striatum einseitig exstirpiert wurde, 1—2 mg Strychnin. nitricum, so zeigt sich, daß trotz der Streifenhügelverletzung beiderseits ein typischer Streckerspasmus eintritt. Der gleiche Eingriff, der also die Entwicklung der Tetanusstarre wesentlich beeinflußt hat, läßt den äußerlich so ähnlichen Strychninkrampf so gut wie unverändert. Dies wird begreiflich, wenn wir die Verschiedenheiten der den beiden Zuständen zugrundeliegenden Innervationsmechanismen ins Auge fassen. Wenn auch die zur Tetanusstarre führende statische Innervation nicht als qualitativ verschieden von der bewegungsvermittelnden kinetischen zu betrachten ist und die beiden Innervationsmechanismen durch fließende Übergänge miteinander verbunden sind, so stellen doch der Rigor der Tetanusvergiftung auf der einen, der Strychninspasmus auf der anderen Seite die extremen Enden dieser Reihe dar. Der Strychninkrampf entsteht durch eine Summation von leicht nachweisbaren Einzelzuckungen, er ist das Zerrbild der kinetischen Funktion der Muskeln, wird von deutlichem Stoffumsatz begleitet; die Tetanusstarre dagegen ist, wie Meyer und Fröhlich ausgeführt haben, bloß eine Änderung der Ruhelänge des Muskels, sie ist Ausdruck seiner ins Übermaß gesteigerten Haltefunktion, der begleitende Energieverbrauch ist an der Grenze der Meßbarkeit. Hierzu mag noch zur Erklärung des verschiedenen Einflusses der Striatumverletzung auf die Genese der beiden Krampfzustände ein zeitliches Moment hinzukommen. Während der Strychninkrampf vor unseren Augen, wenige Minuten nachdem das Gift injiziert ist, ausbricht, kommt die Starre der Tetanusvergiftung ganz allmählich zur Entwicklung, erst im Laufe von Tagen stellt sich die Extremität immer mehr in die pathologische Haltung ein.

Es ergibt sich also, daß die Striatumverletzung die rasch zur Entwicklung gelangenden, aus deutlich sich manifestierenden kinetischen Kontraktionen zusammengesetzten Strychninkrämpfe unbeeinflußt läßt, die allmählich sich ausbildende Haltungsänderung, die zum Bild der Tetanusstarre führt, aber zu modifizieren vermag, indem sie die Tonusverteilung zwischen Streckern und Beugern zugunsten der letzteren ändert. Nachdem aber, wie wir ausgeführt haben, die Tetanusstarre nur ein ins Extreme verzerrtes Bild normalerweise präformierter Innervationen, der Prävalenz des Tonus in den der Schwerkraft entgegenwirkenden Streckern darstellt, lassen die Änderungen dieses Zustandes durch die Striatumverletzung Vermutungen bezüglich des normalen Innervationsmechanismus selbst zu. Es ist daran zu denken, daß das *Striatum* auch beim normalen Tier Dauerinnervationen vermittelt, welche durch *Regulation der Tonusverteilung* zwischen Streckern und Beugern, Ergisten und Antagonisten die normale Ruhehaltung gewährleisten.

Überblicken wir also den gegenwärtigen Stand unserer Kenntnisse über die Beziehungen der Vorderhirnganglien zur Tonusregulation, so weisen die Erfahrungen am Menschen darauf hin, daß es sowohl bei Pallidum- als auch Striatumläsionen zu Hypertonie der Skelettmuskulatur kommen kann. Beim sonst normalen Tier haben sich so ausgesprochene Tonusänderungen nach isolierter Läsion der Vorderhirnganglien nicht mit Sicherheit feststellen lassen, so daß anzunehmen ist, daß der Einfluß dieser Ganglien auf die Tonusinnervation beim Menschen gegenüber den Quadrupeden und selbst den Affen zugenommen hat. Immerhin weisen die erwähnten Versuche an tetanusvergifteten Tieren darauf hin, daß auch schon bei den Quadrupeden das Striatum für die Haltungsinnervation nicht bedeutungslos ist. Hatte schon die Analyse der bisherigen Ergebnisse der menschlichen Pathologie dazu geführt, daß sich die Funktion der Vorderhirnganglien nicht einfach auf das Schema bringen läßt, daß sie die Tätigkeit untergeordneter, tonusfördernder Reflexapparate hemmen, so weisen die Tierversuche vor allem darauf hin, daß die Funktion der Basalganglien nicht so sehr in einer Hemmung untergeordneter Apparate besteht, sondern vielmehr in der Richtung vermutet werden muß, daß diese Ganglien auf tiefer gelegene Reflexapparate (z. B. auf den Nucleus ruber) schaltend wirken, indem sie die Tonusverteilung zwischen Ergisten und Antagonisten, Beugern und Streckern und damit die Haltung beeinflussen[1].

Mit dem zunehmenden Einfluß der Vorderhirnganglien auf die Schaltung der in den untergeordneten Kernen ablaufenden Erregungsprozesse beim Menschen kann es dazu kommen, daß Ausfall, bzw. Störung der von den Vorderhirnganglien absteigenden Impulse den Erregungsablauf in den tieferen Reflexapparaten in einer bestimmten Richtung begünstigt, so daß nun dauernd bestimmten Muskelgruppen im sogenannten Ruhezustande mehr Erregungen zugeleitet werden als ihren Antagonisten, dadurch der normale Wechsel der Erregungen zwischen Ergisten und Antagonisten und damit der Wechsel verschiedener Lagen ausbleibt, so daß die Glieder in bestimmten vertrackten Stellungen versteifen. Der nähere Mechanismus dieser Schaltungen, ihre Abhängigkeit von bestimmten Teilen der Vorderhirnganglien und die Bedeutung der Funktionseinstellung der einzelnen Teile der Basalganglien für die Richtung, in der bestimmte Schaltungen erfolgen, muß Gegenstand weiterer Untersuchungen sein.

6. Hirnrinde.
a) Motorische Region.

Drei Regionen der Hirnrinde sind für die Tonusregulation von Bedeutung: die *motorische Region*, das Stirn- und Temporalhirn. So geläufig auch aus der Klinik der Hemiplegie die Tatsache ist, daß Läsion der Pyramidenbahn beim Menschen von Tonussteigerung an den abhängigen Gliedmaßen gefolgt ist — wir haben früher gesehen, daß es zu einer Erhöhung des Bremsreflexes kommen kann —, so ist die Einwirkung der motorischen Region auf den Tonus noch keineswegs völlig klargestellt. Die übliche Auffassung über den Mechanismus der Tonusänderungen bei Hemiplegikern geht dahin, daß die zunächst sich entwickelnde Hypotonie durch eine Chockwirkung (Diaschisis) auf untergeordnete Zentren zustandekommt. Erst allmählich könne der Ausfall der von der Rinde normalerweise ausgeübten Hemmungswirkung zur Geltung kommen, bzw. können die subcorticalen Zentren infolge der Entwicklung von „Isolierungsveränderungen" eine Übererregbarkeit erlangen und so zur Contractur führen. So faßt denn Foerster die hemiplegische Contractur als eine abnorme Steigerung des subcorticalen Fixationsreflexes oder besser als eine Steigerung des normalen Widerstandes auf, den jeder Muskel seiner Dehnung entgegenstellt, eine Auffassung, die mit unseren Befunden über die Erhöhung des Bremsreflexes gut übereinstimmt. Das Wesen der Contractur beruht nach Foerster darauf, daß infolge der Pyramidenbahnläsion eine jede Muskelgruppe dazu neigt, wenn ihre Insertionspunkte durch irgendwelche Faktoren einander genähert werden, in diesem Zustande der Verkürzung weiter zu verharren. Auf diese Weise erklärt er die große Mannigfaltig-

---

[1] Neuerdings meint Lotmar, daß das Pallidum sowohl innervierende als auch denervierende Impulse abgebe, und erklärt die Tonussteigerung nach Pallidumausfall durch Isolierungsveränderungen, die sich in den untergeordneten Apparaten (Ruber) abspielen und hier zu einer Erregbarkeitssteigerung führen.

keit der bei der Hemiplegie zu beobachtenden Contracturstellungen; in welche Lage auch das betreffende Glied passiv oder durch die wieder erlangte aktive Bewegungsfähigkeit des Patienten für längere Zeit gebracht wird, die Muskeln passen sich der neuen Lage an und verharren in dem ihnen erteilten Zustand. Man sieht, die klinische Analyse führt hier zur Beschreibung einer ähnlichen Veränderung des Muskels, wie wir sie bei der Enthirnungsstarre als plastischen Tonus kennen gelernt haben. Die Unterschiede bestehen nur in der Zeit, die zur Entwicklung der Fixationsspannung der Muskulatur nötig ist; bei der Enthirnungstarre entwickelt der Muskel unmittelbar, nachdem ihm die neue Lage erteilt wurde, den zur Erhaltung derselben nötigen Spannungswiderstand, der Muskel des Hemiplegikers vermag dagegen erst, wenn die neue Lage des Gliedes längere Zeit anhält, die nötige Fixationsrigidität zu erreichen.

Während aber in einer Gruppe von Fällen von Hemiplegie sich eine hochgradige Contractur in relativ kurzer Zeit ausbildet, kann in manchen Fällen wochen-, ja monatelang eine halbseitige Lähmung ohne Entwicklung von Tonussteigerung anhalten. Wenn wir in diesen Fällen das Ausbleiben der Contractur mit Chock- oder Diaschisiswirkung zu erklären versuchen, so führen wir damit eigentlich nur eine Umschreibung unserer Unkenntnis ein. Denn es entsteht dann sogleich die weitere Frage, warum die Chockwirkung in dem einen Fall die tieferen Zentren so hochgradig geschädigt hat, in dem anderen fast gar nicht; und eine ganz ähnliche Frage entsteht, wenn wir annehmen, daß sich die Contractur infolge der Ausbildung einer Übererregbarkeit tieferer Hirnteile als Folge einer „Isolierungsveränderung" im Sinne von Munk entwickelt, da es unklar bleibt, warum sich in dem einen Fall eine solche Isolierungsveränderung ausgebildet hat, in dem anderen nicht.

Angesichts dieser Schwierigkeiten erweist es sich notwendig, von der auf den ersten Blick überflüssig scheinenden Frage auszugehen, inwiefern Reizwirkungen, bzw. Verletzungen, die auf die motorische Region beschränkt bleiben, zu Tonusänderungen führen. Durch *Reizung* der motorischen Region läßt sich nicht nur Tonussteigerung erzielen (vgl. bes. C. und O. Vogts Befunde an Affen), sondern auch eine Hemmungswirkung, insbesonders bei Verwendung schwacher Ströme, wie schon Bubnoff und Heidenhain gezeigt haben; aus den Versuchen von Hering und Sherrington geht hervor, daß eine Erregung, die im Agonisten eine Contractur auslöst, gleichzeitig den Antagonisten dieses Muskels zur Erschlaffung bringt. Ob für den Menschen die Fälle von anfallsweise auftretenden Lähmungen mit Erschlaffung der Gesamtmuskulatur bei Epileptikern (sogenannte epileptische Lähmungsäquivalente von Higier, vgl. hierzu Zusammenfassung bei Brodmann) mehr als einen Hinweis dafür bieten, daß vom Cortex ausgehende Impulse Hemmungswirkungen zu entfalten vermögen, sei allerdings dahingestellt, da wir ja wissen, daß die tonische Komponente des epileptischen Anfalls durch Erregung subcorticaler Ganglien (Formatio reticularis des Rautenhirns?) zustandekommt und daher auch die Fälle von Tonusherabsetzung vom Hirnstamm ihren Ausgang nehmen können.

Schwieriger als im Reizversuch ist *nach Ausschaltung der motorischen Region* deren Einfluß auf den Muskeltonus zu erweisen. Haben ja Starlinger nach Pyramidendurchschneidung beim Hund, Rothmann beim Rhesusaffen spastische Erscheinungen ähnlich jenen, die beim Menschen nach Pyramidenläsion auftreten, vermißt und dasselbe gilt auch für die Versuche von Leyton und Sherrington, in welchen diese Autoren den Gyr. centr. anterior bei anthropoiden Affen exstirpierten. Diese Versuche würden also darauf hinweisen, daß beim Tier wohl eine Erregung des Cortex den Muskeltonus zu beeinflussen vermag, Dauerimpulse aber nur in so geringem Grade von der motorischen Region ausgehen, daß sich der Ausfall kaum bemerkbar macht. Ja selbst beim Menschen vermißte Horsley nach Excision der Armregion in einem Fall von Athetose höhergradige Tonusstörungen mit Ausnahme einer Neigung zur Beugecontractur an den Fingern. Unter gewissen Bedingungen erscheint es aber doch wohl möglich, selbst beim Quadrupeden Tonusänderungen nach Ausschaltung der motorischen Region nachzuweisen. Hierzu bewährt sich die Methode der Erzeugung einer Contractur durch Eingipsen der Gliedmaßen. Spiegel und Shibuya haben bei Katzen, welchen vorher die motorische Region der linken Seite exstirpiert worden war und die keinerlei grobe Störungen der kinetischen oder statischen Innervation der hinteren Extremitäten

mehr aufwiesen, beide Hinterbeine in gleicher Weise (entweder in Streck- oder in Beugestellung im Knie- und Fußgelenk) eingegipst und die entstehende „Ruheversteifung" studiert.

Als Beispiel diene der folgende Versuch:

Katze 12 dieser Reihe. 22. September 1924. Exstirpation der linken motorischen Region. In den nächsten Tagen wird leichtes Einknicken, Ungeschicklichkeit der rechten Extremitäten notiert.

29. September. Beim Laufen, Springen vom Tisch usw. sind keine gröberen Störungen mehr nachweisbar. Ebenso fehlen sichere Tonusdifferenzen. Ein-

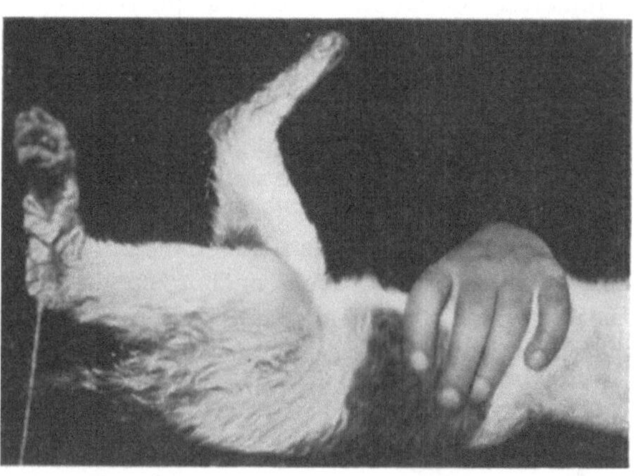

Abb. 64. Nach Exstirpation der linken motorischen Region erzeugt Eingipsen beider hinteren Extremitäten in Streckstellung links eine geringere Steifigkeit als rechts, so daß nach Abnahme des Gipsverbandes die gleiche Belastung (je 50 g) beider hinteren Extremitäten an dem in Rückenlage narkotisierten Tier (Kopf geradegestellt) links eine viel stärkere Beugung bewirkt als rechts. (Die das Gewicht tragende Schnur ist rechts durch die Hinterpfote verdeckt.)

gipsung beider hinteren Extremitäten in Streckstellung im Knie- und Fußgelenk.

7. Oktober. Abnahme des Gipsverbandes. Die linke hintere Extremität setzt der passiven Beugung deutlich einen geringeren Widerstand entgegen als die rechte. Zum objektiven Nachweis dieser Differenz wird das Tier narkotisiert, in Rückenlage bei geradegestelltem Kopf gebracht, an beide Hinterpfoten wird ein Gewicht von je 50 g angehängt. Es zeigt sich, daß das linke Hinterbein stark gebeugt wird, während das rechte in der Streckstellung verharrt (Abb. 64). Die *Sektion* ergibt totale Zerstörung des linken Gyr. sigmoid. ant. et post. Am Querschnitt durch das Gehirn zeigt sich, daß die Läsion die Rinde der motorischen Region total betroffen hat, dagegen nur wenig auf das unterliegende Marklager übergreift.

Der Einfluß des motorischen Cortex läßt sich nach diesen Versuchen dahin zusammenfassen, daß an den dem exstirpierten Gyr. sigmoideus gegenüberliegenden Hinterbein sich eher eine Streckercontractur entwickelt als dem homolateralen, während die Beugerrigidität umgekehrt an dem homolateralen Hinterbein stärker zur Ausbildung kommt. Besonders deutlich wird dies durch Versuche, bei welchen zur Ausschaltung „willkürlicher Innervationen" das Tier

nach Entwicklung der Ruheversteifung und Abnahme des Gipsverbandes in
leichter Narkose gehalten und durch Anhängen gleicher Gewichte an die zu
prüfenden Beine entgegen dem Zug der versteiften Muskulatur die Stärke der
Beuger- oder Streckerrigidität auf beiden Seiten verglichen wurde (siehe Abb. 64).
Aus den Versuchen ergibt sich also, daß nach Ausschaltung der Rindenzentren
an der kontralateralen Hinterextremität das Verhältnis zwischen Streck- und
Beugetonus im umgekehrten Sinn wie im homolateralen Bein, und zwar zugunsten der Strecker verschoben ist. Eine gewisse Tendenz zur tonischen Streckstellung an den der Ausschaltung des Gyr. sigmoideus kontralateralen Gliedern war
schon Bianchi aufgefallen; die Spannungszunahme der kontralateralen Strecker
offenbart sich aber, wie Hitzig ausführt, nur unter gewissen Bedingungen,
insbesondere dann, wenn das Tier zu Bewegungen angeregt wird, so daß in den
paretischen Extremitäten Mitbewegungen ausgelöst werden (vgl. auch neuere
Versuche von Olmsted und Logan). Lewandowsky beobachtete sie immer
dann an seinen Hunden, wenn sie die Tendenz hatten zu innervieren, während er
im Zustand der Ruhe, in Übereinstimmung mit Hitzig, die Muskeln der affi-
zierten Seite abnorm erschlafft fand. In diesem während der Ruhe vorhandenen
Zustand der Atonie sind durch die übliche Prüfung mittels Dehnung der Muskulatur durch passive Beugung- oder Streckbewegung Tonusdifferenzen, insbesondere an den hinteren Extremitäten, nicht mit Sicherheit nachweisbar. Durch
das hier geübte Verfahren der Erzeugung einer Ruheversteifung läßt sich dagegen
die während der normalen Ruhehaltung nur schwer nachweisbare Verschiebung
der statischen Innervation zugunsten der Strecker an dem der Rindenexstir-
pation gegenüberliegenden Bein mit Leichtigkeit demonstrieren.

Man wird daher zu der Anschauung gedrängt, daß wohl die Pyramidenbahn
selbst schon beim Quadrupeden einen gewissen tonusregulierenden Einfluß hat,
daß aber Rademaker nicht so unrecht hat, wenn er meint, daß die Bedeutung
einer Zerstörung der Pyramidenbahn für die Entstehung hypertonischer Erscheinungen beim Menschen vielfach überschätzt wird. Es scheint, daß unter
normalen Bedingungen die Bedeutung der Pyramidenbahn in der Richtung
zu suchen ist, daß sie durch Innervation von Bewegungen die bestehende
statische Innervation durchbricht, bzw. tonische Reflexe, die durch die
Stellungsänderungen ausgelöst werden, unterdrückt. Daher die schon von
älteren Autoren beobachtete Neigung zu tonischen Stellungen, wenn die Hunde
nach Exstirpation der motorischen Region Bewegungen ausführen, bzw. die
Mitbewegungen der gelähmten Extremitäten, die man bei Affen (Minkowski)
nach Exstirpation der motorischen Region und auch beim Menschen mit Pyra-
midenbahnerkrankung bei Kopfbewegungen beobachten kann (Simons, Walshe)
und die normalerweise unterdrückten, tonischen Reflexen entsprechen. Im Zustande der „Ruhe" vermag sich dagegen besonders beim Quadrupeden der Ausfall
der Pyramidenbahn auf den Mechanismus der statischen Innervation nur in sehr
geringem Maße zu äußern, wozu noch ein Moment hinzukommen mag, der Ausfall
proprioceptiver Reflexbogen, die ihren Weg über den Cortex nehmen[1], so daß
sogar im Zustande der Ruhe an dem dem exstirpierten Rindenareal entgegengesetzten Glied eine gewisse Hypotonie beobachtet werden mag.

---

[1] An etwas Ähnliches mag Lewandowsky gedacht haben, als er Störungen des
Muskelsinnes für diese Hypotonie verantwortlich machte.

Nach all dem scheint es, daß zur Erklärung der Contracturen, die beim Menschen nach Kapselverletzungen beobachtet werden, der Ausfall der Pyramidenbahn allein nicht genügt, um die Entwicklung einer Übererregbarkeit der subcorticalen, tonuserhaltenden Ganglien zu erklären. Es ist hierbei gleichgültig, ob man die Entwicklung dieser Übererregbarkeit einfach auf den Wegfall der hemmenden Wirkung dieser Bahn zurückführt oder durch die Vorstellung erklärt, daß nach Ausschaltung des Cortex den subcorticalen Ganglien nun reichlicher zentripetale Impulse zuströmen und sich dadurch „Isolierungsveränderungen" in diesen entwickeln können. Es scheint vielmehr, daß zur Entwicklung von Spasmen ein zweites Moment hinzukommen muß, die Mitverletzung anderer Faserzüge, bzw. subcorticaler Ganglien. Es sei beispielsweise daran zu erinnern, daß es bei Kapselblutungen leicht zu einer Mitverletzung frontopontiner Fasern kommen kann, eines Systems, das, wie wir noch weiter unten sehen werden, keineswegs für die Tonusregulation gleichgültig ist. Die enge Nachbarschaft des Linsenkerns bringt es weiterhin mit sich, daß eine Kapselblutung auf dessen innere Abschnitte übergreifen, bzw. sie durch Druck schädigen kann, vor allem aber ist darauf hinzuweisen, daß nicht nur zentripetale, dem Linsenkern zuströmende Impulse sondern auch ein Teil der efferenten Pallidumfaserung, die sogenannten Fibrae perforantes, die ja Impulse zu tieferen Ganglien leiten, die innere Kapsel durchsetzen, also bei einer scheinbar reinen Pyramidenläsion durch Kapselblutung genug Gelegenheit zur gleichzeitigen Affektion des „extrapyramidalen Systems" besteht. Inwiefern diese Momente bei der Ausbildung der hemiplegischen Contractur eine Rolle spielen, werden aber erst ausgedehnte vergleichende, klinische und anatomische Untersuchungen erweisen müssen.

b) Stirnhirn und Temporalhirn.

Was das *Stirnhirn* anbelangt, hat schon Kleist katatonieähnliche Muskelspannungen auf das frontopontine System bezogen und hat Weed gezeigt, daß man durch Reizung verschiedener Punkte der frontopontinen Bahn, z. B. des vorderen Schenkels der inneren Kapsel, des inneren Teiles des Pedunculus, den Streckertonus herabzusetzen vermag.

Dieser Befund wurde erst in jüngster Zeit durch Warner und Olmstedt dahin erweitert, daß Abtragung des Stirnpols unter Schonung der motorischen Region zu einer Streckerstarre vorwiegend der gegenseitigen Extremitäten führt, während Reizung des Frontalpols den Streckertonus herabzusetzen vermag. Dieser Effekt war an die Intaktheit des gegenseitigen Brachium pontis gebunden.

Nachdem nun aber das Temporalhirn mit der Brücke in ganz ähnlicher Verbindung (durch die temporo-pontine Bahn) steht wie das Stirnhirn, so war zu erwarten, daß auch dem Schläfelappen eine ähnliche Bedeutung für die statische Innervation zukomme wie dem Stirnhirn und daß vielleicht Versuche in dieser Richtung Aufschluß über die noch unklare Bedeutung dieses Hirnteiles geben könnten.

Tatsächlich konnten Spiegel und Bernis zeigen, daß nach Abtragung der caudal vom Sulcus suprasylvius posterior gelegenen Rindenareale bei Katzen sich im akuten Versuch eine Zunahme des Streckertonus an der kontralateralen vorderen Extremität nachweisen ließ, ein Effekt, der besonders dann deutlich wurde, wenn das narkotisierte Tier in Rückenlage untersucht wurde.

Sowohl in den Experimenten, welche das Stirnhirn betrafen, als auch in jenen über den Einfluß der dem Temporalhirn entsprechenden Windungen handelt es sich um akute Versuche, bei welchen nur eine vorübergehende Änderung der statischen Innervation durch Abtragung dieser Hirnteile erzielt wurde. Es erschien daher wünschenswert, den Einfluß dieser Regionen auf die Tonusregulation längere Zeit hindurch zu verfolgen, um vor allem etwaige Chockwirkungen ausschließen zu können.

An Tieren (Katzen und Hunden), welchen der Stirnpol bzw. die caudal vom Sulcus suprasylvius posterior gelegenen Hemisphärenabschnitte durch Kauterisieren zerstört wurden, läßt sich weder beim Stehen, Gehen, Laufen oder Springen, noch beim Prüfen der passiven Beweglichkeit der Gelenke mit Sicherheit ein Tonusunterschied der Skelettmuskulatur feststellen, welcher einen Einfluß dieser Hirnteile auf die statische Innervation erweisen würde.

Um eine etwaige latente, durch Überlagerung der statischen durch kinetische Innervation verdeckte Störung der Tonusregulation manifest zu machen, wurde einerseits die Methode der Erzeugung einer Versteifung durch Eingipsung der Gliedmaßen, andererseits die Auslösung einer Muskelstarre durch Narkose in Versuchen mit Hotta verwendet.

In diesen Versuchen mit Hotta zeigte sich nun zunächst bei *Läsionen des Stirnhirns* die Zunahme des Streckertonus an den der Operation kontralateralen Extremitäten am deutlichsten in jenen Fällen ausgesprochen, wo die Läsion nicht streng auf den Stirnpol beschränkt war, sondern zum Teil auf den Gyrus sigmoideus anterior übergriff. Diese Fälle können eigentlich zum Studium unserer Frage nicht herangezogen werden, weil die früher erwähnten Untersuchungen gezeigt hatten und ein Kontrollversuch (Nr. 31) wieder bestätigte, daß Ausschaltung der motorischen Region an sich schon die Entwicklung einer Streckersteifigkeit auf der Gegenseite begünstigt. Aber auch in jenen Fällen, bei welchen die Läsion auf den Stirnpol beschränkt blieb, zeigte sich nicht nur unmittelbar im Anschluß an die Operation bei Rückenlage des Tieres eine stärkere Streckerstarre der linksseitigen Extremitäten (bei rechtsseitiger Operation), sondern es konnte auch im chronischen Versuch ein Einfluß des Stirnhirns vor allem durch Auslösung der Narkosestarre nachgewiesen werden, während bei Eingipsen der beiden Hinterbeine nach bloßer Frontalpolläsion die Tendenz zur Entwicklung einer Versteifung in Streckstellung an der kontralateralen hinteren Extremität nicht so deutlich ausgesprochen war, als es Spiegel und Shibuya nach Ausschaltung der motorischen Region beobachten konnten. Immerhin zeigte sich noch bis zu 2 Wochen nach der Ausschaltung des rechten Stirnhirns bei Narkotisieren des Tieres, wenn dasselbe in Rückenlage gebracht wurde und sich besonders an den vorderen Extremitäten eine Narkosestarre entwickelt hatte, daß diese an der linken vorderen Extremität viel deutlicher ausgesprochen war als auf der Gegenseite, ohne daß während dieser Zeit Zeichen einer Läsion der Pyramidenbahn nachweisbar waren.

Als Beispiel sei folgender Fall angeführt: Katze Nr. 32 dieser Serie.

18. November 1925. Läsion des rechten Frontalpols mit dem Thermokauter. Gleich nach der Operation ist an dem in Rückenlage befindlichen Tier kein sicherer Tonusunterschied zwischen beiden Seiten feststellbar.

23. November 1925. Keine Bewegungsstörung, Sehnenreflexe, Berührungsreflex beiderseits gleich. In Narkose zeigt sich bei Rückenlage deutlich, daß an der linken vorderen

Extremität die Streckerversteifung viel stärker zum Ausdruck kommt als an dem rechten Vorderbein. An den hinteren Extremitäten ist kein Unterschied konstatierbar.

25. November 1925. Es entwickelt sich in der Narkose zwar an den beiden vorderen Extremitäten eine Narkosestarre in Rückenlage, doch in der linken vorderen deutlicher und stärker als in der rechten. Die hinteren Extremitäten bleiben auch in der Narkose schlaff. Ein Unterschied zwischen beiden Seiten läßt sich an ihnen nicht feststellen.

Ein ähnliches Verhalten läßt sich noch am 27., 30. November und 2. Dezember 1925 feststellen, wenn auch die letzten Male die Unterschiede zwischen beiden Seiten nicht mehr so ausgesprochen waren wie früher.

Am 5. Dezember 1925 war auch an den vorderen Extremitäten kein Tonusunterschied zwischen beiden Seiten in der Narkose feststellbar.

Am 10. Dezember 1925 wurde das Tier umgebracht. Die Sektion ergab eine Läsion des rechten Stirnpols (vgl. Abb. 65).

Es läßt sich demnach ein gewisser, wenn auch nur mit Hilfsmitteln nachweisbarer Einfluß des Stirnhirns auf die Tonusregulation im Sinne eines Überwiegens des Streckertonus an den kontralateralen Extremitäten nach einseitiger Ausschaltung dieses Hirnteils feststellen.

Ähnliches gilt auch für die *Occipito-Temporalregion.* Zunächst ist zu analysieren, wie lokalisiert die kleinste Verletzung sei, welche noch Tonusdifferenzen zwischen den Extremitäten beider Seiten zu erzeugen vermag. Es zeigt sich nun, daß Verletzung des caudalen bzw. dorsalen Abschnittes der zweiten Bogenwindung (Gyrus ectosylvius posterior et medius) in der Regel ohne Wirkung war. Dasselbe gilt auch für Verletzungen, welche im mittleren Anteil der dritten und vierten Windung lokalisiert waren. Was dagegen die hinteren Abschnitte dieser Windungen anlangt, so konnte sowohl nach Verletzungen, welche isoliert den hinteren Abschnitt der dritten als auch nach jenen, welche allein den caudalen Teil der vierten Windung betrafen, die Entwicklung einer Tendenz zur

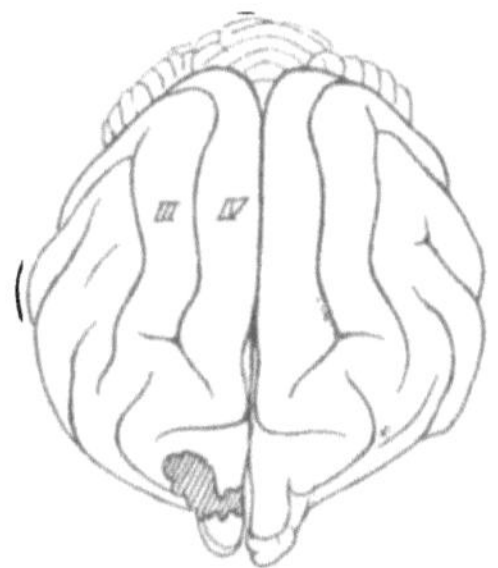

Abb. 65. Katze Nr. 32.

Streckstellung an den kontralateralen Extremitäten festgestellt werden. Am deutlichsten war dies nach Läsionen, welche die dorsalen Partien des caudalen Abschnittes der vierten Bogenwindung betrafen. Dies sei durch folgendes Beispiel illustriert.

Katze 26.

4. November 1925. Zerstörung des caudalen Abschnittes der vierten rechten Bogenwindung mit dem Thermokauter. Nachher kann an dem in Rückenlage befindlichen Tier anfangs keine deutliche Steifigkeit beobachtet werden. Bei längerem Zuwarten entwickelt sich aber eine deutliche Starre der linken vorderen Extremität, welche viel stärker ist als an der Gegenseite. Die linke vordere Extremität wird gestreckt, die rechte gebeugt gehalten. An den hinteren Extremitäten ist keine sichere Differenz wahrnehmbar.

11. November 1925. Unter Narkose zeigt sich in Rückenlage wieder an der vorderen linken Extremität ein stärkerer Streckertonus als an der Gegenseite, an den hinteren Extremitäten abermals kein Unterschied. Die beiden hinteren Extremitäten werden in Streckstellung eingegipst.

14. November 1925. In oberflächlicher Narkose ist dasselbe Verhalten der vorderen Extremitäten wie früher zu konstatieren. Bei sehr tiefer Narkose werden beide vorderen Extremitäten schlaff und nun ist keine Tonusdifferenz zwischen ihnen mehr nachweisbar.

18. November 1925. Die Prävalenz des Streckertonus der linken vorderen Extremität gegenüber der rechten ist in Narkose bei Rückenlage noch deutlich nachweisbar. Am 20. November dagegen ist der Unterschied nur mehr gering.

23. November 1925. Keine Differenz mehr zwischen beiden vorderen Extremitäten, auch nicht in Narkose. Nach Ausgipsen der beiden hinteren Extremitäten zeigt sich, daß beim Versuch, die Glieder passiv abzubeugen, an der linken hinteren Extremität

ein stärkerer Widerstand der Strecker zu überwinden ist als rechts. Dieser Unterschied läßt sich noch am 25. November, nachdem das Tier 2 Tage aus dem Gipsverband befreit war, wenn auch vermindert, nachweisen. Er ist am 27. November nicht mehr konstatierbar. In der Haltung der Fußgelenke ist allerdings noch insofern ein Unterschied feststellbar, als bei Rückenlage des Tieres in Narkose festzustellen ist, daß das Fußgelenk links im stumpfen Winkel nahe der Streckstellung, auf der Gegenseite im rechten Winkel gehalten wird. Am 30. November 1925 war auch dieser Unterschied verschwunden. Das Tier wird am 10. November umgebracht. Die Sektion ergibt: Zerstörung der dorsalen Partie des hinteren Anteiles der vierten rechten Bogenwindung (vgl. Abb. 66).

Ähnliche Beobachtungen ließen sich auch in Fällen erheben, in welchen die Läsion nicht streng auf die dritte (bzw. vierte) Windung beschränkt war, sondern auf die vierte (bzw. dritte) Windung übergriff, bzw. in welchen beide Windungen in ihren caudalen Abschnitten zerstört erschienen (vgl. die weiter unten zitierten Beispiele).

Einige Fälle schienen zunächst aus dieser Reihe herauszufallen und mit den übrigen Versuchsresultaten in Widerspruch zu stehen. Es waren dies Fälle, bei welchen das Verhältnis des Streckertonus zwischen beiden Seiten schwankte, bzw. bei denen sich, besonders in der ersten Zeit nach der Verletzung, ein stärkerer Streckertonus (Narkosestarre) auf der homolateralen Seite entwickelte. Diese

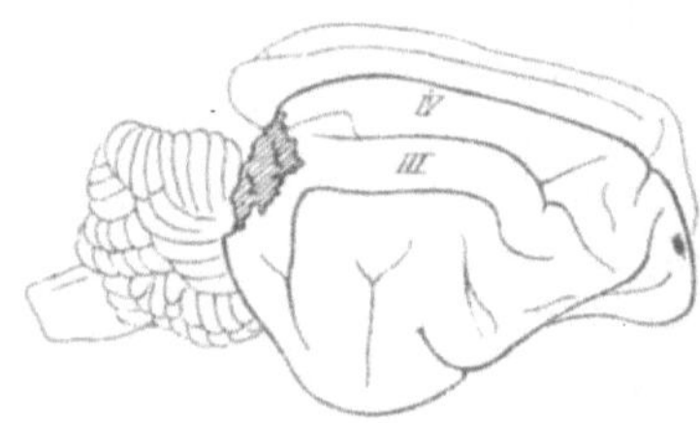

Abb. 66. Katze Nr. 26.

scheinbar widersprechenden Beobachtungen konnten aber aufgeklärt werden, als berücksichtigt wurde, daß zur Blutstillung der Diplöe bzw. der Sinus, in deren nächster Nachbarschaft ja bei Operationen am Okzipitalpol gearbeitet wurde, Plastelin verwendet wurde und daß Plastelinreste, welche bei der Operation übersehen wurden, bzw. unter den Okzipitalpol geraten waren, hier einen Druck auf die letzten Windungen ausüben konnten. Tatsächlich zeigte ein Kontrollversuch, in welchem der Schädel in der üblichen Weise eröffnet, eine größere Plastelinmasse zwischen Knochen und Okzipitalpol gebracht, das Gehirn selbst aber nicht kauterisiert wurde, daß durch den auf die caudalen Windungen ausgeübten Druck die Entstehung einer Tonusverschiebung zwischen beiden Seiten zugunsten der homolateralen Strecker bedingt wurde.

Was nun die Art der beobachteten Tonusänderung anlangt, so war wiederum, ähnlich wie es beim Stirnhirn schon hervorgehoben wurde, die Tendenz zur Entwicklung der Streckersteifigkeit an den der rechtsseitigen Operation kontralateralen Extremitäten nach Zerstörung des caudalen Anteiles der dritten oder vierten Windung weniger ausgesprochen als es nach Exstirpation der motorischen Region zu beobachten ist. Nach 10- bis 14 tägigem Eingipsen der beiden hinteren Extremitäten in Streckerstellung zeigte sich, daß auf der linken Seite ein etwas größerer Widerstand beim Versuch, die Extremität passiv abzubeugen, zu überwinden war als auf der rechten Seite. Ließ man das Tier dann weiterhin frei umherlaufen, so nahm dieser Widerstand im Laufe der nächsten Tage bald ab und war beispielsweise im Fall 26 4 Tage nach dem Ausgipsen wieder verschwunden.

Bei manchen Tieren offenbarte sich die Tonusdifferenz weniger durch Vermehrung des Widerstandes bei passiver Abbeugung als dadurch, daß eine gewisse Tendenz zu einer der Streckstellung nahen Haltung im Gegensatz zur Gegenseite in der Ruhelage festgestellt werden konnte. Hierfür diene folgender Versuch als Beispiel:

Katze 15.

5. Oktober 1925. Kauterisation des caudalen Teiles der dritten und vierten Bogenwindung der rechten Seite. Nachher in Rückenlage unter Fortwirkung der Narkose Streckersteifigkeit der linken vorderen Extremität deutlicher als an der rechten vorderen Extremität. Zwischen den hinteren Extremitäten, deren Streckertonus geringer ist als jener der vorderen, keine Tonusdifferenz.

9. Oktober 1925. Eingipsen beider hinteren Extremitäten in Streckstellung.

19. Oktober 1925. Bei Abnahme des Gipsverbandes in Rückenlage des Tieres zeigt sich unter Narkose keine Differenz zwischen dem Tonus beider vorderen Extremitäten mehr. In diesen kommt keine ausgesprochene Narkosestarre zur Entwicklung. Die linke hintere Extremität wird im Fußgelenk gestreckt gehalten, während die rechte hintere Extremität gebeugt ist. Bei passivem Abbeugen ist dagegen zwischen beiden Seiten keine sichere Differenz festzustellen.

Beide hinteren Extremitäten werden nochmals für 5 Tage in Streckstellung eingegipst und am

24. Oktober 1925 zeigt sich bei Ausgipsen des narkotisierten Tieres, daß die Steifigkeit der beiden hinteren Extremitäten zugenommen hat. Man bemerkt beim Versuch, das Knie passiv abzubeugen, einen etwas stärkeren Widerstand auf der linken Seite gegenüber der rechten. Auch der Unterschied der Haltung zwischen beiden Extremitäten ist nun noch deutlicher geworden. Nicht nur im Fußgelenk sondern auch im Kniegelenk wird links eine der Streckstellung nahe Haltung angenommen, während auf der rechten Seite die Extremität in diesen Gelenken nahezu im rechten Winkel gebeugt gehalten wird.

Die *Sektion* zeigt, daß die **dritte** und **vierte** Bogenwindung in ihrem hinteren Anteil, dort, wo dieser schon zum mittleren Abschnitt umbiegt, betroffen sind (Abb. 67).

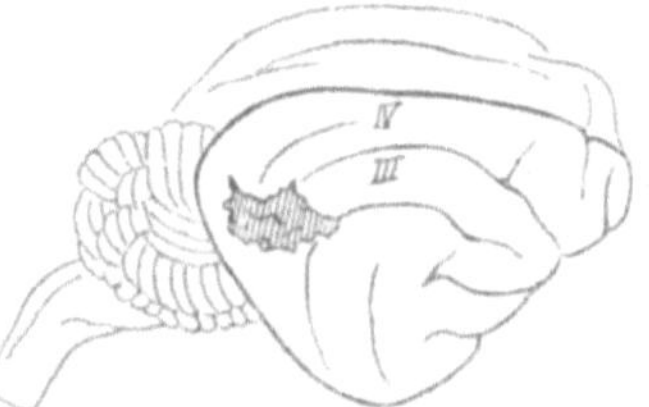

Abb. 67. Katze Nr. 15.

Um den Erfolg der Ausschaltung des Gyrus suprasylvius posterior in verschiedenen Zeiten nach der Operation öfters prüfen zu können, erwies sich vor allem die Auslösung der Narkosestarre vorteilhaft. Bei manchen Tieren, bei welchen unmittelbar im Anschluß an den Eingriff die Erhöhung des Streckertonus auf der der Exstirpation kontralateralen vorderen Extremität noch nicht deutlich ausgesprochen war, gelang der Nachweis dieses Unterschiedes einige Tage später prompt. Die stärkere Entwicklung der Narkosestarre an dem der ausgeschalteten Occipitotemporalregion kontralateralen Vorderbein konnte bis zu 18 Tagen nach der Operation nachgewiesen werden, wofür folgender Versuch ein Beispiel gibt:

Katze 23.

24. Oktober 1925. Zerstörung der beiden letzten Windungen der rechten Seite mit dem Thermokauter. Unmittelbar nach der Operation ist die Narkosestarre an den vorderen Extremitäten gering ausgesprochen, an den hinteren gar nicht entwickelt. Ein sicherer Unterschied zwischen beiden Seiten ist nicht festzustellen.

30. Oktober 1925. In Rückenlage entwickelt sich unter Narkose deutliche Streckersteifigkeit, an der linken vorderen Extremität am stärksten ausgesprochen. An den hinteren Extremitäten ist kein Unterschied zwischen beiden Seiten wahrzunehmen. Eingipsung beider hinterer Extremitäten.

11. November 1925. Entfernung des Gipsverbandes. In Rückenlage zeigt sich am narkotisierten Tier noch immer ein Überwiegen des Streckertonus der linken vorderen Extremität gegenüber der rechten, aber nicht mehr so ausgesprochen wie das letztemal. Dagegen läßt sich nun an der hinteren Extremität der linken Seite erhöhter Widerstand beim Versuch, sie passiv abzubeugen, gegenüber rechts feststellen.

Die Sektion zeigt, daß die Zerstörung vor allem die ventralen Abschnitte der dritten und vierten Windung betroffen hat. Die dorsalen Abschnitte sind nur in einem schmäleren Streifen, entsprechend dem caudalen Schenkel der dritten Windung, affiziert (Abb. 68).

Die Tatsache, daß in diesen Fällen gleich im Anschluß an die Operation die Tonusdifferenz zwischen beiden Seiten nicht so ausgesprochen war wie einige Tage später, ist vielleicht dadurch zu erklären, daß, wie in dem erwähnten Fall, die Läsion vor allem im ventralen Teil der letzten Windungen gesetzt war, daß der sich an die Läsion anschließende reaktive Prozeß auch auf die Nachbarschaft übergriff, so daß der dorsale Teil des caudalen Abschnittes der dritten und vierten Bogenwindung, nach dessen Funktionsausfall am ehesten die Streckerstarre der kontralateralen Seite auftritt, weiterhin auch einbezogen wurde.

Überblicken wir diese Versuche, so zeigt sich also, daß vor allem Läsion des caudalen Anteils der dritten und vierten Bogenwindung eine Tonusdifferenz im Sinne einer Steigerung des Streckertonus an den kontralateralen Extremitäten zur Folge hat, eine Steigerung, die sowohl mittels Erzeugung einer Ruheversteifung durch Eingipsen als auch durch Auslösung der Narkosestarre nachweisbar ist.

Es entsteht nun die weitere Frage, inwiefern dieses Symptom auf Ausschaltung der temporo-pontinen Bündel zu beziehen ist. Als Ursprungsstätte des Türck-schen Bündels sind (vgl. zusammenfassende Darstellung bei Löwenstein, Henschen) vor allem die caudalen Abschnitte der zweiten und dritten Temporalwindung des Menschen in Betracht zu ziehen. Der Gyrus temporalis superior dürfte dagegen nur ganz geringe Fasermassen zu diesem System entsenden. Es ist aber nicht zu leugnen, daß auch andere Hirnteile als der Temporallappen sich an der Bildung des Türckschen Bündels beteiligen. Hat ja schon Obersteiner darauf aufmerksam gemacht, daß vollständige Atrophie dieses Systems nur in Fällen auftritt, wo außer der zweiten und dritten Temporalwindung auch Teile des Okzipitalhirns zerstört waren. Inwiefern Fasern aus dem Parietallappen ebenfalls an diesem System Teil haben, wie Monakow vermutet, läßt sich heute noch nicht mit Sicherheit aussprechen (vgl. Henschen).

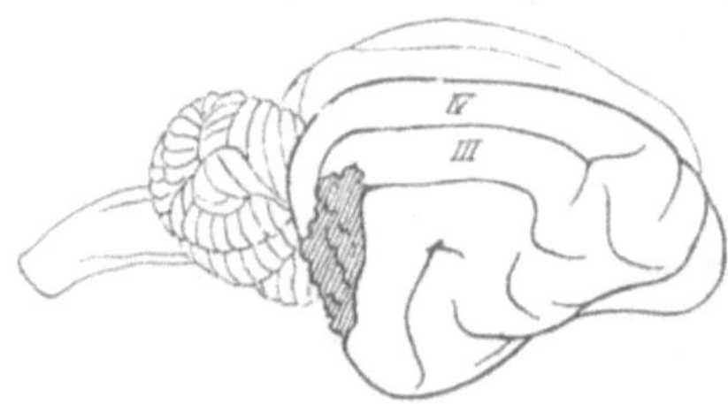

Abb. 68. Katze Nr. 23.

Es kommt demnach vor allem die zweite und dritte Temporalwindung und der anstoßende Teil des Okzipitallappens als Ursprungsstätte des sogenannten temporo-pontinen Systems in Betracht.

Fragen wir uns nun, welche Anteile des Carnivorengehirns diesen Arealen beim Menschen entsprechen, so ist nach Kappers dem Sulcus temporalis superior die Fissura suprasylvia posterior homolog, so daß der caudal von dieser Fissur gelegene Gyrus suprasylvius posterior der zweiten Temporalwindung entsprechen würde. Das hier beschriebene Areal, dessen Zerstörung Tonusdifferenzen zwischen beiden Seiten erzeugt, dürfte demnach tatsächlich als der Ursprungsstätte des temporo-pontinen Systems homolog zu betrachten sein, so daß die hier beschriebenen Tonusstörungen auf den Ausfall von Rindenarealen zu beziehen sind, welche den menschlichen Temporalwindungen zum Teil wenigstens entsprechen. Es ist zu erwarten, daß an Gehirnen, welche den Temporallappen (wie beim Menschen) besser entwickelt zeigen, Zerstörung der Temporalwindungen die hier beschriebenen Tonusänderungen noch deutlicher in Erscheinung treten läßt, als wir es bei Carnivoren gesehen haben.

Diesbezügliche Versuche an Affen sollen ausgeführt werden, sobald das Material zur Verfügung steht.

7. Kleinhirn.

Seit den klassischen Versuchen Lucianis galt Atonie als ein Kardinalsymptom des Kleinhirnausfalles und die anatomischen Beziehungen besonders zwischen Vestibularapparat und Kleinhirn hatten zu der Anschauung geführt, daß der Einfluß des Labyrinths auf den Muskeltonus in der Hauptsache auf dem Wege über das Kleinhirn zustandekommt. Es braucht nur daran erinnert zu werden, daß Edinger die Anschauung vertreten hat, daß das Kleinhirn mittels Erregungen, die ihm von den Muskeln, Sehnen, Gelenken einerseits, dem Vestibularapparat andererseits zufließen, die Fähigkeit habe, die Unterlage für den *Statotonus* zu bilden, d. h. jene Muskelspannungen zu bewirken, die zur Sicherung der Haltung gegenüber dem Einfluß der Schwere erforderlich sind. Aber schon Bauer und Leidler, Bárány, Reich und Rothfeld sowie Kubo zeigten für einzelne Labyrinthreaktionen, daß sie noch nach partiellen Kleinhirnverletzungen erhalten bleiben, und in den letzten Jahren hat Magnus mit seinen Mitarbeitern (de Kleijn, Rademaker) erwiesen, daß alle vom Labyrinth geleisteten, bisher bekannt gewordenen tonischen Reflexe auch nach totaler Kleinhirnexstirpation bestehen bleiben. Das gleiche gilt nach Magnus und Rademaker für die Stellreflexe (auch die Hals- und Körperstellreflexe) sowie für die neuerdings von der Magnusschen Schule beschriebenen statischen Reaktionen (Magnetreaktion, Stützreaktion, Schunkelreaktion). Auch hatte sich gezeigt, daß der Typus zentral bedingter Starrezustände, die nach Mittelhirndurchtrennung auftretende Enthirnungsstarre, auch bei kleinhirnlosen Tieren zustandekommt, bzw. daß eine schon entwickelte decerebrate rigidity durch folgende Kleinhirnexstirpation nicht verhindert wird (Thiele[1], neuerdings Magnus), wie ich nach eigenen Versuchen bestätigen kann. Schließlich haben Dusser de Barenne, Rademaker an Tieren nach totaler Kleinhirnexstirpation überhaupt Zeichen von Atonie sowohl der Extremitäten als auch der Hals- und Rumpfmuskulatur vermißt.

Es entsteht nun die Frage, ob wir auf Grund dieser Befunde so weit gehen dürfen, die Bedeutung des Kleinhirns für den Muskeltonus ganz in Abrede zu stellen, wozu in der Literatur der letzten Jahre eine gewisse Neigung bemerkbar ist. Ich glaube dies ist zu weit gegangen. Magnus und de Kleijn betonen selbst, daß durch ihre Befunde wohl erwiesen ist, daß das Kleinhirn zum Zustandekommen der von ihnen untersuchten Labyrinthreflexe nicht notwendig ist, nicht aber, daß es in diesen Reflexmechanismus nicht regulierend, fördernd oder

---

[1] Weed kam zu widersprechenden Resultaten; bei einem Teil seiner Tiere beobachtete er Verminderung, bzw. Aufhebung der Starre durch die Kleinhirnexstirpation, daneben sah er aber auch nach dieser Operation Bestehenbleiben der Starre durch mehrere Stunden, bzw. Entwicklung der Starre bei einer kleinhirnlosen Katze. Doch scheinen mir seine Versuche, in welchen die Kleinhirnexstirpation die Starre aufgehoben haben soll, nicht beweiskräftig, da er Mitverletzungen der Medulla oblongata, bzw. Brücke in seinen Fällen durch die unbedingt zu fordernde histologische Untersuchung nicht ausschloß.

hemmend eingreift. Die Tatsache, daß sich die Enthirnungsstarre auch bei Kleinhirnmangel entwickelt, beweist meines Erachtens noch keineswegs, daß das
Kleinhirn mit der Tonusregulation nichts zu tun hat. Es braucht nur daran erinnert zu werden, daß sich die Enthirnungsstarre auch bei labyrinthlosen Tieren
entwickeln kann, ohne daß wohl darum jemand die Bedeutung des Labyrinths
für den Muskeltonus leugnen möchte. Die Mittelhirndurchschneidung erzeugt eben
einen solchen Zustand von Übererregbarkeit des erhalten bleibenden statischen
Reflexmechanismus, daß schon ein Teil desselben genügt, um eine gewisse
Starre zustandekommen zu lassen. Aber auch die neueren Feststellungen eines
Mangels von Tonusstörungen bei kleinhirnlosen Tieren stellen meines Erachtens
keineswegs einen Beweis gegen die Bedeutung des Kleinhirns für die Tonusregulation dar. Es sei nur darauf hingewiesen, daß gerade nach Untersuchungen
der Magnusschen Schule doppelseitig labyrinthektomierte Tiere keinen dauernden Tonusverlust zeigen, der Labyrinthausfall also relativ rasch kompensiert
wird. Ebensowenig wie man aber aus diesem Befund den Schluß abzuleiten berechtigt wäre, daß das Labyrinth für den Tonus keine Bedeutung habe, ebensowenig kann man aus der Tatsache, daß Tonusstörungen mehrere Monate nach
totaler Kleinhirnexstirpation vermißt werden, die Bedeutungslosigkeit des Kleinhirns für die statische Innervation ableiten. Die Rademakerschen Versuche
beweisen meines Erachtens für die Kleinhirnphysiologie nur: erstens, daß der Ausfall des Organs in bezug auf die statische Innervation weitgehendst kompensiert
werden kann, und zweitens, daß Versuche mit totaler Kleinhirnexstirpation nicht
ausreichend sind, um in die Physiologie dieses Organs einzudringen.

Die Hemiexstirpation, deren Bedeutung insbesondere Luciani hervorgehoben
hat, kann eben beim Studium der Zentrenfunktionen nicht so weitgehend ausgeschaltet werden, wie es die Magnussche Schule tut. Wenn auch zuzugeben ist,
daß die Halbseitenexstirpation oft recht komplizierte und schwer analysierbare
Bedingungen schafft, so muß man sich doch bemühen, diese Schwierigkeiten zu
überwinden. Denn die Hemiexstirpation bietet den großen Vorteil, durch die
Möglichkeit des Vergleiches des zur ausgeschalteten Hirnpartie gehörigen Körper-
teils mit der Gegenseite geringgradige Störungen noch zu erkennen, während
nach totaler Exstirpation des Organs solche leichte Störungen der Untersuchung
entgehen können, nachdem nun ein Vergleichsobjekt fehlt. Tatsächlich kann
man auch bei Bestimmung der Spannungskurve nach halbseitiger Kleinhirnexstirpation eine leichte Hypotonie im Sinne einer geringgradigen Abschwächung
des Bremsreflexes auf der Seite der Hemiexstirpation nachweisen (vgl. Kap. III),
so daß man zur Anschauung gelangen muß, daß die von Luciani behauptete
Atonie nach Kleinhirnexstirpation doch bis zu einem gewissen Grade zutrifft,
insofern nämlich, als der Bremsreflex, der durch proprioceptive Reize aus den
Gliedmaßen ausgelöst wird, zwar zum größten Teil extracerebellar zustandekommt, ein Teil der diesen Reflex auslösenden Impulse aber doch einen Neben-
weg über das Kleinhirn benutzt, dessen Ausfall zu der geringgradigen Hypotonie
auf der Seite der halbseitigen Kleinhirnexstirpation führt.

Was die Verhältnisse beim *Menschen* anbelangt, so ist nicht zu leugnen, daß
in vielen Fällen von Kleinhirnerkrankung eine Atonie nicht nachweisbar ist,
andererseits aber scheint es doch über das Ziel geschossen, wenn man das Vorkommen einer Hypotonie bei Kleinhirnaffektion überhaupt leugnet (z. B.

André-Thomas), wo doch einwandfreie Beobachter (vgl. Pineles, Hunt) über das Vorkommen dieses Phänomens berichten[1]. Selbst Dusser de Barenne, der sich auf Grund seiner Versuche gegen die Lucianische Lehre wendet, gibt das Vorkommen von Hypotonie, besonders bei akuten Läsionen, beim Menschen zu. Mit unserer Beobachtung einer Abschwächung des Bremsreflexes stimmt gut überein, daß Gordon Holmes bei Fällen von kurz dauernder Kleinhirnverletzung am Menschen fand, daß der Patellarreflex auf der homolateralen Seite einen rascheren Abfall als Anstieg der Kontraktion aufwies, während normalerweise der Abfall der Zuckungskurve gegenüber dem Anstieg derselben verzögert ist. In diesem raschen Abfall der Reflexzuckung nach Kleinhirnläsion sieht Walshe mit Recht einen Ausdruck für das Ausbleiben der shortening reaction, die das Streben des Muskels bedeutet, die durch den Reiz ausgelöste Verkürzung zu bewahren, und sich beim Normalen in dem langsameren Abfall der Zuckungskurve des Patellarreflexes verrät. Der rasche Abfall der Kontraktion im homolateralen Quadriceps nach Kleinhirnläsion beweist also, daß durch Verletzung dieses Organs auch beim Menschen die shortening reaction, die wir als nahe verwandt dem Phänomen der Bremsung erkannt haben, gestört ist, also die Schlußfolgerungen, zu welchen wir über die Beziehungen dieses Phänomens zum Kleinhirn gelangt sind, wohl auch für den Menschen zutreffen.

Die Bedeutung des Kleinhirns liegt aber nur zum geringen Teil darin, daß es den proprioceptiven, die Bremsung bedingenden Hirnstammreflexen nebengeschaltet ist; es vermag vielmehr auf die im Rautenhirn sich abspielenden Reflexe der statischen Innervation *selbst regulierend* einzugreifen. Schon Horsley und Löwenthal, Sherrington haben gezeigt, daß Reizung der Vorderfläche dieses Hirnteils zu einer Hemmung der Enthirnungsstarre führt, ein Befund, der vielfach Bestätigung gefunden hat (Weed, Cobb, Bailey und Holtz, Bremer, Miller und Banting). Dusser de Barenne weist darauf hin, daß auch trotz Fehlens einer Starre bei elektrischer Reizung der Kleinhirnoberfläche Beugebewegungen zu beobachten sind, was wir nach unseren Erfahrungen bestätigen können.

Der Weg, auf welchem dieser den Streckertonus herabsetzende Kleinhirnimpuls die tieferen Zentren erreicht, soll nach der allgemeinen Vorstellung ausschließlich über das Brachium conjunctivum verlaufen (Bremer, Dusser de Barenne, Rothmann). Damit steht aber offenbar die Tatsache in Widerspruch, daß die Starre nicht nur nach einem Schnitt hinter den Corpora quadr. post. bestehen bleibt, sondern daß zu ihrem Entstehen nach den Rademakerschen Untersuchungen gerade die Durchschneidung des Rubrospinaltraktes Bedingung ist, also der zur Enthirnungsstarre führende Schnitt die Brachia conjunctiva, bzw. deren caudalwärts gerichtete Fortsetzung, den Rubrospinaltrakt, durchtrennt haben muß. Tatsächlich konnten wir uns in wiederholten Versuchen mit Bernis

---

[1] Es ist zuzugeben, daß in vielen Fällen von Hypotonie bei Kleinhirnerkrankungen, insbesondere bei Tumoren, die Hypotonie einfach ein Nachbarschaftssymptom, bedingt durch Schädigung der Vestibulariskerne, bzw. der S. reticularis, sein mag (vgl. Brun). Andererseits kann man aber das Fehlen von Tonusstörungen in Fällen von Kleinhirnatrophien kaum verwerten, da bei solchen, meist in der Embryonalzeit sich entwickelnden Mißbildungen leicht andere Hirnteile kompensatorisch eintreten. Wissen wir ja, daß es Fälle von totalem Kleinhirnmangel ohne klinisch merkbare Ausfallserscheinungen gibt.

an Katzen überzeugen, daß noch nach Durchschneidung des Hirnstammes hinter dem N. ruber durch die hinteren Vierhügel oder knapp caudal von denselben durch Reizung insbesondere der lateralen Teile des Lob. anterior Bolk Beugebewegungen der Vorderextremitäten ausgelöst werden können, dieser Effekt also nicht bloß durch Leitung der Kleinhirnreizung über das Br. conjunctivum zustandekommt.

Bei der Beurteilung der Wirkung von Kleinhirnreizungen ist man Täuschungen und Irrtümern bekanntlich besonders ausgesetzt, wovon die Literatur Beispiele genug bietet. So berichtet Karplus, daß bei Nachprüfung der von Probst beschriebenen Reizeffekte dieselben sich auch noch nach Aufhören des Herzschlages und der Atmung auslösen ließen, was wohl eine Folge von Stromschleifen auf die Hirnnerven war, eine Fehlerquelle, auf die insbesondere Clarke und Horsley aufmerksam gemacht haben. Wir haben darum in mehreren Versuchen die Hirnnerven einer Seite vom V. bis zum XII. durchschnitten und konnten uns überzeugen, daß die erwähnte Beugebewegung vor allem im Ellbogen und den Hand-, bzw. Zehengelenken auch nach diesem Eingriff noch erhalten bleibt. Wie leicht man sich aber bei solchen Reizversuchen von Stromschleifen täuschen lassen kann, geht daraus hervor, daß wir in einigen Versuchen Zuckungen der Schultermuskulatur auch nach Durchschneidung der Vagus-Akzessoriuswurzeln erhielten, ein Effekt, der erst verschwand, wenn die Medulla oblongata von der Schädelbasis durch einen trockenen Wattetupfer abgedrängt oder die Vagus-Akzessoriuswurzeln bei ihrem Durchtritt durch das For. jugulare zerstört wurden. Diese Versuche lehrten uns, daß man schon nach dem Charakter der Kontraktion unterscheiden kann, ob eine durch Kleinhirnreizung ausgelöste Bewegung auf Erregung des Kleinhirns selbst oder der Hirnnervenkerne und -wurzeln zu beziehen sei. Im ersteren Fall haben wir es mit Kontraktionen tonischer Natur zu tun, die erst nach längerer Latenzzeit in Erscheinung treten, langsam ablaufen, in der Regel so lange anhalten, als der Reiz andauert, manchmal auch den Reizeffekt einen Moment überdauern, während die Reizung der Hirnnerven ungleich schneller ablaufende Zuckungen auslöst. Solche Zuckungen durch Reizung der Hirnnerven kann man noch erhalten, wenn das Zentrum seine Erregbarkeit schon eingebüßt hat, während für die Erregbarkeit der Kleinhirnrinde ein guter Zustand des Tieres (keine zu lang dauernde, tiefe Narkose) und gute Durchblutung des Organs Voraussetzung ist, der Reizeffekt bei Anwendung nicht zu starker Ströme (RA der Sekundärspule des Schlitteninduktoriums 9—10 cm, im primären Kreis ein Chromsäureelement) in der Regel nur von einer ziemlich umschriebenen Region im lateralsten Gebiet des Lob. anterior zu erhalten ist[1]. Vom Crus primum des Lob. ansiformis dagegen waren keine sicheren Reizeffekte zu erzielen, sofern wir die angegebenen Vorsichtsmaßregeln beobachteten.

Um völlig sicher zu gehen, haben wir an der Vorderextremität nur Bewegungen im Ellbogen und Handgelenk, bzw. an den Zehen als Wirkung der Kleinhirnreizung angesprochen, Schulterbewegungen dagegen wegen der Möglichkeit von Stromschleifen auf den Akzessorius nicht als Ausdruck eines positiven Reizerfolges angesehen. Am Ellbogen der gleichen Seite konnten wir durch Reizung des lateralen Abschnittes des Lob. anterior deutlich Beugebewegungen, an den Zehen Krallenbildung auslösen (besonders Versuch Nr. 4, 5, 9, 13, 14, 16, 18 dieser Reihe, weniger konstant in Fall 15). Oft läßt sich das Nachlassen des Tonus im Triceps besonders deutlich fühlen, wenn man die Vorderpfote in der Hand hält und auf sie einen leichten, konstanten Druck im Sinne einer passiven Beugung ausübt. Seltener gelang es, bei Reizung des Lob. anterior auch Beugebewegungen der gleichseitigen Hinterextremitäten (K. 2, 16), bzw. Nachlassen des Tonus der Schwanzstrecker (Verringerung der während der Enthirnungsstarre dorsal gerichteten Konkavität des Schwanzes bei Wurmreizung hinter dem Lob. anterior,

---

[1] Siehe Anmerkung 1 auf der nächsten Seite.

Katze 3) zu beobachten. Die langsame Beugung des Ellbogens und der Zehen ließ sich nun in Fall 3, 4, 9, 15, 16 auch dann noch wahrnehmen, wenn die Durchtrennung des Hirnstammes knapp hinter dem hinteren Vierhügel erfolgte, das Brach. conjunctivum also als efferente Kleinhirnbahn nicht in Betracht kommen konnte. Daß die nach Reizung des Lob. anterior unter diesen Bedingungen ausgelösten tonischen Beugebewegungen nicht auf Stromschleifen beruhen, konnte schließlich dadurch bewiesen werden, daß nach Durchschneidung von Brücke und Strickkörper einer Seite und Zurücklegen des Kleinhirns und seiner Stiele in die frühere Lage der Reizeffekt auf der entsprechenden Seite nicht mehr auslösbar war, während an der Gegenseite noch Beugebewegungen der Vorderextremität bei Reizung der homolateralen Partie des Lob. anterior beobachtet werden konnten (K. 19)[1]. Schließlich ließ sich zeigen, daß Durchschneidung des Strickkörpers allein bei Tieren, welche durch einen Schnitt hinter den Corp. quadrigem. posteriora decerebriert worden waren, den hemmenden Effekt der Kleinhirnreizung auf den Streckertonus aufhebt (K. 16 und 18). Damit war anzunehmen, daß das Corp. restiforme efferente Kleinhirnbahnen enthalten müsse, welche den erwähnten Hemmungseffekt zu leiten vermögen. Tatsächlich läßt sich zeigen, daß Reizung der Innenfläche des Strickkörpers Beugebewegungen der gleichseitigen Vorderextremität auslöst (K. 4, 5, 7, 8, 9, 16, 17), ein Effekt, der schon bei Anwendung von ganz schwachen Strömen zu beobachten ist (RA = 21 cm bei Katze 5, 15 cm bei Katze 7) und der nach Durchtrennung des Strickkörpers nur mehr bei Reizung des spinal vom Schnitt gelegenen Anteils, nicht aber der cerebralen Schnittfläche zu beobachten ist (K. 16, 17), demnach nicht durch Stromschleifen auf Bahnen, die unter dem Boden der Rautengrube verlaufen, oder auf das Rückenmark bedingt sein kann[2].

Daß dieser Reizeffekt der Strickkörperreizung schließlich nicht auf die diesem innen anliegende spinale Acusticuswurzel zurückzuführen ist, geht daraus hervor, daß er bei Reizung mit eben wirksamen Strömen nur von einer Zone aus hervorgerufen werden kann, die etwa 2 mm hinter dem Eintritt des Acusticus ihr orales Ende hat, Reizung dieses selbst und des in seiner Eintrittsebene gelegenen Kerngebietes, sowie der knapp dahinter gelegenen Zone dagegen bei Verwendung der am Corpus restiforme noch wirksamen Stromstärken ohne Effekt ist.

Wir gelangen also zur Schlußfolgerung, daß für *jene hemmenden Wirkungen, welche das Kleinhirn auf die Streckerstarre durch Auslösung eines Beugungs-*

---

[1] Aus diesen Gründen kann ich mich nicht von der Stichhaltigkeit der jüngsten Ausführungen von Bremer und Ley über diese Frage überzeugen.

[2] Kuré und seine Mitarbeiter beschreiben tonische Kontraktionen vor allem der Nacken- und Rumpfmuskulatur bei Reizung des Corpus restiforme und geben an, daß die diese Kontraktionen auslösende Innervation von der Intaktheit des Grenzstranges des Sympathicus abhängig ist. Soweit aus der Beschreibung der Autoren hervorgeht, erscheint nicht klar erwiesen, daß nach der einseitigen Grenzstrangexstirpation die Wirkung der Strickkörperreizung nur auf der entsprechenden Körperhälfte ausbleibt, vielmehr scheint durch die eingreifende Operation in den meisten ihrer Versuche die Erregbarkeit beider Corpora restiformia gelitten zu haben; vor allem vermögen aber die Autoren den Einwand nicht zu widerlegen, daß Grenzstrangreizung einen ähnlichen Effekt hervorrufen müßte, wenn die durch Strickkörperreizung ausgelöste Erregung über den Grenzstrang geleitet würde.

impulses ausübt, neben dem Bracch. conjunctivum eine zweite Bahn existiert, eine Bahn, die durch efferente, im Bereich des Corpus restiforme gelegene oder sich ihm anschließende Fasern dargestellt ist. Fragen wir uns, welche cerebello-fugal verlaufenden Bahnen der Leitung dieser Innervation dienen, so kommen wohl die im lateralen Teil des Corpus restiforme zu den Seitenstrangkernen deszendierenden Fasern, bzw. die zur Haube ziehenden Teile der Fibrae arcuatae externae nicht so sehr in Betracht, als die im medialen Teil des Strickkörpers gelegenen, cerebello-bulbären Fasern (Tr. fastigio-bulbaris), nachdem die beschriebene Beugebewegung vor allem bei Reizung der medialen Fläche des Strickkörpers auszulösen ist. Hier wäre weniger an die aus dem gegenseitigen N. tecti stammenden Fasern zu denken, nachdem Bremer (allerdings bei erhaltenem Bindearm) die durch Reizung des Lob. anterior ausgelöste Hemmung trotz Mediandurchschneidung des Kleinhirns erhalten bleiben sah, als an Fasern, die, aus dem gleichseitigen Dachkern stammend, sich nach Umschlingung des Bindearmes vor dessen Eintritt ins Mittelhirn in die innere Abteilung des Corp. restiforme begeben[1]. Für die Existenz solcher Fasern führt schon van Gehuchten den Befund von Preisig an, daß nach Durchschneidung des cerebello-bulbären Bündels an der Stelle, wo es den Bindearm umschlingt, Chromolyse an den äußeren Zellen des Dachkerns der gleichen Seite und den inneren Zellen desselben auf der Gegenseite auftritt[2]. Ob diese Fasern auf die Zellen der Subst. reticularis oder auf die Vestibulariskerne oder auf beide zusammen wirken, kann nicht mit Sicherheit entschieden werden. Bei Reizung von Querschnitten, die durch das verlängerte Mark angelegt wurden, ließ sich nur soviel feststellen, daß mit schwächsten Strömen vom Strickkörper aus, bzw. von einem diesem ventral und medial anliegenden, auf die Subst. reticularis übergreifenden Feld die erwähnte tonische Beugebewegung auslösbar war.

Die Effekte, welche wir durch den Reizversuch am decerebrierten Tier erzeugen, sind — darüber muß man sich immer klar sein — Artefakte, die uns höchstens einen Hinweis auf die normale Rolle des Organs unter natürlichen Bedingungen geben können. So entsteht denn die Frage, ob eine vom Kleinhirn ausgelöste *Hemmungswirkung* auch am intakten Tier nachweisbar sei, bzw. irgendeine Bedeutung habe. In dieser Hinsicht sind eine Reihe von Beobachtungen von Interesse, die *nach Exstirpation des Kleinhirns*, bzw. seiner Anteile, bzw. bei Kleinhirnkranken gemacht wurden. So wissen wir aus dem Tierversuch, daß Kleinhirnexstirpation, bzw. Läsion des Wurmes zu Opisthotonus, also Erhöhung des Tonus der Kopfheber, führt (am Säuger André-Thomas, Rothmann, Rijnberk u. a., bei der Taube Lange nach totaler Kleinhirnexstirpation,

---

[1] Die Tatsache, daß die Fasern des Fasc. fastigio-bulbaris den Bindearm zum größten Teil bald nach ihrem Ursprung umschlingen, macht es begreiflich, daß Durchtrennung des Hirnstammes knapp hinter dem Ruber, bzw. hinter den Vierhügeln den hemmenden Effekt der Kleinhirnreizung auf die Starre noch bestehen läßt, Durchschneidung weiter rückwärts, z. B. in der Mitte der Brücke, wie sie Dusser de Barenne ausführte, dagegen ihn verhindert. In letzterem Falle ist aber die Aufhebung der Hemmungswirkung nicht bloß auf die Durchschneidung des Bindearmes sondern wahrscheinlich auf die gleichzeitige Durchtrennung der ihn umschlingenden tektobulbären Fasern zu beziehen.

[2] Auch die von Saito beschriebenen Fibrae perforantes, die, zum Teil aus dem Wurm stmamend, an Zellen der inneren Strickkörperabteilung endigen, könnten für die Leitung der hier studierten Innervation von Bedeutung sein; sie sind aber vorderhand nur beim Kaninchen nachgewiesen.

Ten Cate nach Exstirpation des Lob. anterior), daß Streckerspasmen der Extremitäten nach halbseitiger Exstirpation, besonders nach Schädigung der Lobi ansiformes auf der homolateralen Seite (Rijnberk, Rothmann u. a.) auftreten.

Eine *labyrinthäre Übererregbarkeit*, bzw. Spontannystagmus zur Seite des ausgeschalteten Labyrinthes sind nicht nur in der Klinik von Kleinhirnerkrankungen (Neumann) zu beobachten, wobei es sich meist um raumbeschränkende Kleinhirnaffektionen (Tumoren, Abszesse) handelt, welche durch Druck auf das darunter liegende Vestibulariskerngebiet dessen Erregbarkeit ändern können; in Versuchen in Gemeinschaft mit Démétriades konnten wir zeigen, daß Exstirpation der linken Kleinhirnhälfte bzw. Läsion der Kleinhirnrinde bei histologischer Intaktheit der Vestibulariskerne nach Rückbildung des infolge linksseitiger Labyrinthexstirpation auftretenden, rechts gerichteten Nystagmus zu einem deutlichen Spontannystagmus nach links führt. Hier konnte von einer Drucksteigerung in der hinteren Schädelgrube nicht die Rede sein, da diese weitgehend eröffnet und überdies Substanz des Kleinhirns abgesaugt war. Die Analyse dieser Erscheinung, auf welche wir hier nicht näher eingehen können, ließ uns die Ruttinsche Vorstellung am ehesten begründet erscheinen, daß die Vestibulariskerne vom Kleinhirn her im Sinne einer Hemmung ihrer Erregbarkeit beeinflußt werden und daß der Wegfall dieser Hemmung die Nystagmusbereitschaft zur Seite der Kleinhirnaffektion schafft.

Bei *Erkrankungen des Kleinhirns* hat schon H. Jackson eine allerdings selten vorkommende „*cerebellar attitude*", Opisthotonus, Streckung der Beine und Beugung der Arme und besonders bei Wurmtumoren „tetanuslike seizures" mit teilweiser Streckung nicht nur der Beine sondern auch der Arme beschrieben, wobei aber — da es sich um Tumoren handelte — eine Druckwirkung auf die tiefer liegenden Kerne nicht auszuschließen ist. In der letzten Zeit weisen Beobachtungen von Goldstein, Hoff und Schilder, Zingerle darauf hin, daß Läsion des Kleinhirns das Auftreten von unwillkürlich ablaufenden Stellungs- und Haltungsänderungen begünstigt, daß es beispielsweise bei solchen Kranken zu Drehbewegungen, zu Rollungen des Körpers um die eigene Achse kommen kann. Insbesondere macht aber Goldstein bei Kritik des Bárányschen Zeigeversuchs darauf aufmerksam, daß beim Kleinhirn keineswegs Vorbeizeigen in den verschiedensten Richtungen beobachtet wird, sondern daß so gut wie immer nach außen, vom Körper weg und nach unten (seltener nach oben) vorbeigezeigt wird, daß also die Zeigestörungen die Annahme einer Lokalisation im Cerebellum nach bestimmten Richtungen nicht rechtfertigen, sondern daß das **Vorbeizeigen nur ein Ausdruck einer Streck- und Abduktionstendenz der Glieder der erkrankten Seite** sei (infolge des Wegfalls der normalerweise vom Kleinhirn ausgehenden Beuge- und Adduktionstendenz), konform den oben erwähnten Erfahrungen bei Tieren mit Exstirpation von Kleinhirnteilen.

Damit kommen wir vielleicht auch der Bedeutung der vom Kleinhirn ausgehenden **Hemmungswirkung im normalen physiologischen Geschehen** etwas näher. Schon aus den Versuchen von Warner und Olmstedt geht hervor, daß die Hemmungswirkung bei Reizung der frontopontinen Bahn an die Existenz des gegenseitigen Brückenarmes geknüpft ist. Dies würde darauf hinweisen, daß das Kleinhirn in die vom Großhirn ausgehenden Hemmungsmechanismen eingeschaltet ist, die Anregungen für die an Rauten- und Mittelhirn abgegebenen, hemmenden Impulse vom Großhirn empfängt. Hiermit würde auch die Auffassung von Goldstein in Einklang stehen, daß das Kleinhirn besonders die Aufgabe hat, die Adduktions- und Beugebewegungen zu unterstützen, Tendenzen, welche speziell im Dienste willkürlicher Bewegungen auftreten[1].

Mit der hier vorgetragenen Anschauung, daß das Kleinhirn in Hemmungsmechanismen eingeschaltet ist, welche in der Großhirnrinde ihren Ursprung nehmen, soll aber nicht gesagt sein, daß diese corticofugalen Impulse die einzige Quelle für die vom Kleinhirn ausgehenden Hemmungswirkungen darstellen. Denn es kann nicht übersehen werden, daß jene Fasern, welche corticofugale Impulse der Kleinhirnrinde übertragen, die Brückenarme, vor allem in den Seitenlappen (Lob. ansiformes) endigen und nur ein kleiner Teil dieser Fasern an die Rinde des Lob. anterior herantritt (vgl. Marburg), bei dessen Reizung gerade die beschriebene Hemmung der Enthirnungsstarre eintritt. Nun wäre es immerhin möglich, daß Erregungen aus den Seitenlappen durch intracerebellare Assoziationsbahnen dem Lobus anterior mitgeteilt werden. Es ist aber daran zu erinnern, daß auch schon bei Tauben, also bei Mangel eines Neocortex und dessen Faserung, sowie eines Neocerebellums Reizung des Lob. ant. einen ähnlichen Effekt (Bremer) auslöst. Es können daher die vom Kleinhirn ihren Ursprung nehmenden Hemmungsmechanismen nur zum Teil aus dem Cortex stammen und es ist daran zu denken, daß auch die in den Lob. anterior vor allem einstrahlenden Systeme (Tr. spino-cerebell., Tract. vestibulocerebell.) bei dieser Funktion mitbeteiligt sind. Die Bedeutung der durch diese verschiedenen Systeme zugeführten Erregungen für die vom Kleinhirn innervierten Hemmungswirkungen näher zu analysieren, wird Aufgabe weiterer Untersuchungen sein müssen[2].

Es mag auf den ersten Blick befremden, daß das Kleinhirn an zwei einander entgegengesetzten Mechanismen beteiligt sein soll, daß es einerseits an den proprioceptiven tonuserhaltenden Reflexen teilnehmen, andererseits in tonushemmende Mechanismen eingeschaltet sein soll. Die Erklärung für diese doppelte Rolle des Kleinhirns bei der Tonusregulation mag darin gesucht werden, daß die beiden geschilderten Mechanismen wahrscheinlich unter ganz verschiedenen Umständen in Anspruch genommen werden. Es scheint hier etwas ganz Ähnliches zu gelten, wie wir schon für die motorische Region angedeutet haben, nach deren Verletzung auch am ruhenden Tier Hypotonie, bei Auslösung von Bewegungen dagegen Neigung zu Hyperextension beobachtet wurde. Die proprioceptiven, tonuserhaltenden Reflexe kommen vor allem dann zur Wirkung, wenn die Haltung des ruhenden Körpers gegenüber der Schwerkraft aufrecht erhalten werden soll, so ist denn auch die Herabsetzung des Tonus nach Kleinhirnverletzung am ehesten am ruhenden Tier oder Menschen nachweisbar. Der hemmende Mechanismus tritt dagegen vor allem dann in Aktion, wenn Bewegungsimpulse die Ruhehaltung durchbrechen, also die statischen Reflexe durch kinetische Innervationen unterbrochen, bzw. gehemmt werden[3]. So kann man

---

[1] Nach den Beobachtungen von Hoff und Schilder, die ihr „Pronationsphänomen" bei Kleinhirnkranken verstärkt finden, würde das Kleinhirn beim Menschen auch einen die Pronation hemmenden Einfluß haben.

[2] Vielleicht, daß die spinalen, bzw. vestibulären Erregungen beim Säuger mit der Zunahme der corticofugalen Bahnen nur mehr einen modifizierenden Einfluß haben.

[3] Einen ähnlichen Hinweis finde ich neuerdings bei Brun.

vielleicht die Vorstellung vertreten, daß das *Kleinhirn* in jene Apparate eingeschaltet ist, welche die Änderungen, bzw. Verschiebungen des Tonus bei Einleitung von Bewegungen bewirken, daß hier eine jener Stellen des Zentralnervensystems ist, wo statische und kinetische Innervation miteinander gekoppelt sind, bzw. ineinander übergreifen.

IV a. Der Weg der statischen Innervation vom Zentralnervensystem zum Muskel.

1. Boekes akzessorische Fasern.

Mosso hat als erster die Tatsache, daß an demselben Muskel rasche und langsame Zuckungen weitgehend unabhängig voneinander ablaufen können, durch die Hypothese einer doppelten Innervation zu erklären versucht, indem er sich vorstellte, daß jede Muskelfaser außer von einem markhaltigen von einem sympathischen Nerv innerviert wird und daß, je nachdem der erstere oder der letztere dem Muskel einen Impuls zuführt, bald eine kurzdauernde, bald eine langanhaltende Verkürzung zustande komme. Für diese Vermutung einer doppelten Innervation des quergestreiften Muskels gaben schon ältere Befunde von Bremer ein Substrat, welcher beim Frosch und der Eidechse marklose Fäserchen zur motorischen Endplatte ziehen sah; gegen die Schlußfolgerung allerdings, daß die Muskelfasern doppelt innerviert werden, ließ sich der Einwand erheben, daß die von Bremer dargestellten marklosen Nervenfasern von den markhaltigen nicht unabhängig, sondern nur eine Abzweigung derselben seien, nachdem Grabower, Perroncito die Darstellung markloser, in die Nervenendplatte eintretender Fäserchen gelang, die sich als Äste markhaltiger Fasern erkennen ließen. Immerhin gibt neuerdings auch Boeke zu, daß sich aus einigen Abbildungen von Bremer ergibt, daß dieser schon zwei voneinander unabhängige Nerven an die Muskelfasern herantreten sah. Eine weitere Stütze für die Mossosche Hypothese bildeten die Befunde von Perroncito, der feine, in die motorische Endplatte von Eidechsen eintretende Fäserchen beobachten konnte, Fäserchen, die aber nach Gemelli direkt in die Verzweigungen der motorischen Nervenfasern übergehen und die darum den sogenannten ultraterminalen, also eine Fortsetzung der Endplatte bildenden Fasern zuzurechnen sind.

Eine festere morphologische Grundlage erfuhr die Lehre von der doppelten Innervation, abgesehen von den Untersuchungen von Botezat bei Vögeln, welche gleichfalls die Existenz einer marklosen, zum Muskel ziehenden Faser neben einer markhaltigen ergaben, erst durch die eingehenden Studien von Boeke. Dieser Autor beschreibt als akzessorische Nervenfasern marklose Fäserchen, welche entweder in die motorische Endplatte des quergestreiften Muskels eintreten oder auch außerhalb des Bereichs der motorischen Endplatte an die Muskelfaser herankommen, um schließlich eine einfache Endöse oder ein zartes, weitmaschiges Endnetz zu bilden. Diese akzessorischen Endplatten liegen unter dem Sarkolemm, werden infolge ihrer hypolemmalen Lage manchmal von den Endästen der motorischen Platte überkreuzt, bleiben aber ganz unabhängig von dieser. Auch das Studium der Embryonalentwicklung (Tello) spricht dafür, daß die akzessorischen Endigungen als selbständige Bildungen gegenüber den motorischen Endplatten zu betrachten sind. Neuere Untersuchungen von

Kulchitzky schienen sogar darauf hinzuweisen, daß bei Python die feinen marklosen Fäserchen und die markhaltigen Nerven an verschiedenen Muskelfasern
endigen, ein Befund, der allerdings mit der Beschreibung von Dart an demselben
Objekt im Widerspruch steht und auch für Vögel und Säuger nicht verallgemeinert werden kann (vgl. weiter unten).

Die Unabhängigkeit dieser akzessorischen Nerven und ihrer Endigungen vom
Axon der Vorderhornzelle zeigte sich anscheinend besonders deutlich nach Durchschneidung einzelner Augenmuskelnerven [1] knapp nach ihrem Austritt aus dem
Mittelhirn; wenige Tage nach der Operation fand sich in den zugehörigen Augenmuskeln eine Degeneration der motorischen Endplatten, während die akzessorischen Fasern mit ihren Endigungen noch erhalten waren. Neuerdings findet
Boeke in Untersuchungen gemeinsam mit Dusser de Barenne, daß nach
Durchschneidung einer Reihe von vorderen und hinteren Wurzeln und Exstirpation der Spinalganglien in den zugehörigen Intercostalmuskeln noch nach
vier Wochen die akzessorischen Fasern mit ihren Endigungen vorhanden waren.
Auf Grund dieser Befunde wird die Unabhängigkeit der zum Muskel tretenden
marklosen Fäserchen von den somatisch-efferenten und sensiblen Nerven angenommen, die hypolemmale Lage ihrer Endigungen wird als ein Zeichen der zentrifugalen Natur dieser Fasern betrachtet. Wir hätten es demnach in den Boekeschen Endigungen mit efferenten Fasern zu tun, die anscheinend dem vegetativen Nervensystem zuzurechnen sind.

Es kann aber nicht übersehen werden, daß die Befunde von Boeke nicht ganz
frei von Widersprüchen sind. Er beschreibt, daß er 3—5 Tage nach der Durchschneidung des IV. und VI. Hirnnerven nahe ihrem Austritt aus dem Zentralorgan die marklosen akzessorischen Fasern deutlich an den zugehörigen Augenmuskeln fand, daß dagegen an Tieren, welche erst 3 Wochen nach der Durchschneidung getötet wurden, die akzessorischen Fasern zum großen Teil degeneriert
waren. Ein großer Teil jener von ihm beschriebenen, anscheinend marklosen
Fasern und dazu gehörigen Endösen bildet demnach die direkte Fortsetzung der
aus dem Hirnstamm austretenden Hirnnerven. Es erscheint darum nicht verständlich, wieso Boeke diese Endigungen auf Grund dieses Befundes dem
kranialen autonomen System zurechnet; denn insofern das von Langley aufge-
stellte Gesetz, daß überall im autonomen Nervensystem zwischen Zentrum und
Erfolgsorgan ein Neuron eingeschaltet sei, allgemeine Gültigkeit beanspruchen
darf, können wir nach Durchschneidung der aus dem Hirn austretenden Hirn-
nervenwurzeln, also der präganglionären Fasern, nur erwarten, daß dieses Neuron
bis an seine Endigungen um das vorgeschaltete zweite Neuron degeneriere, dieses
aber und seine postganglionären Fasern und deren Endigungen müßten intakt
bleiben! Wenn Boeke aber diese Endigungen degeneriert findet, so trifft
entweder das Langleysche Gesetz — dessen Gültigkeit bis jetzt ziemlich allgemein anerkannt wird — für diesen Fall nicht zu, oder aber wir sind nicht be-

---

[1] Die Augenmuskeln scheinen sich zu diesem Studium besonders gut zu eignen, da
sie, worauf auch die Untersuchungen von Bielschowsky hinweisen, besonders reich an
den Boekeschen Endigungen sind, während diese Endigungen in den Gesichtsmuskeln
anscheinend weniger zahlreich vorkommen und in den Extremitätenmuskeln nur ge-
legentlich angetroffen werden können.

rechtigt, diese degenerierenden Fasern überhaupt dem autonomen System zuzurechnen. Tatsächlich finden auch Boeke und Dusser de Barenne in einer späteren Arbeit nach intraduraler Durchschneidung der vorderen und hinteren Wurzeln und Exstirpation der Spinalganglien der Nn. thorac. VI—IX nach einem Monat bei der Katze die akzessorischen Endigungen am VII. Intercostalmuskel intakt, so daß also aus diesen Versuchen hervorgeht, daß zwischen diese Endigungen und das Zentralnervensystem ein Neuron, sei es im Grenzstrang oder aber peripher davon, zwischengeschaltet sei.

Was jene Minderzahl von Fasern anlangt, die nach Durchschneidung des IV. bzw. VI. Hirnnerven an den Augenmuskeln auch nach drei Wochen in Boekes Versuchen nicht degenerierten, so meint er, daß sie aus dem Sympathicus stammen, ohne daß aber der positive Nachweis degenerierender Fasern und Endplatten nach Exstirpation des Ganglion cervicale superius von ihm erbracht worden wäre. Ebenso ist die Behauptung, daß die in der Zunge nach Hypoglossusdurchschneidung bestehen bleibenden Fäserchen aus dem Nervus lingualis stammen bzw. durch die Chorda tympani übermittelt werden, nicht direkt bewiesen, da der Nachweis der Degeneration dieser Fasern nach Durchschneidung dieser Nerven, soweit mir die betreffende Literatur zugänglich ist, aussteht. Am ehesten scheinen noch die angeführten Versuche von Boeke und Dusser de Barenne und neuere Befunde von Agduhr (Degeneration markloser Nervenfasern in den Mm. interossei nach Exstirpation des zugehörigen Ganglion stellatum bei zwei Katzen) für die sympathische Natur der akzessorischen Endigungen zu sprechen. Wenn dagegen Agduhr in einer zweiten Versuchsreihe 5—10 Tage nach Durchschneidung der vier letzten Cervicalnerven und ersten zwei Brustnerven zwischen Spinalganglion und der Verbindung des Nervenstammes mit dem Ramus communicans albus marklose Fäserchen noch erhalten findet, so erscheint es nicht sicher, daß diese Fäserchen ausschließlich aus dem Ganglion stellatum stammen, da die seit der Durchschneidung abgelaufene Zeit zu kurz ist, um eine Degeneration markloser Fasern auszuschließen. Gibt ja Boeke selbst an, daß die marklosen Fasern später als die markhaltigen degenerieren und man sie selbst 14 Tage nach der Durchschneidung erhalten finden kann.

Wir sehen also, daß die Frage nach der Natur der akzessorischen Fasern noch nicht als gelöst betrachtet werden kann, daß sich anscheinend Elemente verschiedener Herkunft unter ihnen finden, vom morphologischen Standpunkt aus weder ihre Zurechnung zum thorakalen autonomen noch zum parasympathischen System gelingt. Ja nach Dart sollen die zur Muskulatur ziehenden sympathischen Nervenfasern bei Python sogar aus peripheren, im Perimysium gelegenen Ganglienzellen entspringen, womit aber natürlich nicht gesagt ist, auf welchem Wege diese Zellen vom Zentrum her inncrviert werden.

Folgende Verbindungen sind daher in Betracht zu ziehen, auf welchen die statische Innervation vom Zentralnervensystem zum Muskel ihren Weg nehmen kann: Erstens über den Grenzstrang ziehende Fasern, welche in diesem oder in vorgelagerten Ganglien eine Unterbrechung erfahren, zweitens Elemente des parasympathischen Systems und schließlich das Axon der Vorderhornzelle, welches den gemeinsamen Weg für die statische und kinetische Innervation darstellen könnte.

2. Die Beziehungen der statischen Innervation zum Grenzstrang des Sympathicus.

Im Sinne der erstgenannten Möglichkeit, daß nämlich die statische Innervation durch Fasern des thorakalen autonomen Systems besorgt wird, schienen Versuche zu sprechen, welche de Boer im Anschluß an die Boekeschen Befunde anstellte. Es scheint notwendig, die einzelnen Versuchsreihen de Boers kritisch zu besprechen, da die aus ihnen gezogenen Schlußfolgerungen vielfach, besonders von seiten der Kliniker, Anhänger gefunden haben.

Analog dem klassischen Brondgeestschen Versuch suchte de Boer zu zeigen, daß nicht nur Aufhebung der sensiblen Innervation einer Extremität deren Tonus herabsetzt, sondern auch die einseitige Durchschneidung der Rami communicantes zum Plexus ischiadicus dazu führt, daß die hintere Extremität dieser Seite am vertikal aufgehängten, dekapitierten Frosch schlaff herabfällt, bzw. daß die passive Dehnbarkeit des M. gastrocnemius dieser Seite ebenso stark zunimmt wie nach Ischiadicusdurchschneidung. Auch bei Katzen glaubt er nach Exstirpation des Bauchstrangs einer Seite einen geringeren Dehnungswiderstand, eine erhöhte Eindrückbarkeit der Muskeln der hinteren Extremitäten, einen größeren Ausschlag bei Prüfung der Patellarsehnenreflexe dieser Seite, ein Abweichen des Schwanzes nach der Gegenseite als Zeichen der homolateralen Atonie feststellen zu können.

Doch schon die eigene Beschreibung de Boers läßt Zweifel aufkommen, ob er tatsächlich mittels Durchschneidung der Rami communicantes an der entsprechenden Hinterpfote denselben Zustand von Atonie erzeugt hat, wie er nach Deafferentiation der Extremität eintritt. Denn er hebt in der gleichen Arbeit selbst hervor, daß die über den Grenzstrang ziehenden, efferenten Impulse die Kontraktionsform der Muskeln beeinflussen, den Zuckungsanstieg und auch die Erschlaffung der natürlichen Muskelkontraktionen verzögern, so daß nach Aufhebung dieser Innervation „ruckartige" Bewegungen die Folge sein müßten, während er selbst beschreibt, daß er an dem Stehen und Gehen der operierten Tiere nichts Besonderes bemerkte. Die Durchtrennung der Rami communicantes kann darum nach den eigenen Befunden de Boers höchstens einen Teil des Brondgeestschen Tonus aufheben, wie ja auch Jansma nach Durchtrennung des N. ischiadicus auf der einen Seite und der Rami communicantes auf der anderen die Extremität auf der Seite der Ischiadicusdurchtrennung schlaffer herabsinken sah. Die nach den eigenen Abbildungen und Messungen de Boers recht geringen Differenzen im Verhalten der hinteren Extremitäten beider Seiten könnten aber vielleicht schon durch die Veränderungen der Gefäßweite bedingt werden, welche die gleichzeitige Durchschneidung der Vasoconstrictoren zur Folge hat. de Boer glaubt diesem Einwand dadurch zu begegnen, daß er bei Fröschen die Operation nach Zerstörung des Blutumlaufes ausführte. Inwiefern aber die Beobachtungen an Säugern durch Veränderungen der Zirkulation beeinflußt sind, muß nach seinen Versuchen offen bleiben.

Ja auch der bloße Tatbestand der Haltungsdifferenz hat sich nicht regelmäßig bestätigen lassen. Kure und seine Mitarbeiter haben zwar beschrieben, daß Durchschneidung der sympathischen Fasern, die vom Rückenmark auf dem Wege der Nn. splanchnici über das Ganglion coeliacum zum Zwerchfell ziehen, eine Tonusherabsetzung auf der entsprechenden Zwerchfellhälfte zur Folge hat, schränken aber selbst neuerdings ihre ursprüngliche Behauptung dahin ein, daß Splanchnicusdurchschneidung wohl eine Tonusabnahme, aber keine völlige Aufhebung des Zwerchfelltonus zur Folge habe. Noch weniger beweiskräftig scheinen neuere Versuche von Kure und Mitarbeitern, in welchen sie durch Nicotinapplikation die Lokalisation der in den Verlauf der tonusgebenden Fasern zwischengeschalteten Ganglien zu bestimmen suchen. Sie finden bei Hunden und Katzen, daß die Rigidität und der Kniereflex des linken Beines durch Applikation von Nicotin auf den linken Grenzstrang herabgesetzt wird, und schließen daraus, daß die sympathischen, tonusgebenden Impulse für die Muskeln der hinteren Extremität im Grenzstrang umgeschaltet werden. Es erscheint aber fraglich, ob die Autoren in ihren Versuchen bloß die tonische Innervation der hinteren Extremitäten aufgehoben haben, da Hypotonie allein durch Unterbrechung efferenter tonusregulierender Fasern nicht zur Herabsetzung, bzw. Aufhebung des Patellarreflexes führt, wie sie in den beigegebenen Protokollen registriert ist. An den Extremitäten wurde die Tonusabnahme nach Durchschneidung der Rami communicantes entweder nur kurze Zeit nach der Operation beobachtet, während sie sich später wieder ausglich (Dusser de Barenne, Negrin y Lopez und Brücke), oder konnte überhaupt nicht mit Sicherheit nachgewiesen werden (Cobb bei Katzen, Takahashi bei Meerschweinchen). Um auch geringgradige Tonusdifferenzen zwischen beiden Seiten deutlicher zu machen, tauchten Saleck und Weitbrecht die operierten Frösche in Eiswasser; während sie die nach einseitiger Durchschneidung des Ischiadicus oder der hinteren Wurzeln auftretenden Unterschiede in der Haltung beider Hinterpfoten auf diese Weise viel deutlicher nachweisen konnten, als dies bisher gelang, war nach Durchschneidung der Rami communicantes ein Tonusunterschied nur inkonstant oder höchstens in so geringem Grade nachzuweisen, daß er mit dem bei einseitiger Ischiadicusdurchschneidung auftretenden nicht zu vergleichen war. Auch bei jener Steigerung des normalen Haltungstonus, wie wir sie in der Enthirnungsstarre nach Mittelhirndurchtrennung vor uns sehen, wurde eine Verringerung der Rigidität nach Sympathicusdurchschneidung nur inkonstant gefunden (Dusser de Barenne), bzw. eine Tonusdifferenz sowohl im Sinne der de Boerschen Theorie als auch im entgegengesetzten Sinne beobachtet (Negrin y Lopez und Brücke) oder aber eine Veränderung der Rigidität ganz vermißt (van Rijnberk, Cobb). Für eine andere Form von Tonussteigerung, die Tetanusstarre, haben Liljestrand und Magnus gezeigt, daß sie im Triceps einer vergifteten Katze auch nach Exstirpation des Ganglion stellatum bestehen könne. (Neuerdings bestätigt durch Hinsey und Ranson für die hintere Extremität nach Ausschaltung der entsprechenden Grenzstrangteile.) Auch jene tonischen Reflexe der Gliedmaßen, welche Magnus und de Kleijn bei decerebrierten Tieren beschrieben, ließen sich noch nach Entfernung des Bauchstranges auslösen (Dusser de Barenne). Die Dehnungsversuche von Yas Kuno zeigen gleichfalls, daß durch Aufhebung der sympathischen Innervation höchstens ein Teil des Muskeltonus geschädigt werden könne, denn nach einseitiger Durchschneidung der Rami communicantes beschleunigte die Abkühlung des N. ischiadicus noch die Dehnung, während de Boer behauptet hatte, daß Aufhebung der über den Grenzstrang geleiteten Impulse eine ebensolche Verlängerung des Gastrocnemius zur Folge habe wie die Ischiadicusdurchschneidung.

Einen weiteren Beweis für die sympathische Innervation der Dauerverkürzung glaubt de Boer durch Versuche über kombinierte Curare-Veratrinvergiftung zu erbringen. Er injizierte zuerst Curare, bis er auf einen maximalen Induktionsschlag bei indirekter Reizung keine Muskelzuckung mehr erhielt; darauf erfolgte eine Veratrinvergiftung und nun beobachtete er bei indirekter Reizung nur mehr die langsame Komponente der Veratrinzuckung (Veratrincontractur), was er darauf zurückführt, daß das Curare nur die Innervation für die schnelle Zuckung gelähmt habe, während autonome Fasern, welche die Contractur auslösen, noch Impulse in den Muskel senden können. Doch geht aus den eigenen Untersuchungen von de Boer hervor, daß ein veratrinvergifteter Muskel die typische Contractur gibt, wenn man das Nervensystem zentral von der Durchtrennungsstelle der Rami communicantes reizt, wenn also die Erregung sicherlich nur durch spinale Fasern geleitet werden kann. Die Annahme de Boers, daß die Auslösbarkeit der Veratrincontractur nach Curarevergiftung auf das Erhaltenbleiben der sympathischen Innervation zurückzuführen sei, wird also durch seine eigenen Befunde recht unwahrscheinlich.

Ähnlich wie Ewald an Kaninchen nach einseitiger Labyrinthexstirpation mit der Entwicklung der Leichenstarre dieselben Haltungsanomalien wiederkehren sah, die durch die Operation am lebenden Tier gesetzt worden waren, indem sich die Starre in den intra vitam atonischen Extremitäten langsamer entwickelte, konnte ferner de Boer Verzögerung im Eintreten der Leichenstarre in der hinteren Extremität jener Seite feststellen, auf welcher die (angeblich die statische Innervation besorgenden) Rami communicantes intra vitam durchschnitten worden waren. Es erscheint aber gewagt, diese Verzögerung des Beginns der Starre gerade auf das Ausbleiben efferenter, über die Rami communicantes verlaufender statischer Impulse zu beziehen. Die Vasodilatation, welche durch die Operation gesetzt wird und deren Einfluß auf die Ausbildung der Leichenstarre insbesondere Negrin y Lopez und Brücke demonstriert haben, ist zwar in einem Teil der Versuche de Boers und Jansmas ausgeschaltet. Es bleibt aber noch immer der Einwand, daß mit der Durchtrennung der Rami communicantes vielleicht auch afferente Impulse eliminiert sind, deren Ausbleiben die Tätigkeit der Vorderhornzellen dieser Seite herabsetzt, so daß auch dadurch die Milchsäureanhäufung im Muskel vermindert und damit der Eintritt der Leichenstarre verzögert sein könnte, ähnlich wie dies auch Jansma annimmt.

Schließlich behauptet de Boer, daß nicht nur die Dauerinnervation, welche die Haltung der Skeletteile bedingt, sondern auch der Ablauf der Einzelzuckung von Impulsen abhängt, welche über den Grenzstrang verlaufen. Er sah nämlich, daß jene Verzögerung der Erschlaffung, die man bei Einzelzuckungen beobachten kann und die nach ihrem ersten Beschreiber als Funkesche Nase bekannt ist, nach Durchschneidung der Rami communicantes wohl bei Reizung des Plexus ischiadicus peripher von seiner Verbindung mit den Rami communicantes sich auslösen ließ, aber nicht mehr bei Reizung zentral von der durchschnittenen Verbindung mit dem Grenzstrang, was allerdings mit Versuchen von Dusser de Barenne in Widerspruch steht. Wenn wir es tatsächlich in der Funkeschen Nase mit einer während der Erschlaffung auftretenden, zweiten, langsamen, „tonusartigen" Verkürzung zu tun hätten, welche durch Erregung autonomer

Fasern ausgelöst wird, so müßte doch Reizung der Rami communicantes allein diese langsame Verkürzung des Muskels auslösen. Doch konnte weder Cobb bei Katzen durch Reizung des Bauchsympathicus eine tonische Kontraktion des gleichseitigen Hinterbeins erzielen, noch neuerdings Deicke bei der mechanischen oder elektrischen Reizung der Rami communicantes eine Formveränderung in der Beinmuskulatur wahrnehmen[1].

Es ergibt sich also, daß keine der von de Boer ausgeführten Versuchsreihen als einwandfreier Beweis für die Annahme gelten kann, daß die statische Innervation der Skelettmuskulatur ihren Weg über den Grenzstrang nimmt. Bei der Schwierigkeit in der Beurteilung der geringgradigen Haltungsänderungen, die nach Durchschneidung der Rami communicantes beim normalen Tier beschrieben wurden, schien es erwünscht, bei unversehrtem Zentralnervensystem einen Zustand zu untersuchen, der eine Steigerung des normalen Haltetonus darstellt und dadurch Tonusdifferenzen leichter erkennen läßt. Einen solchen haben wir in der Beugcontractur vor uns, welche die vorderen Extremitäten brünstiger Frösche tagelang aufweisen, während sie die Weibchen, auf deren Rücken sie sitzen, umklammert halten. Wie wirkt nun die Ausschaltung der sympathischen Innervation einer Extremität auf diesen *Umklammerungsreflex?* Über diese Untersuchungen braucht hier nur kurz referiert zu werden, da schon an anderer Stelle (Spiegel und Sternschein) darüber berichtet ist.

Froschmännchen (Rana fusca), welche einen kräftigen Klammerreflex aufwiesen, wurden zunächst zur Lösung des Reflexes in Äthernarkose gebracht, dann auf ein Brett so gespannt, daß die rechte vordere Extremität in der kranialen Verlängerung der Körperachse lag und die Axilla gut zugänglich war. Durch einen Schnitt, der in der Fortsetzung der rechten Axillarlinie gegen das hintere Ende des Unterkiefers verlief, wurde die Pleuroperitonealhöhle eröffnet, weiter die Lunge durch einen stumpfen Spatel von der Wirbelsäule abgedrängt, Peritoneum und Membrana subvertebralis durchtrennt, so daß die rechte Aorta und die Kalksäckchen frei lagen. Der Grenzstrang wurde nun unter vorsichtiger Durchtrennung des Pleuroperitoneums kranialwärts so weit präpariert, bis der Plexus brachialis freilag. Durch Hochheben des Grenzstranges ließ sich das Ganglion sympathicum IV und III (nach Ecker-Gaupp) sichtbar machen, so daß das Ganglion IV samt seinem Verbindungsast mit dem N. spinalis IV von der Umgebung, weiterhin das Ganglion sympathicum III vom Nervus spinalis III und von den Verbindungen mit dem Ganglion sympathicum II abgetrennt werden konnte. Schließlich wurde auch der Grenzstrang selbst durchschnitten, so daß das exstirpierte Präparat aus dem Grenzstrang mit dem anhängenden Ganglion

---

[1] Orbeli zeigte, daß nach Sympathicusreizung die Wirkung der Ermüdung abnimmt (Zunahme der Kontraktionshöhe ermüdeter Froschgastrocnemii), eine Erscheinung, die aber nach dem Autor selbst nicht auf den Tonus zu beziehen ist. Orbeli meint vielmehr, daß Sympathicusreizung die Reizbarkeit und Leistungsfähigkeit des Skelettmuskels erhöht, ähnlich wie Acceleransreizung am Herzen. Auch Untersuchungen von Nakanischi weisen darauf hin, daß der Sympathicus die Muskelkontraktion zu fördern imstande ist. Wastl konnte dagegen nicht finden, daß ein künstlich ermüdeter Muskel nach Sympathicusreizung eine Änderung der Zuckungshöhe aufwies, eher kam es sogar zu einer Abnahme der Zuckungshöhe infolge der Vasokonstriktion nach Sympathicusreizung. Hier scheinen noch weitere Untersuchungen nötig.

sympathicum III und IV bestand. Bei der Anlegung der Muskel- und Haut-
nähte wurde auf eine Vermeidung von Falten geachtet, welche eine Verziehung
der Extremitäten hätten bewirken können. Das Gelingen der Operation wurde
durch den histologischen Nachweis des exstirpierten Ganglions sowie durch den
Vergleich der Zirkulation an den beiden vorderen Extremitäten kontrolliert. Was
die Beobachtung der Gefäßveränderungen an der operierten Extremität anlangt,
so mußten wir an jenen rudimentären Schwimmhautbildungen, die auch an der
Vorderpfote nachweisbar sind (vgl. Ecker-Wiedersheim-Gaupp), Gefäße zu
finden trachten, um Änderungen der Zirkulation gegenüber der operierten Seite
feststellen zu können.

Die Pupillenveränderungen, deren Nichtbeobachtung uns Kahn zum Vorwurf gemacht hat, wurden aus dem Grunde nicht registriert, weil sie über das Vorhandensein
oder Fehlen der sympathischen Innervation der Extremität nichts aussagen können.
Das Auftreten von Miosis auf der Seite der Operation beweist ja nur, wie ich in einer
Erwiderung auf Kahns Kritik ausgeführt habe, daß die zum M. dilatator pupillae ziehenden Fasern an irgendeiner Stelle zwischen Zentralnervensystem und Erfolgsorgan durchtrennt worden sind; ob dies an jener Stelle erfolgte, wo die sympathischen Fasern für
das Auge mit den die Extremität versorgenden gemeinsam verlaufen, oder weiter peri-
pherwärts, kann durch die bloße Beobachtung der Verengerung der gleichseitigen Pupille
nicht entschieden werden.

Bei 12 Tieren konnte die Operation als gelungen betrachtet werden. Bei
keinem derselben wurden nach der Erholung aus der Narkose irgendwelche
Differenzen in der tonischen Contractur der Armmuskulatur beider Seiten festgestellt, sobald der Klammerreflex wieder ausgelöst worden war. In einigen
Fällen konnte allerdings dieser Reflex sofort nach der Operation nicht wieder
hervorgerufen werden. Dieses vorübergehende Erlöschen der Reflexerregbarkeit
betraf aber beide Seiten zugleich; durch Injektion einer Aufschwemmung von
Testikelsubstanz nach Steinach gelang es in diesen Fällen prompt, die Reflexerregbarkeit wieder herzustellen, wobei sich wieder keine Seitendifferenzen nachweisen ließen.

Bei der Prüfung der operierten Tiere begnügten wir uns nicht mit der Beobachtung, daß sie, auf den Weibchen sitzend, dieselben umklammert halten konnten, ohne daß sich ein Unterschied gegenüber normalen, umklammernden Tieren
feststellen ließ, sondern es schien auch notwendig, die Stärke der tonischen Contractur der operierten Seite mit der gesunden zu vergleichen. Zu diesem Zweck
wurde das operierte Männchen, nachdem es einmal auf dem von ihm umklammer-
ten Weibchen saß, an den Beinen gefaßt und in die Höhe gehalten; es zeigte sich,
daß es mit seinen beiden vorderen Extremitäten in gleicher Weise das angehängte
Weibchen für längere Zeit zu tragen vermochte, ohne daß sich die Contractur
auf der operierten Seite früher löste als auf der gesunden. Kahn hat gegenüber
dieser Prüfung den Einwand erhoben, daß damit nur die tetanische und nicht die
tonische Komponente des Klammerreflexes ausgelöst wurde. Daran ist soviel
richtig (vgl. die oben erwähnte Erwiderung), daß im Moment der Zustandsänderung, während das Froschmännchen an den Beinen ergriffen und aufgehängt wird,
wohl reflektorisch eine tetanische Verkürzung der Armmuskulatur durch die plötzliche Gewichtsänderung hervorgerufen wird. Diesen Augenblick betrafen aber
gar nicht unsere Untersuchungen; es handelte sich vielmehr um den nun folgenden
Dauerzustand, während dessen das Männchen an den Beinen unverändert ge-

halten wurde. Hier wirkte nun an der Vorderarmmuskulatur eine konstante Dauerbelastung und die Beobachtung, daß während dieses Teils des Experiments die Muskulatur der operierten Seite sich nicht als schwächer erwies als die der gesunden, gestattet wohl die Folgerung, daß die tonische Komponente des Umklammerungsreflexes nach der Sympathicusexstirpation nicht nur wieder auslösbar war, sondern in gleicher Stärke erhalten blieb wie vor der Operation. Ähnliches gilt von dem Versuch, einen Keil zwischen dem Weibchen und dem darauf sitzenden Männchen einzuschieben. Im Moment des Einschiebens des Keiles wurden gewiß tetanische Kontraktionen ausgelöst. Solange aber derselbe ruhig liegen blieb, hatte die Klammermuskulatur einem konstanten Zug Widerstand zu leisten, sie befand sich nun in einem neuen Zustand der Dauerverkürzung, der „Sperrung", wobei wieder Differenzen zwischen operierter und gesunder Seite vermißt wurden.

Die Anstellung von Versuchen, welche über die Stärke der tonischen Contractur nach Sympathicusexstirpation orientieren sollten, schien wichtig, um den Einwand auszuschließen, daß der efferente Schenkel des Klammerreflexes vielleicht über das Axon der Vorderhornzelle *und* über den Grenzstrang verlaufe. Erst durch den Nachweis, daß nach der genannten Operation der Umklammerungsreflex nicht nur auslösbar war und ebensolang bei den ruhig sitzenden Tieren erhalten blieb als bei gesunden, sondern daß auch die Stärke der tonischen Verkürzung nach der Operation nicht abgenommen hatte, kann ausgeschlossen werden, daß über den Grenzstrang verlaufende Impulse am Zustandekommen der Contractur beteiligt sind[1].

Dieser letztere Einwand, der nur durch Untersuchung des Verhaltens einseitig operierter Tiere gegenüber Dauerbelastung widerlegt werden kann, ließe sich gegen die gleichzeitig mit unserer Mitteilung erschienene Arbeit von Kahn erheben. Der Autor begnügt sich mit der Beobachtung, daß die Männchen von Rana fusca nach ein- und doppelseitiger Ausrottung der Pars brachialis des Sympathicus einer dauernden Umklammerung ebenso fähig sind wie normale Tiere, und mit der Feststellung, daß doppelseitig operierte Tiere „die Verstärkung der Umklammerung bei Lösungsversuchen" zeigten. Ob er auch die Stärke der Contractur bei einseitig operierten Tieren auf beiden Seiten miteinander verglichen hat, darüber findet sich in seiner Arbeit keine Bemerkung. Auch verlor ein Teil der von ihm operierten Tiere im Verlauf der ersten Tage nach der Sympathicusexstirpation „den künstlich auslösbaren Ergreif- und Haltereflex der Finger, sowie die ‚Lust' zur Umklammerung; sie saßen fortab neben den Weibchen, ohne sich im mindesten um diese zu kümmern". Der Autor vermutet zwar, daß es in diesen Fällen zu einer Läsion der Spinalnerven gekommen sei, ohne aber hierfür den Beweis zu erbringen. Dennoch kommt er, ähnlich wie wir, zu der Schlußfolgerung, daß jene Nervenfasern, welche die Innervation der Umklammerungsmuskeln besorgen, direkt, ohne Beteiligung sympathischer nervöser Elemente verlaufen.

---

[1] Die Notwendigkeit dieser Versuche zeigt besonders deutlich die neuerdings von Lullies gefundene Tatsache, daß auch nach Rückenmarkszerstörung die schlaffen vorderen Extremitäten zu einem Ring geschlossen bleiben, die Haltung dieser Extremitäten also nahezu dieselbe ist, wenn auch die Muskulatur ihren gesamten, vom Zentralnervensystem abhängigen Tonus verloren hat.

Ein Fall, welcher besonders geeignet erscheint, um in die Frage der sympathischen Innervation der quergestreiften Muskulatur eine gewisse Klarheit zu bringen, ist die *Haltung der Ohrmuschel des Kaninchens.* Dieses Beispiel erscheint vor allem deswegen zum Studium der tonischen Innervation geeignet, weil es hier nicht notwendig ist, das Tier in abnorme Körperlagen zu bringen, z. B. am Rumpf aufzuhängen, wie beim Studium des Tonus der herabhängenden hinteren Extremitäten, sondern am ruhig sitzenden Tier die Haltung der Löffel beobachtet werden kann. Dies mag auch die Ursache gewesen sein, warum Ducceschi dieses Objekt zum Studium des in Rede stehenden Problems wählte. Der italienische Autor fand nun, daß es an Tieren, welchen er einseitig den Halssympathicus durchschnitt, bzw. das Ganglion cervicale superius exstirpierte, zu Ausfallserscheinungen in der Innervation der Löffel der gleichen Seite kam, was sich vor allem darin äußerte, daß bei erhaltener kinetischer Innervation, also bei erhaltener Beweglichkeit der Ohrmuschel ein Tieferstehen des Löffels der operierten Seite gegenüber der gesunden im sogenannten Ruhezustand zu beobachten war.

Ähnliche Beobachtungen liegen auch von Mosca, einem Schüler Ashers, vor.

Ducceschi glaubt bei Deutung dieses Befundes die Lähmung der Vasomotoren des betreffenden Ohres als Ursache des Tieferstehens ausschließen zu können. Auch Veränderungen in der Erregbarkeit der gleichseitigen nervösen Zentren, bzw. des homolateralen Labyrinths, scheinen ihm nicht wahrscheinlich. Für die Annahme einer besonderen trophischen Wirkung des Halssympathicus kann er ebenfalls keinen Beweis finden und ebenso fehlten Störungen der cutanen Sensibilität bei den so operierten Tieren. So diskutiert er schließlich die Möglichkeit einer Beeinflussung des Tonus der die Haltung der Ohrmuschel bedingenden Muskeln, äußert sich aber auch diesbezüglich in seiner ersten Mitteilung sehr reserviert, da ihm die bisher vorliegenden Untersuchungen an anderen Objekten keinen sicheren positiven Beweis für eine tonische Innervation der Skelettmuskulatur erbracht zu haben scheinen. Nach Fortführung dieser Versuche neigt Ducceschi allerdings eher zu der Schlußfolgerung, daß eine Tonusabnahme der Muskeln, welche die Ohrmuschel bewegen, Folge der Halssympathicusdurchschneidung sei.

Um nun Aufschluß darüber zu erlangen, ob tatsächlich der Halssympathicus efferente Fasern führt, welche die statische Innervation der äußeren Ohrmuskeln aufrecht erhalten, schien es notwendig, sich nicht auf die einseitige Durchschneidung des Halssympathicus zu beschränken, sondern diese mit einem Eingriff zu kombinieren bzw. zu vergleichen, welcher die Haltung der Löffel mit Sicherheit beeinflußt. Einen solchen Eingriff kennen wir aber durch die Untersuchungen von Filehne, der nach intrakranieller, einseitiger Trigeminusdurchschneidung ein deutliches Zurückfallen des Ohrlöffels der operierten Seite beobachtete, ein Zurückfallen, das ebenfalls ohne motorische Lähmung der betreffenden Muskulatur auftritt. Dieses Tieferstehen des Ohres nach einseitiger Trigeminusdurchschneidung ist auf den Ausfall der im Trigeminus verlaufenden efferenten Nerven zurückzuführen, also durch den Verlust zentripetaler Erregungen bedingt, welche normalerweise den Tonus der mimischen Muskulatur der entsprechenden Seite reflektorisch aufrecht erhalten. Die Trigeminusdurchschneidung bewirkt also etwas ganz Ähnliches bezüglich des Tonus der äußeren Ohrmuskulatur wie die Hinterwurzeldurchschneidung am Plexus lumbosacralis bezüglich der hinteren Extremitäten im klassischen Brondgeestschen Versuch. Es handelt sich hier, wie Filehne gezeigt hat, um einen streng einseitig ablaufenden Reflex. Wenn tatsächlich dieser durch den Trigeminus aufrecht erhaltene Reflextonus im Halssympathicus seinen efferenten Schenkel besitzt, so ist zu erwarten, daß sich nach Trigeminusdurchschneidung auf der einen, Halssympathicusdurchtrennung auf der anderen Seite keine merkliche Differenz zwischen beiden Seiten mehr nachweisen läßt, bzw. daß nach doppelseitiger Halssympathicusdurchschneidung und einseitiger Trigeminusdurchtrennung kein Tieferstehen dieser Seite mehr erfolgt.

Herr Prof. Hotta hat daher auf meine Anregung diesbezügliche Versuche angestellt. Über die Technik der Halssympathicusdurchschneidung bzw. Exstirpation des Ganglion cervicale superius braucht wohl nichts Besonderes bemerkt zu werden.

Was die Trigeminusdurchschneidung anlangt, so wurde diese Operation zum Teil am überhängenden Gehirn nach der von Karplus und Kreidl ausgearbeiteten Methode, zum Teil bei normaler Lage des Kopfes nach Emporheben des die mittlere Schädelgrube bedeckenden Gehirns ausgeführt.

Das Moment der Trigeminusdurchschneidung ist an der lebhaften Abwehrreaktion des Versuchstieres (auch bei Narkose) deutlich zu erkennen; als Kriterien sind ferner die Anästhesie der Cornea der gleichen Seite und das Ausbleiben der Cornealreflexe zu verwerten. Schließlich wurde in allen Fällen durch die Sektion geprüft, ob tatsächlich die Durchschneidung gelungen war.

Was die verwendeten Tiere (Kaninchen) anlangt, so wurden nur solche Tiere benutzt, bei welchen wir uns durch oftmalige Beobachtung vor der Operation überzeugten, daß sie beide Ohrlöffel in gleicher Höhe hielten; Tiere, bei welchen Asymmetrien der Haltung zu beobachten waren, wurden dagegen ausgeschieden.

Versuch 1. Graues Kaninchen.

5. Mai 1925. Linksseitige Halssympathicusdurchschneidung. Nach der Operation ist deutliche Hyperämie des linken Löffels zu beobachten. Derselbe fühlt sich wärmer an. Die linke Pupille ist enger als die rechte, ebenso die linke Lidspalte. In der Stellung der Löffel beider Seiten sind keine sicheren Unterschiede bemerkbar. Nach einiger Zeit bemerkt man sogar an dem ruhig dasitzenden Tier, daß das linke Ohr etwas höher steht als das der rechten Seite.

Versuch 2. 7. Mai 1925. Graues Kaninchen.

Linksseitige Trigeminusdurchschneidung am überhängenden Gehirn. Vor der Operation steht das rechte Ohr eine Spur tiefer als das linke. Nach der Trigeminusdurchschneidung läßt sich von der linken Cornea aus kein deutlicher Reflex auslösen, während rechts ein deutlicher Cornealreflex zu beobachten ist. In den ersten 10 Minuten nach der Operation hängen beide Ohren schlaff herab. Weiterhin merkt man, daß das Kaninchen den Kopf um die occipito-nasale Achse nach rechts gedreht hält. Wenn man diese Drehung künstlich aufhebt und den Kopf mit der Hand in die normale Stellung bringt, so bemerkt man nun, daß das linke Ohr tiefer steht als das rechte. Die Pupille der linken Seite ist gegenüber der rechten etwas verengt.

8. Mai 1925. Durchschneidung des rechten Halssympathicus 5 Uhr p. m. Das rechte Ohr fühlt sich nun deutlich wärmer an als das linke. Eine deutliche Pupillendifferenz ist nicht zu beobachten. Noch immer steht das linke Ohr tiefer als das rechte, noch deutlicher als am vorhergehenden Tage.

In dem Zustande des Tieres ändert sich bis zum 12. Mai 1925, an welchem Tage das Tier einging, nichts. Die Sektion ergab, daß der linke Trigeminus total durchschnitten war, der rechte Temporallappen des Gehirns durch Quetschung etwas erweicht ist.

Versuch 3. 12. Mai 1925. Schwarzes Kaninchen.

Durchschneidung des rechten Trigeminus in Normallage des Kopfes. Die Weichteile über dem Schädelknochen werden beiderseits mit dem Raspatorium in ganz gleicher Ausdehnung entfernt, damit Irrtümer durch direkte Schädigung der Ohrmuscheln bzw. ihrer Ansatzpunkte auf der Seite der Trigeminusdurchschneidung vermieden werden.

Nach der Operation hängt der rechte Ohrlöffel deutlich tiefer herab als der linke. Der rechte Cornealreflex fehlt, die rechte Pupille ist enger als die der Gegenseite und etwas verzogen. Gleich nachher wird der *linke Halssympathicus durchtrennt.* Die linke Ohrmuschel fühlt sich wärmer an als die rechte. Auch ist eine stärkere Pulsation an dieser deutlich fühlbar. Nach dem Aufwachen ist das Tier recht munter. Der Kopf ist nur minimal nach links geneigt. Der rechte Ohrlöffel hängt noch immer tiefer herab.

13. Mai 1925. Die Differenz in der Stellung der Ohrlöffel ist noch immer deutlich wahrnehmbar (Photographie vgl. Abb. 69). Eine deutliche Pupillendifferenz ist nicht wahrzunehmen. Diese Differenz der Ohrlöffel ist noch durch 1 Woche hindurch zu beobachten.

Die Sektion ergibt,. daß der rechte Trigeminus vollständig durchschnitten ist. Die rechte Hemisphäre erweist sich nur minimal geschädigt.

Kontrollversuch 4. Schwarzes Kaninchen mit weißen Flecken.

18. Mai 1925. Beiderseits breite Eröffnung des Schädels, Abdrängung der rechten Hemisphäre von der Basis am überhängenden Gehirn, wobei der Temporallappen absichtlich ziemlich stark gequetscht wird. Abpräparieren des Periosts von der Schädelbasis, ohne V-Verletzung. Nach der Operation stehen beide Ohrlöffel in gleicher Höhe, Cornealreflex beiderseits erhalten. Auch in den nächsten Tagen zeigt sich keine Differenz in der Stellung der Löffel. Sektion: Erweichung des rechten Temporallappens.

Versuch 5. 10. Juni 1925. Dunkelbraunes Kaninchen.

A. Durchschneidung beider Halssympathici. Nach der Operation ist beiderseits Miosis zu beobachten. Beide Ohren fühlen sich wärmer an als vorher und stehen beiderseits in gleicher Höhe.

B. Decerebration durch Schnitt vor den Vierhügeln und Durchschneidung des linken Trigeminus. Nachher fehlt der linke Cornealreflex, während der rechte noch deutlich auslösbar ist. Das linke Ohr steht etwas tiefer als das rechte.

Versuch 6. 8. Juli 1925. Weißbraunes Kaninchen.

Vor der Operation stehen beide Ohren gleich; das rechte vielleicht eine Spur tiefer.

A. Durchschneidung beider Halssympathici. Nachher beiderseits Miosis. Beide Ohren stehen in gleicher Höhe.

B. Linksseitige Trigeminusdurchschneidung. Die linke Cornea ist nachher anästhetisch. Der linke Ohrlöffel hängt deutlich tiefer herab als der rechte.

Auch die nachfolgende Abtragung des Großhirns ändert an dem Tieferstehen des linken Löffels nichts.

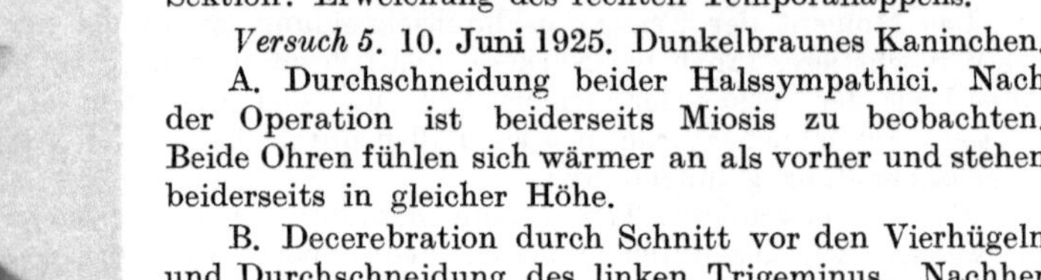

Abb. 69. Kaninchen. Durchtrennung des rechten Trigeminus und linken Halssympathicus. Das ruhigsitzende Tier ist von rückwärts aufgenommen, so daß nur die Löffel und der Körper sichtbar, sind.

Es zeigt sich also in diesen Versuchen, daß einseitige Halssympathicusdurchschneidung allein an dem ruhenden Tier, soweit wenigstens unsere Beobachtungen gingen, kein deutliches Tieferstehen des homolateralen Löffels zur Folge hatte. Wurde auf der einen Seite der Halssympathicus und auf der Gegenseite der Trigeminus durchschnitten, so war regelmäßig ein Tieferstehen des Ohres derjenigen Seite zu beobachten, auf welcher die Trigeminusdurchschneidung erfolgt war. Diese Differenz ließ sich beobachten, sowohl wenn die Operation am überhängenden Gehirn vorgenommen wurde, als auch wenn bei dem in Normallage (Scheitel oben) befindlichen Tier die Trigeminusdurchschneidung nach Emporheben der Hemisphären erfolgte. Die Quetschung, welche die in der mittleren Schädelgrube liegenden Hemisphärenabschnitte bei einzelnen dieser Durchschneidungsversuche erlitten, kann nicht als Ursache dieser Differenz im Stande der Ohrlöffel angesprochen werden, da solche Unterschiede auch an Tieren zu beobachten waren, bei welchen eine Läsion der Hemisphären bei der Sektion nicht zu beobachten war (vgl. auch Kontrollversuch 4). Auch ist darauf hinzuweisen, daß schon Filehne gezeigt hat, daß Wegnahme beider Großhirnhälften, einschließlich der zentralen Ganglien, den reflektorischen Einfluß des Trigeminus auf die Ohrhaltung nicht verändert, womit auch unsere Versuche übereinstimmen, bei welchen auch nach Wegnahme der Hemisphären die durch einseitige Trigeminusdurchschneidung erzeugte Haltungsdifferenz bestehen blieb.

Man könnte noch daran denken, daß bei diesen Versuchen eine Verletzung der Schädeldecke, der äußeren Ohrmuskeln bzw. ihrer Ansatzpunkte am Schädel auf der Seite der Trigeminusdurchschneidung an der Asymmetrie der Haltung der Löffel Schuld trug. Es wurde aber darauf geachtet, daß das Schädeldach auf beiden Seiten gleich weit vom Periost entblößt und eröffnet wurde, so daß auch diese Fehlerquelle nicht in Betracht kommt.

Es zeigt sich also, daß die Hypotonie jener Muskeln, welche die Ohrmuschel entgegen der Schwerkraft in ihrer Ruhelage erhalten, nach einseitiger Trigeminusdurchschneidung viel stärker in Erscheinung tritt als nach Sympathicusdurchtrennung, nach welch letzterer Operation überhaupt ausgesprochene Haltungsdifferenzen nicht mit Sicherheit beobachtet werden konnten.

Besonders deutlich beweisen aber jene Versuche, bei welchen die doppelseitige Durchschneidung des Halssympathicus mit einseitiger Trigeminusdurchschneidung kombiniert wurde, daß der Halssympathicus nicht die efferente Bahn jener reflektorischen Erregungen darstellen könne, welche den Ohrmuskeltonus bedingen. Denn trotz der beiderseitigen Halssympathicusdurchschneidung trat nach der darauf folgenden einseitigen Trigeminusdurchtrennung ein deutliches Tieferstehen des entsprechenden Ohres ein.

Es muß demnach auch für dieses Beispiel ein Zusammenhang zwischen der statischen Innervation der quergestreiften Muskulatur und zentrifugalen Erregungen, welche das Zentralnervensystem auf dem Wege des Grenzstranges und seiner Verzweigungen verlassen, geleugnet werden.

Ducceschi hat neuerdings die Beweiskraft der Hottaschen Versuche angezweifelt und hervorgehoben, daß das Tieferstehen des Ohres auf der Seite der Operation nicht nach bloßer Halssympathicusdurchschneidung, sondern erst nach Exstirpation des Ganglion cervicale superius und nicht gleich nach der Operation, sondern erst mehrere Tage später auftrete. Diesbezügliche Nachprüfungen, welche ich durch Herrn Dr. Kiyohara anstellen ließ, zeigten aber, daß die geschilderte Anomalie der Ohrhaltung höchstens dann auftritt, wenn bei der Exstirpation des Gangl. cerv. sup. das Ganglion gezerrt und damit wahrscheinlich eine Schädigung benachbarter Nerven gesetzt wird, daß dagegen bei schonender Ganglienentfernung ein konstantes Tieferstehen des Ohres ebensowenig auftritt wie nach Halssympathicusdurchschneidung. Es ist ja auch gar nicht zu erwarten, daß die Unterbrechung einer efferenten Bahn eine verschiedene Wirkung auf das Erfolgsorgan hat, je nachdem, ob man diese Bahn etwas näher oder weiter vom Zentralnervensystem (im Halssympathicus oder im Gangl. cerv. sup.) unterbricht.

Von den Untersuchungen, welche weiter die de Boersche Theorie zu unterstützen scheinen, brauchen wir die von Maumary nur kurz zu besprechen. Der Autor fand nach einseitiger Durchschneidung der Rami communicantes zum Plexus ischiadicus Herabsetzung der Kraft des Hinterbeines auf der operierten Seite, bei Labyrinthexstirpation und Sympathicusdurchschneidung auf der gleichen Seite beiderseitige Herabsetzung der Muskelkraft, bei Kombination der

Labyrinthexstirpation mit kontralateraler Sympathicusdurchschneidung die durch Labyrinthexstirpation erzeugte Kraftlosigkeit im kontralateralen Hinterbein durch die folgende Sympathicusdurchschneidung noch verstärkt. Es fragt sich aber, ob die von Maumary angewendete Methode uns überhaupt über den Muskeltonus einen Aufschluß gibt. Was er mißt, ist die Kraft, welche das vertikal hängende Tier beim Versuche, sich zu befreien, einem an den Füßen wirkenden Zug entgegenzusetzen vermag. In welcher Beziehung aber der maximale Kraftaufwand bei willkürlicher Innervation zu der Dauerverkürzung des willkürlich nicht innervierten Muskels steht, müßte erst untersucht werden, bevor aus dieser Kraft überhaupt Schlüsse auf den Ruhetonus gezogen werden.

Mehr Bedeutung kommt den Untersuchungen von Langelaan zu. Langelaan unterscheidet bekanntlich zwei Formen des *Tonus*, den *plastischen* und den *contractilen*. Er versteht unter ersterem die Eigenschaft eines Muskels, eine Formveränderung zu bewahren, auch wenn die deformierende Einwirkung aufgehört hat, und scheidet diesen plastischen vom contractilen Tonus, von der Eigenschaft des Muskels, einen Zustand von leichter Kontraktion aufrechtzuerhalten, eine Eigenschaft, die er mit dem Reflextonus von Müller, Brondgeest, de Boer als identisch ansieht. In beiden Phänomenen, im plastischen und im contractilen Tonus, sieht er neuerdings reflektorische Phänome. Den Tonusverlust, den auch er beim Frosch in der ersten Zeit nach Durchschneidung der Rami communicantes findet, sieht er als Folge eines lokalen Chocks des spinalen Reflexbogens an. Sobald der Chock vorüber ist, ist aber der Tonusverlust nur partiell. Die Muskeln haben nun infolge der Durchschneidung der Rami communicantes einen großen Teil ihrer Plastizität verloren, diese Verringerung der Plastizität soll aber auch allmählich kompensiert werden, wobei insbesonders labyrinthäre Reize eine Rolle spielen sollen.

In diesen Untersuchungen wird demnach die Rolle des Sympathicus für den Tonus schon sehr eingeschränkt, der contractile Tonus soll durch die Durchschneidung der Rami communicantes gar nicht betroffen werden und der plastische Tonus nur partiell und vorübergehend verloren gehen[1]. Besonders bemerkenswert erscheint mir an den Langelaanschen Ausführungen die Beobachtung, daß Zerren an den Rami communicantes die Periode des Chocks nach der Durchschneidung verlängert, eine Beobachtung, die mit den oben mitgeteilten Erfahrungen, die ich in den Versuchen mit Kiyohara über den Einfluß der Zerrung des Gangl. cerv. sup. auf den Tonus der Ohrmuskulatur machte, in Einklang steht. Wieviele Angaben über Tonusverlust nach Durchschneidung der Rami communicantes mögen auf der Nichtbeachtung ähnlicher Versuchsfehler beruhen! Wenn nun aber der initiale Tonusverlust nach Langelaans eigener Ansicht auf einer Chockwirkung beruht, dann ist wohl die Möglichkeit nicht von der Hand zu weisen, daß auch die später bestehende Herabsetzung des plastischen Tonus auf eine leichte Schädigung des spinalen, über die Vorderhornzelle ablaufenden Reflexbogens zurückzuführen sei, zumal da auch diese Herabsetzung des plastischen Tonus sich nach Langelaan schließlich zurückbildet. Denn es ist schwer anzugeben, bis zu welchem Grade der Wiederherstellung des Tonus

---

[1] Cobb betont, wie mir scheint, nicht mit Unrecht, daß ein Beweis für eine qualitative Differenz zwischen plastischem und contractilem Tonus fehlt.

der Rückgang der Chockwirkung reicht und von welchem Moment an der durch Sympathicusausschaltung verloren gegangene Tonus kompensiert wird. Will man dieses Wiederkehren des Tonus, statt es bloß auf eine Rückbildung der Chockwirkung zu beziehen, durch Kompensation vom Zentrum her (etwa durch labyrinthäre Einflüsse) erklären, so muß man zu der Anschauung kommen, daß nun im Stadium dieser Kompensation der ursprünglich durch den Sympathicus vermittelte plastische Tonus nach der Sympathicusausschaltung vom Axon der Vorderhornzelle innerviert werde. Einen Beweis für die sympathische Natur selbst des plastischen Tonus können wir darum auch in den sonst so exakten Untersuchungen von Langelaan nicht erblicken.

Auf die Langelaansche Unterscheidung zwischen contractilem und plastischem Tonus haben besonders australische Autoren zurückgegriffen und suchen die sympathische Innervation des plastischen Tonus zu beweisen. Hunter und Royle führten Versuche bei Ziegen und Hühnern sowie auch Operationen beim Menschen aus. Sie geben an, daß bei Ziegen Decerebration eine geringere Starre in jenem Hinterbein hervorrief, auf dessen Seite der Bauchsympathicus exstirpiert worden war, und daß in diesem Bein die Verkürzungs- und Verlängerungsreaktion fehlte. Die Kurve des Patellarsehnenreflexes fiel auch auf dieser Seite rascher zur Nullinie ab als auf der nicht operierten. Bei Hühnern führte Zerstörung des Sympathicusstammes über dem ersten Thorakalganglion zu einem Tieferstehen des gleichseitigen Flügels. Schließlich soll beim Menschen in Fällen von spastischer Lähmung durch die cervikale und lumbale Ramisektion der plastische Tonus der entsprechenden Gliedmaßen herabgesetzt worden sein. Es müssen aber vor allem Zweifel darüber entstehen, ob die Autoren wirklich in all ihren Versuchen eine reine Durchschneidung der Rami communicantes unter Schonung der somatischen Nerven (Zerrung!) durchgeführt haben, zumal in manchen Fällen die Tiere nach der Operation leicht hinkten, bzw. die Flügelbewegungen auf der operierten Seite als langsamer beschrieben wurden. Sektionsprotokolle der Experimente konnte ich, soweit mir die Originalarbeiten zugänglich waren, nicht finden; die Operation am Menschen durch die Sektion zu kontrollieren, scheint bisher keine Gelegenheit gewesen zu sein. Schwer verständlich ist auch, worauf schon Cobb aufmerksam macht, daß nach Hunter und Royle erst mehrere Wochen nach Durchschneidung der Rami communicantes der Verlust des plastischen Tonus eintreten soll. Nachdem auch diese Tonusform ein Reflexphänomen ist, müßte man doch erwarten, daß sie sofort nach der Durchtrennung des Reflexbogens verloren geht oder verringert wird, und Langelaan findet ja gerade im Gegenteil, daß die initiale Tonusstörung am stärksten ist und daß erst allmählich infolge Rückbildung der Chockwirkung ein Teil des Tonus zurückkehrt. Cobb denkt daran, daß trophische Störungen oder Gefäßveränderungen an den Muskeln die Ursache der spät einsetzenden Tonusänderungen seien; nachdem aber solche trophische Änderungen der Skelettmuskulatur nach Aufhebung ihrer vegetativen Innervation noch nicht bewiesen scheinen, muß man die Möglichkeit ins Auge fassen, daß die Veränderungen der Muskulatur durch Nebenläsion motorischer Nervenfasern und die daran anschließende Degeneration einzelner Muskelbündel bedingt seien. Hierüber könnte nur eine genaue histologische Untersuchung der zu den betreffenden Muskeln, die ihre Plastizität verloren haben sollen, ziehenden Nervenstämme sowie der Muskeln selbst Aufschluß geben. Schließlich haben auch Nachuntersuchungen der Experimente von Hunter und Royle durch Kanavel, Pollock und Davis an Katzen sowie bei Fällen von Paralysis agitans, postencephalitischem Parkinsonismus und multipler Sklerose zu einem negativen Resultat geführt. Die Autoren fanden nur, daß ein Patient mit cerebraler Hemiplegie nach der Operation eine Verbesserung der Beweglichkeit zeigte, doch blieb auch in diesem Fall der Tonus der Extremitäten deutlich erhöht. Die Autoren vermuten, daß das sympathische Nervensystem den Muskelstoffwechsel beeinflußt und daß unter Umständen durch Aufhebung der sympathischen Impulse die Contractilität gebessert werden könne. Auch Meek und Crawford, welche die Verbindungen des Sympathicus vom 2. bis 6. Lendensegment auf einer Seite durchschnitten, konnten keinen Einfluß der Sympathicusentfernung auf die Entwicklung der Enthirnungsstarre feststellen, der Kniereflex zeigte trotz der Operation die typische Verkürzungsreaktion, so daß auch in diesen Versuchen kein Beweis für einen Einfluß des Sympathicus auf den plastischen Tonus gefunden werden konnte.

Dem gegenüber erscheinen die Angaben von Kuntz und Kerper wenig beweiskräftig. Es muß auffallen, daß in den Versuchen, in welchen diese Autoren den lumbalen Anteil des Grenzstranges entfernten, die nach der Operation auftretende Hypotonie der hinteren Extremität der Operationsseite allmählich abnahm, entgegen den Angaben von Hunter und Royle, welche das Auftreten des Tonusverlustes erst mehrere Wochen[1] nach der Sympathicusoperation behaupteten. Die Angabe, daß die Entfernung der sympathischen Innervation zu einer leichteren Ermüdbarkeit des betreffenden Gliedes führt, steht zu den Erfahrungen von E. Schmid in Widerspruch. Was jene Versuche anlangt, in welchen die Spannungskurve des Musculus triceps einerseits nach Exstirpation des Gangl. cerv. inf., andererseits nach Durchschneidung der 6. bis 8. Cervicalwurzeln verglichen und eine stärkere Tonusabnahme nach der ersteren Operation beschrieben wurde, muß vor allem auffallen, daß die Autoren trotz angeblicher Ausschaltung der somatischen Innervation des Triceps den Tonus dieses Muskels nur ganz gering herabgesetzt fanden. Der Zweifel an der gelungenen Ausschaltung der somatischen Innervation des Muskels erscheint um so mehr begründet, als die Autoren den größten Teil des Tonus erhalten fanden, obwohl sie auch die Hinterwurzeln durchschnitten, deren Durchtrennung ja so gut wie völlige Atonie nach sich zieht.

Auch die neueren Versuche von Riesser und Simonson können nicht im Sinne einer sympathischen Tonusinnervation verwertet werden. Denn wenn die Autoren auch fanden, daß ein zentralsympathisch erregendes Gift, wie das Cocain, Tonuserhöhung beim Frosch verursacht, so beschreiben sie selbst, daß diese Tonussteigerung auch nach Entfernung des Bauchsympathicus noch zustande kommt.

---

[1] Ranson und Hinsey führten zwischen 50—152 Tagen nach Entfernung des linken Lumbalteils des Grenzstranges eine Decerebration aus. Sowohl vor als auch nach der Decerebration wurden keine konstanten Verschiedenheiten zwischen den beiden hinteren Extremitäten gefunden. Extensorsteifigkeit, Verkürzungs- und Verlängerungsreaktion sowie der Widerstand gegen passive Beugung waren auf beiden Seiten gleich. Bei drei Tieren wurden in beide hinteren Extremitäten gleiche Mengen Tetanustoxin injiziert, ein konstanter Unterschied in der Haltung der beiden Seiten und der Resistenz gegen passive Bewegungen konnte nicht gefunden werden.

Wir gelangen demnach dazu, daß die *Innervation des Muskeltonus in der Hauptsache nicht über den Grenzstrang erfolgt*. Damit ist natürlich noch nicht gesagt, daß die Dauerinnervation, welche den willkürlich nicht innervierten Muskel trifft, überhaupt nichts mit dem Grenzstrang zu tun habe. Man muß daran denken, daß der dauernde Einfluß des Nervensystems auf den Stoffwechsel ruhender Muskeln, der „chemische Tonus" im Sinne von Zuntz und Röhrig, zum Teil wenigstens durch sympathische Innervationen bedingt wird.

Mansfeld und Lukács fanden nun tatsächlich, daß der respiratorische Stoffwechsel curarisierter Hunde eine Abnahme erfährt, wenn man die Muskeln der unteren Extremitäten entnervt. Sie schließen daraus, daß ein chemischer Tonus der quergestreiften Muskulatur vorhanden sei und daß dieser von solchen Nerven vermittelt werde, die mittels Curare nicht gelähmt werden. Sie meinen, daß dies sympathische Nerven seien, da die Ischiadicusdurchschneidung nicht mehr von einer Abnahme der Oxydation gefolgt war, wenn vorher der Bauchstrang des Sympathicus exstirpiert worden war. Dusser de Barenne wendete aber mit Recht ein, daß Mansfeld und Lukács bei ihren Versuchen auch die vasomotorischen Nerven mit durchschnitten haben und daß schon durch die dadurch bedingten Zirkulationsänderungen das Absinken des Stoffwechsels bedingt sein kann. Tatsählich haben neuere Untersuchungen von Nakamura die Resultate von Mansfeld und Lukács nicht bestätigen können. Es wäre aber zu weitgehend, wollte man die Meinung von O. Frank und Voit aufrechterhalten, welche einen vom Nervensystem abhängigen chemischen Tonus des Muskels leugnen. Zeigten ja Meyerhof und R. Meyer, daß im ganzen Tier belassene Muskeln des Frosches bei der Erstickung mehr Milchsäure bilden als isolierte, aber ebensoviel wie diese, wenn die zugehörigen Nerven durchschnitten sind. Besondere Bedeutung scheint nach Freund und Janssen den periarteriellen Nerven für die Erhaltung dieses chemischen Tonus zuzukommen. Konnten die genannten Autoren ja zeigen, daß die Muskulatur vom Wärmezentrum auf dem Wege dieser Nerven Reize empfängt, welche die Oxydationen in der Muskulatur unabhängig von der Motilität beeinflussen. Inwieweit allerdings diese vom Wärmezentrum herstammenden, die Muskulatur längs der periarteriellen Nerven erreichenden Impulse den Grenzstrang des Sympathicus passieren, erscheint nach Befunden von Newton zweifelhaft. Denn es zeigte sich in seinen Versuchen, daß Einstiche ins Corpus striatum bei Kaninchen zu einem gleich starken und gleich schnellen Temperaturanstieg in beiden hinteren Extremitäten führten, auch wenn auf einer Seite der lumbale Anteil des Grenzstranges exstirpiert worden war.

3. Die Hypothese der parasympathischen Innervation des Skelettmuskeltonus.

Mit der Ablehnung der de Boerschen Theorie gewinnt die zweite Möglichkeit an Interesse, daß nämlich die statische Innervation des Muskels durch parasympathische Fasern besorgt wird, die das Rückenmark längs der hinteren Wurzeln verlassen. E. Frank hat im Sinne dieser Hypothese eine Reihe von Argumenten angeführt. Er meint, daß die nach Hinterwurzeldurchschneidung zu beobachtende Abnahme des Tonus nicht bloß auf die Unterbrechung des afferenten Schenkels des spinalen Reflexbogens, sondern auch auf eine Aufhebung der vom

Zentrum kommenden Erregungen zurückzuführen sei, da es sich nach Sherrington bei allen echten Reflexen um zentral vorgebildete Koordinationen handle, die
auch nach Durchtrennung der afferenten Verbindungen sich hervorbringen
lassen, während es angeblich nicht gelingt, nach Durchschneidung der propriozeptiven Nerven die Tetanus- und Enthirnungsstarre hervorzurufen.

Hierzu ist allerdings zu bemerken, daß H. Meyer und Fröhlich auch nach
Durchschneidung sämtlicher Hinterwurzeln von L II abwärts bei Injektion sehr
großer Mengen von Tetanustoxin oder bei intraspinaler Injektion des Giftes die
Starre erzielen konnten. Was die Enthirnungsstarre anlangt, so zeigte G. Brown,
daß das Erhaltenbleiben der Hinterwurzeln für das Zustandekommen der Enthirnungsstarre nur insofern wesentlich ist, als durch das Fehlen der zuführenden
Impulse die normalen Erregungen für jene Zentren, welche die Starre auslösen, fehlen. Er konnte aber noch einge Monate nach Durchschneidung der
hinteren Wurzeln die Reaktionen der Enthirnungsstarre auslösen, wenn er
die fehlenden afferenten Impulse durch Mittelhirnreizung ersetzte. Für die
Enthirnungsstarre ist demnach ebenfalls nicht anzunehmen, daß die vom Hirnstamm ausgehenden Impulse den Muskel durch efferente Hinterwurzelfasern
erreichen.

Als einen weiteren Beweis seiner Hypothese führte Frank an, daß intra-
muskuläre Novocaininjektionen in Dosen, welche willkürliche Bewegungen unverändert lassen und die Reizschwelle bei indirekter oder direkter elektrischer
Reizung nicht alterieren, das Physostigminzucken zum Verschwinden bringen.
Das Novocain wirkt also am Muskel dem erregenden Effekt eines Parasympathi-
cusgiftes, wie des Physostigmins, in Dosen antagonistisch, welche anscheinend
die motorischen Nervenendigungen nicht schädigen. Diese Wirkung tritt ferner
noch auf, wenn jeder Weg über das Rückenmark, jeder reflektorische Vorgang
unmöglich geworden ist, woraus er schließt, daß das Novocain durch Lähmung
von Endigungen der hinteren Wurzeln im Muskel den Erregungsstrom ausschaltet,
welchen diese dem Muskel zusenden, mit anderen Worten, daß die sensiblen afferenten Nerven gleichzeitig efferente, parasympathische, motorische sind. Es erübrigt sich, auf die Stichhaltigkeit dieses Arguments, gegen das sich schon
H. Meyer gewendet hat, näher einzugehen, da weiterhin Frank selbst in Gemeinschaft mit Katz beobachtete, daß bei Fröschen mit doppelseitig degenerierten
Armnerven Nicotin eine Contractur auszulösen vermag, welche durch Cocain
wieder gelöst wird; er schließt daraus, ähnlich wie Weiler, Schmiedeberg,
Riesser und Neuschlosz, Schüller, de Boer, daß der Angriffspunkt des
Cocains kein neuraler sei, sondern im Erfolgsorgan selbst, wahrscheinlich in der
rezeptiven Substanz von Langley gesucht werden müsse, und nimmt darum
selbst die Schlußfolgerung zurück, daß die tonusherabsetzende Wirkung des
Novocains durch Blockierung der zum Muskel strebenden Impulse, welche längs
der Hinterwurzeln austreten sollen, bewirkt wird.

Ebensowenig wie aus der Cocainwirkung lassen sich meines Erachtens aus dem
Einfluß der Pharmaca des vegetativen Nervensystems sichere Schlüsse über die
Art der die tonische Innervation besorgenden Fasern ziehen. Für die Physostig-
mincontractur zeigten schon Edmunds und Roth am Hühnchen, daß die
tonische Contractur durch dieses Gift auch nach Degeneration der Nervenendigungen eintritt, also jedenfalls durch eine direkte Muskelwirkung zustande kommt,

und auch Frank und seine Mitarbeiter vertreten neuerdings die Anschauung, daß Physostigmin, Pilocarpin, Scopolamin, Atropin an einem trophisch zum Erfolgsorgan gehörenden Substrat angreifen, das wahrscheinlich der rezeptiven Substanz von Langley entspricht (bezüglich des Physostigmin vgl. auch Zucker). Ähnlich nehmen auch Riesser und Neuschlosz für die von ihnen am Froschmuskel studierte Acetylcholincontractur eine Wirkung auf die rezeptive Substanz an[1].

Nach Degeneration des zugehörigen motorischen Nerven (so z. B. nach Degeneration des Hypoglossus an der Zunge, des Ischiadicus an der Fußmuskulatur) kommt diese direkte Erregbarkeit der quergestreiften Muskulatur durch verschiedene Toxine besonders deutlich zum Ausdruck, wie schon Heidenhain für das Nicotin gefunden hat, Frank und seine Mitarbeiter besonders für das Acetylcholin und Kalium demonstriert haben. Scopolamin soll nach Frank nur die Acetylcholin- und Nicotincontractur, aber nicht die durch Kalium ausgelöste hemmen, während Adrenalin das Entstehen all dieser Contracturformen verhindern soll. Aus der Wirkung der genannten Pharmaca kann man meines Erachtens bloß folgern, daß die „myoneural junction" eine besondere Affinität zu ihnen besitze, damit ist aber noch keineswegs gesagt, daß tatsächlich parasympathische oder sympathische Nerven an den Muskel herantreten. Schäffer, der die fördernde Wirkung von Pilocarpin und Physostigmin, die hemmende Wirkung von Atropin und Adrenalin auf den als Tiegelsche Contractur bekannten Verkürzungsrückstand feststellte (vgl. auch die Befunde von Danielopulu bei Spastikern nach intravenöser Injektion von Pharmacis), bemerkte ganz mit Recht, aus der pharmakologischen Reaktion „den Schluß zu ziehen, daß tatsächlich sympathische und parasympathische Nerven im Muskel ihr Ende finden, scheint zunächst nicht berechtigt". Wenn Schäffer dann allerdings noch weiter geht und mit Rücksicht auf den Nachweis markloser Nervenfasern im Muskel die Existenz sympathischer und parasympathischer Nervenendigungen für außerordentlich wahrscheinlich hält, so vermag ich ihm allerdings hier nicht mehr zu folgen. Wissen wir ja, daß die rezeptive Substanz nicht nur von den spezifischen Giften des vegetativen Nervensystems, wie vom Acetylcholin, sondern auch von anderen erregt werden kann. So zeigte Langley, daß NaCNS eine ähnliche Contractur hervorzurufen vermag wie das Nicotin, aus den Untersuchungen von Riesser und Neuschlosz ergibt sich ferner, daß Atropin und Novocain am Muskel nicht nur gegen die Pharmaca des vegetativen Nervensystems antagonistisch wirken, sondern auch die typische Veratrincontractur aufzuheben vermögen. Ja es scheinen die Untersuchungen von Schüller darauf hinzuweisen, daß die antagonistische Wirkung des Atropins gegenüber manchen, durch Gifte ausgelösten Contracturen, ähnlich wie die Novocainwirkung, einfach dadurch zu erklären ist, daß die contracturlösende Substanz mit der sie erzeugenden eine Komplexverbindung eingeht. Man wird daher erst solche Mechanismen für die

---

[1] Die Tatsache, daß *Nicotin*, welches bekanntlich die Synapse des vegetativen Nervensystems zwischen dessen Ganglienzellen und den aus dem Rückenmark zu diesen ziehenden Fasern nach einem kurzen Erregungsstadium blockiert, noch einen zweiten Angriffspunkt am Muskel selbst, also an einer ganz anderen Stelle hat, als es seiner Wirkungsweise auf das vegetative System entspricht, kann wohl nicht im Sinne einer sympathischen oder parasympathischen Tonusinnervation verwertet werden.

antagonistische Wirkung von Scopolamin-Acetylcholin bezüglich des Muskeltonus ausschließen müssen, bevor man hieraus Schlüsse auf die normale Innervation ableitet. Wenn man schließlich, ausgehend von den vielfachen Analogien zwischen der Wirkung des Kaliums und der Parasympathicusreizung an glattmuskeligen Organen, aus der Rolle, welche dieses Ion besonders nach den Untersuchungen von Neuschlosz für die Entstehung tonischer Phänome spielt, auf eine parasympathische Innervation des Skelettmuskeltonus schließen möchte, so ist darauf hinzuweisen, daß nach den Untersuchungen von Bethe und Franke eine spezifische Natur der Kaliumcontractur zu leugnen ist (vgl. Kap. II). Neuerdings zeigen Dale und Gasser, daß zwar die meisten Basen, die auf den denervierten Muskel im Sinne der Contracturerzeugung wirken, auch parasympathische Wirkungen auf glattmuskelige Organe entfalten. Aber andere Drogen, die im Sinne der Erzeugung parasympathischer Effekte sehr wirksam sind, haben keinen Einfluß auf den denervierten Skelettmuskel. So sind Nicotin, Cytisin, Nitrosocholin (synthetisches Muskarin), Acetylcholin, Tetramethylammoniumchlorid, Kaliumsalze auf den denervierten Skelettmuskel sehr wirksam; Pilocarpin, natürliches Muskarin, Arecolin, Tetraäthylammoniumchlorid, Histamin dagegen unwirksam, Physostigmin sensibilisiert bloß den Muskel gegenüber Acetylcholin. Für die Annahme einer akzessorischen parasympathischen Innervation des Skelettmuskels liegt also nach Dale und Gasser kein Anhaltspunkt vor. Man kann nach ihnen nur sagen, daß der Säugermuskel nach Degeneration seines motorischen Nerven eine abnorme Reaktion auf Reizung seiner sensibeln Nerven (Vulpian-Heidenhainsches Phänomen) und eine besondere Empfindlichkeit gegenüber Basen von nicotinähnlicher Wirkung zeigt, wie sie beim Amphibien- und Vogelmuskel schon normalerweise vorhanden ist. Ein Schluß aus dem Studium der Giftwirkungen auf die normale Innervation des Muskeltonus erscheint mir nach alledem nicht gerechtfertigt.

Für die Frage der Innervation viel bemerkenswerter ist die Tatsache, daß bei vollständiger Degeneration des Nervus hypoglossus träge Bewegungen der Zunge nach Reizung des Nervus lingualis erzielt wurden (Vulpian und Phillippeaux, Cyon, Heidenhain). Ähnlich haben die Versuche Sherringtons gezeigt, daß trotz Degeneration der aus den Vorderwurzeln stammenden Fasern des Nervus ischiadicus durch starke faradische Reizung dieses Nerven die pseudomotorische Reaktion an der Fußmuskulatur erzielt wurde, womit auch neuere Versuche von Rijnberk in Einklang stehen. H. Meyer macht aber mit Recht darauf aufmerksam, daß eine Contractur der Gesichtsmuskulatur bei degeneriertem N. facialis nicht nur nach Reizung des Nervus lingualis, sondern auch bei Reizung der aus den Vorderwurzeln stammenden Fasern der Ansa Vieussenii beobachtet wurde (Rogowicz). Vielleicht erscheinen diese Tatsachen weniger unverständlich, wenn wir uns daran erinnern, daß all die Nerven, von welchen aus die pseudomotorische Reaktion erzielt wurde, Vasomotoren für die betreffende Region enthalten und daß schon die älteren Befunde von Bremer, welche Boeke neuerdings bestätigte, darauf hinweisen, daß die akzessorischen Nervenfasern und Endösen mit dem Nervenplexus, welcher die Gefäße umspinnt, in Verbindung stehen. Es könnte sich also bei der pseudomotorischen Contractur um eine Erregung des Muskels durch Impulse handeln, die längs der Vasomotoren zu den akzessorischen Endigungen gelangen, ohne daß diese abnormen, nur durch starke faradische Reizung auslösbaren Erregungen etwas mit der normalen sympathischen oder parasympathischen Innervation des Muskeltonus zu tun haben müssen.

Eine experimentelle Prüfung der Richtigkeit der Frankschen Hypothese stößt dadurch auf Schwierigkeiten, daß mit der Durchschneidung der Hinterwurzeln schon durch die Unterbrechung der zentripetalen Erregungen der Tonus der gleichseitigen Extremität weitgehend herabgesetzt wird. Diese Schwierigkeit suchte ich dadurch zu umgehen, daß ich bei Esculenten an beiden hinteren Extremitäten den durch propriozeptive Impulse bedingten Tonus durch doppelseitige Durchschneidung der den Plexus lumbosacralis bildenden Hinterwurzeln ausschaltete und nun untersuchte, ob nach diesem Eingriff supranucleäre Zentren noch den Tonus der Extremitäten zu beeinflussen vermögen. Hierzu wurde die beiderseitige Hinterwurzeldurchschneidung mit der einseitigen (stets rechtsseitigen) Exstirpation des Labyrinthes kombiniert, und zwar wurde an weiblichen Esculenten sowohl die Labyrinthexstirpation der Hinterwurzeldurchschneidung vorausgeschickt, als auch die umgekehrte Reihenfolge eingehalten. Wenn der Einfluß des Labyrinthes bzw. der nach einseitiger Labyrinthexstirpation zur Wirkung gelangenden tonischen Halsreflexe (de Kleijn) den Weg über die hinteren Wurzeln nimmt, nachdem die Impulse von den entsprechenden Zentren das Lumbosacralmark erreicht haben, so müßten die Verschiedenheiten in der Stellung der hinteren Extremitäten, die man sonst nach einseitiger Labyrinthexstirpation beobachtet, ausbleiben.

Über die Technik der Labyrinthexstirpation ist ebenso wie über die Methodik der Hinterwurzeldurchschneidung angesichts der genauen Vorschriften, die Ewald über die erstere Operation gibt, und der allgemein geübten Anwendung der Hinterwurzeldurchschneidung wohl nicht viel zu bemerken. Die Durchtrennung der hinteren Wurzeln gelingt am allersichersten unter Schonung der vorderen, wenn man die hinteren bis an ihre Eintrittsstelle ins Rückenmark verfolgt und knapp distal von dieser durchschneidet, da an dieser Stelle die Entfernung der hinteren von den vorderen Wurzeln am größten ist. Bei zehn Tieren konnte bei nachträglicher anatomischer Untersuchung der Eingriff als gelungen betrachtet werden. An dem mit seinen Wurzeln herausgeschnittenen Rückenmark läßt sich die Kontrolle der Wurzeldurchschneidung am leichtesten ausführen, wenn man das Präparat in einem mit Wasser gefüllten Uhrschälchen flottieren läßt.

Von den nach diesen Eingriffen zu beobachtenden Erscheinungen braucht das Bild der alleinigen doppelseitigen Hinterwurzeldurchschneidung wohl nicht nochmals näher beschrieben zu werden. Ich verweise nur auf die eingehenden Schilderungen Bickels, Herings, Merzbachers u. a. Für unsere Fragestellung ist hier nur so viel von Wichtigkeit, daß die Tiere bei Rückkehr in die Ruhelage nach einem Sprung, Umdrehen aus der Rückenlage oder auch beim bloßen Innehalten in der durch alternierendes Vorschieben der hinteren Extremitäten zustande kommenden Kriechbewegung die beiden hinteren Extremitäten wohl eine Zeitlang in verschiedener Stellung halten können, die eine etwas stärker an den Rumpf herangezogen als die andere, daß aber keinerlei Konstanz in den Seitendifferenzen festzustellen ist. Eine Bevorzugung einer bestimmten Lage einer hinteren Extremität gegenüber der anderen ist nicht wahrzunehmen.

Die Asymmetrie der Haltung aber ist es, welche das Tier nach isolierter einseitiger Labyrinthausräumung kennzeichnet. Die Rotation des Rumpfes um seine Längsachse, derart, daß das linke Auge des in Bauchlage befindlichen Tieres weiter vom Boden absteht und eine geringere Drehung um die anteroposteriore Achse, so daß dieses Auge etwas mehr nach vorne gewendet ist als das rechte, die Neigung der rechten Extremitäten zur Adduction an den Rumpf und zur Beugung in allen Gelenken, die Tendenz der linken Extremitäten zur Abduction und Streckung charakterisieren die Ruheeinstellung des Tieres (vgl. Ewald). An den hinteren Extremitäten wird diese Tendenz, wie auch schon Ewald betont, besonders deutlich, wenn das Tier mehrmals veranlaßt wurde, sich aus der Rückenlage in die Bauchlage umzudrehen.

Was die Bewegungsstörungen nach diesem Eingriff anlangt, so fällt die Analyse aller ihrer Komponenten und der zahlreichen, zu ihrer Erklärung aufgestellten Theorien (vgl. Zusammenstellung bei Rothfeld) außerhalb unserer Betrachtung. Es sei nur betont, daß die durch die Labyrinthzerstörung bedingte Haltungsänderung zum Teil wenigstens auch beim Zustandekommen der Bewegungsstörung mitwirkt; sieht man ja beispielsweise beim Umdrehen des Tieres aus der Rücken- in die Bauchlage, wie immer wieder die Tendenz des linken Beines zur Streckung den Typus der Bewegung beherrscht. Wenn also auch die Bedeutung der Störungen der räumlichen Orientierung beim Zustandekommen der Bewegungsanomalien nicht unterschätzt werden soll, so scheint doch die (besonders während der Ruhe zum Ausdruck kommende) Haltungsänderung der Skelettmuskulatur auch den Typus der Bewegung mit zu beeinflussen. Die Tonusänderung bildet wenigstens einen der Faktoren der Bewegungsstörung.

Wir sehen also nach der einseitigen Labyrinthausräumung typische Anomalien in der Haltung der Skeletteile, in der Dauerverkürzung der ruhenden Muskeln auftreten. Wir können demnach die nach einseitiger Labyrinthausräumung zu beobachtenden Seitendifferenzen als Ausdruck einer Änderung des Skelettmuskeltonus betrachten und das Bild, welches durch die kombinierte einseitige Labyrinthzerstörung und doppelseitige Hinterwurzeldurchschneidung erzeugt wird, zum Studium der eingangs gestellten Frage nach dem Verlauf der vom Zentralnervensystem zur Muskulatur gelangenden tonischen Innervation heranziehen (Abb. 70 u. 71). In diesem Bild kehrt die Asymmetrie der Haltung, die nach isolierter rechtsseitiger Labyrinthexstirpation zu beobachten war, also die Tendenz der linken Extremitäten zur Abduction und Streckstellung, wieder. Allerdings nicht mehr so regelmäßig und ausgesprochen wie früher, weil infolge der Hinterwurzeldurchschneidung die rechtsseitige hintere Extremität nicht mehr so regelmäßig und prompt an den Körper herangezogen wird, nachdem sie aktiv oder passiv vom Leibe entfernt wurde, sondern längere Zeit in der ihr erteilten Lage in mehr oder minder regelloser Abductionsstellung verbleiben kann. Aber es läßt sich doch deutlich nachweisen, vor allem wenn das Tier in Rückenlage gebracht wurde und einige vergebliche Versuche, sich umzudrehen, gemacht hat, daß insbesondere das linksseitige Knie- und Fußgelenk immer wieder einen viel stumpferen Winkel bildet als das entsprechende Gelenk der Gegenseite. Auch wenn das Tier sich schließlich doch wieder in die Bauchlage gedreht hat oder passiv mehrmals abwechselnd in Rücken- und Bauchlage versetzt wurde, zeigt sich deutlich der Gegensatz in der Stellung der beiden hinteren Extremitäten. Im Hüftgelenk ist die Differenz am wenigsten verwertbar, weil durch die Drehung des Rumpfes dieser mit dem Oberschenkel der rechten Seite einen spitzeren Winkel bildet als mit dem der Gegenseite. Dagegen ist die Neigung des rechtsseitigen Knie- und Fußgelenkes zu stärkerer Beugung, als an den entsprechenden kontralateralen Gelenken zu beobachten ist, unabhängig von der Rumpflage.

Bei Durchsicht der Literatur finde ich eine Bestätigung dieser Beobachtungen bei Bickel, der ebenfalls kombinierte Hinterwurzeldurchschneidung und Labyrinthexstirpation studierte. Wenn seine Untersuchungen sich auch vorwiegend auf die Störungen der Bewegungsregulation bezogen, die bei diesen Eingriffen auftraten, so finden sich doch auch bei ihm schon Angaben darüber, daß in den asensibeln hinteren Extremitäten die Erscheinungen der einseitigen Labyrinthexstirpation zu erzielen waren. Er beschreibt beispielsweise, daß Tiere, bei

Abb. 70. Rechtsseitige Labyrinthexstirpation, kombiniert mit beiderseitiger Deafferentiation der hinteren Extremitäten.

Abb. 71. Rechtsseitige Labyrinthexstirpation, kombiniert mit doppelseitiger Durchschneidung der hinteren Wurzeln des Plexus lumbosacralis.

welchen linksseitige Labyrinthexstirpation und beiderseitige Hinterwurzeldurchschneidung vorgenommen worden war, beim ruhigen Sitzen im seichten Wasser das linke Bein mehr an den Körper herangezogen hielten als das rechte.

Es ergibt sich also, daß die charakteristischen Differenzen der Haltung, welche durch die einseitige Labyrinthausräumung erzeugt werden, bei Kombination dieses Eingriffes mit Durchschneidung der hinteren Wurzeln des Plexus lumbosacralis bestehen bleiben [1]. Damit steht in Einklang, daß Magnus und

[1] Man könnte vielleicht die Versuche von Emanuel als Gegenargument anführen. Emanuel fand, daß die Beine eines vertikal hängenden Frosches, wenn man auf sie einen plötzlichen Zug ausübt, am toten Tier eine um die Abszisse pendelnde, schnell verklingende Kurve geben (Leichenkurve), während am normalen Tier die Kurve auch zunächst unter die Abszisse sinkt, dann aber dauernd oberhalb derselben bleibt (Tonuskurve). Nach Entfernung der Labyrinthe geht die Tonuskurve in die Leichenkurve über, die Tonuskurve

de Kleijn die durch veränderte Kopfstellung bedingten tonischen Reflexe bei decerebrierten Katzen auch nach Durchschneidung der Hinterwurzeln von C_5 bis Th_2 an der entsprechenden Extremität nachweisen konnten und daß in den Versuchen von Trendelenburg auch die doppelseitig asensibeln Flügel von Tauben noch von anderen Körperteilen her Impulse erhielten, die einen gewissen Tonus bedingten. Merzbacher beschreibt sogar, daß beim Hunde der Schwanz nach beiderseitiger Abtragung seiner sensibeln Wurzeln keine Veränderung seines Tonus zeigte. Wir müssen darum die Hypothese Franks ablehnen, daß die tonische Innervation der Skelettmuskulatur durch Fasern besorgt wird, welche durch die hinteren Wurzeln austreten.

Die angeführten Gründe sprechen auch gegen die Modifikation, welche Ranson der Frankschen Hypothese gegeben hat, daß nämlich die tonischen Impulse, welche längs efferenter Hinterwurzelfasern aus dem Rückenmark austreten, in den Spinalganglien synaptisch unterbrochen werden sollen.

<h2 style="text-align:center">Zusammenfassung.</h2>

Im vorliegenden soll nur ein kurzer Überblick über die Grundzüge der statischen Innervation an Hand des in Abb. 72 dargestellten Schemas gegeben werden.

Die im Wesen durch reflektorische Dauererregungen erhaltene statische Innervation der Vertebraten wird durch Impulse aus den *verschiedensten Quellen* zustande gebracht. Unter diesen kommen Erregungen aus der Muskulatur der Gliedmaßen (Dehnungsreize), aus der Halsmuskulatur und aus dem Labyrinth in erster Linie in Betracht, daneben sind Erregungen aus der Körperoberfläche, aus der Retina und aus den Eingeweiden von sekundärer Bedeutung.

Die ins Rückenmark längs der Hinterwurzeln ($R.\,p.$) eintretenden, tonuserhaltenden Dauererregungen erhalten hier teils kürzere oder längere *intraspinale Reflexe*, teils streben sie den in der Formatio reticularis des Rautenhirns gelegenen Tonuszentren längs einer im Vorderseitenstrang ($Vo.\,S.$) gelegenen Bahn zu. Hier im *Rautenhirn* stellen demnach die *Labyrinthkerne* ($D.$) einerseits, die *Formatio reticularis* ($R.$) andererseits die hauptsächlichsten Zentren der den Tonus (vor allem der gegen die Schwerkraft wirkenden Strecker) aufrecht erhaltenden, supraspinalen Reflexe dar. Hier im Rautenhirn kommen auch tonische Krampfformen, wie beispielsweise der Krampf der parathyriopriven Tetanie zustande.

Vor allem den Streckertonus hemmende, bzw. die Tonusverteilung zwischen Beugern und Streckern vermittelnde Impulse werden besonders durch den *roten Kern* ($Ru.$), bzw. die rubrospinale Bahn ausgesendet, während die Bedeutung der *Substantia nigra* für die Tonusregulation noch unsicher ist. Die Analyse von Reizversuchen am Mittelhirnquerschnitt läßt vermuten, daß die Subst. nigra mit Innervationen in Beziehung steht, welche die beim Übergang vom ruhigen Stand zur Fortbewegung auftretenden Haltungsänderungen vermitteln. Die in

---

wird also durch Innervationen, welche von den Labyrinthen zur Muskulatur gehen, bedingt. Durchschneidung der sensibeln Wurzeln der hinteren Extremitäten ergibt nun auch bei intakten Labyrinthen die Leichenkurve. Hieraus aber zu schließen, daß die efferenten Fasern, welche den Tonus der Extremitäten bedingen, durch die hinteren Wurzeln austreten, wäre verfehlt. Denn der Reiz, der zur Entstehung der Tonuskurve führt, kommt durch das plötzliche Strecken der Beine zustande, so daß natürlich nach Durchtrennung der von den Beinen kommenden afferenten Fasern die Tonuskurve nicht mehr entstehen kann.

der Hauptsache im *Mittelhirn* lokalisierten, die normale Körperstellung bedingenden Stellreflexe können nicht nur durch willkürliche Innervationen, sondern auch durch Reflexreize unterdrückt werden und es ist möglich, noch an Mittelhirntieren „Hypnose-Katalepsie“ zu erzeugen.

Wenn auch durch einfache Zerstörung oder Reizung der *Vorderhirnganglien* im Tierversuch nicht so ausgesprochene Rigorzustände zu erzielen sind, wie sie die menschliche Pathologie vor allem bei doppelseitiger Erkrankung des Pallidums (*Pa.*) kennen gelehrt hat, so konnte doch durch Kombination von *Tetanusvergiftung* und Striatumverletzungen gezeigt werden, daß die Striatumläsion das Bild der gewöhnlich bei dieser Vergiftung sich ausbildenden Haltungsänderung (Strekkerversteifung) im Sinne einer Tonusveränderung zugunsten der Beuger verschiebt, so daß anzunehmen ist, daß die Vorderhirnganglien auch schon beim Quadrupeden auf tiefer gelegene Reflexapparate (z. B. den N. ruber) schaltend wirken, indem sie die Tonusverteilung zwischen Ergisten und Antagonisten, Beugern und Streckern beeinflussen.

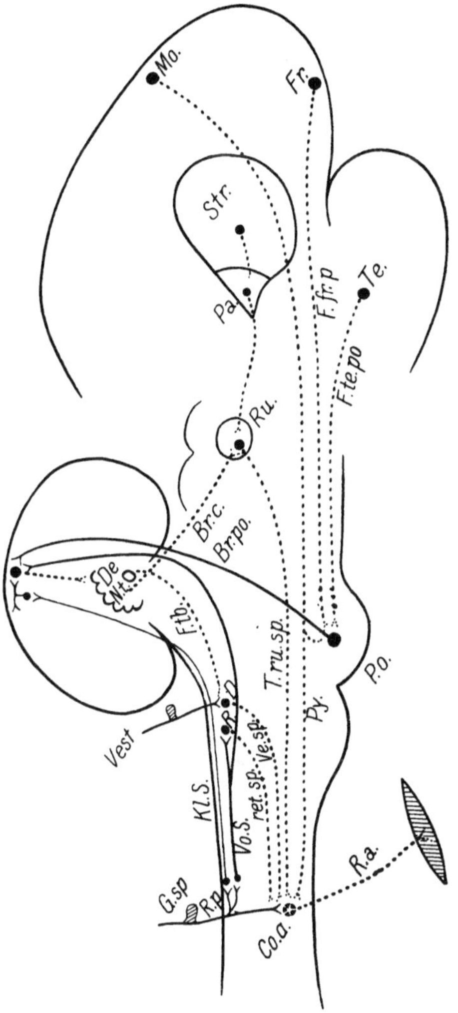

Der tonusregulierende, beim Quadrupeden vor allem im Sinne einer Hemmung des Streckertonus wirkende Einfluß der **Pyramidenbahn** (*Py.*), der fronto- (*F. fr. p.*) und temporopontinen Bahn (*F. te. po.*) läßt sich besonders durch Versuche erweisen, in welchen durch Eingipsen der Extremitäten beider Seiten eine Ruheversteifung derselben erzielt und der Grad dieser Versteifung nach einseitiger Ausschaltung der genannten Hirnteile untersucht wird.

Die Bedeutung des *Kleinhirns* für die Tonusregulation scheint eine doppelte. Es ist einerseits jenen propriozeptiven Reflexbögen, welche zur „Bremsung“ führen, nebengeschaltet, andererseits in

Mechanismen eingefügt, welche im Sinne einer Herabsetzung des Strecker- und Erhöhung des Beugertonus wirken. Die efferente Bahn dieser letztgenannten Kleinhirnwirkung verläuft nicht nur im Bindearm (*Br. c.*) zum roten Kern sondern auch längs Fasern, die sich dem Corpus restiforme anlegen, zum Rautenhirn.

Abb. 72. *Br. c.* = Bindearm, *Br. po.* = Brückenarm, *Co. a.* = Cornu anterius, *D* = Deitersscher Kern, *De.* = Nucl. dentatus, *Fr.* = Frontalhirn, *F. fr. p.* = frontopont. Bahn, *F. tb.* = Fascic. tectobulbaris, *F. te. po* = temporopontine Bahn, *G. sp.* = Gangl. spinale, *Kl. S.* = Kleinhirnseitenstrang, *Mo.* = Motor. Region, *N. t.* = Nucl. tecti, *Pa.* = Pallidum, *Py.* = Pyramidenbahn, *Po.* = Pons, *R.* = Subst. reticularis, *R. a.* = Radix ant., *R. p.* = Rad. post, *Ru* = Nucl. ruber, *ret. sp.* = reticulospinale Bahn, *Str.* = Striatum, *Te* = Temporallappen, *T. ru. sp.* = rubrospinale Bahn, *Vest.* = N. vestibularis, *Vo. S.* = Vorderseitenstrang, *ve. sp.* = vestibulospinale Bahn. Efferente Bahnen gestrichelt.

Die Hypothese der doppelten Innervation der Skelettmuskulatur, die Vorstellung, daß die statische Innervation durch besondere, von den motorischen Endigungen unabhängige Fasern vermittelt wird, hat zwar durch die Befunde Boekes ein morphologisches Substrat gefunden, der experimentelle Nachweis aber, daß die „akzessorischen Fasern und Endigungen" tatsächlich den Weg der tonischen Innervation darstellen, muß vorderhand als gescheitert betrachtet werden. Weder die Annahme, daß der Tonus der Skelettmuskulatur durch Fasern aufrechterhalten wird, welche über den Grenzstrang verlaufen, noch die Hypothese, daß efferente Hinterwurzelfasern den Weg der statischen Innervation darstellen, konnte bisher einwandfrei experimentell erwiesen werden. Wir müssen daher per exclusionem zur Vorstellung gelangen, daß *statische und kinetische Innervation* durch dieselben Fasern besorgt werden, nämlich durch *Axone der Vorderhornzellen (R. a.)*. An den Vorderhornzellen müssen sowohl jene zentralen Mechanismen angreifen, welche der Fortbewegung dienen, als auch jene, welche die Haltung der Skelettmuskulatur beherrschen.

Literaturverzeichnis.

I.

Barthez, P. J.: Nouveaux éléments de la science de l'homme. 2. édit. Paris 1806. 133.

Beck: Pflügers Arch. f. d. ges. Physiol. **199**, 481. 1923.

Bichat: Recherches physiol. sur la vie et la mort. 9. édit. augm. p. Magendie S. 137.

Biedermann: Pflügers Arch. f. d. ges. Physiol. **102**, 475. 1904.

Brondgeest: Arch. f. Anat., Physiol. u. wiss. Med. 1860, 703.

Eckhard (1): Beitr. z. Anat. u. Physiol. **9**, 25. 1881. — Ders. (2): im Handb. d. Physiol. v. Hermann 2 (II), 15. 1879.

Ewald, R.: Physiologische Untersuchungen über das Endorgan des N. octavus. Wiesbaden 1892.

Exner, A. und Tandler, J.: Mitt. a. d. Grenzgeb. d. Med. u. Chirurg. **20**, 458. 1909.

Fick, A.: Mechanische Arbeit und Wärmeentwicklung. Internat. wiss. Bibliothek **51**. 1882.

Foerster, O.: Zeitschr. f. d. ges. Neurol. u. Psychol. **73**, 1. 1921.

Frank, E. und Katz, R. A.: Arch. f. exp. Pathol. u. Pharmakol. **90**, 149. 1921.

Galenus: περί μυῶν κινήσεως. Medic. graecor. opera, quae exstant. Edid. C. G. Kuhn 4.

Grasset, J.: Rev. scient. 9, VII. 1904.

Grützner: Ergebn. d. Physiol. III/2, 12. 1904.

v. Haller, A.: Elem. physiol. corp. human. Lausanne 1762.

Hall Marshall: Krankheiten des Nervensystems. Übersetzt von F. J. Behrend. Leipzig 1842.

Heidenhain, R.: Müllers Arch. f. Anat., Physiol. u. wiss. Med. 1856. 200.

Henle: Allgemeine Anatomie. Leipzig 1841. 593 u. 730 ff.

v. Humboldt, A.: Versuche über Muskel und Nerven 1797.

Jackson, H.: Medical Examiner 1877. 271.

Jordan (1): Zeitschr. f. allgem. Physiol. 7. 1907; 8. 1908. — Ders. (2): Zool. Jahrb. **34**. 1914; **36**. 1916.

Jürgensen, R.: Heidenhains Studien d. physiol. Inst. zu Breslau 1861. 139.

Langelaan, J. W.: Brain **38**, 235. 1915.

Lewy, F. H.: Tonus und Bewegung. Berlin: Julius Springer 1923.

Luciani, L.: Das Kleinhirn. Deutsche Ausgabe von O. Fraenkel. Leipzig 1893.

Mann, L. und Schleier, J.: Zeitschr. f. d. ges. Neurol. u. Psychiatrie **91**, 551. 1924.

Mommsen: Virchows Arch. f. pathol. Anat. u. Physiol. **101**, 22. 1885.

Mosso und Pellacani: Arch. ital. de biol. **1**, 97 u. 291. 1882.

Mourgue, R.: L'encéphale **16**, 297. 1921.

Müller, J.: Handbuch der Physiologie 1. 1833; **2**. 1840. Coblenz.

Noyons: Arch. f. Physiol. 1912.

Pflüger: Pflügers Arch. f. d. ges. Physiol. 18, 247. 1878.

Ranvier (1): Arch. de physiol. norm. et pathol. 1874. — Ders. (2): Leç. d'anat. gén. sur le syst. musc. 1884.

Rieger: Untersuchungen über Muskelzustände. Jena 1906.

Schultz, P.: Arch. f. Physiol. 1897.

Schwalbe: Pflügers Untersuchungen aus dem physiol. Laboratorium zu Bonn. Berlin 1865. 64.

Sherrington, C. S.: Brain **38**, 191. 1915 (ältere Arbeiten siehe Kap. IV).

Stahl, G. E.: De motu tonico vitali. Jena 1692.

Strümpell, A. (1): Dtsch. Zeitschr. f. Nervenheilk. 54, 207. 1916. — Ders. (2): Neurol. Zentralbl. 1920. 2.

Trendelenburg, W.: Arch. f. Psychiatrie u. Nervenkrankh. 74. 1925.

Tschermak, A.: Fol. neurobiol. 1, 30. 1908.

v. Uexküll, J. (1): Umwelt und Innenwelt der Tiere. Berlin: Julius Springer 1909. — Ders. (2): Zeitschr. f. Biol. 39. 1900; 49. 1907; 58, 305. 1912. — Ders. (3): Pflügers Arch. f. d. ges. Physiol. 212, 1. 1926.

— und Stromberger, K.: Ebenda 212, 645. 1926.

Virchow, R.: Virchows Arch. f. pathol. Anat. u. Physiol. 3, 139. 1854.

Weber, E.: Kapitel Muskelbewegung in Wagners Handwörterb. d. Physiol. 3, Abt. 2. Braunschweig 1846.

Weiß, G.: Ergebn. d. Physiol. 9. 1910.

Wilson Kinnier: Brain 34. 1912; 36. 1914.

Zuntz und Röhrig: Pflügers Arch. f. d. ges. Physiol. 1, 57. 1871.

II.

Adrian, E. D.: Lancet 208, 1229, 1282. 1925.

Arnold, R.: Kolloidchem. Beih. 5, 411. 1914.

Bayliss (1): Livre jubil. de Richet. Paris 1912. 471. — Ders. (2): General physiol. 1918. 543.

Behrendt, H.: Hoppe-Seylers Zeitschr. f. physiol. Chem. 118, 123. 1922.

— und Freudenberg: Klin. Wochenschr. 2, 866, 919. 1923.

Belak: Biochem. Zeitschr. 83, 165. 1917.

Bethe, A. (1): Allgemeine Anatomie und Physiologie des Nervensystems 1903. — Ders. (2): Pflügers Arch. f. d. ges. Physiol. 142, 291. 1911.

— und Franke, F.: Biochem. Zeitschr. 156, 190. 1925.

Biedermann (1): Elektrophysiologie I. Jena 1895. — Ders. (2): Sitzungsber. d. Akad. Wien, Mathem.-naturw. Kl. III, 1887. — Ders. (3): Pflügers Arch. f. d. ges. Physiol. 102, 475. 1904. — Ders. (4): Ergebn. d. Physiol. 8, 26. 1909.

Bierfreund: Pflügers Arch. f. d. ges. Physiol. 43, 195. 1888.

Boeke, siehe Kap. IVa.

Bornstein (1): Monatsschr. f. Psychiatrie u. Neurol. 26, 394. 1903. — Ders. (2): Pflügers Arch. f. d. ges. Physiol. 174, 352. 1920.

— und Sänger: Dtsch. Zeitschr. f. Nervenheilk. 52, 1. 1914.

Bottazzi (1): Journ. of physiol. 21, 1. 1897. — Ders. (2): Dubois' Arch. f. Physiol. 1901. 377.

— e d'Agostino: Atti d. Reale accad. dei Lincei, rendiconto 22, 183. 1913 (zit. nach Fürth).

Brücke und Oinuma: Pflügers Arch. f. d. ges. Physiol. 136, 502. 1910.

Brunner: Bruns' Beitr. z. klin. Chirurg. 9, 1. 1892.

Buddenbrock, W.: Pflügers Arch. f. d. ges. Physiol. 185, 1. 1920.

Bürger, M.: Zeitschr. f. d. ges. exp. Med. 9, 361. 1919.

Buytendyk: Zeitschr. f. Biol. 59, 36. 1913.

Cobb, S.: Physiol. Reviews 5, 518. 1925.

Cohnheim und Uexküll: Hoppe-Seylers Zeitschr. f. physiol. Chem. 76, 314. 1912.

Coutance: Énerg. et struct. muscul. chez les mollusques aceph. Paris 1878.

Dart: Journ. of comp. neurol. 36, 441. 1924.

Dittler: Pflügers Arch. f. d. ges. Physiol. 130, 400. 1909.

— und Freudenberg: Ebenda 201, 182. 1923.

— und Garten: Zeitschr. f. Biol. 58, 420. 1912.

Dusser de Barenne, J. G.: Zentralbl. f. Physiol. 25, 334. 1911.

— und Cohen Tervaert: Pflügers Arch. f. d. ges. Physiol. 195, 374. 1922.

— und Burger, G.: Journ. of physiol. 59, 17. 1924.

Ebner, V.: Untersuchungen über die Anisotropie organischer Substanzen. Leipzig 1882. 91.

Einthoven: Arch. néerland. de physiol. de l'homme et des animaux 2, 489. 1918 (Ref.).

Embden, G. und Adler, E.: Hoppe-Seylers Zeitschr. f. physiol. Chem. 113, 201. 1921.

Engelmann, Th. W. (1): Sitzungsber. d. preuß. Akad. d. Wiss. 39, 694. 1906. — Ders. (2): Über den Ursprung der Muskelkraft. Leipzig 1893.

Ewald, W.: Arch. f. Physiol. 1910. 269.

Fano, G. (1): Beiträge zur Physiologie. Ludwig - Festschrift. Leipzig 1887. 297. — Ders. (2): Arch. di fisiol. 1, 550. 1904.

Fick, A. (1): Myotherm-Untersuchungen. Wiesbaden 1891. 81. — Ders. (2): Mechanische Arbeit und Wärmeentwicklung bei der Muskeltätigkeit. Leipzig 1882.

Fletcher und Hopkins: Journ. of physiol. 35, 247. 1908; 43, 281. 1911.

Flick und Hansen: Dtsch. Zeitschr. f. Nervenheilk. 84, 61. 1925

Foix, C.: Rev. neurol. 31, 1. 1924.

— and Thevenard, A.: Journ. de physiol. et de pathol. gén. 23, 332. 1925.

Forbes, A.: Physiol. reviews 2, 361. 1922.

Frank, E.: Berlin. klin. Wochenschr. 1920. 725; 1921. 131.

Freudenberg und Läwen: Klin. Wochenschr. 2, 2169. 1923.

Fröhlich, A. und Meyer, H. H. (1): Zentralbl. f. Physiol. 1912. 269. — Ders. (2): Münch. med. Wochenschr. 1917. 289. — Ders. (3): Arch. f. exp. Pathol. u. Pharmakol. 79, 55. 1915; 87, 173. 1920.

Fürth, O.: Ergebn. d. Physiol. 17, 363. 1919.

— und Lenk, E.: Biochem. Zeitschr. 33, 341. 1911.

Gamper, E.: Zeitschr. f. d. ges. Neurol. u. Psychiatrie 86, 37. 1923.

Gleiß, W.: Pflügers Arch. f. d. ges. Physiol. 41, 69. 1887.

Grafe, E. (1): Dtsch. med. Wochenschr. 1920. 1349. — Ders. (2): Dtsch. Arch. f. klin. Med. 139, 155. 1922. — Ders. (3): Ergebn. d. Physiol. 21 (II), 88. 1923.

Gregor und Schilder (1): Münch. med. Wochenschr. 1912. Nr. 52. — Ders. (2): Zeitschr. f. d. ges. Neurol. u. Psychiatrie 14, 359. 1913.

Grober: Münch. med. Wochenschr. 1912. 2433.

Grützner, P. (1): Breslauer ärztl. Zeitschr. 1883. Nr. 18. — Ders. (2): Pflügers Arch. f. d. ges. Physiol. 41, 280. 1887.

Gumprecht: Ebenda 59, 105. 1895.

Gutherz: Berlin. klin. Wochenschr. 57, 1166. 1920.

Haas, E.: Pflügers Arch. f. d. ges. Physiol. 212, 651. 1926.

Hammett, E. S.: Journ. of the Americ. med. assoc. 76, 502. 1921.

Hansen, Hoffmann und Weizsäcker: Zeitschr. f. Biol. 75, 121. 1922.

Hartmann, zit. bei Fröhlich und Meyer.

Hay, J.: Liverpool med. a. chirurg. journ. 1901. 431 (zit. nach Cobb).

Herzfeld und Klinger: Naturwissenschaften 1920. 359.

Hill, A. V.: Ergebn. d. Physiol. 15, 340. 1916.

— und Meyerhof: Ebenda 22, 299. 1923.

Hinsen, W.: Zeitschr. f. d. ges. Neurol. u. Psychiatrie 86, 174. 1923.

Höber: Pflügers Arch. f. d. ges. Physiol. 177, 305. 1920.

Hoffmann, B. (1): Zeitschr. f. Biol. 58, 63. 1912; 69, 517. 1919; 73. 1921. — Ders. (2): Arch. f. Anat. u. Physiol., physiol. Abt. 1913. 23.

Hoogenhuyze und Verploegh: Hoppe-Seylers Zeitschr. f. physiol. Chem. 46, 415. 1905; 57, 161. 1908.

Hunter, J. und Latham, O.: Med. journ. of Australia, jan. 1925.

Ihering: Zeitschr. f. wiss. Zool. 30, Suppl. 1878.

Ishizaka, zit. bei Fröhlich und Meyer.

Janssen, S.: Arch. f. exp. Pathol. u. Pharmakol. 119, 31. 1926.

de Jong, H.: Klin. Wochenschr. 1922. 684.

Jordan: Zeitschr. f. allgem. Physiol. 7. 1907; 8. 1908.

Joteyko: (1) Trav. inst. Solvay 5, 1. 1902. — Ders. (2): Arch. di fisiol. 7, 511. 1909.

Kahn, R.: Pflügers Arch. f. d. ges. Physiol. 177, 294. 1919; 205, 381. 1924.

Knoll, zit. bei Biedermann.

Kries, J.: Pflügers Arch. f. d. ges. Physiol. 190, 66. 1921.

Kronecker und Stirling: Du Bois' Arch. f. Physiol. 1878.

Kulchitsky, N.: Journ. of anat. 58, 152. 1924.

Kupelwieser: Wiener biol. Ges. 17. V. 1926.

Kure K. Minoru Maëda und Kozo Toyama: Zeitschr. f. d. ges. exp. Med. 26, 176. 1922.

Lamm, G.: Zeitschr. f. Biol. 56, 223. 1911.

Lange (1): Verhandl. d. dtsch. Ges. f. inn. Med., 33. Kongr., Wiesbaden 1921. 375. —
    Ders. (2): Hoppe-Seylers Zeitschr. f. physiol. Chem. 120, 249. 1922.
Langelaan: Verhandel. d. koningl. akad. v. wetensch. te Amsterdam (Naturwiss. Abt.)
    24, 3. 1925.
Lewy, F. H.: (1) Zeitschr. f. d. ges. Neurol. u. Psychiatrie 58, 310. 1920; 63, 256. 1921. —
    Ders. (2): Tonus und Bewegung. Berlin: Julius Springer 1923.
Liljestrand, G. und Magnus, R.: Pflügers Arch. f. d. ges. Physiol. 176, 168. 1919.
Looney, J. M.: Americ. journ. of physiol. 69, 638. 1924.
Lullies: Pflügers Arch. f. d. ges. Physiol. 201, 620. 1923.
MacCallum: Ergebn. d. Physiol. 11, 631. 1911.
Manabe, K. und Matula, J.: Biochem. Zeitschr. 52, 369. 1913.
Mangold: Zeitschr. f. allgem. Physiol. 5, 135. 1903.
Mann, L. u. Schleier, J.: Zeitschr. f. d. ges. Neurol. u. Psychiatrie 91, 551. 1924.
Marceau: Arch. de zool. exp. et gén. 1909.
Meigs, E. (1): Journ. of physiol. 39, 385. 1909. — Ders. (2): Journ. of biol. chem. 17,
    181. 1914.
Meyer, E. und Weiler, L.: Münch. med. Wochenschr. 1916. 1525.
de Meyer, J.: Arch. internat. de physiol. 16, 64. 1921.
Meyerhof, O. (1): Naturwissenschaften 1920. 696; 1921. 193. — Ders. (2): Pflügers
    Arch. f. d. ges. Physiol. 191, 128. 1921.
Musculus, W.: Berlin. klin. Wochenschr. 1921. 806.
Neergard: Pflügers Arch. f. d. ges. Physiol. 204, 515. 1924.
Neuschloß, S. M.: Ebenda 196, 503. 1922; 199, 410, 567. 1923; 204, 374. 1924; 207, 27,
    37. 1925; 213, 40. 1926.
Noyons: Arch. f. Physiol. 1912.
Okamoto: Pflügers Arch. f. d. ges. Physiol. 204, 726. 1924.
Palladino: Biochem. Zeitschr. 133, 136. 1922.
Parnas, J.: Pflügers Arch. f. d. ges. Physiol. 134, 464. 1910.
— und Wagner, R.: Biochem. Zeitschr. 61, 387. 1914.
Pauli, W. (1): Über den Zusammenhang von elektrischen, mechanischen und chemischen
    Vorgängen im Muskel. Kolloidchem. Beih. 3, 361. 1912. — Ders. (2): Kolloidchemie
    der Eiweißkörper. I. Leipzig: Steinkopf 1920.
— und Hirschfeld: Biochem. Zeitschr. 62, 245. 1914.
— und Handovsky: Ebenda 18, 340. 1909.
Pekelharing: Hoppe-Seylers Zeitschr. f. physiol. Chem. 75, 207. 1911.
— C. A. und Hoogenhuyze, C. J.: Ebenda 64, 262. 1910; 69, 395. 1910.
Piper: Elektrophysiologie menschlicher Muskeln. Berlin: Julius Springer 1912.
Poncato, A.: Arch. di sci. biol. 5, 308. 1923.
Ranson, S. W. and Morris, B. W.: Journ. of comp. neurol. 42, 99. 1926.
Ranvier (1): Arch. de physiol. norm. et pathol. 1874. — Ders. (2): Leç. d'anat. gén. sur
    le syst. musc. Paris 1884.
Raphael, Th. und Potter, F.: Journ. of nerv. a. ment. dis. 55, 492. 1922.
Rehn, E. (1): Dtsch. med. Wochenschr. 47, 1324. 1921. — Ders. (2): Klin. Wochenschr.
    1, 309. 1922.
Riesser, O. (1): Arch. f. exp. Pathol. u. Pharmakol. 80, 183. 1917. — Ders. (2): Pflügers
    Arch. f. d. ges. Physiol. 190, 137. 1921. — Ders. (3): Klin. Wochenschr. 1922. 1317,
    1374. — Ders. (4): Muskeltonus im Handb. d. norm. u. pathol. Physiol. VIII/1, 192.
    1925. — Ders. (5): Hoppe-Seylers Zeitschr. f. physiol. Chem. 120, 189. 1922.
— und Hamann, F.: Ebenda 143, 59. 1925.
— und Neuschlosz: Arch. f. exp. Pathol. u. Pharmakol. 93, 163, 179. 1922; 94, 190. 1922.
— und Simonson: Pflügers Arch. f. d. ges. Physiol. 202. 1924.
— und Steinhausen: Ebenda 197, 288. 1922.
Roaf: Quart. journ. of exp. physiol. 5, 31. 1912; 6, 393. 1913.
Roberts, F.: Brain 39, 297. 1916.
Scaffidi, V.: Biochem. Zeitschr. 50, 402. 1913.
Schäffer, H.: Dtsch. med. Wochenschr. 1920. 1072.
— und Weil: Mitt. a. d. Grenzgeb. d. Med. u. Chirurg. 34, 393. 1921.

Schill, E.: Zeitschr. f. d. ges. Neurol. u. Psychiatrie **70**, 202. 1921.
Schmitt-Kramer: Biochem. Zeitschr. **180**, 272. 1927.
Schönfeld, H.: Pflügers Arch. f. d. ges. Physiol. **191**, 211. 1921.
Schulz, W.: Ebenda **186**, 126. 1921.
Semerau und Weiler: Zentralbl. f. Physiol. **33**, 69. 1918.
Sherrington: Proc. of the roy. soc. of London (B) **76**, 269. 1905.
Spiegel, E. A.: Zeitschr. f. d. ges. Neurol. u. Psychiatrie **70**, 13. 1921.
Steinhausen, W.: Biochem. Zeitschr. **156**, 201. 1925.
Sulger, E.: Mitt. a. d. Grenzgeb. d. Med. u. Chirurg. **35**, 691. 1922.
Uexküll: Zeitschr. f. Biol. **58**, 305. 1912.
Uyena, K. und Mitsuda, T.: Journ. of physiol. **57**, 313. 1923.
Verzár: Ergebn. d. Physiol. **15**, 1. 1916.
Wachholder: Pflügers Arch. f. d. ges. Physiol. **199**, 395. 1923; **200**, 511. 1923; **204**, 166. 1924.
Walter, F. K.: Verhandl. d. Ges. dtsch. Nervenärzte. Braunschweig 1921. 104.
Walter und Genzel: Monatsschr. f. Psychiatrie u. Neurol. **52**, 83. 1922.
Weber, H. H.: Pflügers Arch. f. d. ges. Physiol. **187**, 165. 1921; **191**, 186. 1921.
Weigeldt, W.: Verhandl. d. Ges. dtsch. Nervenärzte. Braunschweig 1921. 129.
v. Weizsäcker, V. (1): Pflügers Arch. f. d. ges. Physiol. **141**, 147, 148. — Ders. (2): Verhandl. d. Ges. dtsch. Nervenärzte. Braunschweig 1921. 262.
Wertheim-Salomonson, J. K.: Brain **43**, 369. 1921.
Winterstein: Biochem. Zeitschr. **75**, 48. 1916.
Zupnik: Die Symptomatologie, Pathogenese und Therapie des Tetanus. Jena 1910.

III.

Albrecht, H.: Dtsch. Zeitschr. f. Chirurg. **7**, 433. 1877.
Benedicenti, A.: Arch. ital. de biol. **25**, 385. 1896.
Bethe, A.: Pflügers Arch. f. d. ges. Physiol. **205**, 63. 1924.
Blix: Skandinav. Arch. f. Physiol. **3**, 316. 1892; **4**, 399.
Braune, W. und Fischer, O.: Abh. d. sächs. Akad., Mathem. Kl. **15**, 562. 1890.
Brodie: Journ. of anat. u. physiol. **29**, 387. 1895.
Bugnion: Le mécanisme du genou. Inaug.-Diss. Lausanne 1892.
Donders und van Mansvelt, siehe van Mansvelt.
Exner, A. und Tandler, J.: Mitt. a. d. Grenzgeb. d. Med. u. Chirurg. **20**, 458. 1909.
Fick, R.: Im Handb. d. Anat. v. Bardeleben **2**, Abt. 1, Teil 1: Anatomie der Gelenke. Teil 2: Allgemeine Gelenks- und Muskelmechanik. Teil 3: Spezielle Gelenks- und Muskelmechanik.
Filimonoff, J. N.: Zeitschr. f. d. ges. Neurol. u. Psychiatrie **96**, 368. 1925.
Fischer, O. (1): Abh. d. mathem.-physik. Kl. d. sächs. Akad. **27**, 485. 1902. — Ders. (2): Medizinische Physik. Leipzig 1913.
Foerster, O.: Zeitschr. f. d. ges. Neurol. u. Psychiatrie **73**, 1. 1921.
Gildemeister, M.: Zeitschr. f. Biol. **63**, 183. 1914.
— und Hoffmann, L.: Pflügers Arch. f. d. ges. Physiol. **195**. 1922.
Harless: Abh. d. mathem. Kl. d. bayr. Akad. **8**, Abt. 1. 1860.
Hartenberg, P. (1): Cpt. rend. du congr. des méd. aliénistes et neurol. de France **18**, 217. 1908. — Ders. (2): Presse méd. 1908. 519.
Hosiosky, B.: Zeitschr. f. d. ges. exp. Med. **39**, 462. 1924.
Hueck, W.: Pflügers Arch. **206**, 101. 1924; Zeitschr. f. d. ges. exp. Med. **43**, 298. 1924.
Kauffmann, F.: Zeitschr. f. d. ges. exp. Med. **29**, 443. 1922.
Knapp: Monatsschr. f. Psychiatrie u. Neurol. **23**, Ergänzungsh. S. 16.
Langelaan, J. W. (1): Arch. f. (Anat. u.) Physiol. 1901. 106; 1902. 243. — Ders. (2): Brain **38**, 235. 1915.
Lehmann und Baginsky: Virchows Arch. f. pathol. Anat. u. Physiol. **106**, 258. 1866.
Leibowitz, O.: Dtsch. Zeitschr. f. Nervenheilk. **82**, 314. 1924.
Lewandowsky: Arch. f. (Anat. u.) Physiol. 1903. 129.
Lewy, F. H.: Tonus und Bewegung. Berlin: Julius Springer 1923.
— und Kindermann, K.: Zeitschr. f. d. ges. Neurol. u. Psychiatrie **80**, 390. 1922.

Mangold, E.: Pflügers Arch. f. d. ges. Physiol. **196**, 200. 1922; **198**, 279, 289, 297. 1923.

Mann, L.: Wesen und Entstehung der hemiplegischen Contractur. Berlin 1898.

van Mansvelt: Over de elasticiteit der spieren. Inaug.-Diss. Utrecht 1863.

Marburg, O.: Jahrb. f. Psych. u. Neurol. **36**, 1914.

Mosso, A.: Arch. ital. de biol. **25**, 349. 1896.

Müller, R.: Pflügers Arch. f. d. ges. Physiol. **206**, 106. 1924.

Muskens: Neurol. Zentralbl. 1899. 1074.

Noyons, A. und Uexküll, J. J.: Zeitschr. f. Biol. **56**, 139. 1911.

Pelnar: Das Zittern. Berlin: Julius Springer 1913.

Philippson, siehe Kap. IV.

Plaut, R.: Pflügers Arch. f. d. ges. Physiol. **202**, 410. 1924.

Reijs, J. H. O.: Ebenda **191**, 234. 1921.

Rieger: Untersuchungen über Muskelzustände. Jena 1906.

Riesser: Muskeltonus im Handb. d. norm. u. pathol. Physiol. VIII/1. 1925.

Schade: Münch. med. Wochenschr. 1921. 95. — Ders.: Die physikalische Chemie in der inneren Medizin 1923. 579.

Schleier, S.: Pflügers Arch. f. d. ges. Physiol. **197**, 543. 1923.

Sherrington, siehe Kap. IV.

Springer, R.: Zeitschr. f. Biol. **63**, 201. 1914.

Steinhausen: Pflügers Arch. f. d. ges. Physiol. **205**, 76. 1924.

Sternberg: Sehnenreflexe. Wien-Leipzig 1893.

Strasser, H.: Lehrbuch der Muskel- und Gelenksmechanik. Berlin: Julius Springer 1917.

Travis, R.: Journ. of exp. psychol. **7**, 201. 1924.

v. Uexküll, J.: Zentralbl. f. Physiol. **22**, 33. 1908.

Viets, H.: Brain **43**, 269. 1921.

v. Weizsäcker, V. (1): Dtsch. med. Wochenschr. 1923. Nr. 49. — Ders. (2): Arch. néerland. de physiol. de l'homme et des animaux **7**, 547. 1922.

Wertheim - Salomonson: Verhandel. d. koningl. akad. v. wetensch. te Amsterdam (Naturw. Abt.) **17**, 885. 1915.

IV.

Ach, N.: Pflügers Arch. f. d. ges. Physiol. **86**, 122. 1901.

Amabilino: Riv. d. patol. nerv. e ment. **5**, 529. 1900.

André - Thomas: La fonction cérébelleuse. Paris 1911.

Arndts, F.: Pflügers Arch. f. d. ges. Physiol. **212**, 204. 1926.

Baginsky, A. und Lehmann, C.: Virchows Arch. f. pathol. Anat. u. Physiol. **106**, 258. 1866.

Bárány, Reich und Rothfeld: Neurol. Zentralbl. **31**, 1139. 1911.

Bauer, J. und Leidler, R.: Arb. a. d. neurol. Inst. d. Wiener Univ. **19**, 155. 1911.

Bazett und Penfield: Brain **45**, 185. 1922.

Bechterew, W.: Leitungsbahnen. Leipzig 1899.

Beck und Biach: Berlin. klin. Wochenschr. 1912. 300.

Bethe: Allgemeine Anatomie und Physiologie des Nervensystems. Leipzig 1903.

Bianchi: Psichiatria 1883 u. 1885.

Bichet, E.: Contrib. à l'étude clinique des formes de la maladie de Parkinson. Thèse Paris 1892.

Bickel: Pflügers Arch. f. d. ges. Physiol. **67**, 299. 1897.

Biedermann (1): Ebenda **102**, 475. 1904; **107**. 1905; **111**. 1906. — Ders. (2): Sitzungsber. d. Akad. Wien, Mathem. naturw. Kl. III, **93**, 56. 1886; **97**, 49. 1888. — Ders. (3): Ergebn. d. Physiol. **2**, 2. 1903.

Biedl, A.: Innere Sekretion. 4. Aufl. 1922.

Bing, A.: Arch. f. Anat. u. Physiol., physiol. Abt. 1906. 250.

Bischoff, E.: Jahrb. f. Psychiatrie u. Neurol. **15**, 221. 1897.

Blocq, P. und Marinesco, G.: Cpt. rend. des séances de la soc. de biol. **5**, 105. 1895.

Boer, D.: Zeitschr. f. Biol. **65**, 239. 1905.

Böhme, A. und Weiland, W.: Zeitschr. f. d. ges. Neurol. u. Psychiatrie **44**, 94. 1910.

Borchert: Experimentelle Untersuchungen an den Hintersträngen. Diss. Berlin 1902.

Bostroem, A.: Amyostatischer Symptomenkomplex. Berlin: Julius Springer 1922.
Bremer, F. (1): Arch. internat. de physiol. **19**, 189. 1922. — Ders. (2): Cpt. rend. des séances de la soc. de biol. **86**, Nr. 16. 1922; **90**. 1924.
— und Ley, R.: Bull. de l'acad. roy. de méd. belgique 1927. 60.
Breuer, J. (1): Med. Jahrb. 1874, 1875. — Ders. (2): Pflügers Arch. f. d. ges. Physiol. **44**. 1889; **48**. 1891.
Brissaud: Leç. cliniques sur les maladies nerveuses. Paris 1895.
Brodmann: Physiologie des Gehirns. In Allg. Chirurg. d. Gehirnkrankh. v. Krause in d. Neuen deutschen Chirurgie. Stuttgart 1914.
Brondgeest: Arch. f. Anat., Physiol. u. wiss. Med. 1860. 703.
Brouwer, R. (1): Zeitschr. f. d. ges. Neurol. u. Psychiatrie **36**, 161. 1917. — Ders. (2): Fol. neurobiol. **9**, 225. 1915.
Brown, Graham (1): Journ. of physiol. **49**, 185. 1915. — Ders. (2): Proc. of the roy. soc. of London (B) **87**, 147. 1913. — Ders. (3): Ergebn. d. Physiol. **13**, 279. 1913. — Ders. (4): Pflügers Arch. f. d. ges. Physiol. **130**, 193. 1909.
Bruce: Quart. journ. of exp. physiol. **3**. 1910.
Brun, R.: Schweiz. Arch. f. Neurol. u. Psychiatrie **19**, 323. 1926.
Bubnoff und Heidenhain: Pflügers Arch. f. d. ges. Physiol. **26**, 137, 546. 1881.
Carlson - Jacobson: Americ. journ. of physiol. **28**, 133. 1911.
Cobb, S., Bailey, A. Al. und Holtz, P. R.: Americ. journ. of physiol. **44**, 239. 1917.
Cohnstein: Arch. f. Anat. u. Physiol. 1863. S. 165.
Crocq: Journ. de neurol. **6**, 301. 1901.
Danilewsky (1): Pflügers Arch. f. d. ges. Physiol. **24**. 1881. — Ders. (2): Cpt. rend. d. congr. internat. de psychol. physiol. Paris 1890.
Davis, L. und Pollock, L. J.: Arch. of neurol. a. psychiatry **16**, 555. 1926.
Déjérine: Anat. des centres nerv. Paris 1895, 1901.
Deutsch, H.: Jahrb. f. Psychiatrie u. Neurol. **37**, 237. 1917.
Dollinger, A.: Zeitschr. f. Kinderheilk. **22**, 167. 1919.
Dresel, K.: Klin. Wochenschr. 1924.
— und Rothmann, H.: Zeitschr. f. d. ges. Neurol. u. Psychiatrie **94**, 783. 1925.
Dusser de Barenne (1): Skandinav. Arch. f. Physiol. **43**, 107. 1923. — Ders. (2): Kleinhirn. Im Handb. d. Neurol. d. Ohres. Wien 1923.
Eckhard (1): Im Handb. d. Physiol. v. Hermann 2 (II), 15. 1879. — Ders. (2): Beitr. z. Anat. u. Physiol. **9**, 25. 1881.
v. Economo, C.: Zeitschr. f. d. ges. Neurol. u. Psychiatrie **43**, 173. 1918.
— und Karplus, J. P.: Arch. f. Psychiatrie u. Nervenkrankh. **46**, 275. 1910.
Edinger, C.: Zeitschr. f. Nervenheilk. **45**. 1912.
Edwards und Bagg (1): Proc. of the soc. f. exp. biol. a. med. **19**, 382. 1922 (ref. Zentralbl. f. d. ges. Neurol. u. Psychiatrie **33**, 27). — Ders. (2): Americ. journ. of physiol. **65**, 162. 1923.
Egger, zit. bei Déjérine: Semiologie 1914.
Engelmann, G.: Wien. klin. Wochenschr. 1924. Nr. 22.
Ewald, I. R.: Untersuchungen über das Endorgan des Nerv. octav. Wiesbaden 1892. Weitere Literatur bei Pflüger **193**, 123. 1921.
Falta und Kahn: Zeitschr. f. klin. Med. **74**, 171. 1912.
Filehne, W.: Arch. f. (Anat. u.) Physiol. 1886. 432.
Flechsig, P. (1): Arch. f. d. ges. Anat., Abt. 1: Arch. f. Anat. u. Entwicklungsgesch. 1881. — Ders. (2): Neurol. Zentralbl. 1895 u. 1896. — Ders. (3): Anatomie des menschlichen Gehirns und Rückenmarks. I. Leipzig 1920. — Ders. (4): Ber. d. mathem.-physik. Kl. d. sächs. Akad. d. Wiss. **73**, 295.
Foerster, O. (1): Contracturen bei Erkrankungen der Pyramidenbahn. Berlin 1906. — Ders. (2): Verhandl. d. dtsch. Ges. f. Orthopädie 1908. 203. — Ders. (3): Ergebn. d. Chirurg. u. Orthop. **2**, 174. 1911. — Ders. (4): Wien. klin. Wochenschr. 1912. Nr. 25. — Ders. (5): Zeitschr. f. d. ges. Neurol. u. Psychiatrie **73**, 1. 1921.
Foix, C.: Rev. neurol. 1921. 593.
— und Nicolesco: Les noyaux centraux et la région mésencéphalique et sousoptique. Paris: Masson 1925.

Frazier, W. and Spiller, W.: Transact. of the Americ. neurol. assoc. 1922. 32.
Freeman, W. et Morin, P.: Rev. neurol. 1923 u. 1924.
Frenkel, S.: Die Behandlung der tabischen Ataxie. Leipzig 1900.
Frey: Verhandl. d. dtsch. otol. Ges. 1904. 60.
Fröhlich, A. und Meyer, H. H. (1): Arch. f. exp. Pathol. u. Pharmakol. 79, 55. 1915;
    87, 173. 1920. — (2) Münch. med. Wochenschr. 1917.
Fuchs, A. (1): Wien. klin. Wochenschr. 1910. 613.
Gamper, E.: Zeitschr. f. d. ges. Neurol. u. Psychiatrie 104, 49. 1926.
v. Gehuchten (1): Névraxe 7, 119. 1905. — Ders. (2): Anatomie du système nerveux 1906.
Goldstein, K. (1): Zeitschr. f. d. ges. Neurol. 76, 627. 1922; 89. 1924. — Ders. (2): Acta
    oto-larying. 7. 1924. — Ders. (3): Klin. Wochenschr. 1924. Nr. 28; 1925, Nr. 7, 25, 26.
— und Riese (1): Ebenda 1923. Nr. 26, 52. — Ders. (2): Monatsschr. f. Ohrenheilk. 58.
    1924.
Goltz, F.: Pflügers Arch. f. d. ges. Physiol. 3, 172. 1870; 51, 570. 1892.
— und Ewald: Ebenda 63, 362. 1896.
Grinker: Zeitschr. f. d. ges. Neurol. u. Psychiatrie 98, 433. 1925.
Grünstein, A. M. (1): Neurol. Zentralbl. 1911. S. 659. — Ders. (2): Zeitschr. f. d. ges.
    Neurol. u. Psychiatrie 90, 260. 1924.
Guleke: Münch. med. Wochenschr. 1912. Nr. 31 u. 32.
Hall: La dégénérescence hépatolenticulaire. Paris 1921.
Hall-Marshal: Krankheiten des Nervensystems. Deutsche Übers. Leipzig 1842.
Hansen, K. und Hoffmann, P.: Zeitschr. f. Biol. 75, 293. 1922.
Hartmann, F. und Trendelenburg, W.: Zeitschr. f. d. ges. exp. Med. 50, 280. 1926.
Henschen, S. E.: Journ. f. Psychol. u. Neurol. 22. 1915—1918.
Hering, H. E.: Arch. f. exp. Pathol. u. Pharmakol. 38, 266. 1897.
— und Sherrington: Pflügers Arch. f. d. ges. Physiol. 68, 222. 1897; 70, 559. 1898.
Hermann, L.: Arch. f. Anat. u. Physiol. 1861.
Herz, A.: Arb. a. d. neurol. Inst. d. Wiener Univ. 18, 346. 1911.
Herzfeld: Berlin. klin. Wochenschr. 1901. Nr. 35.
Heubel: Pflügers Arch. f. d. ges. Physiol. 14, 158. 1877.
Higier: Dtsch. Zeitschr. f. Nervenheilk. 47, 325.
Hitzig: Arch. f. Psychiatrie u. Nervenkrankh. 34, 17; 35. 1902.
Hoff, H. und Schilder, P. (1): Dtsch. med. Wochenschr. 1925. Nr. 20 u. 26. — Ders. (2):
    Wien. klin. Wochenschr. 1925. Nr. 29. — Ders. (3): Zeitschr. f. d. ges. Neurol. u. Psy-
    chiatrie 96. 1925. — Ders. (4): Verhandl. d. Ges. dtsch. Nervenärzte. Cassel 1925.
Hoffmann, P. (1): Eigenreflexe. Berlin: Julius Springer 1922. — Ders. (2): Zeitschr. f.
    Biol. 63. 411.
Hohman, L. B.: Arb. a. d. neurol. Inst. d. Wiener Univ. 27. 1925.
Holmes, G. (1): Journ. of physiol. 27, 1. 1901. — Ders. (2): Brit. med. journ. 1915. 769. —
    Ders. (3): Brain 40, 461. 1917.
Horsley, V.: Brit. med. journ. 2, 125. 1909.
— und Clarke: Brain 31, 45. 1908.
— und Löwenthal: Proc. of the roy. soc. of London 61, 20. 1897.
— und Thiele: Brain 24, 519. 1901.
Hunt, I. R. (1): Journ. of nerv. a. ment. dis. 44, 437. 1916; 60. 1924. — Ders. (2): Brain
    40, 58. 1917; 41, 302. 1918. — Ders. (3): Rev. neurol. 1925. I, 137.
Jackson, J. H.: Brain 29, 425, 441. 1906.
Jakob, A.: Die extrapyramidalen Erkrankungen. Berlin: Julius Springer 1923.
Jonkhoff, D. J.: Nederlandsch. tijdschr. v. geneesk. 1920. 307.
Jordan (1): Zeitschr. f. Biol. 41, 196. 1901. — Ders. (2): Pflügers Arch. f. d. ges. Physiol.
    106. 1905. — Ders. (3): Zeitschr. f. allgem. Physiol. 7. 1907; 8. 1908. — Ders. (4):
    Arch. néerland. de physiol. de l'homme et des animaux 7, 314. 1922.
Kappers, A.: Vergleichende Anatomie des Zentralnervensystems 2. 1921.
Karplus, J. P.: Kleinhirn. Im Handb. d. Neurol. d. Ohres. Wien 1923.
— und Kreidl, A.: Arch. f. Physiol. 1914. 155.
Kiyohara, T.: Arb. a. d. neurol. Inst. d. Wiener Univ. 29, 185. 1927.
Klejin, A. de und Magnus, R.: Pflügers Arch. f. d. ges. Physiol. 178, 124. 1920.

Kleist, K. (1): Psychomotorische Bewegungsstörungen bei Geisteskranken 1908. — Ders. (2): Arch. f. Psychiatrie u. Nervenkrankh. **59**, 790. 1918. — Ders. (3): Dtsch. med. Wochenschr. 1925. Nr. 42—44.

Knapp: Geschwülste des Schläfelappens. Wiesbaden 1905.

Kohnstamm, O.: Journ. f. Psychol. u. Neurol. **17**, 33. 1910.

Kubo, J.: Pflügers Arch. f. d. ges. Physiol. **114**, 143. 1906.

Kuré und Mitarbeiter: Zeitschr. f. d. ges. exp. Med. **38**. 1923.

Landau, A. (1): Klin. Wochenschr. 1923. Nr. 27. — Ders. (2): Monatsschr. f. Kinderheilk. **29**, 555. 1924.

Lange, B.: Pflügers Arch. f. d. ges. Physiol. **50**, 615. 1891.

Langelaan, J. W. (1): Brain **38**, 235. 1915. — Ders. (2): Verhandel. d. koninkl. akad. v. wetensch. te Amsterdam (Naturwiss. Abt.) Sect. II, Deel 24, Nr. 1. 1925.

Lanz: Zur Schilddrüsenfrage. Volkmanns Samml. klin. Vortr. Nr. 98. 1894.

Lapicque, L. und Marcelle: Cpt. rend. des séances de la soc. de biol. **90**, 1338. 1924.

Leiri, F.: Pflügers Arch. f. d. ges. Physiol. **212**, 465. 1926.

Lewandowsky, M. (1): Kapitel Ataxie in seinem Handb. d. Neurol. **1**, Teil 2. — Ders. (2): Journ. f. Psychol. u. Neurol. **1**, 72. 1902. — Ders. (3): Arch. f. Anat. u. Physiol. 1903. 129.

Lewy, F. H. (1): Virchows Arch. f. d. ges. Physiol. **238**, 252. 1922. — Ders. (2): Die Lehre vom Tonus und der Bewegung. Berlin: Julius Springer 1922.

— und Tiefenbach, L.: Zeitschr. f. d. ges. Neurol. **71**, 303. 1921.

Leyton, A. S. und Sherrington, C. S.: Quart. journ. of exp. physiol. **11**, 135. 1917.

Lhermitte, J.: La section totale de la moëlle dorsale. Paris: Maloine 1919.

— und Cornil, L.: Rev. neurol. **37**, 625. 1921.

Liddell und Sherrington: Proc. of the roy. soc. of London (B) **96**, 212. 1924; **97**, 267, 488. 1925.

Liljestrand, G. und Magnus, R.: Pflügers Arch. f. d. ges. Physiol. **176**, 168. 1919.

Löwenstein, K.: Arb. a. d. hirnanat. Inst. in Zürich **5**, 241. 1911.

Löwenthal, N.: Rev. méd. de la Suisse romande **31**, Nr. 4. 1911.

Loewy, M.: Dtsch. med. Zeit. 1903. 789, 797.

Lotmar, F.: Die Stammganglien und die extrapyramidal-motorischen Syndrome. Berlin: Julius Springer 1926.

Luciani (1): Kleinhirn. Deutsche Übers. Leipzig 1893. — Ders. (2): Physiologie. Deutsche Ausg. **3**. Jena: Fischer 1907.

Luckhardt, A. B., Sherman, M. and Serbin, W. B.: Americ. journ. of physiol. **51**, 187. 1920.

Lullies, siehe Kap. II.

Mach, E.: Grundlinien der Lehre von den Bewegungsempfindungen. Leipzig 1875.

Magnus, R. (1): Pflügers Arch. f. d. ges. Physiol. **130**, 219, 253. 1909. — Ders. (2): Körperstellung. Berlin: Julius Springer 1924.

— und de Klejin (1): Pflügers Arch. f. d. ges. Physiol. **145**, 455. 1912. — Dies. (2): Experimentelle Physiologie des Vestibularapparates im Handb. d. Neurol. d. Ohres **1**.

Mandl, F.: Wien. klin. Wochenschr. 1923. 441.

Mangold (1): Hypnose und Katalepsie bei Tieren. Jena: Fischer 1914. — Ders. (2): Zeitschr. f. allgem. Physiol. **5**, 135. 1905.

Marburg, O. (1): Arch. f. Anat. u. Physiol., physiol. Abt. 1904. 457. — Ders. (2): Dtsch. Zeitschr. f. Nervenheilk. 81, 8. 1924. — Ders. (3): Arb. a. d. neurol. Inst. d. Wiener Univ. **27**, 47. 1925.

Marinesco, G. et Radovici, A. (1): L'Encéphale 1923. 606. — Ders. (2): Rev. neurol. 1923. II; 1924. I.

Matula: Pflügers Arch. f. d. ges. Physiol. **138**, 388. 1911.

Mella, H.: Transact. of the Americ. neurol. assoc. **49**, 131. 1923.

Merzbacher: Pflügers Arch. f. d. ges. Physiol. **88**, 453. 1902; **92**, 585. 1902.

Metzger: Vortrag am Biologenabend der Univ. Frankf., Febr. 1925.

Meyer, E. und Weiler, L.: Münch. med. Wochenschr. 1916. 1525.

Miller und Banting (1): Brain **45**, 104. 1922. — Ders. (2): Americ. journ. of physiol. **69**.

Minkowski, M. (1): Schweiz. Arch. f. Neurol. u. Psychiatrie 1917. I, 389. — Ders. (2): Rev. neurol. 1921/22. 1105.

Möllgaard, H.: Skandinav. Arch. f. Physiol. 28, 65. 1913.
Mommsen: Virchows Arch. f. pathol. Anat. u. Physiol. 101, 22. 1885.
Monakow, C. (1): Arch. f. Psychiatrie u. Nervenkrankh. 31. 1899. — Ders. (2): Gehirn-
    pathologie. Wien 1905. — Ders. (3): Arb. a. d. anat. Inst. in Zürich 4. 1910. — Ders. (4):
    Schweiz. Arch. f. Neurol. u. Psychiatrie 16, 225. 1925.
Moro, E.: Münch. med. Wochenschr. 1919. 360.
Moser: Med. Klinik 1922. '771.
Mott and Sherrington: Proc. of the roy. soc. of London 57. 1895.
Müller, Joh., siehe Kap. I.
Müller, L. R.: Lebensnerven. Berlin: Julius Springer.
Muskens: Neurol. Zentralbl. 18. 1899.
Mustard: Americ. journ. of physiol. 29, 311. 1911.
Neumann, H.: Otitischer Kleinhirnabszeß. Wien 1907.
Nishio, Sh.: Arb. a. d. neurol. Inst. d. Wiener Univ. 29. 1927.
de Nó, L.: Trav. du laborat. de recherches biol. de l'univ. de Madrid 22, 51. 1924.
Nothnagel (1): Virchows Arch. f. pathol. Anat. u. Physiol. 57 u. 60. — Ders. (2): Zen-
  · tralbl. f. d. med. Wiss. 1873, 1882.
Obersteiner: Arb. a. d. neurol. Inst. d. Wiener Univ. 8, 1. 1902.
Olmsted and Logan: Americ. journ. of physiol. 72, 570. 1925.
Ornstein und Burger, zit. bei Magnus.
Ozorio de Almeida, M. und Piéron, H. (1): Cpt. rend. des séances de la soc. de biol.
    90, 478; 91, 880. 1924. — Ders. (2): Pflügers Arch. f. d. ges. Physiol. 207, 691. 1925.
Panizza, B.: Ricerche speriment. sopra i nervi. Pavia 1834.
Passow: Berlin. klin. Wochenschr. 1905. 4.
Paton, Noël, Findlay, L. and Watson, A.: Quart. journ. of exp. physiol. 10, 203. 1917.
Pékelsky: Arb. a. d. neurol. Inst. d. Wiener Univ. 23. 1922.
Pellizzi: Arch. ital. de biol. 1895.
Philippson: L'anatomie et la centralisation dans le système nerveux des animaux.
    Brüssel 1905.
Pineles: Arb. a. d. neurol. Inst. d. Wiener Univ. 6. 1899.
Pollak, E.: Zeitschr. f. d. ges. Neurol. u. Psychiatrie 77. 1922.
Pollak-Jakob-Bostroem: Verhandl. d. Ges. dtsch. Nervenärzte. Braunschweig 1921.
Preisig: Journ. f. Psychol. u. Neurol. 3, 215. 1904.
Probst, M. (1): Monatsschr. f. Psychiatrie u. Neurol. 6, 91. 1899. — Ders. (2): Jahrb. f.
    Psych. 24, 219. 1903.
Rademaker: Verhandl. d. Ges. dtsch. Nervenärzte Düsseldorf 1926.
— G.: Die Bedeutung der roten Kerne und des übrigen Mittelhirns für Muskeltonus,
    Körperstellung und Labyrinthreflexe. Berlin: Julius Springer 1926.
Reijs, siehe Kap. III.
Richet, Ch.: Physiologie des muscles et des nerfs. Paris 1882.
Richter, H.: Arch. f. Psychiatrie u. Nervenkrankh. 67, 226. 1923.
Riddoch, G.: Brain 40, 264. 1917.
v. Rijnberk, G. (1): Fol. neurobiol. 1. 1908. — Ders. (2): Ergebn. d. Physiol. 7 u. 12. —
    Ders. (3): Nederlandsch tijdschr. v. geneesk. 1924. — Ders. (4): Arch. néerland. de
    physiol. de l'homme et des animaux 10, 183. 1925.
Rothfeld: Pflügers Arch. f. d. ges. Physiol. 148, 564. 1912.
Rothmann, H.: Zeitschr. f. d. ges. Neurol. u. Psychiatrie 87, 247. 1923.
Rothmann, M. (1): Pflügers Arch. f. d. ges. Physiol. 1907. 217. — Ders. (2): Neurol.
    Zentralbl. 1909. 1045; 1910. 1084, 1205; 1912. 867. — Ders. (3): Berlin. klin. Wochen-
    schr. 1913. — Ders. (4): Monatsschr. f. Psychiatrie u. Neurol. 34. 1913.
Runge, W.: Ergebn. d. inn. Med. u. Kinderheilk. 26, 351. 1924.
Ruttin: Verhandl. d. dtsch. otol. Ges. 1912.
Sachs, E.: Brain 32. 1909.
Saito, N.: Arb. a. d. neurol. Inst. d. Wiener Univ. 23, 74. 1922.
Schäffer, H.: Dtsch. med. Wochenschr. 1920. 1072.
Schaltenbrand G.: Dtsch. Zeitschr. f. Nervenheilk. 87, 23. 1925.
Schilder und Kauders: Hypnose. Berlin: Julius Springer 1926.

Schob: Verhandl. d. Ges. dtsch. Nervenärzte 14, 318. 1925.
Schüller: Schmiedebergs Arch. 105, 224. 1925.
Schüller, A. (1): Jahrb. f. Psychiatrie u. Neurol. 22, 90. 1902. — Ders. (2): Pflügers Arch. f. d. ges. Physiol. 91. — Ders. (3): Wien. med. Wochenschr. 1910. Nr. 39.
Schultz, P.: Arch. f. Physiol. 1897.
Schwab: Verhandl. d. Ges. dtsch. Nervenärzte. Innsbruck 1924.
Sgobbo: Il manicomio moderno. Nocera infer. 1900 (zit. nach Luciani).
Sherrington, C. S. (1): Journ. of physiol. 22, 319. 1897; 38, 375. 1909. — Ders. (2): Integrative action. London 1906. — Ders. (3): Quart. journ. of exp. physiol. 2, 115. 1909. — Ders. (4): Brain 38, 191. 1915.
— und Fröhlich: Journ. of physiol. 28, 14. 1902.
Simons, A.: Zeitschr. f. d. ges. Neurol. u. Psychiatrie 80, 499. 1923.
Souques, A.: Rev. neurol. 1921. 534.
Spatz, H. (1): Zeitschr. f. d. ges. Neurol. u. Psychiatrie 77, 261. 1922; 78, 641. 1922. — Ders. (2): Verhandl. d. dtsch. pathol. Ges. 55, Ergänzungsh. 159. — Ders. (3): Dtsch. Zeitschr. f. Nervenheilk. 77, 275. 1923.
Spiegel, E. A. (1): Arb. a. d. neurol. Inst. d. Wiener Univ. 22, 418. 1919. — Ders. (2): Jahrb. f. Psychiatrie u. Neurol. 43, 165. 1924. — Ders. (3): Dtsch. Zeitschr. f. Nervenheilk. 89, 18. 1926. — Ders. (4): Klin. Wochenschr. 1926. Nr. 7.
— und Bernis (1): Arb. a. d. neurol. Inst. d. Wiener Univ. 27, 197. 1925. — Dies. (2): Pflügers Arch. f. d. ges. Physiol. 210, 209. 1925
— und Démétriades (1): Ebenda 205, 328. 1924; 210, 215. 1925. — Ders. (2): Zeitschr. f. Hals-, Nasen- u. Ohrenheilk. 12, 630. 1925.
— und Goldbloom, A. A.: Pflügers Arch. f. d. ges. Physiol. 207, H. 4. 1925.
— und Hotta: Pflügers Arch. 212, 759. 1926.
— und Hryntschak: Klin. Wochenschr. 3, Nr. 40.
— und Környey: Arb. a. d. neurol. Inst. d. Wiener Univ. 1927.
— und Nishikawa, Y.: Ebenda 24, 221. 1923.
— und Mac Pherson, D.: Ebenda 27, 189. 1925.
— und Shibuya: Zeitschr. f. d. ges. exp. Med. 44, 729. 1925.
— und Wassermann, S.: Ebenda 52, 180. 1926.
— und Worms, R.: Pflügers Arch. f. d. ges. Physiol. 216, 432. 1927.
Spielmeyer, W.: Zeitschr. f. d. ges. Neurol. u. Psychiatrie 57, 312. 1920.
Spitzer, A.: Arb. a. d. neurol. Inst. d. Wiener Univ. 25, 423. 1924. Monatsschr. f. Ohrenheilk. 59. 1925.
Starlinger: Jahrb. f. Psychiatrie u. Neurol. 15, 1. 1897.
v. Stein: Arch. internat. de laryngol., otol-rhinol. et broncho-oesophagoscopie 23, 36; 24, 169. 1907.
Stenvers, H., zit. bei Magnus.
Stern: Epid. Encephalitis. Berlin: Julius Springer 1922.
Stertz, G.: Der extrapyramidale Symptomenkomplex. Berlin: Karger 1921.
Stoecker, W.: Zeitschr. f. d. ges. Neurol. u. Psychiatrie 15, 251. 1913; 25, 217. 1914.
Strümpell, A. (1): Dtsch. Zeitschr. f. Nervenheilk. 54, 207. 1915. — Ders. (2): Neurol. Zentralbl. 1920. 2.
Szymansky: Pflügers Arch. f. d. ges. Physiol. 148, 111. 1912.
Ten Cate: Arch. néerland. de physiol. de l'homme et des animaux 11, 1. 1926.
Thiele: Journ. of physiol. 32, 358. 1905.
Thomas: Le cervelet. Paris 1897.
Tooth, H. H.: Gulstonian Lecture on secondary degeneration of the spinal cord. London 1889.
Trendelenburg, W. (1): Arch. f. Physiol. 1906. 1. — Ders. (2): Verhandl. d. Ges. dtsch. Nervenärzte 1926, S. 58.
Trétjakoff, C. (1): Anat. pathol. du locus niger etc. Thèse de Paris 1919. — Ders. (2): Rev. neurol. 37, 502. 1921.
Uexküll: Zeitschr. f. Biol. 39, 73. 1900; 46, 1. 1904; 58, 305. 1912 (siehe auch Kap. I).
Verworn: Beiträge zur Physiologie des Zentralnervensystems. I. Die sogenannte Hypnose der Tiere. Jena: Fischer 1898.
Viets: Brain 43, 269. 1920.

Vogt, C.: Journ. f. Psychol. u. Neurol. 18, 479. 1912.
— und O.: Ebenda 25. 1920, Ergänzungsh. 28, 1. 1922.
— O.: Allg. Zeitschr. f. Psychiatrie 86. 1927.
Walshe (1): Brain 42. 1919; 44, 539. 1921; 46, 1, 281. 1923. — Ders. (2): Lancet 205, 644. 1923. — Brain 47, 153. 1924.
Wanner: Erscheinungen von Nystagmus bei Normalhörenden, Labyrinthlosen und Taubstummen. Habilit-Schrift 1901.
Warner und Olmsted: Brain 46, 189. 1923.
Weed: Journ. of physiol. 48, 205. 1914.
Weiland, W.: Münch. med. Wochenschr. 1912. 2539.
Wertheim - Salomonson, siehe Kap. III.
Wertheimer, E.: Pflügers Arch. f. d. ges. Physiol. 205, 634. 1924.
Wilson Kinnier (1): Brain 34, 295. 1912; 36, 427. 1914; 43, 220. 1920; 45. 1922. — Ders. (2): Lancet 1925. II, Nr. 1—6.
Wodak und Fischer (1): Verhandl. d. Ges. dtsch. Nasen-, Hals- u. Ohrenärzte 1923. — Ders. (2): Monatsschr. f. Ohrenheilk. u. Laryngo-Rhinol. 58. 1924. — Ders. (3): Pflügers Arch. f. d. ges. Physiol. 202. 1924.
Wohlwill, F.: Zentralbl. f. d. ges. Neurol. u. Psychiatrie 25, 346. 1921.
Ziehen: Anatomie des Nervensystems im Handb. d. Anat. v. Bardeleben 4, 322. 1899.
Zingerle (1): Journ. f. Psychol. u. Neurol. 31. 1925. — Ders. (2): Zeitschr. f. d. ges. Neurol. u. Psychiatrie 105, 548. 1926.

IVa.

Agduhr: Verhandel. d. koninkl. akad. v. wetensch. te Amsterdam (Naturwiss. Abt.) 1919; Sect. 2, Deel 2, Nr. 6. 1920. Ref. in Zeitschr. f. d. ges. Neurol. u. Psychiatrie 20, 471 (Referate). — Ders. (2): Anat. Anz. 58, 273. 1919.
Asher, L.: Schweiz. Arch. f. Neurol. u. Psychiatrie 9, 155. 1921.
Bickel, A. (1): Pflügers Arch. f. d. ges. Physiol. 67, 299. 1897. — Ders. (2): Mechanismus der nervösen Bewegungsregulation. Stuttgart 1903.
Bielschowsky, zit. bei Cobb.
Boeke, J. (1): Anat. Anz. 35, 193. 1910; 44, 343. 1913. — Ders. (2): Internat. Monatsschr. f. Anat. u. Physiol. 28, 377. 1911. — Ders. (3): Verhandel. d. koninkl. akad. v. wetensch. te Amsterdam 18, 91. 1916; 19, Sect. 2. 1917. — Ders. (4): Brain 44. 1921.
Boeke und Dusser de Barenne: Proc. koninkl. akad. v. wetensch. te Amsterdam 2. 1919.
de Boer (1): Fol. neurobiol. 7, 378, 837. 1913. — Ders. (2): Zeitschr. f. Biol. 65, 239. 1915. — Ders. (3): Pflügers Arch. f. d. ges. Physiol. 190, 41. 1921. — Ders. (4): Dtsch. med. Wochenschr. 1922. Nr. 25.
Botezat (1): Zeitschr. f. wiss. Zool. 84. 1906. — Ders. (2): Anat. Anz. 35. 1910.
Bremer: Arch. f. mikroskop. Anat. 21. 1882; 22. 1883.
Brown, G., siehe Kap. IV.
Brücke, E. Th. und Negrin y Lopez: Pflügers Arch. f. d. ges. Physiol. 166, 55. 1917.
Buytendyk, siehe Kap. II.
Cobb Stanley (1): Americ. journ. of physiol. 46, 478. 1918. — Ders. (2): Physiol. Review. 5, 518. 1925.
Cyon, E.: Bull. de l'acad. imp. d. sciences de St. Pétersbourg 23. II. 1871.
Daniélopolu: Rev. neurol. 29, 1186. 1922.
Dale, H. und Gasser, H.: Journ. of pharmacol. a. exp. therapeut. 29, 53. 1926.
Dart: Journ. of comp. neurol. 36, 441. 1924.
Deicke, E.: Pflügers Arch. f. d. ges. Physiol. 194, 473. 1922.
Ducceschi, V. (1): Arch. di fisiol. 17, 59. 1919/20; 23, 597. 1925/26. — Ders. (2): Arch. internat. de physiol. 20, 331. 1922.
Dusser de Barenne (1): Pflügers Arch. f. d. ges. Physiol. 166, 145. 1916. — Ders. (2): Verhandel. d. koninkl. akad. v. wetensch. te Amsterdam (Naturwiss. Abt.) 27, 937. 1919.
Ecker - Gaupp: Anatomie des Frosches. Braunschweig 1896.
Edmunds, C. W. and Roth, G. B.: Americ. journ. of physiol. 23, 28. 1908.
Einthoven, siehe Kap. II.
Elliot: Journ. of physiol. 32, 436. 1905.
Emanuel: Pflügers Arch. f. d. ges. Physiol. 99, 363. 1903.

Ewald, J. R. (1): Untersuchungen über das Endorgan des N. octavus. Wiesbaden 1892. — Ders. (2): Im Handb. d. physiol. Methodik v. Tigerstedt 3, Abt. IIIb. Leipzig 1914.

Filehne: Arch. f. Anat. u. Physiol. 1886. 432.

Frank, E.: Berlin. klin. Wochenschr. 1919. 1057; 1920. 725.

— und Katz, R. A.: Arch. f. exp. Pathol. u. Pharmakol. 90, 149. 1921.

— und Nothmann, M.: Zeitschr. f. d. ges. exp. Med. 24, 129. 1921.

— — und Guttmann, E.:.Pflügers Arch. f. d. ges. Physiol. 199, 567. 1923; 201, 569. 1923.

— — und Hirsch-Kauffmann (1): Klin. Wochenschr. 1922. 1820. — Dies. (2): Pflügers Arch. f. d. ges. Physiol. 197, 270. 1922; 198, 391. 1923.

— und Stern, R.: Arch. f. exp. Pathol. u. Pharmakol. 90, 168. 1921.

Frank, O. und Voit: Zeitschr. f. Biol. 42, 309. 1901.

Freund und Janssen: Pflügers Arch. f. d. ges. Physiol. 200, 96. 1923.

Fröhlich, A. und Meyer, H. H.: Arch. f. exp. Pathol. u. Pharmakol. 87, 173. 1920.

Funke: Pflügers Arch. f. d. ges. Physiol. 8, 213. 1874.

Gemelli: Névraxe 7. 1905.

Grabower: Arch. f. mikroskop. Anat. 60. 1902.

Heidenhain: Arch. f. Physiol., Suppl. 1883.

Hering, E.: Arch. f. exp. Pathol. u. Pharmakol. 38, 266. 1897.

Hinsey, J. C. und Ranson, S. W.: Proc. of the soc. of exp. biol. a. med. 23, 593. 1926.

Hoffmann, P.: Zeitschr. f. Biol. 58, 55. 1912.

Hotta, K.: Pflügers Arch. f. d. ges. Physiol. 210, 721. 1925.

Hunter (1): Med. journ. of Australia 1924. 581. — Ders. (2): Brit. med. journ. 1925. Nr. 3344—46.

Jansma: Zeitschr. f. Biol. 65, 365. 1915.

Kahn, R. H.: Pflügers Arch. f. d. ges. Physiol. 177, 294. 1919; 192, 93. 1921; 195, 366. 1922.

Kanavel, A. B., Pollock, L. J. und Davis, L.: Arch. of neurol. a. psychiatry 13, 197. 1925.

Kijohara: Arb. a. d. neurol. Inst. d. Wiener Univ. 1927.

Kulchitsky, N.: Journ. of anat. 58, 152. 1924.

Kuntz, A. und Kerper, A. H.: Proc. of the soc. f. exp. biol. a. med. 22, 23. 1924; 23, 367. 1926.

Kure, K., Hiramatsu und Naito: Zentralbl. f. Physiol. 28, 130. 1914.

— — T. und Sakai, S.: Pflügers Arch. f. d. ges. Physiol. 194, 481. 1922.

— Shinosaki, T. und Mitarbeiter: Ebenda 196, 423. 1922.

Lamm: Zeitschr. f. Biol. 56, 223. 1911.

Langelaan, J. W. (1): Brain 38, 235. 1915; 45, 434. 1922. — Ders. (2): Arch. néerland. de physiol. de l'homme et des animaux 7, 98. 1922.

Langley (1): Journ. of physiol. 33, 399. 1905; 50, 408. 1915. — Ders. (2): Naturwissenschaften 10, 829. 1922.

Liljestrand und Magnus: Pflügers Arch. f. d. ges. Physiol. 176, 168. 1919.

Lullies: Ebenda 201, 620. 1925.

Magnus und de Klejin: Ebenda 145, 455. 1912.

Mansfeld: Ebenda 161, 478. 1915.

Mansfeld, G. und Lukács, A.: Ebenda 161, 467. 1915.

Maumary, A.: Zeitschr. f. Biol. 74, 299. 1922.

Meek, W. und Crawford, A. S.: Americ. journ. of physiol. 74, 285. 1925.

Merzbacher: Pflügers Arch. f. d. ges. Physiol. 88, 453. 1902; 92, 585. 1902.

Meyer, H.: Med. Klinik 1920. Nr. 50.

Meyerhof, O. und Meyer, R.: Pflügers Arch. f. d. ges. Physiol. 204, 448. 1924.

Mosso, A.: Arch. ital. de biol. 41, 183. 1904.

Nakamura, H.: Journ. of physiol. 1921. 100.

Nakanischi, M.: Journ. of Biophysics 1927. 19.

Neuschlosz, siehe Kap. II.

Newton, F. C.: Americ. journ. of physiol. 71, 1. 1924.

Orbeli, L.: Festschr. f. Pawlow. Leningrad 1924; ref. durch Brücke in Klin. Wochenschr. 6, 703. 1927.

Perroncito, A.: Arch. ital. de biol. **36.** 1901; **38.** 1902.

Ranson, S. W.: Proc. of the soc. f. exp. biol. a. med. **23,** 594. 1926.

— und Hinsey, J. C.: Journ. of comp. neurol. **42,** 69. 1926.

Riesser und Neuschlosz: Arch. f. exp. Pathol. u. Pharmakol. **91,** 342; **92,** 254; **93,** 163, 179. 1922.

— und Simonson: Pflügers Arch. f. d. ges. Physiol. **203,** 221. 1924.

Rijnberk, G. (1): Arch. néerland. des sciences exactes Ser. III B, **2,** 509. 1915. — Ders. (2): Arch. néerland. de physiol. de l'homme et des animaux **1,** 257. 1917.

Rogowicz: Pflügers Arch. f. d. ges. Physiol. **36,** 1. 1885.

Rothfeld, J.: Verhandl. d. Ges. dtsch. Naturforsch. u. Ärzte, Wien 1913.

Royle (1): Med. journ. of Australia 1923. 319; 1924. 77. — Ders. (2): Surg., gynecol. a. obstetr. **39,** 701. 1924.

Saleck, W. und Weitbrecht, E.: Zeitschr. f. Biol. **71,** 246. 1920.

Schäffer, H.: Pflügers Arch. f. d. ges. Physiol. **185,** 42. 1920.

Schmid, E.: Zeitschr. f. Biol. **77,** 281. 1923.

Schmiedeberg: Arch. f. exp. Pathol. u. Pharmakol. **82.**

Schüller: Ebenda **105,** 224. 1925.

— und Athmar: Ebenda **91.**

Sherrington, C. (1): Journ. of physiol. **17,** 253. 1894. — Ders. (2): West London med. journ. **25,** 97. 1920; ref. in Ber. ges. Physiol. **4,** 359.

Spiegel, E. A.: Pflügers Arch. f. d. ges. Physiol. **193,** 7. 1921.

— und Sternschein, E.: Ebenda **192,** 115. 1921; **196,** 458. 1922.

Steinach, E.: Zentralbl. f. Physiol. **24,** 551. 1910.

Takahashi, N.: Pflügers Arch. f. d. ges. Physiol. **193,** 322. 1922.

Tello, J. F.: Trabajos del laborat. de investig. biol. de la univ. de Madrid **15,** 101. 1917.

Tiegl: Pflügers Arch. f. d. ges. Physiol. **13,** 71. 1876.

Trendelenburg: Arch. f. Physiol. 1906. 1.

Vulpian: Leç. sur la physiol. du syst. nerv. Paris 1866. 289.

— und Philippeaux: Cpt. rend. hebdom. des séances de l'acad. des sciences **56.** 1863.

Wastl: Journ. of physiol. **60,** 109. 1925.

Weiler: Arch. f. exp. Pathol. u. Pharmakol. **80.**

Wilson: Brain **44,** 235. 1921.

Yas Kuno: Journ. of physiol. **49,** 139. 1915.

Zucker: Arch. f. exp. Pathol. u. Pharmakol. **96,** 28. 1923.

Zuntz und Röhrig, siehe Kap. I.

Sachverzeichnis.